ESV

Beiträge zur Umwelt-gestaltung

Band A 139

Landschaften als Gegenstand von Planung

Theoretische Grundlagen ökologisch orientierten Planens

Von
Dr. Beate Jessel

ERICH SCHMIDT VERLAG

Die Deutsche Bibliothek – CIP-Einheitsaufnahme

Jessel, Beate:
Landschaften als Gegenstand von Planung : theoretische Grundlagen ökologisch orientierten Planens / von Beate Jessel. – Berlin : Erich Schmidt, 1998
(Beiträge zur Umweltgestaltung : A ; Bd. 139)
Zugl.: München, Techn. Univ., Diss., 1997
ISBN 3-503-04391-8

ISBN 3 503 04391 8

Gedruckt auf Recyclingpapier „RecyMago"
der Fa. E. Michaelis & Co.,
Berlin

Druck: Regensberg, Münster

Dank

Es ist mir ein besonderes Anliegen, mich bei jenen zu bedanken, deren Unterstützung ich bei der Anfertigung der Arbeit erfahren durfte.

Besonderer Dank gebührt zunächst Professor Dr. Peter Knauer vom Institut für Geographie der Martin-Luther-Universität Halle-Wittenberg, auf dessen Anregung hin die Arbeit entstand und unter dessen Betreuung sie begonnen wurde. Professor Knauer hat lange Zeit im Umweltbundesamt in Berlin das Fachgebiet „Ökologie und Ressourcenhaushalt“ betreut, wobei er sich gerade für die inhaltliche und methodische Weiterentwicklung ökologisch orientierter Planungen einsetzte.
Nach seinem plötzlichen Tod im August 1996 hat dankenswerterweise und trotz seiner vielfältigen zeitlichen Verpflichtungen mein früherer Lehrer, Professor em. Dr. Dr. h.c. Wolfgang Haber vom Lehrstuhl für Landschaftsökologie der Technischen Universität München-Weihenstephan die Betreuung der Arbeit übernommen und weitere wertvolle Impulse gegeben. Für die Betreuung und wichtige Anregungen möchte ich mich auch bei Professor Dr. Franz Kromka vom Lehrgebiet Agrar- und Entwicklungssoziologie der Universität Hohenheim sowie bei Professor Dr. Ludwig Trepl vom Lehrstuhl für Landschaftsökologie aus Freising-Weihenstephan herzlich bedanken.
Für kritische Durchsicht und weitere Hinweise bin ich Stefan Heiland aus München und Professor Dr. Wolf Wagner von der Fachhochschule Erfurt (Fachbereich Sozialwesen) zu Dank verpflichtet. Über die gelungenen Abbildungen haben Mena Frerichs aus Erfurt und Michael Trost aus Freising wesentlich zur äußeren Form der Arbeit beigetragen.
Und schließlich gilt mein ganz besonderer Dank Kai Tobias, nicht nur für tatkräftige Unterstützung beim wiederholten Korrekturlesen, sondern vor allem für seine unermüdliche Ermunterung und Geduld.

Laufen/Salzach, im Januar 1998 Beate Jessel

Inhalt

Abbildungsverzeichnis

Einführung:
Ausgangspunkte, Fragestellung und Aufbau der Arbeit

„Ja, mach nur einen Plan
sei nur ein großes Licht!
Und mach dann noch 'nen zweiten Plan
Gehn tun sie beide nicht."
(Bertolt Brecht: Das Lied von der Unzulänglichkeit menschlichen Strebens, 1961: 233)

Mit diesem Zitat Bertolt Brechts, insbesondere seinem Titel, der „Unzulänglichkeit menschlichen Strebens", scheint vieles zum Thema Planung schon gesagt zu sein: So sind auch Landschaften als Ganzes kaum je durch bewußtes Planen entstanden; dennoch bemängelt der Rat von Sachverständigen für Umweltfragen in seinen Gutachten in regelmäßiger Folge, daß die wesentlichen Instrumente einer ökologisch orientierten Planung - Landschaftsplanung, Eingriffsregelung, Umweltverträglichkeitsprüfung - ohne wesentliche Wirkung geblieben seien, ja sich die Umweltsituation trotzdem weiter verschlechtert habe (SRU 1987: 155, Tz. 458; 1994: 179f., 218; 1996a: 53, Tz. 102, 58ff., 63). Hinzu kommt, daß der ganz überwiegende Teil der derzeit von starkem Pluralismus der Anschauungen geprägten erkenntnis- und wissenschaftstheoretischen Auffassungen aus zwar sehr unterschiedlicher Perspektive, aber doch in relativer Übereinstimmung die Vorläufigkeit und den Hypothesencharakter aller Erkenntnis sowie jedweden darauf aufbauenden Wissens betont. Schließlich verhilft die Chaostheorie zu der Einsicht, daß nicht nur komplexe, sondern bereits relativ einfache Systeme in ihrem Verhalten nicht vorhersagbar und damit nicht planbar sind. Zugleich wird dadurch die Frage aufgeworfen, ob das weitgehende und von verschiedener Seite immer wieder festgestellte Versagen einer systematischen planerischen Gestaltung und Beeinflussung menschlicher Umwelt nur eine Folge unzureichender Planungsinstrumente oder nicht vielmehr, grundlegender noch, überzogener Planungshoffnungen ist (KROHN & KÜPPERS 1990: 109).

Bedeutet dies nun in der Konsequenz, daß man von jeglicher Planung besser Abstand nehmen, auf bewußt-systematisches, vorausschauendes Handeln also verzichten sollte?

Dagegen steht, daß Planung als ein untrennbarer Teil menschlicher Lebenspraxis zu sehen ist, weil die systematische Auseinandersetzung mit der Zukunft eine zentrale Kategorie menschlichen Handelns und damit einen Bestandteil nahezu aller Lebensbereiche darstellt (BECHMANN 1981: 7; HOPPE 1988: 654; KROMKA 1982: 598). Dies galt in unterschiedlichen, mehr oder minder institutionalisierten Formen über die geschichtliche Entwicklung hinweg nicht nur für die Gestaltung des Gemeinwesens (HOPPE 1988: 654), sondern auch für den menschlichen Umgang mit dem Land. So

ist insbesondere jede Erzeugung menschlicher Nahrung zugleich mit einer Vorwegnahme künftigen Handelns verbunden: Man denke an landwirtschaftliche Tätigkeiten (Bodenbearbeitung, Säen), durch die erst nach Monaten nutzbare Erträge erzielt werden können; in der Forstwirtschaft muß im Regelfall in Zeitspannen von mehreren Jahrzehnten bis sogar Jahrhunderten gedacht werden. Planung kann dabei derart als Grundmuster menschlichen Handelns bzw. als konstituierend für jede menschliche Tätigkeit begriffen werden (DEGEN, SCHMID & WERNER 1975: 124), daß ihr bewußtes Unterlassen in das Paradoxon einer „geplanten Planlosigkeit" (KROHN & KÜPPERS 1990: 121) münden würde.
Damit ist es weniger die Frage des „Ob", sondern vor allem des „Wie" von Planung, die sich stellt. Es tut sich das Dilemma auf, daß Menschen in ihrer Umwelt zum einen um ein gewisses vorausschauendes Handeln nicht herumkommen, zumal sich in mitteleuropäischen Kulturlandschaften Hoffnungen auf ausschließlich positive Folgewirkungen eines freien Zusammenspiels natürlicher, auch ökonomischer und gesellschaftlicher Kräfte, wie man es aus den Theorien der Selbstorganisation und Chaosforschung ableiten könnte, als wohl ähnlich naiv erweisen wie die insbesondere in den 60er Jahren nicht selten zu findenden Planungseuphorien und Machbarkeitsutopien. Andererseits kann jedoch bereits vorweggenommen werden, daß es nicht möglich ist, über bewußt geplante Eingriffe komplexe Gebilde wie Landschaften umfassend im gewünschten Sinne steuern zu können. Planung bewegt sich stets vor dem Hintergrund dieses Spannungsfeldes, das als Ausgangspunkt gesehen werden soll, um das Selbstverständnis „ökologisch orientierten Planens" zu erörtern.

Das komplexe Phänomen Planung schöpft dabei aus sehr verschiedenen Bereichen, von denen hier exemplarisch nur die Psychologie und Verhaltenswissenschaften, die Organisationstheorie, auch die Sozial- und Gesellschaftswissenschaften erwähnt seien (vgl. auch JANTSCH 1971: 43). Eine wesentliche Rolle für Planungen, die auf ökologische Gesichtspunkte Bezug nehmen, spielen weiterhin

- die Naturwissenschaften, insbesondere die Ökologie, die notwendiges Fachwissen liefern,

sowie

- die Wissenschaftstheorie und Methodenlehre, die Aussagen zu formal-methodischen Grundanforderungen, Interpretationsmuster zur kritischen Analyse einzelner Vorgehensweisen wie auch - unter Einbeziehung der Erkenntnistheorie - zu Möglichkeiten und Grenzen menschlicher Erkenntnis- und Handlungsfähigkeit beisteuern.

Dabei ist in der Erkenntnis- und Wissenschaftstheorie augenblicklich von verschiedener Seite her die Rede von einem sich abspielenden grundlegenden Wandel bislang dominierender Anschauungen und Grundhaltungen, einem sogenannten „Paradigmenwechsel", der neben einer stärkeren pragmatischen Orientierung des Denkens bzw. Erkenntnisstrebens in der Einbeziehung neuer Denkansätze wie u.a. der

Systemlehre, Theorien der Selbstorganisation oder unscharfer („Fuzzy") Logik besteht. Eine Diskussion, inwieweit solche Ansätze - wie überhaupt einzelne Sichtweisen der Erkenntnis- und Wissenschaftstheorie - auch für die Hinterfragung von Planungsvorgängen nutzbar gemacht werden können, ist bislang kaum erfolgt. An den Lehrbüchern und Kompendien zur Bewertung und Planung im Natur- und Umweltschutz, von denen in der letzten Zeit eine ganze Reihe erschienen sind (u.a. BASTIAN & SCHREIBER 1994; BUCHWALD & ENGELHARDT 1996; USHER & ERZ 1994), fällt auf, daß sie sich im wesentlichen auf eine (durchaus notwendige!) Zusammenstellung einzelner Instrumente und gängiger Vorgehensweisen beschränken, dabei jedoch eine grundlegende Reflexion über ihre Leistungsfähigkeit und damit ihr Selbstverständnis weitgehend vermissen lassen.

An dieser „Metaebene" setzt die Arbeit an, indem sie von folgenden Fragestellungen ausgeht:

Wie kann ein Verständnis „ökologisch orientierten" Planens im Hinblick auf seine Leistungsfähigkeit und die Erklärung einzelner Arbeitsschritte entwickelt werden?
Inwieweit können dabei insbesondere erkenntnis- und wissenschaftstheoretische Begriffskategorien und Denkansätze eingesetzt werden, um
- *den prinzipiell leistbaren Beitrag ökologischer Wissenschaften,*
- *das Verhältnis von Ökologie und ökologisch orientiertem Planen,*
- *den Ablauf von Planungsprozessen sowie*
- *einzelne planerische Fragestellungen*

zu kennzeichnen, zu erklären und zu problematisieren?

Es gilt sich bewußt zu sein, daß bereits die herkömmliche Planungspraxis wie auch unser Denken über Planung ein erhebliches Maß an theoretischer Orientierung einschließen, auch wenn dies meist unbemerkt bleibt und man sich darauf beschränkt, sich im Planungsalltag in einem weitgehend anerkannten Rahmen herrschender Gewohnheiten, Überzeugungen und Vorgehensweisen zu bewegen. Im folgenden geht es dabei weder um eine Absicherung herrschender Planungsgewohnheiten noch um ihre theoretische Überhöhung, der man vielleicht in zeit- und kostenaufwendigen Pilotprojekten oder an Hochschulen, nicht aber im pragmatischen Berufsalltag der Planungsbüros gerecht werden könnte. Gefordert ist vielmehr eine kritische Durchleuchtung planerischer Praxis unter Zuhilfenahme insbesondere von Mitteln und Instrumentarien der Erkenntnis- und Wissenschaftstheorie. Angesichts der herrschenden Theorienvielfalt auf diesem Gebiet kann und soll dabei weder zwischen den unterschiedlichen Sichtweisen zugunsten eines Ansatzes entschieden noch eine umfassende Einführung in ihre unterschiedlichen Verwendungsweisen gegeben werden. Vielmehr gilt es den Blick gezielt auf einige Ansätze zu lenken, die Aussagen zum Verhältnis von Wissen und Handeln treffen und somit unterschiedliche Erklärungsmuster bereitstellen können.

Hierzu werden die für die Arbeit wesentlichen Begriffe „Planung", „Landschaft" und „(Landschafts-)Ökologie" erörtert sowie eine erste überschlägige Bestimmung von „ökologisch orientierter" Planung gegeben (Teil A). Ein kurzer Abriß über die geschichtliche Entwicklung des Wissenschaftsverständnisses, das in Teilen auch das Verständnis von Planung bzw. Planbarkeit mit beeinflußt hat, sowie ein Überblick über die einbezogenen erkenntnis- und wissenschaftstheoretischen Ansätze soll einen Rahmen bilden, um die spätere Orientierung bezüglich verwendeter Ausdrücke und Denkweisen zu erleichtern (Teil B).
Darauf aufbauend wird in Teil C eine Möglichkeit diskutiert, wie die Ökologie sowie eine mit wissenschaftlichem Anspruch betriebene Naturschutzforschung in das Spektrum der Wissenschaftsdisziplinen eingeordnet werden könnten und wie sich ökologische Arbeitsweisen im Vergleich insbesondere zu denen der „exakten" Naturwissenschaften darstellen. Weiterhin werden verschiedene Aspekte des Wertbezuges von Wissenschaft analysiert, um daraus die grundsätzliche Stellung und den möglichen Beitrag der ökologischen Disziplinen im Hinblick auf ökologisch orientierte Planungen zu bestimmen, die mit der wertenden Umsetzung ihrer Ergebnisse in Handlungen befaßt sind. Teil D enthält dann eine nähere Auseinandersetzung mit dem Verhältnis von Ökologie und ökologisch orientierter Planung hinsichtlich beider Zielsetzungen, Methoden bzw. Vorgehensweisen sowie in ihrem Bezug zur vom Menschen wahrgenommenen „Wirklichkeit" bzw. zu einer sich unabhängig davon darstellenden „Realität".
Aus dem entwickelten Verständnis von Planung heraus befaßt sich Teil E mit dem Ablauf von Planungsprozessen als Ganzem sowie mit einzelnen planerischen Fragestellungen. Es wird diskutiert, was Ansätze der kybernetischen Modelltheorie, Fuzzy Logic und Systemtheorie als Erklärungsmuster für Planungsprozesse leisten können (Teil E.1). Anschließend werden für die Bereiche Informationsgewinn und Analyse, Prognosen, Wertungsfragen und normative Aspekte sowie für das Thema Intuition und Kreativität jeweils erkenntnis- und wissenschaftstheoretische Grundlagen aufgezeigt, die für Planungsaufgaben relevant sind, sowie mögliche Konsequenzen für ihr Vorgehen erörtert (Teil E.2).

A Planung - Landschaft - (Landschafts-)Ökologie: Zum Verständnis grundlegender Begriffe

Eine „ökologisch orientierte Planung“ schöpft wesentlich aus einem bestimmten Verständnis von Planung zum einen sowie von Ökologie, insbesondere von Landschaftsökologie, als ihrer hauptsächlichen fachwissenschaftlichen Grundlage (FINKE 1994: 13ff.; SCHREIBER 1990: 29) zum anderen. Sie trifft als querschnittsorientierte räumliche Planung Aussagen zum komplexen Wirken des Menschen in Landschaften bzw. es werden ihr diese als Gegenstand zugeschrieben (BUCHWALD 1996). Aufgabe der Arbeit kann es innerhalb des abgesteckten Themas nicht sein, eine umfassende Erörterung dieser je für sich sehr vielschichtigen Begriffe vorzunehmen. Vielmehr geht es darum, begründet das Verständnis darzulegen, in dem sie im folgenden gebraucht werden und sie vor allem so zu strukturieren, daß daraus Ansatzpunkte für das weitere Vorgehen gewonnen werden können.

A.1 Dimensionen des Begriffes „Planung“

Bestimmt man in einer ersten Annäherung Planung als „gedankliche Vorwegnahme künftigen Handelns“ (STACHOWIAK 1970: 1), die mit einer bewußten, mehr oder minder systematischen Auseinandersetzung mit der Zukunft einhergeht, so kann sie als ein Grundmuster menschlicher Tätigkeit (DEGEN, SCHMID & WERNER 1975: 124) begriffen werden, das sich in nahezu allen Lebensbereichen findet (BECHMANN 1981: 7). Der Versuch einer planvollen Gestaltung menschlicher Umwelt, verbunden mit der bewußten Antizipation von Handlungsweisen, war und ist oft durch die Knappheit von Ressourcen bedingt: Waren es für den damaligen Land- und Forstwirt oder die Dorfgemeinschaft insbesondere die Knappheit der Güter wie Dünger und Brennmaterial zur Erzeugung der menschlichen Nahrungsgrundlagen, so spielt in der mitteleuropäischen Industriegesellschaft nunmehr vor allem die Knappheit des Raumes, in dem sich verschiedene Nutzungsformen vielfältig überlagern und nicht alle Raumansprüche aufrecht erhalten werden können, eine wesentliche Rolle. Bezeichnenderweise nahm auch das Prinzip der „Nachhaltigkeit“, das man als Grundprinzip einer langfristig angelegten Ressourcennutzungsplanung ansehen kann, in der Forstwirtschaft des 18. Jahrhunderts seinen Ausgang, weil die Degeneration der Wälder über die Zeit stark zu- und die Erträge abgenommen hatten. Auch ein Großteil der vor allem in den 60er und 70er Jahren umfangreich entstandenen Planungsliteratur hat sich zunächst aus ökonomischen Fragestellungen entwickelt (exemplarisch: BENDIXEN & KEMMLER 1972; RIEGER 1967; SZYPERSKI 1974) bzw. bezieht sich auf die „politische Planung“ (exemplarisch LUHMANN 1971 sowie die Beitragssammlung in RONGE & SCHMIEG 1971; BÖHRET 1975; KLAGES 1971), die zumeist mit einer gesellschaftlichen Bedarfsplanung verbunden ist.

Bei näherer Betrachtung der hier und in der weiteren Literatur angeführten Planungsdefinitionen wird deutlich, daß der Begriff in sehr verschiedenen Bereichen (u.a. Ökonomie, Politik, Technik, Sozialwissenschaften, ökologisch orientierte räumliche Planung) mit unterschiedlichen Trägern (institutionalisiert oder nicht institutionalisiert) sowie für unterschiedliches, oft hochkomplexes prozessuales Geschehen gebraucht wird, entsprechend dessen aufgaben- und bereichsspezifischer Differenzierung im Grunde kein einheitlicher Planungsbegriff (BRITSCH 1979: 32; FÜRST in ARL 1995: 708) bestimmt werden kann. So bestehen beispielsweise unterschiedliche Auffassungen, ob stets Pläne als raum-zeitlich koordinierte Ziel-Mittel-Konzepte das Ergebnis eines Planungsvorganges sein müssen (so BÖHRET 1975: 15), was dagegen MAURER (1995: 37) gerade für die ökologisch orientierte räumliche Planung verneint. Bei aller Unterschiedlichkeit der Planungsbegriffe zeigen sich jedoch auch einige Gemeinsamkeiten, die eine begriffliche Eingrenzung erlauben. Anhand einer Auswertung in der Literatur gebrauchter Planungsbegriffe lassen sich verschiedene Dimensionen von Planung bestimmen, die im folgenden kurz beschrieben sind. Es handelt sich hierbei um eine analytische Differenzierung, die den Zweck hat, die für den Planungsbegriff charakteristischen Merkmale hervortreten zu lassen, die jedoch im Ablauf von Planungsprozessen eine funktionale Einheit bilden:

- *Zukunftsbezug*:
  In einer ersten Annäherung und Vereinfachung wird Planung oft als „vorausschauendes Durchdenken des eigenen Handelns" (ALBERS 1966: 92), als eine „gedankliche Vorwegnahme künftigen Handelns" (STACHOWIAK 1970: 1) bzw. „Prozeß systematischer Handlungsvorbereitung" (BENDIXEN & KEMMLER 1972: 31; ähnlich: BECHMANN 1989: 91) aufgefaßt. Der Planende benötigt neben einem Bild von der Ausgangssituation eine Vorstellung davon, wie sich diese vorgefundene Umweltkonstellation aus sich selbst heraus sowie unter Einfluß der verschiedenen möglichen Handlungen entwickeln könnte; Planung ist daher immer mit Annahmen über die Zukunft, mit Prognosen, verknüpft (HOPPE 1988: 654; KNAUER 1988: 60; LENDI in ARL 1995: 233; LENK 1972: 86).
  Voraussetzung für die Annahme, überhaupt planen zu können, also selbsttätig Annahmen über und Vorgaben für die Zukunft treffen zu können, ist damit zugleich, daß von der Geltung eines Prinzips der Determiniertheit ausgegangen wird (BUNGE 1987: 28): Demzufolge entsteht nichts aus dem Nichts bzw. ergibt sich nichts ohne Vorbedingungen oder völlig regellos, also vollkommen willkürlich. Grundannahme für jedes bewußte menschliche Handeln in der Gegenwart ist, daß dieses in der Zukunft bestimmte Folgen hat (SPAEMANN in SEIFFERT & RADNITZKY 1994: 163). Vor dem Hintergrund u.a. der Ergebnisse von Chaosforschung und Systemtheorie, wonach selbst kleinste Unterschiede in den Ausgangsbedingungen zu völlig unterschiedlichen Entwicklungen führen können sowie in komplexen Systemen aufgrund der vielfältigen wechselseitigen Beziehungen der Bestandteile eine Differenzierung in Ursache und Wirkung obsolet wird, darf eine

solche Determiniertheit nicht bzw. nicht nur auf ein kausales Hervorbringen bezogen werden. Vielmehr gilt es, auch andere beispielsweise statistische, teleologische oder qualitative Formen des Zusammenhangs einzubeziehen, den Begriff Determination also in einem weiteren Sinne aufzufassen (hierzu BUNGE 1987).

- *Handlungsbezug:*
  Planung kann als die Vorbereitung künftigen Handelns (s.o.), als eine Menge von Handlungsanweisungen (BRAUN 1977: 16), gesehen werden. Daneben ist nicht nur das Ergebnis, sondern auch der Planungsprozeß selbst als eine spezifische Art des Handelns, als ein zwischen den Akteuren sich abspielender Handlungsprozeß zu begreifen (BECHMANN 1981: 43ff., 115). „Handeln“ kennzeichnet, daß es über bloßes „Verhalten“ hinaus eine bewußte, willenskontrollierte sowie an einem Ziel- und Wertesystem orientierte Tätigkeit darstellt (BICKES 1993: 165ff.; GETHMANN 1987: 220; LENK in SEIFFERT & RADNITZKY 1994: 120). Das schließt nicht aus, daß auch irrationale, z.B. emotional-unbewußte Aspekte wie etwa Angst oder Wut, Planungsabläufe beeinflussen können, beispielsweise indem sie den eigentlichen Antrieb darstellen, aus dem heraus ein Ziel gesetzt wird. Die zu diesem Ziel führende Handlung wird jedoch bewußt konzipiert.
  Der Handlungsbezug von Planung steht damit in engem Zusammenhang mit ihrer rationalen und normativen Dimension. Es erscheint jedoch wichtig, ihn als eigenen Punkt herauszustellen: Zwar liegt nicht die Aufgabe aller ökologisch orientierten Planungsinstrumente im unmittelbaren Handeln, also in einer direkt anschließenden Umsetzung ihrer Aussagen vor Ort. Die Landschaftsrahmenplanung als Teil der Regionalplanung beispielsweise dient zunächst der Vorbereitung weiterer darauf aufbauender planerischer Aussagen (z.B. der verbindlichen Bauleitplanung) und Einzelvorhaben; die rechtliche Aufgabe einer Umweltverträglichkeitsprüfung (UVP) liegt in der Entscheidungsvorbereitung, ohne daß sie diese Entscheidung und die damit verbundene Handlung selbst schon vorwegnehmen darf. Letzten Endes aber mündet jede räumliche Planung in eine Umsetzung in der Landschaft, an der sich ihr „Erfolg“ bemißt, wobei eben auch das Unterlassen, die Nicht-Umsetzung aufgrund z.B. des bewußten Ignorierens von Planungsaussagen, als Handlungen einzustufen sind.

- *Rationale Dimension*:
  Im Zusammenhang mit einer Beschreibung von Planungsvorgängen wird oft der Begriff der „Rationalität“ hervorgehoben: So wird als Zweck von Planung gesehen, „die praktische Rationalität des Entscheidens zu erhöhen“ (MAURER 1995: 38; ähnlich FÜRST in ARL 1995: 711) bzw. die Außenbestimmtheit des Geschehens einzudämmen und eigene aktive rationale Zukunftsgestaltung zu ermöglichen (STACHOWIAK in SEIFFERT & RADNITZKY 1994: 262; auch ders.: 1987b: 431). Die rationale Dimension enthält dabei den Anspruch von Planung als einer systematisch durchstrukturierten, schlüssig aufeinander aufbauenden sowie dadurch intersub-

jektiv nachvollziehbaren und kontrollierbaren Vorgehensweise (BENDIXEN & KEMMLER 1972: 36; JENSEN 1970: 118; VALENTIEN 1990: 39; ZANGEMEISTER 1971: 20), die sich an darzulegenden Zielen orientiert und dadurch Kriterien des Erfolgs unterwirft (GEHMACHER 1971: 16; RITTEL 1992: 65; TENBRUCK 1971: 81). Planung kann demnach als stufenweiser, an definierten Kriterien orientierter Problemlösungs- und Entscheidungsprozeß gesehen werden. Unter Rationalitätsgesichtspunkten wesentlich ist dabei eine genaue Formulierung der zu lösenden Probleme und der damit einhergehenden Zielsetzungen, d.h. der angestrebten Lösungssituation, worin z.B. CARTWRIGHT (1973: 179, 183) Bestandteile einer Minimumdefinition von Planung sieht. Rationalität spielt weiterhin in Form der geforderten Auswahl optimaler Mittel für ein gegebenes Ziel (ALBERT 1982: 113f.) eine Rolle - eine Prämisse, die oft auch unter der Bezeichnung „Zweck-Mittel-Bezug" (BECHMANN 1981: 81ff.; KROMKA 1982: 595) bzw. „Effizienz" (RITTEL 1992: 18) als Kennzeichen gerade auch ökologisch orientierter Planungen verstanden wird.

- *Normative Dimension:*
  Handlungen beruhen auf einer Auswahl zwischen unterschiedlichen Handlungsmöglichkeiten. Sie sind damit stets Konsequenzen von Entscheidungen (PIETSCHMANN 1996: 266) und setzen demzufolge eine Bewertung voraus (GEIGER 1971: 36; HIRSCH 1993: 143). Mit der Festlegung der Planziele wie auch - da es keine selbstevidenten Planungsobjekte gibt (RITTEL 1992: 70) - mit der Bestimmung der Gegenstände von Planung selbst sind daher stets normative Entscheidungen verbunden. Da jedoch auch Planungsprozesse an sich eine Folge von Handlungen darstellen, indem z.B. bezüglich des Erhebungsumfangs, den oft verschiedenen zur Erreichung desselben Ziels möglichen Maßnahmen u.a.m. laufend Entscheidungen getroffen werden müssen, können sie als Abfolge von Entscheidungssituationen (KÖHLER 1969: 63f.) beschrieben werden, die jeweils durch ein besonders enges und vielfältiges Ineinandergreifen von deskriptiven Erklärungen, Prognosen und normativen Begründungen gekennzeichnet sind. Dieses Charakteristikum eines stufenweisen Entscheidungs- und Entwicklungsprozesses dürfte vor allem für räumliche umweltbezogene Gesamtplanungen wie Stadtplanung, Landesplanung oder Raumordnung (ALBERS 1966: 95) zutreffen, die unterschiedliche Fachbereiche mit jeweils eigenen Zielsetzungen zu integrieren haben. Es ist aber auch für eine sich querschnittsorientiert begreifende Landschaftsplanung oder die Umweltverträglichkeitsprüfung ausgeprägt, da diese sich im Gegensatz zu Einzelplanungen, die auf das Erreichen eines bestimmten Zieles (z.B. des Baus eines Hauses) gerichtet sind, auf einen größeren räumlichen Umgriff und den erforderlichen Abgleich mehrerer, oft stark konfligierender Zielvorstellungen richten.
  Als Kennzeichen von Planungsaufgaben wird auch gesehen, daß ihnen zumeist nur begrenzte Ressourcen in Form von Sach- und Finanzmitteln zur Verfügung stehen und sie in einem meist begrenzten Zeitraum entschieden werden müssen (BENDIXEN & KEMMLER 1972: 47). D.h., es steht nur im Ausnahmefall genügend

Zeit zur Verfügung, um so lange Informationen zu sammeln, bis die Entscheidungskriterien einer der Alternativen eindeutig den Vorrang geben. Eine vollständige Erfassung aller Sachverhalte ist i.d.R. aufgrund von deren Komplexität weder möglich noch im Sinne einer Ökonomie des Handelns unter dem Ziel-Mittel-Bezug, der gleichzeitig normativer Natur ist, zweckmäßig. Die Entscheidung, wie Planung mit der Knappheit ihrer zeitlichen und finanziellen Ressourcen sowie unter dem Risiko zwangsläufig oft unvollständiger Information mit Entscheidungen umgeht, kann daher als weiteres normatives Problem betrachtet werden.

- *Modellcharakter:*
  Indem Planung sich eine häufig abstrahierende, auf die wesentlichen Aspekte konzentrierte Vorstellung von der bestehenden Situation verschafft sowie entsprechende Annahmen über künftig eintretende Situationen trifft, hängt sie stets mit Modellierungsprozessen zusammen (STACHOWIAK 1973: 108ff.), d.h. mit modellhaften Vorstellungen der vorhandenen und der infolge der Umsetzung von Planungen anschließend veränderten Wirklichkeit.

- *Verarbeitung von Information unter Reduktion von Komplexität:*
  Planung „gründet auf der Fähigkeit zur bewußten Informationsverarbeitung“ (ALBERT 1982: 117). So ist eine auf das jeweilige Planungsziel gerichtete (und damit auch wieder normative) Selektion von Information notwendig, um eine Entscheidungssituation bewältigen zu können. Auch Modellierungsprozesse hängen damit ihrerseits mit einer zielgerichteten Reduktion von Komplexität zusammen. Daneben wird in Planungsprozessen nicht nur Wissen eingesetzt, sondern über die Verarbeitung von Information auch produziert (SZYPERSKI 1974: 668), beispielsweise indem Zusammenhänge aufgedeckt oder alternative Handlungsmöglichkeiten formuliert werden, die dann häufig wieder zu einer Entscheidung bzw. einer durchzuführenden Maßnahme reduziert werden müssen.

- *Soziale Dimension*:
  Planung findet in einem sozialen Kontext statt (RITTEL 1992: 145), der zunächst den unmittelbaren Kommunikations- und u.U. Konfliktregelungsprozeß zwischen den Beteiligten umfaßt. Die Aussage, daß Planungsprozesse darüber hinaus stets in die Struktur der Gesellschaft eingebettet sind und ohne die Einbeziehung der sozialen Dimension nicht begriffen werden können, ist älteren Datums (so z.B. FORRESTER 1971: 8; TENBRUCK 1971: 92). Aufbauend auf der Einsicht, daß die Umsetzung von Planung in Handeln nicht an „natürlichen Systemen“, sondern stets an den ausführenden menschlichen Handlungssystemen anzusetzen hat (HIRSCH 1993: 141) und somit gleichberechtigt neben dem technologischen und methodisch-theoretischen Aspekt in ein komplexes Umfeld der handelnden Akteure sowie ihren sozialen Hintergrund eingebettet ist, nimmt dieser Gesichtspunkt in der Diskussion um Fragen einer ökologisch orientierten Planung zumindest im deutschsprachigen Bereich erst in jüngerer Zeit breiteren Raum ein (exem-

plarisch: HEILAND 1997; LUZ 1994; SERPA 1996). Gegenstandsbereiche, Inhalte und Formen von Planung verändern sich dabei mit der gesellschaftlichen Entwicklung (BECHMANN 1981: 46). So hat sich zum Beispiel die „Landschafts"planung in den nahezu flächendeckend von menschlicher Tätigkeit geprägten mitteleuropäischen Kulturlandschaften stets mit einer gesellschaftlich genutzten und geformten „Natur" auseinanderzusetzen.

- *Steuerungs- und Koordinationsfunktion*:
  Den Steuerungsaspekt stellen insbesondere aus der Systemtheorie stammende Definitionen in den Vordergrund, so diejenige GEHMACHERS (1971: 16), wonach Planung als das Bemühen zu verstehen ist, „durch bewußte und gezielte Veränderung einzelner Variabler ein System so zu steuern, daß bestimmte Ziele erreicht werden". Damit im Zusammenhang stehen modellhafte Darstellungen und Beschreibungen von Planungsprozessen als kybernetischen Regelkreismodellen, die an definierten Stellgrößen ausgerichtet sind (z.B. STACHOWIAK 1973: 110) bzw. im ökologischen Kontext den Planungsbegriff synonym mit der Regulation ökologischer Systeme gebrauchen (ALBERT 1982: 111). Im Zusammenhang mit der Systemsteuerung wird weiterhin die Aufgabe von Planung betont, auftretende Ziel- und Maßnahmenkonflikte frühzeitig auszuräumen und so im Miteinander der verschiedenen Akteure und Interessen Koordinationsfunktion wahrzunehmen (FÜRST in ARL 1995: 709).

Diese Dimensionen können und sollen das Phänomen „Planung" nun nicht in voneinander zu trennende Bereiche aufgliedern; sie überlagern sich vielmehr wechselseitig und vielschichtig. Sie dienen einer ersten Strukturierung und Systematisierung von Aspekten des Planungsbegriffes, auf denen die bereichs- und aufgabenspezifische Erörterung ökologisch orientierter Planungen ansetzen kann. So werden Modellcharakter sowie die Aspekte der Systemsteuerung und Informationsverarbeitung aufgegriffen, um den Ablauf von Planungsprozessen zu charakterisieren (Kapitel E.1); der Handlungsbezug spielt für das Verhältnis von Planung (und Wissenschaft) zur Wirklichkeit eine wesentliche Rolle (Kapitel D.4). Der Zukunftsbezug wird unter anderem mit dem Thema Prognosen behandelt (Kapitel E.2.2); rationale und normative Dimension sind für Wertungsfragen von Bedeutung (Kapitel E.2.3), während auf die soziale Dimension an verschiedener Stelle eingegangen wird.

A.2 Landschaft

A.2.1 Zum Verständnis von Landschaft im Spannungsfeld unterschiedlicher Begriffsauffassungen

„Unter Landschaft verstehen wir einen durch einheitliche Struktur und gleiches Wirkungsgefüge geprägten konkreten Teil der Erdoberfläche.“
(Ernst Neef: Die theoretischen Grundlagen der Landschaftslehre, 1967: 36)

„Nicht in der Natur der Dinge, sondern in unserem Kopf ist die 'Landschaft'; sie ist ein Konstrukt, das einer Gesellschaft zur Wahrnehmung dient, die nicht mehr direkt vom Boden lebt.“
(Lucius Burckhardt: Landschaftsentwicklung und Gesellschaftsstruktur, 1978: 9)

Der Begriff „Landschaft“ dient der Organisation eines weitläufigen und vielfältigen Gegenstands-, Wahrnehmungs- und Bedeutungsfeldes. Vor dem Hintergrund der Vielfalt an Bedeutungen und Auffassungen, die sich an den Landschaftsbegriff knüpfen, fällt auf, daß gerade die Disziplin der „Landschafts“planung eine grundlegende Auseinandersetzung mit dem ihr eigenen Begriff in aller Regel vermissen läßt. Da jedoch ökologisch orientiertes Planen häufig mit Landschaftsplanung im weiteren Sinne gleichgesetzt wird (so FINKE 1988: 582; PIETSCH 1981: 20), es zumindest aber wesentlich mit der Formulierung von Zielen zum Schutz und zur Entwicklung von „Natur und Landschaft“ - so das charakteristische Begriffspaar der Naturschutzgesetzgebung - zu tun hat, erscheinen grundsätzliche Überlegungen zu ihrem Bezugsobjekt angebracht. Dies nicht zuletzt auch, da der Begriff, den man sich von „Landschaft“ macht, eng damit zusammenhängt, wie „Landschafts“planung mit dem ihr zugeschriebenen Gegenstand umgeht; umgekehrt können veränderte Landschaften ihrerseits auf die sich damit verbindenden Begriffe zurückwirken (ACHLEITNER 1978: 127).

Landschaft - Natur - Umwelt

Zunächst bestehen neben „Landschaft“ mit „Natur“ und „Umwelt“ zwei weitere Begriffe, die vielschichtig gebraucht sowie in wechselseitiger Überschneidung teils auf ähnliche Bedeutungsfelder angewendet werden und dabei je für sich im Laufe der Geschichte einem Wandel unterlegen sind.
„Natur“ wird dabei ähnlich wie auch „Landschaft“ zum einen als kulturspezifisches Interpretationsschema verstanden, mit dem Menschen ihrer Außenwelt Bedeutung verleihen (BAHRDT 1990: 102) und damit Bedürfnisse zum Ausdruck bringen (MITTELSTRAß 1982: 65). Zum anderen steht jedoch Natur gerade in Abgrenzung zur subjektiv hineininterpretierten „Landschaft“ als objektive Gegebenheit (z.B. bei DINNEBIER 1995: 20). In diesem „objektiven“ Sinne ist Natur auch Gegenstand der „Natur“wis-

senschaften (MOHR 1987: 62f.), die es sich zur Aufgabe gemacht haben, die materielle Wirklichkeit zu erfassen. In der Anwendung der dabei erzeugten Ergebnisse von Wissenschaft und von Technologien konstruiert der Mensch als „Homo faber" sich zum einen seine Natur selber (MITTELSTRAß 1982: 77); er kann ihr in seiner Existenz gar nicht anders gegenübertreten, als daß er sie dabei verändert (BURCKHARDT 1978: 12). Zum anderen steht jedoch gerade in der Alltagssprache „Natur" oft als Gegenbegriff zu „Kultur", „Technik" oder „Kunst" (HEILAND 1992: 4; MOHR 1987: 62f.) bzw. bezeichnet über das Materielle hinaus das umfassende Grundprinzip allen Seins. Aufgrund dieser hier nur facettenhaft herausgearbeiteten Bedeutungsvielfalt, die von materiellen Gegebenheiten bis hin zur Natur als Seinsprinzip der Wirklichkeit überhaupt reicht, erscheint der Naturbegriff in sich insgesamt zu unbestimmt und teilweise auch widersprüchlich, um als Grundlage für Planung herangezogen zu werden.
Leichter fällt zunächst der Zugang zum Umweltbegriff, weil diesem im großen und ganzen eine einheitlichere Sichtweise zugrunde liegt. So besteht weitreichende Übereinstimmung, daß sich „Umwelt" immer mit einem Lebewesen als Bezugsobjekt verbindet und dabei in Anknüpfung an die von Jakob von Uexküll entwickelte Betrachtung die Gesamtheit derjenigen Bestandteile aus einer Umgebung umfaßt, die für die Existenz des jeweiligen Bezugslebewesens Bedeutung haben (BICK 1993: 266; HABER in ARL 1995: 967; SRU 1987: 39; SUMMERER 1989: 4ff.; abweichend allerdings ALBERT 1982: 3). Durch die Wahrnehmung und Existenz unterschiedlicher Lebewesen werden somit aus einer als Grundgegebenheit zu verstehenden „Natur" verschiedene „Umwelten" (HABER 1992b: 2; SUMMERER 1989: 6). Dadurch werden zugleich die Probleme deutlich, die sich an den Umweltbegriff knüpfen: Nicht nur ist die Umwelt einzelner Lebewesen verschieden von der des Menschen, sondern es besitzt im Grunde genommen auch jeder Mensch seine eigene Umwelt, die sich zudem aufgrund seiner jeweiligen Aneignung laufend wandelt. Diese Perspektiv-Gebundenheit und damit letztlich mangelnde intersubjektive Bestimmbarkeit des Umweltbegriffs läßt ihn - trotz des häufig verwendeten Begriffs „Umweltplanung" - als Bezugsgrundlage für Planungen nicht geeignet erscheinen.

Diskussion um den Wirklichkeitscharakter von „Landschaft"

Kaum weniger schwierig gestalten sich die Betrachtungen allerdings, wenn man sich dem Landschaftsbegriff zuwendet. „Landschaft" wird eine enge Bindung an die menschliche Wahrnehmung zugesprochen, womit sich gegenüber dem Umwelt- bzw. dem Naturbegriff zunächst eine Einengung verbindet, da nur die wahrgenommene bzw. wahrnehmbare Umwelt oder Natur zur „Landschaft" wird[1)] (BURCKHARDT

[1)] Umwelt umfaßt in der obigen Definition auch auf Lebewesen einwirkende Einflüsse, wie z.B. UV- oder radioaktive Strahlung, die zwar u.U. physiologische Veränderungen auslösen, selbst aber nicht wahrgenommen werden können.

1990: 23; RITTER 1990: 31). Zugleich geht mit „Landschaft" jedoch eine begriffliche Aufweitung einher, da sich mit ihr über ein vorgefundenes Muster von abiotischen, biotischen und anthropogenen Bestandteilen hinaus zugleich die Vorstellung einer übergreifenden Ganzheit verbindet, die sich z.B. in einzelnen Landschaftstypen (wie etwa „Gäulandschaft", „Heckenlandschaft", auch den gebräuchlichen Ausdrücken „Naturlandschaft" und „Kulturlandschaft"[2]) sowie darüber hinaus in Bedeutungen wie „Harmonie" oder „Einheitlichkeit" äußert, die dem Landschaftsbegriff gängigerweise zugesprochen werden (hierzu näher HARD 1970, 1972; HARD & GLIEDNER 1978).
Während Ganzheitlichkeit im Sinne eines angenommenen Wirkungs- bzw. Beziehungsgefüges und räumliche Ausdehnung bzw. räumlicher Bezug[3] zumindest den meisten Landschaftsdefinitionen als gemeinsame Charakteristika zugeordnet werden können, entspinnt sich eine kontroverse Diskussion um den Wirklichkeitscharakter des so bezeichneten Gebildes. Hier steht eine vor allem der Geographie entspringende klassisch-rationale Auffassung, die „Landschaft" in ihrer materiellen Gestalt als einen Ausschnitt der Erdoberfläche und damit als konkret faßbaren Bestandteil der menschlichen „Außenwelt" begreift (exemplarisch BICK 1993: 42; BASTIAN & SCHREIBER 1994: 30; LESER 1982: 98; NEEF 1967: 36 u. 1973: 116), solchen gegenüber, die „Landschaft" als Konstrukt unserer Kultur und unserer Wahrnehmung (BURCKHARDT 1990: 23; DINNEBIER 1996) bzw. als erst relativ spät in der Sprache verfestigte Sehfigur (HARD 1991: 14) und mithin als Konstruktion unserer „Innenwelt" verstehen. Einen zwischen beiden Polen vermittelnden Standpunkt nimmt beispielsweise NEEF (1967: 19ff.) ein, der „Landschaft" als aufgrund der Wahrnehmung selbstevidentes, d.h. unmittelbar einsichtiges Axiom der Geographie betrachtet, das sich demzufolge nicht definieren, sondern aufgrund des vorgefundenen Wahrnehmungseindrucks nur beschreibend formulieren läßt. Weiter stehen in einer solchen Zwischenstellung Auffassungen, für die „Landschaft" zwar ein tatsächlich vorhandenes Gebilde darstellt, das in der Abgrenzung seiner räumlichen Ausdehnung jedoch von der Betrachtungsebene abhängigen Zwecksetzungen folgt, die dazu dienen, die Mannigfaltigkeit der in der konkreten Örtlichkeit vorgefundenen Ausprägungen zu ordnen und zu typisieren (NEEF 1967: 33f.; SCHMITHÜSEN 1964: 12; TROLL 1950: 169). Selbst innerhalb der Geographie, die Landschaft als ihren ureigenen Forschungsgegenstand begreift (SCHMITHÜSEN 1964: 8; TROLL 1950: 163), ist somit das Spektrum der Auffassungen nicht einheitlich, wie weiterhin die Kritik des Geographen und Germanisten HARD (1991: 14; 1972) verdeutlicht: Dieser kommt aufgrund

[2] Die Begriffe stehen in Anführungszeichen, weil es „Naturlandschaft" und „Kulturlandschaft" in reiner Ausprägung nicht gibt: Da auf der Erde mittlerweile selbst in vom Menschen nicht besiedelten Gebieten Einflüsse spürbar sind, zum anderen aber auch jeder anthropogen geprägte Landschaftsraum zumindest noch einige natürliche Elemente enthält - und seien es die Menschen selber -, erscheint es sinnvoll, statt dessen von „naturbetonten" und „kulturbetonten" Landschaften zu sprechen.

[3] Als „Landschaft" wird normalerweise nur ein in seiner räumlichen Ausdehnung erfaßbarer bzw. beschreibbarer Bereich bezeichnet, nicht aber das Innere eines Raumes oder auch bspw. eines Waldes.

einer semantischen Analyse von Wortbedeutungen, die sich mit „Landschaft“ verbinden, zum Schluß, daß hier ein primär sprachlicher Inhalt bzw. ein im wesentlichen aus der Landschaftsmalerei stammendes ästhetisches Zeichen ungerechtfertigterweise zum Gegenstand der Wirklichkeit selbst umgedeutet wurde.

So stellt sich die Frage, ob „Landschafts“planung es nun mit Eingriffen in ein konkretes oder nur ein hypothetisches Gebilde zu tun hat. Ihr Hintergrund wird verständlicher, wenn man sich vergegenwärtigt, daß der heutige sprachliche Landschaftsbegriff und die damit verknüpften Vorstellungen sich im wesentlichen aus zwei unterschiedlichen, zunächst nur teilweise miteinander verbundenen Wurzeln entwickelt haben:
In der älteren Bedeutung steht zunächst das um 830 n. Chr. das erste Mal nachgewiesene alt- und mittelhochdeutsche Wort „lantschaft“ bzw. „lantscaf“, das im Sinne von „territorium“ und „regio“ einen politisch definierten Landstrich bzw. eine räumlich ausgegrenzte Gegend bezeichnete (GRUENTER 1953: 110; TROLL 1973: 255). Zugleich werden in frühen Quellen mit „Landschaft“ großräumige Siedlungs- und Stammesverbände belegt. Dieser Bezug auf die einheimischen, politisch handlungsfähigen Bewohner eines definierten Landstriches ging in der Neuzeit sukzessive auf den von diesen Personengruppen besiedelten politischen oder natürlichen Raum über. Die Silbe „schaft“ läßt sich auf das altgermanische „skapjan“ (= schaffen) zurückführen, das die Beschaffenheit des bezeichneten Gegenstandes bzw. die Zusammengehörigkeit seiner Bestandteile zum Ausdruck bringt (HABER in ARL 1995: 597f.; MÜLLER 1977: 4; NEEF 1967: 10). Die Auffassung von „Landschaft“ als räumlich-materieller Einheit von konkreter Beschaffenheit bzw. einer räumlichen Abfolge von Ökotopen als strukturellen Einheiten (HABER in ARL 1995: 601) nimmt maßgeblich auf diesen Ursprung Bezug. Weiterhin geht diese Wurzel des Landschaftsbegriffes eng mit politisch-territorialen Nutzungsansprüchen sowie daran geknüpften menschlichen Nutzungsformen einher, über die erst „Land“ zu einer „Landschaft“ mit bestimmter Eigenart wird (HABER 1996a: 300).
Neben diesem räumlich-territorialen Bedeutungsaspekt taucht der Begriff „Landschaft“ als Fachterminus der spätmittelalterlichen Malerei auf und bezeichnete als solcher ab dem 15. Jahrhundert einen gemalten Naturausschnitt (GRUENTER 1953: 110ff.), der sich zunächst als Szenerie im Hintergrund ausbreitete und sich im 17. Jahrhundert mit der Landschaftsmalerei Claude Lorrains, Nicolas Poussins und Salvator Rosas u.a. als eigenständiges Genre etablierte[4)]. Abgebildet wurden dabei keine tatsächlich gegebenen Landschaftsausschnitte, sondern ein ästhetisches Form-

[4)] Es bestehen dabei unterschiedliche Auffassungen, inwieweit sich diese zweite Wortbedeutung eigenständig entwickelt hat. So vertritt MÜLLER (1987: 9) die Ansicht, daß erst die zunehmende Verwendung des Wortes „Landschaft“ zur Bezeichnung räumlicher Einheiten die Voraussetzung für das Aufkommen des entsprechenden Terminus technicus in der Malerei geschaffen hat.

ideal widerspiegelnde Landschaftskompositionen, die in den Köpfen der Künstler entstanden waren. Erst als von der Landschaftsmalerei komponierte Bilder in die Beschreibungen der Dichtung insbesondere der Romantik einflossen, fand „Landschaft" als Bezeichnung für einen bildhaft-optischen Gesamteindruck Eingang in die Sprache vor allem der gebildeten Schichten und wurde zugleich über ihre dekorative Funktion hinaus bei Goethe, Jean Paul, Hölderlin oder Eichendorff zum Seelensymbol erhoben, d.h. mit erhabenen Stimmungen und Emotionen ausgefüllt. Im Zuge der im 19. Jahrhundert gleichzeitig verlaufenden Industrialisierung wurde der Begriff zugleich zu einem Symbol moderner Fortschrittskritik (HARD 1991: 14), in deren Zuge sich im übrigen auch der Naturschutzgedanke wesentlich herausgebildet hat. Die heute gängige Wahrnehmung einer menschlichen Umgebung als „Landschaft" vollzog sich in der Verschmelzung von Ideallandschaft und wirklicher Gegend, wobei vor allem die im englischen Landschaftsgarten künstlich ausgebildete „Landschaft" wie auch die in Italien tatsächlich vorgefundene Kulturlandschaft eine wesentliche Rolle spielten (DINNEBIER 1996).
Die bildhafte Wahrnehmung eines optischen Eindrucks als „Landschaftsbild" mußte in ihrem Ganzheitscharakter erst schrittweise erlernt werden und stellt sich als Ergebnis eines gesellschaftlichen Lernprozesses (BURCKHARDT 1978: 9) dar. Es gibt kein voraussetzungsloses Sehen im Sinne eines vollständigen Registrierens all dessen, was überhaupt an Reizen aus der Außenwelt aufgenommen werden kann. Während zu früheren Zeiten sich die optischen Eindrücke noch nicht zur „Landschaft" formten (und es, wie bis heute in anderen Kulturen der Fall, auch keinen sprachlichen Ausdruck dafür gab), stellt sich heute bei den meisten Menschen unseres Kulturkreises unbestritten ein ganzheitlicher Wahrnehmungseindruck ein, der, wie es die Neefsche Auffassung eines durch die Wahrnehmung vorgegebenen Axioms (NEEF 1967: 19ff.) verdeutlicht, als Teil der Wirklichkeit empfunden wird. In der Erkenntnistheorie wird in diesem Zusammenhang oft die (insbesondere in Kap. E.2.1 näher erläuterte) Auffassung vertreten, daß jedwede Wahrnehmung bereits „theoriegetränkt" ist (POPPER 1984b: 72) und es keine von vorgefaßten Theorien unabhängige Möglichkeit gibt, die Wirklichkeit bewußt zu erfassen (KUHN 1998a: 17). Man kann sich demnach fragen, inwieweit zwar - sicherlich - „Landschaft" ein gesellschaftlich vermitteltes Konstrukt ist, das sich aber nichtsdestoweniger aufgrund der zwangsläufigen „Theoriegeprägtheit" jedweder Wahrnehmung uns in unserem Hier und Jetzt als gleichsam unentrinnbar darstellt und mit dem deshalb als Teil unserer Lebenspraxis auch planerisch umgegangen werden muß.
Die Wahrnehmung von „Landschaft" als ganzheitlichem Bild erfolgt damit als ein schöpferischer Akt, bei dem wir gewöhnlich das sehen, was wir zu sehen gelernt haben, der aber zugleich auch einem Wandel unterliegt, indem jede Epoche die Augen für neue Aspekte öffnet (LEHMANN 1973: 48, 64). So kann nur spekuliert werden, was für einen Einfluß u.a. die heutige Reizüberflutung durch die Medien auf die Wahrnehmung von „Landschaft" haben wird, in der beispielsweise in der Werbung über-

wiegend nicht mehr auf langsamen Genuß, sondern auf eine rasche Abfolge möglichst vieler „Highlights" aus unterschiedlichen Landschaftsräumen abgestellt wird. Auch bot sich beispielsweise im Gegensatz zu den über Jahrhunderte flächendekkend vom Menschen geprägten kulturbetonten Landschaften Mitteleuropas die „Neue Welt" des nordamerikanischen Kontinents zunächst flächendeckend und in Teilen bis heute als zu erschließende „Wildnis" dar.[5] So verwundert es nicht, daß die Diskussion um einen etwa in der Umweltbildung, bei Unterschutzstellungen wie auch im planerischen Management zu berücksichtigenden „Wildnisgedanken", der sich mit der Aufgabe menschlicher Eingriffe und Zweckbestimmungen verbindet, wesentlich aus dem nordamerikanischen Kulturkreis ihren Ausgang nimmt (TROMMER 1992). Derartige Sehgewohnheiten bedürfen nicht zuletzt auch einer Reflexion im Hinblick auf ihre praktische Umsetzbarkeit in planerische Leitbilder.

Den Ganzheitscharakter von Wahrnehmungseindrücken versucht man in den Sozialwissenschaften beispielsweise mit sogenannten „semantischen Differentialen" zu messen, in denen die einem Untersuchungsgegenstand zugemessene Bedeutung anhand von Begriffspaaren, die durch Skalen verbunden sind und gegensätzliche Eigenschaften ausdrücken, verortet wird. Auch bei einer solchen Vorgehensweise muß „Landschaft" bereits in einzelne Begriffskomponenten (wie z.B. schön-häßlich, offen-begrenzt, harmonisch-disharmonisch) aufgeschlüsselt werden. Die Naturwissenschaften können mit ihrem Erfassungs- und Meßrepertoire um so mehr notgedrungen nur reduktionistisch an einzelnen quantitativ oder qualitativ bestimmbaren Parametern ansetzen. Aufgrund ihrer Vorgehensweise sind sie zwar imstande, einzelne Bedingungen, nicht aber das lebensweltlich erfahrene Gesamtphänomen zu erfassen (PÖLTNER 1991: 250). So betont für das ganzheitliche Phänomen „Landschaft" bereits NEEF (1967: 27), daß die „geographischen Dinge" nur am konkreten „Topos" in ihrer jeweils individuellen Ausprägung bezüglich Lage, Lagebeziehungen und Wirkungen erfaßbar sind und jede darüber hinausgehende Zusammenfassung und Typisierung verschiedener Meßpunkte bereits eine Abstraktion bedeutet. Auch die (Landschafts-) Ökologie ist mit ihrem Methodenrepertoire nicht imstande, diese Ganzheit unmittelbar zu erfassen (TREPL 1996: 15), sondern vielmehr auf eine interpretierend-theoretische Einordnung des Erhobenen angewiesen, was jedoch auch für manch andere Wissenschaftsdisziplin zutrifft.
Der wahrgenommene und als Forschungshypothese begreifbare Gegenstand „Landschaft" zerfällt, wenn es um die Ansatzpunkte für Untersuchungen geht, gleichsam in die Gegenstände verschiedener Wissenschaftsdisziplinen und bedarf verschiedener

[5] Bewußt wird hier nicht von „Naturlandschaft" oder auch nur „naturbetonter Landschaft" gesprochen, denn dieses Land war gleichwohl - wenn auch für mitteleuropäische Augen nicht unmittelbar wahrnehmbar - von Menschen besiedelt und in unterschiedlicher Weise geprägt, nämlich von den verschiedenen Indianerstämmen, die den nordamerikanischen Kontinent über die Beringstraße kommend vor etwa 15.000 Jahren zu besiedeln begannen (FAGAN 1992: 162ff.).

Herangehensweisen, die seiner Vielschichtigkeit gerecht werden (TREPL 1996: 24; daneben auch bereits NEEF 1967: 40f.; SCHMITHÜSEN 1963: 18). Hinzu kommt, daß auch menschliches Handeln und damit planerische Maßnahmen letztlich immer nur an Ausschnitten der Wirklichkeit ansetzen können, nichtsdestoweniger aber der Hypothese eines Wirkungsgefüges „Landschaft“ bedürfen, um Ansatzpunkte für das Handeln aus einem größeren Zusammenhang heraus zu definieren und dieses auch zu problematisieren.

Das Bedeutungskontinuum des Landschaftsbegriffs und seine Konsequenz: analytische Auflösung und praktische Synthese

Die heutige Vorstellung von „Landschaft“ hat sich demnach im wesentlichen aus der Verknüpfung und Überlagerung eines zunächst vor allem politisch verstandenen, dadurch zugleich mit menschlichen Nutzungsansprüchen verknüpften Raumes zum einen und eines zunächst nur gemalten, bildhaften Umweltausschnittes, eines physiognomischen Eindrucks, zum anderen entwickelt. In der Beschäftigung mit „Landschaft“ sind daraus verschiedene Schulen u.a. einer ästhetischen Landschaftskunde einerseits, einer kausalanalytisch-genetischen Landschaftsforschung andererseits, entstanden (HABER 1996a: 300). Beide können das von ihnen jeweils unterschiedlich definierte ganzheitliche Gebilde nicht als solches erfassen, sondern müssen sich ihm methodisch mit unterschiedlichen Herangehensweisen nähern. Die derzeitige Verwendung des Begriffes „Landschaft“ ist deshalb so vielschichtig, weil die heutigen Wortbedeutungen nicht unmittelbar aus Vorläufern entstanden sind, sondern sich aus verschiedenen sprachlichen Wurzeln entwickelt haben, wobei sich das bildhaft-physiognomische und das räumlich-regionale Bedeutungselement zudem im Zuge kulturgeschichtlicher Umwälzungen wechselseitig überlagert haben. Dies gilt nicht nur für die Alltagssprache, sondern auch für die Sprache der Wissenschaft (HARD 1969: 252), im besonderen auch für den Alexander von Humboldt zugeschriebenen und oft als Prototyp der wissenschaftlichen Landschaftsauffassung (SCHMITHÜSEN 1964: 8) zitierten Ausdrucks des „Totalcharakters einer Erdgegend“, der sich sowohl auf einen umgrenzten Raum als auch auf dessen physiognomischen Typus bezieht.[6] Entsprechend stellen sich sowohl die physiognomische Charakterisierung von Landschaften (z.B. LEHMANN 1973) als auch die räumliche Gliederung und hierarchische Ordnung des Raumes (exemplarisch NEEF 1967) als Inhalte der Geographie dar.

Dies führt zu der Auffassung, daß im heutigen Sprachgebrauch die mit dem Wort

[6] Der A. v. Humboldt zugeschriebene, aber wohl nicht von ihm selber stammende Begriff von Landschaft als dem „Totalcharakter einer Erdgegend“ wurde anhand der südamerikanischen Llanos des Orinoco als konkretem Raum geprägt (SCHMITHÜSEN 1964: 18); er läßt sich nach HARD (1970) zum anderen wesentlich auf die im frühen 19. Jahrhundert vorherrschende ästhetische Landschaftsauffassung der kunstphilosophischen Literatur zurückführen, die ihrerseits von den Bildern der Landschaftsmalerei inspiriert ist, und nimmt somit auf beide Wurzeln des Landschaftsbegriffs gleichermaßen Bezug.

„Landschaft" belegten Gebilde und Vorstellungen aufgrund ihrer vielfältigen Überlagerung ein begriffliches Kontinuum bilden, das sich von der am konkreten Topos faßbaren, zumindest qualitativ beschreibbaren Wirklichkeit bis zur abstrakten Idee erstreckt. Als Dimensionen dieses Kontinuums sind zu nennen (JESSEL 1995a: 8):

- „Landschaft" als auf unterschiedlichen Ebenen abgrenzbare räumlich-materielle Einheit, die sich aus einzelnen abiotischen, biotischen und anthropogenen Bestandteilen relativ einheitlicher Ausprägung mitsamt den zwischen ihnen bestehenden stofflichen und energetischen Wechselwirkungen zusammensetzt. Dies entspricht zunächst einer überwiegend strukturellen Auffassung von „Landschaft", wie sie z.B. HABER (in ARL 1995: 600) vertritt und schließt darüber hinaus Landschaftsdefinitionen wie die von LESER (1991: 73ff.) ein, die das funktionale Wirkungsgefüge der Bestandteile herausstellen.
- „Landschaft", die im Sinne des Alexander von Humboldt zugeschriebenen Ausdrucks des „Totalcharakters einer Erdgegend" den physiognomischen Gestaltcharakter eines Ausschnittes der Erdoberfläche beschreibt. Dieser stellt eine erste Abstraktion von dem Gefüge der einzelnen Bestandteile dar und drückt sich etwa in verschiedenen, verallgemeinert dargestellten Typen aus, wie „Moränenlandschaft", „Gäulandschaft" oder „Bördenlandschaft".
- „Landschaft" als bildhafter, über die Wahrnehmung der materiellen Gegebenheiten hinaus in diese hineininterpretierter Idealzustand. Ein Beispiel ist das gängige Ideal einer „typischen", kleinteiligen Kulturlandschaft, wie sie u.a. aus Bildern und Karten des letzten Jahrhunderts vielfach belegt ist und auch heute von manchen Planern als anzustrebender Leitzustand betrachtet wird.[7)]
- „Landschaft" als ein abstrakter Ausdruckswert einer komplexen Ganzheit, der als Schema des Fühlens und Erlebens (HARD 1991: 14f.) und als subjektiver Erlebnisraum (FROHMANN 1997: 205) etwa die „Seelenlandschaft" oder „Gefühlslandschaft" kennzeichnet sowie darüber hinaus metaphorisch auf Ganzheiten anderer Phänomenbereiche, z.B. die „politische Landschaft" oder die „Medienlandschaft", übertragen wird.

Es ließen sich sicherlich noch weitere Untergliederungen zu den Bedeutungen des Landschaftsbegriffes herausarbeiten (vgl. auch HARD 1977: 16ff.; SCHMITHÜSEN 1964: 7f.). Deutlich werden über die Vorstellung eines solchen Kontinuums, in dem die sich überlagernden Schwerpunkte vielfach nur analytisch trennbar sind, der sprachliche Gebrauch und die mit „Landschaft" verbundenen Vorstellungen als Zwittergestalt zwischen den Polen von Objekt und Subjekt (DINNEBIER 1996: 270; GÜSE-

---

[7)] So trägt beispielsweise ein erst kürzlich veröffentlichtes „Landschaftsentwicklungskonzept für die Region Ingolstadt" - obwohl vom Titel her den Anspruch eines in die Zukunft gerichteten *Entwicklungs*konzeptes vertretend - auf dem Einband die Wiedergabe einer modifizierten historischen Karte des Königreichs Bayern aus dem 19. Jahrhundert (LFU 1996). Der betreffende Raum ist jedoch einer der hauptsächlichen Wachstumsräume Bayerns und augenblicklich geprägt durch starke Industrialisierung (Automobil- und Raffinerieindustrie), großflächigen Rohstoffabbau und starke Zunahme der Siedlungsflächen.

WELL & DÜRRENBERGER 1996: 27). Der Wirklichkeitscharakter des so bezeichneten Gebildes bedürfte einer eingehenden Erläuterung, da die Sprache nicht nur Vorgefundenes bezeichnet, sondern auch durch den Sprachgebrauch eigene Wirklichkeiten erst geschaffen werden (u.a. EDELMAN 1995; 231; FEYERABEND 1990: 17ff.) und die außerhalb von uns befindlichen Objekte sowie das darauf bezogene subjektive Erleben in einer Wechselbeziehung stehen (FROHMANN 1997; LORD 1995). Für die Praxis ist es jedoch weniger relevant, die philosophisch getönte Frage zu stellen, ob und inwieweit es „Landschaft" tatsächlich gibt, sondern vielmehr, was ein mit einem bestimmten Inhalt belegter Landschaftsbegriff für das Handeln zu leisten vermag. Dabei ist für wissenschaftliches Vorgehen weder die Vorstellung von „Landschaft" als materieller Einheit noch die einer komplexen Ausdrucksgestalt operationalisierbar, sondern es können jeweils nur Einzelaspekte herausgegriffen und im Rahmen konkreter Fragestellungen bearbeitet werden. Daneben steht jedoch die Vorstellung von „Landschaft" in ihren durch das Kontinuum beschriebenen Aspekten als fruchtbares heuristisches Prinzip, dem sich letztlich mit HARD (1972: 76) auch einer ihrer schärfsten Kritiker nicht verschließt. „Landschaft" wird so zum Interpretationsrahmen, der z.B. dazu dient, Untersuchungen ausreichend aufzufächern bzw. sich gezielt der Erforschung bestimmter räumlicher Zusammenhänge zu widmen; umgekehrt hilft dieser Rahmen bei der praktischen Umsetzung, die verschiedenen Einzelaspekte wieder zusammenzuführen, indem er etwa bei der Anordnung verschiedener Nutzungstypen zu einem aus dem Modell „Landschaft" heraus definierten und als optimal erachteten Nutzungsmuster Unterstützung leistet. Dabei ist es notwendig, in wissenschaftlichen Erörterungen sowie für konkrete Untersuchungen die verschiedenen Landschaftsbedeutungen analytisch voneinander zu trennen (so auch DINNEBIER 1996: 10, Fn. 36; LEHMANN 1973: 39). Landschaftsökologie und Landschaftsästhetik etwa sind Wissenschaftsbereiche, die an unterschiedlichen Enden des Kontinuums ansetzen und sich in den von ihnen herangezogenen Parametern und Vorgehensweisen unterscheiden. Gleichwohl bestehen zwischen ihnen enge Beziehungen, die sich zwar nicht über die einfache Formel „Was ästhetisch schön ist, ist zugleich auch ökologisch gut!" fassen lassen, wohl aber darin äußern, daß z.B. eine aus ökologischer Sicht charakteristische Ausprägung eines Biotopmusters in einem Raum sich zugleich auch in charakteristischen Wahrnehmungseindrücken niederschlägt (JESSEL 1993: 25). Daß es wenig sinnvoll ist, das Kontinuum auseinanderzubrechen, indem man beispielsweise die räumlich-materielle Landschaftsvorstellung ausklammert und für sie nach neuen Begriffen sucht, zeigt sich auch darin, daß sich hierfür geprägte und definitorisch sicher klarer zu fassende Begriffe wie „Geokomplexe" (FINKE 1994: 50), „Choren" (NEEF 1967: 84ff.) oder „Geoökologie" anstelle von „Landschaftsökologie" (TROLL 1970, zit. nach HABER 1996: 303) bislang nicht haben durchsetzen können.

Zum Verständnis von Landschaft läßt sich damit für die nachfolgenden Ausführungen - nunmehr unter Wegfall der Anführungszeichen - festhalten:

Landschaft ist über die Wahrnehmung - wenn auch aus einer kulturhistorischen Entwicklung heraus - reell erfahrene lebensweltliche Wirklichkeit, wie auch - aufgrund der Grenzen menschlicher Meß- und Untersuchungstechniken - notwendige Abstraktion bzw. Interpretationsrahmen zugleich. Sie ist ein wesentliches Vehikel, um die räumliche Synthese verschiedener Forschungsansätze zu bewältigen und damit gerade in der praktischen (planerischen) Umsetzung von Maßnahmen im konkreten Raum zu Ansätzen zu gelangen, die die ganzheitliche Alltagserfahrung berücksichtigen.

Ein solcher Landschaftsbegriff, der einen Rahmen für die in einem zu bestimmenden Raum vorzufindenden Bestandteile, deren Zusammenwirken sowie die daran geknüpften Bedeutungen bildet, erscheint am ehesten als Grundlage für räumliche Planung geeignet. Dabei sind im Prinzip alle dargestellten Dimensionen gleichermaßen von Bedeutung, sowohl das unmittelbare Ansetzen praktischen Handelns an der Struktur wie auch das Erschließen und die Verdeutlichung von Bedeutungsfeldern, wird doch durch Planung nicht zuletzt auch versucht, ein durch die gesellschaftliche Wahrnehmung gewonnenes Bild von Landschaft vorwegzunehmen und anschließend in konkreten Mustern zu verwirklichen. *Die „Landschafts"planung ist dabei gezwungen, zu ihrem Gegenstand eine Zwitterstellung einzunehmen: Landschaft ist für sie in ihrem Handeln zwar notwendiger räumlicher Bezugsrahmen bzw. Interpretationsgrundlage im Hinblick auf die damit sich verbindenden Bedeutungen und Wahrnehmungen; zugleich steht sie aber vor dem Problem, daß sie Landschaft im Ganzen für ihr Handeln eigentlich nicht operationalisieren kann, sondern nur an Ausschnitten der wahrgenommenen Wirklichkeit ansetzen kann bzw. sie für die von ihr durchgeführten Erhebungen und Untersuchungen analytisch in einzelne faßbare Bestandteile aufgliedern muß.*

Für die Planung von Maßnahmen im konkreten Raum sind dabei alle beschriebenen Dimensionen des Landschaftsbegriffes gleichermaßen wichtig, will man nicht das betreiben, was NOHL (1996) treffend als einen „halbierten Naturschutz" kritisiert. Welcher der verschiedenen Standpunkte gegenüber als Landschaften bezeichneten Gebilden eingenommen wird, hängt von der jeweiligen Fragestellung und den damit verbundenen Hypothesen ab.

Wenn im folgenden nun insbesondere auf Landschaft als Hypothese eines raumzeitlichen Wirkungsgefüges von abiotischen, biotischen und anthropogenen Bestandteilen als planerischer Interpretationsrahmen Bezug genommen wird, so heißt dies nicht, daß den anderen Dimensionen keine Bedeutung zuzumessen ist. Es handelt sich vielmehr um die oben angesprochene notwendige analytische Eingrenzung, da eine umfassende Aufarbeitung aller Dimensionen im Hinblick auf ihre Berücksichtigung im planerischen Handeln eine eigene umfangreiche Arbeit erfordern würde, die insbesondere unter Einbeziehung sozialwissenschaftlicher und psychologischer sowie kulturhistorischer Aspekte zu leisten wäre.

A.2.2 Landschaften als Gegenstand menschlicher Beeinflussung

„Der Mensch kann der Natur nicht gegenübertreten, ohne sie zu verändern"
(Lucius Burckhardt: Landschaftsentwicklung und Gesellschaftsstruktur, 1978: 12)

Spätestens mit der neolithischen Revolution, mit dem Aufkommen von Ackerbau und Viehzucht, mußte sich der Mensch die dazu notwendigen Lebensbedingungen durch Veränderung seiner Umgebung selber schaffen. Daß Menschen die ihnen gemäße Umwelt, die je nach Kulturkreis sehr unterschiedlich sein kann und das einschließt, was in Mitteleuropa als „Kulturlandschaft" bezeichnet wird, selber herstellen, wurde zugleich zur Voraussetzung, um die Erde in zunehmender Anzahl und Dichte zu besiedeln (BÄTZING 1988: 5; RENN 1996: 106). Menschliche Nutzökosysteme, wie auch viele Haustierrassen, können nicht aus sich selber heraus bestehen, sondern würden sich mehr oder minder schnell verändern, wenn der Mensch seine regelmäßigen Eingriffe einstellte. Diese Eingriffe gehen mit bewußtem und vorausschauendem Handeln einher, wie das Beispiel land- und forstwirtschaftlicher Tätigkeiten zeigt, durch die erst nach Monaten bzw. Jahrzehnten nutzbare Erträge erzielt werden können.
Die heute zwar nur mehr hypothetisch vorstellbare, keiner menschlichen Beeinflussung ausgesetzte „Naturlandschaft" unterliegt dabei vielfach einer größeren natürlichen und zudem unvorhersehbaren Dynamik als die durch menschliches Eingreifen künstlich stabil gehaltene kulturgeprägte Landschaft: Durch Kultivierungs- und Schutzmaßnahmen wie Düngung, Schädlingsbekämpfung, das Eindeichen von Flußauen oder Wildbach- und Lawinenverbauung ist im menschlichen Lebensraum hohe Persistenz, d.h. ein über längere Zeiträume mehr oder weniger unverändertes Existieren, das durch menschliche Steuerung aufrechterhalten wird, an die Stelle der von Natur aus eigenen hohen Resilienz getreten, die sich in einer ungleichmäßigen Abfolge verschiedener Zustände bzw. in einem dynamischen Oszillieren um einen bestimmten, oft nur hypothetisch anzunehmenden „Normalzustand" ausdrückt (HABER 1979: 22f.). Dies gilt insbesondere für durch regelmäßige Stoffentnahme (Ernte) und Stoffzufuhr (Düngung) stabil gehaltene Agrarökosysteme. Auch stellt sich beispielsweise ein in bäuerlicher Plenterwirtschaft kleinteilig genutzter Mischwald über die Zeit hinweg in Erscheinungsbild, Artenzusammensetzung und Strukturaufbau u.U. stabiler dar als ein natürlicher Buchenwald, der über den altersbedingten Zusammenbruch größerer zusammenhängender Bereiche einen natürlichen Wandel durchlaufen mag. Umgekehrt hat sich durch die künstlich geschaffene hohe Persistenz die Abhängigkeit des Menschen von seiner Umgebung noch verstärkt. MITTELSTRAß (1982: 67), der diese Beeinflussung als „Aneignung" bezeichnet, weist darauf hin, daß „Natur"[8], die bei solcher Aneignung „zurückschlägt", dies aufgrund der

[8] MITTELSTRAß (1982: 67) selber gebraucht hier den Begriff „Natur"; dieser wird wegen seiner bereits dargelegten mangelnden Bestimmbarkeit und Faßbarkeit in Anführungszeichen gesetzt.

durch technische Artefakte zusätzlich bedingten Sekundärfolgen in weitaus stärkerem und für den Menschen gefährlicherem Maße tut als die nichtangeeignete, d.h. unveränderte „Natur".

Im mitteleuropäischen Kulturraum sind über die Zeit hinweg flächendeckend von menschlichen Nutzungen geprägte Landschaften entstanden, die im Regelfall nicht mehr aus sich heraus stabil sind und in denen die künstlich herbeigeführte hohe Persistenz durch Über- wie durch Unternutzung gleichermaßen aufgehoben werden kann (BÄTZING 1991: 194, 1988: 13; SCHERZINGER 1996: 233f.). Am Beispiel der Alpen, einem Landschaftsraum mit hoher natürlicher Dynamik, wird dies besonders deutlich: So kann an den Berghängen der Almen der Bodenabtrag nicht nur durch übermäßige Beweidung oder Mahd, sondern auch durch Einstellung dieser traditionellen Nutzung zunehmen, da die nicht mehr geschnittenen oder vom Vieh abgeweideten und somit im Herbst sehr lang gewordenen Grashalme im Winter in den Schnee einfrieren und durch allmählich hangabwärts gleitenden Kriechschnee mit den Wurzeln aus dem Boden herausgerissen werden. Ohne Aufrechterhaltung der regelmäßigen menschlichen Eingriffe würde hier allmählich die Vegetationsdecke zerstört und der Boden abgetragen werden (BÄTZING 1991: 192). In ähnlicher Form führt die gezielte forstliche Nutzung und Pflege vieler Bergwälder dazu, sie vor Überalterung und damit flächenhaftem Zusammenbruch zu bewahren. Über diesen künstlich aufrechterhaltenen stabilen Zustand bleiben ihre Schutzfunktionen für die Tallagen vor Erosion, Lawinen und Murenabgängen besser erhalten (BÄTZING 1991: 127). Auch im Flachland können nicht nur bei Übernutzung, sondern u.U. auch bei Nutzungsreduzierung oder -einstellung Folgeprozesse eintreten, die mit unerwünschten Nebenwirkungen einhergehen. So wäre beispielsweise bei einem Brachfallen vormals intensiv bewirtschafteter, über lange Zeit hinweg aufgedüngter Standorte zunächst damit zu rechnen, daß es infolge der nunmehr fehlenden Entnahme von Biomasse zu einer starken Stickstoffmineralisation mit entsprechenden Austrägen kommt (DIERßEN & SCHRAUTZER 1997: 100) und sich in der Artenausstattung überwiegend Ubiquisten einstellen (HÜBNER 1994).

Darüber, daß das Wirken des Menschen in Landschaften zwar gegenüber der ursprünglichen Dynamik vielfach zu höherer Persistenz geführt hat, darf jedoch nicht vergessen werden, daß gleichzeitig ein kontinuierlicher, wechselseitiger Anpassungsprozeß des Menschen und seiner Umgebung wirksam ist, in dem bei neuen Anforderungen (zwangsläufig) nach dem Versuchs- und Irrtumsprinzip (BÄTZING 1991: 60) vorgegangen wird und so eine Ko-Evolution von Mensch und Landschaft (WEINMEISTER 1994: 18) erfolgt. So kam es durch beständige Ressourcenentnahme (z.B. aus den Wäldern durch Waldweide und Herausrechen der Streu) bzw. Ressourcenanreicherung an anderer Stelle des öfteren zu „Fehlschlägen" in Form von Überbeanspruchungen, die zu einer Modifizierung der Landnutzung führten und dabei eine nahezu flächendeckende Funktionalisierung der Landschaften Mitteleuropas in unterschiedlichen Intensitätsgraden zeitigten. MESSERLI (1989: 14f.) konnte,

Jhd.	Chronologie	Ursache	Folge
14.	Bannbrief von Andermatt, 25.07.1397 zum Schutz des Dorfwaldes.	Zerstörung des Schutzwaldes durch Kahlschlag und Übernutzung.	Bedrohung und Zerstörung der Siedlung und des Talbodens durch Lawinen, Steinschlag und andere Naturgefahren.
ab 16.	Probleme der Übervölkerung im Berggebiet; Ernährungsbasis wurde oft überschritten.	Bevölkerungswachstum besonders nach den Patrizier- und Glaubenskriegen.	Druck auf die landwirtschaftliche Nutzfläche und auf den Wald. Regulierung durch temporäre oder definitive Abwanderung.
16./17.	Übernutzung und Degradierung der Alpweiden.	Hochblüte der Alpwirtschaft, Käse und Zuchtvieh fanden auf den europäischen Märkten guten Absatz. Quelle des Reichtums der Berglandwirtschaft war die Alpwirtschaft. Produktionslenkung durch auswärtige Grundbesitzer.	Reglementierung der Alpbestoßung und Pflege, oft auf Initiative der Bauern mit den Grundeigentümern. Bsp. Pays-d'Enhaut: im 16. Jhd. Festlegung der Unterhaltsarbeiten auf den Alpweiden, im 17. Jhd. Festlegung der Besatzzahl ohne die Gemeinden.
19.	Raubbau am Bergwald durch Kahlschlag und Übernutzung	Großer Holzbedarf für industrielle Eisenverhüttung und Industrialisierung im Mittelland; großer Brennholzbedarf im Berggebiet und intensive Waldweide (50.000 Ziegen im Berner Oberland).	Kumulative Effekte führen zu Überschwemmungskatastrophen im schweizerischen Mittelland (1868). Kantonale Forstgesetze und Forstpolizeigesetzgebung 1876 und 1902.
20.	Brachlandentwicklung	Strukturwandel in der Landwirtschaft; starker Rückgang der Betriebszahl 1955-75 (- 27 %).	Unkontrollierte Waldflächenentwicklung, Zunahme der Erosionsschäden.
	Tourismus: Breitenentwicklung des Skisports nach 1950	Explosionsartige Ausbreitung der Transportanlagen für den Skisport (heute 1.200 Skilifte im Betrieb), des Pistenbaus und der Pistenpräparierung.	Zerstörung der Vegetationsdecke, Erosionsschäden, Beeinträchtigung des Landschaftsbildes.
	Wald: chronische Unternutzung und Belastung durch Luftschadstoffe	Holzpreisverfall, steigende Arbeitskosten, anhaltend starke und steigende Luftbelastung.	Ungünstige Bestandsentwicklung, abnehmende Stabilität und Schutzwirkung, Anfälligkeit für Sekundärschäden.

Abbildung A\1

Ökologische Probleme im Schweizer Berggebiet und Reaktionen des Menschen; Übersicht mit Fallbeispielen (keine Vollständigkeit; nach MESSERLI 1989: 14f.).

gleichfalls am Beispiel des Alpenraumes, zeigen, wie hier jede Epoche bestimmte Probleme bei der Nutzung der Landschaft zur Folge hatte, denen durch neue Anpassungen begegnet werden mußte: Von gesellschaftlichen Maßnahmen gegen die Übernutzung des Hochwaldes im Alpenraum durch Rodung im 14. und 15. Jahrhundert, die gleichfalls zu regelnde Überbestoßung der Alpweiden im 16. und 17. Jahrhundert bis hin zu den heutigen Herausforderungen durch Tourismus und Waldsterben (vgl. Abb. A\1).

Zu diesem kollektiven Veränderungs- und Anpassungsprozeß tritt eine individuelle Beziehung des Menschen zu den ihn umgebenden Landschaften. Diese drückt u.a. die Informationsfunktion von Ökosystemen aus, die neben der Produktions-, Regelungs- und Trägerfunktion als eine der Grundfunktionen von Ökosystemen gesehen wird (SRU 1987: 40, Tz. 14). Sie beschreibt den Austausch von Informationen zwischen Mensch und Umwelt, die zur Orientierung, zur Wahl eines bestimmten Verhaltens und zur Regelung der Bedürfnisbefriedigung dienen (SRU 1987: 41, Tz. 17), umgekehrt aber auch zu dem Bestreben führen, die Umwelt gemäß der eigenen Bedürfnisse planvoll zu verändern.
Diesen Prozeß zwischen Mensch und Umwelt, der zum Ziel der Lebensgestaltung in Gang gesetzt und geregelt wird und sowohl individueller als auch kollektiver Art sein kann, beschreibt zusammenfassend der erwähnte Begriff der Aneignung (NOHL 1983a: 14). Dabei wird „nicht nur die äußere Natur der Dinge (...) aneignend verändert, sondern die (...) Menschen verändern ebenso ihre eigene, innere Natur, ihr eigenes Wesen; indem sie die Natur planvoll und schöpferisch umgestalten, entwikkeln sie ihre eigene Persönlichkeit, ihre Fähigkeiten und Fertigkeiten weiter" (NOHL 1983a: 16). Deutlich wird so, daß Menschen ihre Umgebung, so auch Landschaften, wesentlich über ihr Handeln erfahren und verändern.

Die kulturbetonten Landschaften Mitteleuropas sind zwar als Ganzes - bis auf Ausnahmen einer systematischen Kulturnahme insbesondere größerer Moor- und Feuchtbereiche - kaum je geplant worden. Dennoch hat sich hier der Mensch über seine Aneignung gegenüber den natürlichen Bedingungen Lebensräume von vielfach höherer Stabilität (Persistenz) geschaffen, die über längere Zeiträume hinweg betrachtet zugleich einer kontinuierlichen Anpassung und permanenten Weiterentwicklung unterliegen. Weil Menschen in Landschaften sowohl kurz- als auch langfristig gesehen um vorausschauendes Handeln nicht herumkommen, stellt sich die Frage nach den Möglichkeiten und Grenzen bewußten Eingreifens. Dabei bedürfen die im Sinne von „Planung" üblicherweise angewendeten systematischen Vorgehensweisen einer vertiefenden Betrachtung und Hinterfragung.

A.3. Arbeitsfelder der Ökologie und Rolle der Landschaftsökologie

Vor dem Hintergrund des gestellten Themas ist die Aufgabe der Arbeit weder darin zu sehen, eine Einführung in ökologische Grundlagen zu geben, noch prinzipiell planungsrelevante ökologische Konzepte im einzelnen vorzustellen und zu diskutieren. Vielmehr gilt es, zunächst kurz zu charakterisieren, wie sich das ökologische Aufgabengebiet entwickelt hat und wie es sich im Hinblick auf die Bereitstellung von Grundlagen strukturiert, auf die ökologisch orientierte Planung zurückgreifen kann.

Von ökologischer Wissenschaft zur „Ökologisierung“ verschiedener Lebensbereiche - Anmerkungen zur Entwicklung des Ökologiebegriffs

Auch wenn der Begriff Ökologie erst 1866 von Ernst Haeckel geprägt wurde, reichen doch „ökologische“ Forschungsansätze und Betrachtungsweisen weiter zurück (ODUM 1980: 3). Wesentliche Wurzeln können in der beschreibenden Naturgeschichte des 17. und 18. Jahrhunderts gesehen werden (TREPL 1987: 18, 26). Folgt man weiterhin TREPL (1987: 89ff.), der einen wichtigen Nährboden für die spätere Ökologie in der Zeit um 1800 mit dem Entstehen von Begriffen wie „Leben“ und „Milieu“ sah, wobei es die Existenz von Lebewesen untereinander sowie zum sie umgebenden Milieu zu verstehen galt, so fallen wichtige Voraussetzungen für die spätere Wissenschaft in das Zeitalter der Aufklärung, das neben sozialen Entwürfen und dem Rousseauschen Willen zur Formung eines neuen, mündigen Menschen insbesondere auch von Begriffen wie „Naturbeherrschung“ und „Naturunterwerfung“ geleitet war. Demnach sei die Vermutung geäußert, daß eine wichtige Motivation für die spätere Wissenschaft nicht nur darin lag, Abläufe und Beziehungen in der Natur um ihrer selbst willen zu verstehen, sondern letzten Endes auch, sie mit diesem Wissen beeinflussen zu können.
Von HAECKEL (1866: 286) wurde Ökologie dann zunächst als Lehre von den Beziehungen von Lebewesen zur umgebenden Außenwelt bestimmt, also als das, was man heute als Autökologie bezeichnet. Während sich den meisten Autoren zufolge (z.B. BICK 1993: 2; WITTIG in KUTTLER 1993: 233) Haeckel überwiegend auf die Tierökologie bezog, wird von anderer Seite die dominierende Rolle betont, die die Pflanzenökologie, insbesondere die Pflanzengeographie und -soziologie, bis über die Jahrhundertwende hinweg spielte (TREPL 1987: 30f.). Auf jeden Fall durchliefen Tier- und Pflanzenökologie zunächst lange Zeit eine weitgehend voneinander getrennte Entwicklung, was sich bis heute als erschwerend sowohl für ein gemeinsames Selbstverständnis „der“ Ökologie als auch für eine gemeinsame Sichtweise verschiedener planungsrelevanter ökologischer Theorien und Konzepte erweist. Ausgehend von ihrer ursprünglich wesentlich autökologischen Bestimmung erfolgte eine bis heute andauernde sukzessive Ausdehnung des Gegenstandsbereichs ökologischer Wissenschaften: Als man zum systematischen Studium von Lebensgemeinschaften, von Biozönosen, überging - v. Moebius hatte diesen Begriff 1877 am Bei-

spiel des Studiums von Austernbänken geprägt -, entwickelte sich die Synökologie, d.h. das Studium der wechselseitigen Beziehungen zwischen den Lebewesen einer solchen Biozönose und ihrer Umwelt. Mit Carl Troll kam die im Zusammenhang mit der Interpretation von Luftbildern (hierzu auch TROLL 1973: 252) in die wissenschaftliche Terminologie eingeführte Landschaftsökologie als Studium des in Landschaften bestehenden komplexen Wirkungsgefüges zwischen den Lebewesen und ihren Umweltbedingungen sowie des räumlichen Verteilungsmusters hinzu (EBD.: 268). Weiterhin unterschied in der Folge THIENEMANN (1941: 323, 1956: 127) eine allgemeine Ökologie als „Lehre vom Haushalt der Natur" von einer Ökologie im engeren Sinne als „Lehre von den Organismen bzw. Organismengemeinschaften und ihrer Umwelt." Mit dieser Ausdehnung des Aufgabenfeldes erwies sich die Einbeziehung anderer, auch nichtbiologischer Disziplinen als notwendig, weshalb bereits THIENEMANN (1956: 127) seine allgemeine Ökologie als überfachliche, damit über eine biologische Disziplin hinausreichende, verbindende Naturwissenschaft betrachtete.
Auf diesem Weg von der Autökologie zur Landschaftsökologie und Naturhaushaltslehre wurde die klassische, reduktionistische Methode des experimentellen Arbeitens immer weniger brauchbar. An ihre Stelle traten mehr und mehr Beschreibung, z.B. von Landschaften als historisch einmaligen Gebilden, teils spekulative Hypothesen und Theoriegebäude sowie - zur Bewältigung der sich darbietenden Komplexität - abstrahierende Modelle. Durch die Einbeziehung von Landschaften als räumlichen Gebilden in die Gegenstände ökologischer Betrachtung gewannen menschlicher Einfluß und Handeln in der Umwelt zunehmend an Bedeutung. Es entwickelte sich die Humanökologie (z.B. NENTWIG 1995), die speziell den Menschen in seiner Umweltbezogenheit betrachtet und mit der Forderung nach weiterer interdisziplinärer Ergänzung, insbesondere durch die Sozialwissenschaften, einhergeht (NOHL 1983b). Weitere Ausweitungen erfolgten, indem der Begriff Ökologie in verschiedene Bereiche wie die Politik, Wirtschaft, aber auch des Planens, vorgedrungen ist und heute über eine Wissenschaft hinaus häufig für eine bestimmte Einstellung zur Umwelt gebraucht, oftmals auch mißbraucht, wird. Dabei macht man sich die positive Besetzung des Wortes Ökologie (HOBOHM 1994: 115) im Sinne einer integrativen Betrachtung oft zunutze, ohne daß dabei genauer bestimmt wird, was denn nun das spezifisch „Ökologische" an einer „Ökologisierung der Politik", an „ökologischem Wirtschaften" oder auch „ökologischem Planen" sei. Neben der Forderung nach einem verstärkten Anwendungsbezug ökologischer Forschung (FINKE 1994: 15) gewinnen mit dieser „ökologischen Bewegung" zugleich normative Fragen an Bedeutung, d.h. es geht in der Verwendung der Begriffe „Ökologie" und „ökologisch" oft nicht mehr nur um die wissenschaftliche Erforschung der Natur wie sie ist, sondern es werden zugleich Hinweise erwartet, wie die Natur sein soll. Da derartige Forderungen auch an die ökologischen Grundlagen von Planungen gerichtet werden, wird dieser Gebrauch des Begriffes „Ökologie" in Kapitel C.3 näher zu beleuchten sein.
Diese Einstellung sowie die vor allem in letzter Zeit sehr rasche Ausweitung mögli-

cher Aufgabengebiete der Ökologie führen dazu, daß der Begriff nicht nur in der Alltagssprache, sondern auch unter Wissenschaftlern mit unterschiedlichen Bedeutungsaspekten gebraucht wird. Dies kann hier nur exemplarisch verdeutlicht werden: Während noch TROLL (1973: 260) dafür eintrat, Wort und Untersuchungsgegenstand von Ökologie auf das Wirkungsgefüge im biotischen Bereich zu beschränken, setzte sich z.B. ODUM (1975, 1977: 1291) vor dem Hintergrund der von ihm im Bundesstaat Georgia betriebenen Regionalstudien für eine Einbeziehung auch sozialwissenschaftlicher Gesichtspunkte z.B. zur Erklärung des Wandels in der Landnutzung ein. Auch andere Autoren (TOBIAS 1991: 6ff.; WITTIG in KUTTLER 1993: 234) betonen den überfachlichen Charakter von Ökologie, die Beiträge verschiedener Wissenschaften verbinden sollte, um die Wechselwirkungen der Existenzbedingungen zu beschreiben. Strittig ist weiterhin die Frage, ob angesichts der zweifelsohne biologischen Wurzeln von Ökologie auch rein abiotische Systeme bereits Gegenstand ökologischer Betrachtungen sein können. Dies akzeptieren z.B. BICK (1988: SP. 86, 1993: 8) oder LESER (1991: 154), wohingegen es von anderer Seite (FINKE 1992: 31; HABER 1993b: 1; REMMERT 1992: 213 ff.; TREPL 1987: 14) als zwingend erachtet wird, daß Lebewesen mit einbezogen sind.
Dieser vielschichtige, heute meist interdisziplinär begriffene Ansatz von Ökologie läßt sie in ihrem Tätigkeitsfeld nicht immer klar abgegrenzt erscheinen und verführt dazu, sie in andere Lebensbereiche und weltanschauliche Diskussionen einzubeziehen. Man kann dabei heute kaum mehr vom Fachgebiet „der" Ökologie sprechen, zumal die Vielfalt möglicher Betrachtungsgegenstände und Arbeitsweisen Spezialisierungen in vielen Bereichen unumgänglich macht. Vielmehr liegt ein miteinander verbundenes Konglomerat von Fachdisziplinen vor (LESER 1991: 56ff.), unter denen insbesondere eine mehr bioökologisch und eine mehr geoökologisch ausgerichtete Arbeitsweise hervortreten. Dies führt z.B. TREPL (1987: 14) dazu, Ökologie nicht primär von außen über ihre Untersuchungsgegenstände, sondern sozusagen von innen heraus als das Selbstverständnis einer Forschergemeinschaft zu begreifen, die sich mit Lebewesen und deren Beziehungen zur belebten und unbelebten Umwelt befaßt. Wenn daher im folgenden, teils vereinfachend, von „Ökologie" gesprochen wird, ist darunter ein Oberbegriff für verschiedene untereinander verbundene Arbeitsrichtungen zu verstehen.
Vielen Tätigkeitsfeldern ökologischer Wissenschaften gemeinsam ist dabei eine Unterteilung in eine mehr strukturelle, beschreibende Betrachtungsweise, die sich mit Art und Zustand einzelner Elemente sowie ihrer Anordnung in Raum und Zeit befaßt, und in eine funktionale, mehr experimentell ausgerichtete Betrachtungsweise, die es mit Stoff-, Energie- und Informationsflüssen sowie systeminternen Regelungsmechanismen zu tun hat. Als Oberbegriff wird ökologisches Arbeiten daher auch als „Studium der Struktur und Funktion der Natur" (ODUM 1980: 4) aufgefaßt. Die Aufteilung in sich ergänzende, mehr strukturelle und mehr funktionale Arbeits- und Betrachtungsweisen liegt zahlreichen ökologischen Aufgabenfeldern zugrunde, wenn

auch von anderer Seite die Auffassung vertreten wird, man solle statt dessen besser von „Mustern“ und „Prozessen“ sprechen, da nur diese unmittelbar erfaßbar seien, wohingegen Strukturen und Funktionen bereits eine Interpretation darstellten (JAX, VARESCHI & ZAUKE 1991: 12, 121f.).

Gegenstände der Landschaftsökologie und Bedeutung für die Planung

Als Betrachtungsgegenstand von Landschaftsökologie werden innerhalb der Ökologie gewöhnlich die (1) Strukturen, d.h. das räumliche Gefüge unterschiedlicher Ökosysteme sowie die räumlichen Verteilungsmuster von Materie und Energie, (2) Funktionen bzw. Prozesse, d.h. die räumlichen Interaktionen zwischen den Elementen, und (3) Veränderungen, d.h. der Wandel von Strukturen und Funktionen des räumlichen Mosaiks über die Zeit, bestimmt (BASTIAN & SCHREIBER 1994: 17; FORMAN & GODRON 1986: 11). Als wesentliche Spezifika von Landschaftsökologie werden dabei ihr räumlicher Bezug (FINKE 1992: 30, DERS. in ARL 1995: 602) sowie die im Umgang mit Landschaften als komplexen Gebilden notwendige Einbeziehung verschiedener wissenschaftlicher Disziplinen betont, die über die Betrachtung einzelner bzw. isolierter Geofaktoren hinaus diese im Hinblick auf ihr Zusammenwirken in einem räumlichen Gefüge zusammenführen und interpretieren (BASTIAN & SCHREIBER 1994: 17; FINKE 1994: 50; LESER 1991: 174; ZONNEVELD 1982: 11) sowie auf einer höheren Ebene integrieren (ZONNEVELD 1990: 8). Unter diesem Aspekt greift die gelegentlich vorgebrachte Forderung nach einer prinzipiellen Trennung ökologischer Arbeitsbereiche in Bio- und Geoökologie (wobei letztere mit Landschaftsökologie synonym gesehen wird; vgl. ANL 1994c: 67; LESER 1991: 70) zu kurz.[9)] Vielmehr sieht die Mehrzahl der Autoren in der Landschaftsökologie bio- und geowissenschaftliche Arbeits- und Betrachtungsweisen im Sinne einer umfassenden Beschäftigung mit dem Naturhaushalt gleichermaßen und unbedingt notwendig verankert (FINKE 1994: 21f.; KUTTLER 1993: 171; SCHREIBER 1996: 26; ZONNEVELD 1982: 9).

Während sich Aut- und Dem-(Populations-)ökologie als Arbeitsfelder relativ gut eingrenzen lassen, bestehen hinsichtlich der Ebene der Ökosysteme und Landschaften innerhalb der Forschergemeinschaft erheblich voneinander abweichende Ansichten, die zu unterschiedlichen Konzepten und Hypothesen führen. Die Probleme wurzeln im wesentlichen darin, daß sowohl „Ökosysteme“ als auch „Landschaften“ abhängig vom Standpunkt des Betrachters und seiner Fragestellung auf verschiedenen Betrachtungsebenen angesiedelt werden können. So werden als Untersuchungsgegenstand der Landschaftsökologie einmal landschaftliche Ökosystemkomplexe be-

---

[9)] Der Begriff „Geoökologie“ wurde darüber hinaus von Carl Troll in der Hoffnung geprägt, daß er sich im englischsprachigen Raum besser als das Wort „Landschaftsökologie“ durchsetzen werde. Dies hat sich nicht bewahrheitet; vielmehr ist auch hier die „landscape ecology“ - wie zahlreiche Lehrbücher und Kompendien (exemplarisch: FORMAN & GODRON 1986; NAVEH & LIEBERMANN 1984; ZONNEVELD & FORMAN 1990) zeigen - mittlerweile fest etabliert; eines weiteren Synonyms bedarf es mithin eigentlich nicht mehr (SCHREIBER 1990: 28).

trachtet, die sich aus einem heterogenen räumlichen Gefüge ihrerseits relativ homogener ökosystemarer Einheiten zusammensetzen (FORMAN & GODRON 1986: 17); zum anderen wird „Landschaft" als solche unmittelbar synonym mit „Ökosystem" im Sinne eines ökosystemaren Beziehungsgefüges gesehen (ZONNEVELD 1990: 5). Es ist wohl dieses Problem, das dazu führt, daß manche Ökologielehrbücher (so REMMERT 1992) auf der Ebene der „Ökosysteme" stehen bleiben und der Begriff „Landschaftsökologie" hier keine Erwähnung findet bzw. „Landschaft" im Stichwortverzeichnis erst gar nicht auftaucht. Ein weiterer strittiger Punkt liegt darin, inwieweit die Begriffe „Landschaft" und „Ökosystem" jeweils eher strukturell und/oder eher funktional gekennzeichnet sind. So plädiert HABER (in ARL 1995: 600) dafür, Landschaft als überwiegend strukturellen, Ökosystem als mehr funktionalen Begriff aufzufassen und zur besseren Angleichung der Ebenen die funktional charakterisierten Ökosysteme in räumlich-strukturelle Ökotope umzusetzen. Hingegen hat TROLL (1950: 166) Landschaftsökologie synonym mit Landschaftsphysiologie gebraucht und darunter die funktionale Analyse des Landschaftshaushaltes verstanden. In ähnlicher Weise äußert sich PAFFEN (1973: 102). Schließlich sieht SCHREIBER (1985: 8, 1990: 25) Ökosysteme als gemeinsamen Untersuchungsgegenstand der Landschaftsökologie wie auch der Ökosystemforschung, wobei erstere ihn stärker räumlich, letztere mehr funktional betrachtet. In der Praxis dürften jedoch auch die Grenzen dieser Unterscheidung nicht immer einfach zu ziehen sein.

Gemeinsam ist jedoch den verschiedenen Betrachtungsformen von Landschaftsökologie ihr räumlicher Bezug, aufgrund dessen sie sowohl innerhalb der Ökologie wie auch aus der Perspektive des in Landschaften lebenden Menschen von vielen Autoren als die zentrale Ebene innerhalb der Ökologie betrachtet wird, um Kenntnisse für den planvollen Umgang mit Umwelt beizusteuern (FINKE 1992: 35; FORMAN & GODRON 1986: 499ff.; SCHREIBER 1990: 29; SCHMID & HERSPERGER 1995: 21ff.; ZONNEVELD 1990: 12). Diese Sicht führt zu einer oft starken Betonung des Anwendungsbezuges innerhalb der Landschaftsökologie. Betrachtet man die Anforderungen, die sich ausgehend von planerischen Aufgaben an eine ökologische Grundlagen bereitstellende Landschaftsökologie formulieren lassen, wird die Notwendigkeit deutlich, daß diese ihre Untersuchungsgegenstände unter räumlich-strukturellen *und* räumlich-funktionalen Aspekten begreift, zumal beide Betrachtungsweisen sich wechselseitig ergänzen: Menschliche Maßnahmen, die die Struktur einer Landschaft verändern, wirken sich auch auf ihr funktionales Gefüge im Sinne einer Beeinflussung von Stoff- und Energieflüssen sowie - beim Landschaftsbild - der Informationszusammenhänge aus. Im folgenden wird daher davon ausgegangen, daß es für Fragen der Anwendung wenig sinnvoll ist, Ökosysteme und Landschaften von vornherein auf einen funktionalen oder einen strukturellen Aspekt einzuschränken, sondern daß sie unter Berücksichtigung beider Gesichtspunkte auf verschiedenen Ebenen angesiedelt und damit als gedankliche Isolate unterschiedlich abgegrenzt sein können. „Landschaft" ist dabei aber als übergeordnete Einheit zu verstehen, die sich aus mehreren, unter zu definierenden Gesichtspunkten ihrerseits als homogene Einheiten begriffenen „Ökosystemen“ als Ökosystemkomplex zusammensetzt.

Hierarchische Untergliederung der Arbeitsbereiche ökologischer Wissenschaften

Die geschilderte rasche Ausdehnung und zunehmende Komplexität ökologischer Arbeitsbereiche machte eine Strukturierung ihrer Untersuchungsgegenstände notwendig. So unterschied bereits THIENEMANN (1941: 325) eine idiographische, der Autökologie der einzelnen Lebewesen sowie im abiotischen Bereich den einzelnen Standortfaktoren entsprechende Stufe, weiterhin eine cönographische, die Biozönose als Lebensgemeinschaft und den Biotop als Standortkomplex umfassende Stufe sowie eine holographische Stufe, die die allgemeine Ökologie als Lehre vom Haushalt der Natur umfaßt.
In ähnlicher Form werden für eine Untergliederung oft hierarchische Prinzipien angewendet, zumal in einer hierarchischen Weiterentwicklung der Evolution zu immer komplexeren Gebilden und in einer ebensolchen Gliederung des Kosmos vielfach Grundprinzipien allen Seins gesehen werden (EILENBERGER 1986: 540f.; JANTSCH 1988: 36). Zumindest aber entspricht man mit einer derartigen Unterteilung der Feststellung HONNEFELDERS (1993: 257), wonach die Natur als solche kein Gegenstand der Naturwissenschaften sein kann, sondern einer sinnvollen Aufgliederung ihrer Phänomene bedarf. Eine Anordnung der Betrachtungsgegenstände und damit der Arbeitsgebiete der Ökologie auf verschiedenen hierarchisch angeordneten Integrationsebenen, wie sie Abbildung A\2 wiedergibt, wird daher vielfach als geeignet angesehen, um ihr Tätigkeitsfeld zu strukturieren (so z.B. BRÖRING & WIEGLEB 1990: 285; O'NEILL ET AL. 1986; POMEROY & ALBERTS 1988: 323). Neben Organismen, Populationen und Lebensgemeinschaften sind der erörterte Ökosystem- und der Landschaftsbegriff (hier verstanden als Ökosystem-Komplex) als Betrachtungsebenen eingebunden. Darüber befinden sich weiterhin noch das - menschliches Handeln einbeziehende - Gesellschaft-Umwelt-System sowie die Ökosphäre als der gesamte, die oberste Schicht der Erdkruste einschließende, belebte Bereich.

Die Frage, ob es sich bei diesen Ebenen um jeweils ontologische Entitäten handelt oder ob Organismen die unterste Ebene eigenständiger Einheiten bilden, ist Gegenstand heftiger Diskussionen. Sie kann und soll vor dem Hintergrund des in dieser Arbeit an späterer Stelle eingenommenen erkenntnistheoretischen Standpunkts, wo-

Abbildung A\2 (gegenüber)

Stufenfolge verschiedener Betrachtungsebenen zur Untergliederung der Arbeitsbereiche ökologischer Wissenschaften(aus HABER 1993c: 99).

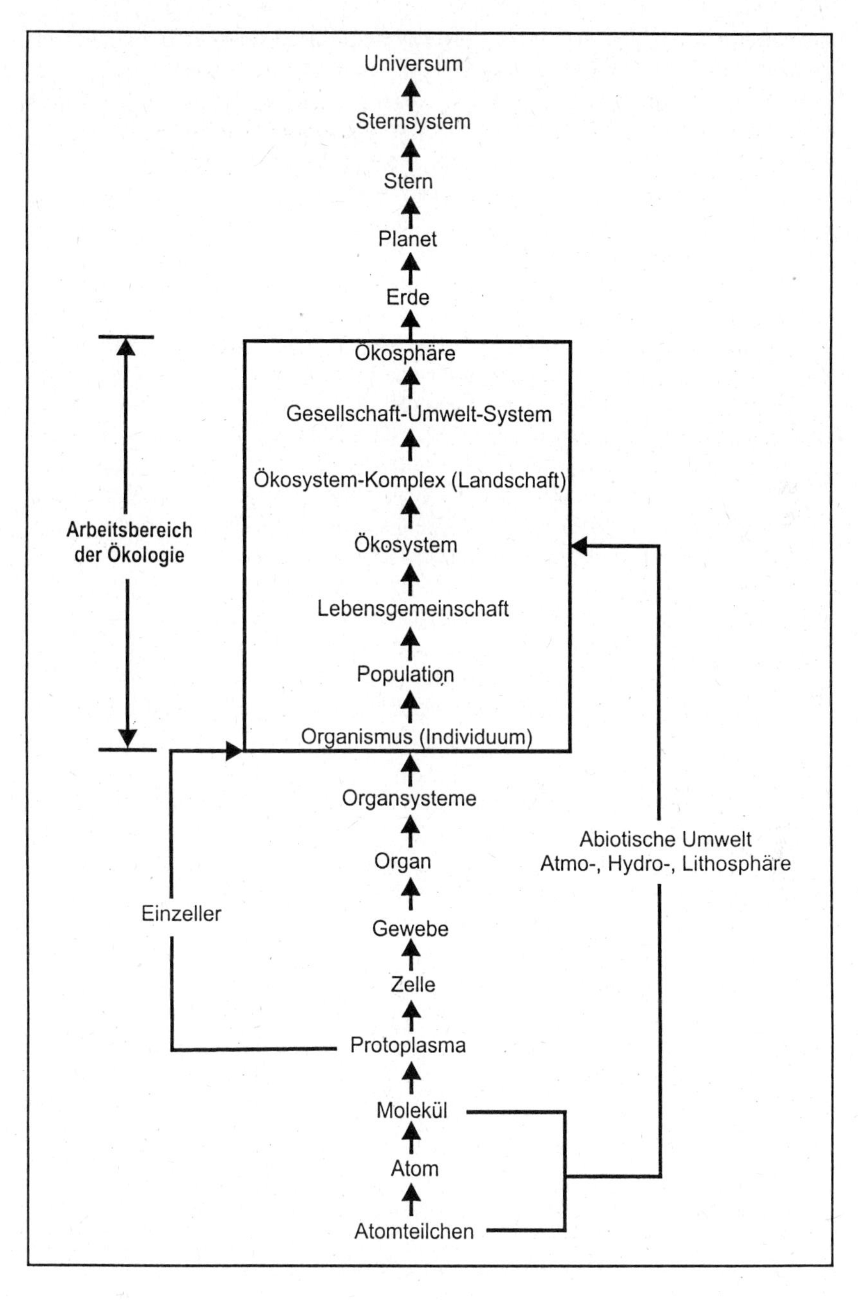
Universum
Sternsystem
Stern
Planet
Erde
Ökosphäre
Gesellschaft-Umwelt-System
Ökosystem-Komplex (Landschaft)
Ökosystem
Lebensgemeinschaft
Population
Organismus (Individuum)
Organsysteme
Organ
Gewebe
Zelle
Protoplasma
Molekül
Atom
Atomteilchen
Arbeitsbereich der Ökologie
Einzeller
Abiotische Umwelt
Atmo-, Hydro-, Lithosphäre

nach zwar anzunehmen ist, daß es eine von menschlicher Wahrnehmung unabhängig existierende Realität gibt, diese aber für uns wohl nicht unmittelbar zugänglich ist (vgl. hierzu insbesondere Kap. D.4) nicht weiter ausgeführt werden. Unabhängig ist davon auszugehen, daß eine derartige Untergliederung ein heuristisches Prinzip darstellen kann, um die Komplexität von Untersuchungsbereichen zu bewältigen, dabei Forschungshypothesen zu formulieren oder einzelne Ergebnisse interpretierend einzuordnen.[10)]

Als Grundannahme der dargestellten Untergliederung kann davon ausgegangen werden, daß jede Betrachtungsebene aus einzelnen Bestandteilen (z.B. eine Population aus einzelnen Individuen einer Art) zusammengesetzt ist, dabei aber ihrerseits gleichfalls Bestandteil übergreifender Zusammenhänge (z.B. besagte Population als Teil einer charakteristischen Lebensgemeinschaft) ist (HABER 1993: 28). Durch diese Sichtweise lassen sich Bezüge der Ökologie zu Grundlagen der Physik, Chemie oder Biologie ebenso verdeutlichen wie die Notwendigkeit der Einordnung ihrer Erkenntnisse in Bezüge eines Gesellschaft-Umwelt-Systems. Diese Beziehungen zwischen einzelnen Ebenen macht sich die sogenannte „Hierarchische Systemmethode“ als forschungsleitendes Prinzip zu eigen, indem sie jeweils drei bis vier aufeinanderfolgende Ebenen in ihren Zusammenhängen betrachtet (vgl. TOBIAS 1991). So können ausgehend von der Betrachtungsebene „Landschaft“ die Zusammensetzungen einzelner Lebensgemeinschaften, Vorkommen und Verbreitung von Arten oder die Ausprägungen einzelner Standortfaktoren untersucht, im Hinblick auf ihr Zusammenwirken interpretiert sowie darüber hinaus unter Bezugnahme auf das Gesellschaft-Umwelt-System im Hinblick auf menschliche Nutzungseinflüsse und deren Ursachen betrachtet werden. Dies führt in daran anknüpfenden Vorgehensweisen zu einem engen Zusammenspiel zwischen aufspaltenden Analysen, die in der Stufenfolge zu immer niedrigeren Ebenen fortschreiten, um deren Struktur aufzuklären, und gleichzeitig interpretierenden Synthesen, die die Ergebnisse wieder zusammenführen.

Mit Hilfe einer derartigen Betrachtung läßt sich Kritik begegnen, wie sie beispielsweise ALBERT (1982: 48) an der Landschaftsökologie übt: Diese habe aufgrund ihres wissenschaftlichen Charakters in bezug auf Umweltprobleme nur wenig Aussagekraft, weil sie die für das Handeln wichtige sozialwissenschaftliche Komponente nicht integrieren könne. Über die aufgezeigte Untergliederung behalten naturwissenschaftliche Aussagen der Landschaftsökologie ihre Berechtigung, jedoch wird zugleich über das Gesellschaft-Umwelt-System eine Schnittstelle definiert, über die sie mit sozialwissenschaftlichen Aussagen in Verbindung gebracht werden können.

[10)] So sind durchaus noch andere (hierarchische) Untergliederungen möglich, um Beziehungsgefüge zu strukturieren und Ansatzpunkte für Forschungshypothesen zu gewinnen. Beispielsweise legt ULRICH (1993) für Waldökosysteme eine nach Zeit- und Raumskalen gegliederte Prozeßhierarchie dar, deren Kategorien durch zunehmende (zeitliche) Prozeßdauer und wachsende (räumliche) Größe der Kompartimente gekennzeichnet sind.

Deutlich wird die Verbindung der Betrachtungsebene „Landschaft“ zu der des Gesellschaft-Umwelt-Systems weiterhin bei Fragen der Landschaftswahrnehmung, die von gesellschaftlichen Werthaltungen beeinflußt ist, in der sich zugleich aber auch die sichtbare Seite des ökosystemaren Geschehens in Landschaften niederschlägt. Nicht zuletzt verbindet sich mit der Einbeziehung des Gesellschaft-Umwelt-Systems in ökologische Betrachtungen die noch zu diskutierende Frage, inwieweit gesellschaftliche Werthaltungen in die Ökologie, insbesondere die Landschaftsökologie, hineinspielen sollen, indem - nicht zuletzt auch im Hinblick auf Fragen ihrer planerischen Umsetzung - normative und strategische Elemente einbezogen werden (so FINKE 1994: 15).
Auch eine Betrachtungsform wie die in Abbildung A\2 gewählte spiegelt wider, daß sich Ökologie heute nicht als einheitliche Wissenschaft mit klar abgegrenzten Fragestellungen darbietet. Vielmehr knüpfen sich daran sehr unterschiedliche Konzepte, die z.B. MCINTOSH (1985, 1987) von einem Pluralismus gerade in der modernen Ökologie sprechen lassen. Im Vergleich zu vielen anderen Disziplinen, die sich überwiegend auf eine Betrachtungsebene konzentrieren, werden zugleich ihre großen, auch erkenntnismäßigen Schwierigkeiten deutlich, da ihre Arbeitsbereiche mehrere Ebenen umspannen (HABER 1993b: 31), wobei es jedoch als Kennzeichen gerade ökologischen Arbeitens begriffen werden sollte, verschiedene Ebenen und hierbei insbesondere das räumliche Gefüge einzubeziehen.

Räumliche Planung kann in gleicher Weise mit Bezug auf mehrere Ebenen betrachtet werden: Sie bedarf zunächst schwerpunktmäßig der Komplexebene „Landschaft“, die das Raummuster in seiner übergreifenden Struktur, wechselseitigen Beeinflussung und zeitlichen Veränderung wiedergibt, um zur Konzeption und umgekehrt zur interpretierenden Einordnung ihrer Maßnahmen und deren Folgen zu gelangen. Maßnahmen oder Eingriffe wie der Bau einer Straße oder eines Gewerbegebiets werden jedoch zumeist unmittelbar an einer Veränderung einzelner Standortfaktoren (z.B. bei Meliorationsmaßnahmen), an Arten, Lebensgemeinschaften oder - in der Fläche - an als Ökosystemen begreifbaren Raumeinheiten ansetzen, sich dabei aber auf das landschaftliche Gefüge auswirken. Über den handelnden Menschen, der die Landnutzung prägt, sie durch Planungsprozesse stufenweise gestaltet und von gesellschaftlichen Werthaltungen beeinflußt ist, spielt zugleich der Bezug zum Gesellschaft-Umwelt-System eine wesentliche Rolle.
Die folgenden Ausführungen gehen davon aus, daß ökologisch orientierte Planungen zunächst von „Landschaften“ als ganzheitlicher, räumlicher Interpretationsebene ausgehen sollten, mit ihren Handlungen aber auf unterschiedlichen Komplexitätsniveaus ansetzen und sich dabei den jeweils entsprechenden Beiträgen unterschiedlicher ökologischer Wissenschaftsbereiche bedienen können.

A.4 Entwicklung, Begriff und Instrumente ökologisch orientierten Planens

Geläufig ist gegenwärtig in der Literatur der Begriff einer „ökologischen Planung"[11]; sehr viel seltener wird dagegen von „ökologisch orientierter Planung" gesprochen (FRÄNZLE ET AL. 1992: 3; TOBIAS 1995). Analog wird im englischsprachigen Raum neben den Ausdrücken „Environmental Planning" und „Landscape Planning" meist der Begriff „Ecological Planning" gebraucht (exemplarisch: STEINER & BROOKS 1981; VAN RIET & COOKS 1990). Hingegen zieht HABER (1979: 28) eine „planungsorientierte Ökologie" einer „ökologischen Planung" vor. Den bis heute sehr unterschiedlichen Auffassungen von „ökologischem" bzw. „ökologisch orientiertem" Planen gemeinsam ist jedoch

- die Betonung des räumlichen Bezugs auf Landschaften, in denen z.B. Wirkungsbereiche, Konflikte, Maßnahmen und Restriktionen raumbezogen dargestellt werden und
- die medienübergreifend angelegte Betrachtungsweise, die insbesondere Wirkungszusammenhänge und Wechselwirkungen einbezieht.

(vgl. u.a. FRÄNZLE ET AL. 1992: 3, 26; FÜRST ET AL. 1992: 7; KIAS & TRACHSLER 1985: 20; LESER 1991: 293; KNAUER 1987: 13; PIETSCH 1981: 264; PIETSCH & MAHLER 1982: 2; SCHMID & HERSPERGER 1995: 16).
Ein kurzer Überblick soll Gesichtspunkte verdeutlichen, unter denen Planungen, die auf ökologische Grundlagen Bezug nehmen, diskutiert werden können, und eine begriffliche Basis für die nachfolgenden Erörterungen schaffen. Es wird dabei bereits der Ausdruck einer „ökologisch orientierten" Planung verwendet - eine Entscheidung, die unter Kapitel C.3 näher begründet wird.

In der begrifflichen Entwicklung ökologisch orientierten Planens und der damit verbundenen Instrumente schuf, neben der in den 60er Jahren vor allem im Bereich der politischen Bedarfsplanung und Technologieplanung zahlreich aufkommenden Literatur, das Umweltprogramm der Bundesregierung von 1971 eine wichtige Voraussetzung: Es erklärte die Umweltplanung zur vorrangigen Aufgabe staatlicher Daseinsfürsorge und führte dazu, daß ökologisch begründeten Kriterien in Politik und Planung vermehrt Beachtung geschenkt wurde (KNAUER 1987: 9). Der zunächst geprägte Begriff „ökologische Planung" geht zurück auf die Forschungsgruppe TRENT an den Universitäten Dortmund und Saarbrücken, die 1973 im Zuge des wachsenden Umweltbewußtseins in einem unveröffentlicht gebliebenen Papier eine Ausweitung der Landschaftsplanung postulierte, „um vor dem Hintergrund des Schutzes,

[11] So wird der Begriff „ökologische Planung" u.a. verwendet bei ALBERT 1982; BACHFISCHER 1978: 17ff.; BÄCHTOLD ET AL. 1995; BASTIAN & SCHREIBER 1994: 15ff.; FINKE 1989; FÜRST ET AL. 1992: 4ff.; KNAUER 1987: 13f.; LANGER 1974; LESER 1991: 291ff.; MARKS ET AL. 1992: 207; MÜLLER & MÜLLER 1992; PIETSCH 1981; SCHMID & HERSPERGER 1995: SCHMID & JACSMANN 1985 mit einer Sammlung von Beiträgen zu diesem Thema; SCHUSTER 1980: 2; VALENTIEN 1990: 40; WEILAND 1994: 3.

der Pflege und der Entwicklung natürlicher Grundlagen eine Entscheidungshilfe bei Nutzungsverteilungen erarbeiten zu können" und das notwendige Instrumentarium als „ökologische Planung" bezeichnete (FORSCHUNGSGRUPPE TRENT 1973: 29). Als Aufgabe dieses Instrumentariums wurde vor allem gesehen, die Konsequenzen von Nutzungsansprüchen in Form ihrer Auswirkungen auf die natürlichen Grundlagen durch Wirkungsanalysen darzustellen und zu bewerten (EBD.: 29). Diese Gedanken wurden unmittelbar anschließend insbesondere von BIERHALS, KIEMSTEDT & SCHARPF (1974) aufgegriffen und weiterentwickelt, wobei man unter „ökologischer Planung" zunächst überwiegend Inhalte der Landschaftsplanung subsumierte und ihre Aufgabe hauptsächlich in einer auf ökologischen Kriterien fußenden Eignungsbewertung im Hinblick auf einzelne Nutzungsansprüche sah (EBD.: 78).
In der Folge setzte in den 70er bis Anfang der 80er Jahre eine rasche Entwicklung meist formalisierter Vorgehensweisen ein, die vor allem dazu dienten, den planerischen Schritt der Bewertung von Nutzungsauswirkungen als Grundlage für zu treffende Entscheidungen zu strukturieren: Zu erwähnen sind die Übernahme der wesentlich von ZANGEMEISTER (1971) geprägten Nutzwertanalyse für ökologische Belange, verbunden mit einer Weiterentwicklung zu einer „Nutzwertanalyse der 2. Generation" durch BECHMANN (1978). Letztere sollte insbesondere über die Einbeziehung nicht nur kardinal, sondern auch ordinal skalierter Kriterien und über eine stufenweise in Form von logischen „und/oder"-Verknüpfungen vorgenommene und damit flexiblere Wertaggregation eine bessere Anpassung an die Voraussetzungen und Zielsetzungen ökologisch orientierten Planens ermöglichen. Weite Verwendung fand darüber hinaus ein von Kiemstedt bereits 1967 entwickeltes Verfahren zur Erholungsbewertung, das vom Prinzip her gleichfalls auf einem nutzwertanalytischen Ansatz fußt und bewußt in Analogie zu technischen Bewertungen konzipiert wurde, um diesen mit einem ermittelten landschaftlichen „V-Wert" zur Erholungseignung gleichfalls eine „harte", also numerische Angabe entgegenzusetzen (KIEMSTEDT 1967). Ausgehend von Nutzungen und deren erfaßbaren Folgewirkungen auf die natürlichen Ressourcen sowie auf andere Nutzungen wurden weiterhin Verfahren einer Wirkungsanalyse konzipiert, unter denen insbesondere die Arbeit von KRAUSE (1980) sowie ein von VESTER & V. HESLER (1980) für den Umlandverband Frankfurt erarbeitetes Sensitivitätsmodell zu erwähnen sind. Hingegen erfolgte die Entwicklung einer weiteren Vorgehensweise, der ökologischen Risikoanalyse (BACHFISCHER 1978), um auch bei nicht exakt zu klärenden Ursache-Wirkungszusammenhängen bzw. nur lückenhaften Informationen Aussagen über zu erwartende Beeinträchtigungen treffen zu können. Ihr Vorteil gegenüber der Nutzwertanalyse lag darin, daß sie einen differenzierteren räumlichen Bezug ihrer Aussagen ermöglichte; kritisch zu betrachten sind allerdings die gegenüber seiner ursprünglichen Bedeutung in der Entscheidungstheorie nicht hinreichend präzisierte Verwendung des Risikobegriffs (EBERLE 1984: 13ff.) sowie die methodisch fragwürdige Überlagerung zweier im Regelfall nur ordinal darstellbarer Kategorien - Empfindlichkeit und Beeinträchtigung -

zu einem Risikowert.
Die formal eingängigen Strukturen von Nutzwert- und Risikoanalyse werden bis heute verbreitet verwendet, während sich die kompliziertere und aufwendigere Wirkungsanalyse, die zudem in der Absicherung der ihr zugrundeliegenden Wirkungszusammenhänge auf eine genauere, in ihren kausalen Zusammenhängen bekannte Datenbasis angewiesen ist, kaum durchsetzen konnte. Beachtlich scheint, daß dieses Repertoire seit Anfang der 80er Jahre nicht mehr wesentlich erweitert wurde. Es findet bis heute vielfache Anwendung[12] und gilt zahlreichen Autoren zusammen mit der sogenannten verbal-argumentativen Vorgehensweise auch aktuell noch als das methodische Grundrepertoire von auf ökologische Gesichtspunkte Bezug nehmenden planerischen Bewertungen (z.B. DAAB 1994: 167; TOBIAS 1995: 318; WEILAND 1994: 56ff.).

Trotz der raschen Verbreitung des Begriffes und der Entwicklung von Vorgehensweisen bestanden und bestehen jedoch bezüglich der anzustrebenden rechtlichen und administrativen Verankerung von auf ökologische Gesichtspunkte Bezug nehmenden Planungen unterschiedliche Ansichten:

- Zum einen stehen hier diejenigen, die in Anknüpfung an die Forschungsgruppe TRENT ökologisch orientiertes Planen vor allem als querschnittsorientierten, koordinierenden Beitrag der Landschaftsplanung zu anderen räumlichen Planungen begreifen und dieser zuordnen (so BIERHALS, KIEMSTEDT & SCHARPF 1974: 77; BACHFISCHER 1978: 13; FINKE 1989: 582, 1992: 37; FÜRST ET AL. 1995: 5; PIETSCH 1981: 20). Die Planungshierarchie der Landschaftsplanung (über das landesweite Landschaftsprogramm, Landschaftsrahmenpläne, kommunale Landschaftspläne und Grünordnungspläne) wird von ihren Voraussetzungen her als am besten geeignet erachtet, um einen querschnittsorientierten Beitrag auf allen räumlichen Planungsebenen zu leisten. Zwar ist damit nicht unbedingt eine Gleichsetzung in dem Sinne verbunden, daß nur die Landschaftsplanung ökologische Gesichtspunkte zu beachten hätte (PIETSCH 1981: 38, 41), jedoch versucht sich dieser Ansatz bewußt von anderen sektoralen Fachplanungen wie der Agrar-, Forst- oder Verkehrsplanung abzusetzen, um die Auswirkungen von Nutzungsansprüchen

[12] Um nur einige Beispiele zu nennen, bezieht sich ein von MARKS ET AL. (1992: 129ff.) verwendetes Verfahren zur Ermittlung der „Erholungsfunktion" in seiner Grundstruktur wesentlich auf die von KIEMSTEDT (1967) vor 25 Jahren entwickelte Vorgehensweise; in der Ermittlung einer „Ökotopbildungsfunktion" lehnen sich dieselben Autoren an eine bereits von SEIBERT (1980) erarbeitete, im Prinzip gleichfalls nutzwertanalytische Vorgehensweise an. Die Verwaltungsvorschrift zum UVP-Gesetz vom 18.9.1995 (GMBl. 1995, Nr. 32, S. 671ff.) empfiehlt die ökologische Risikoanalyse und die Nutzwertanalyse sowie daneben die Kosten-Wirksamkeitsanalyse als Bewertungsverfahren zum Vergleich von Vorhaben- und Trassenalternativen (vgl. Pkt. 0.6.1.3.3. der Verwaltungsvorschrift). Bei einer ganzen Reihe aktueller Vorgehensweisen zur Beurteilung von Eingriffen in Naturhaushalt und Landschaftsbild handelt es sich eigentlich um nutzwertanalytische Ansätze (ADAM, NOHL & VALENTIN 1986; ARGE EINGRIFF 1994; AUHAGEN & PARTNER 1994).

fach- und medienübergreifend zu minimieren. Damit verbunden wird über den derzeitigen gesetzlichen Auftrag der Landschaftsplanung hinaus beansprucht, daß ihr eine koordinierende Funktion innerhalb der Regional- und Landesplanung zukommen solle und daraus gefordert, sie zu einer ökologisch orientierten Raumplanung zu erweitern (PIETSCH 1981: 39; SCHMID & HERSPERGER 1995: 13).
Dieser Sichtweise kann entgegengehalten werden, ob eine alleinige oder auch nur weitgehende Gleichsetzung ökologisch orientierten Planens mit der Landschaftsplanung nicht zu kurz greift, da diese zwar rechtlich gesehen über ihre Integration in die Regional- und Bauleitplanung auch querschnittsorientierte Aspekte aufweisen soll, sich de facto jedoch auf einen (wenig durchsetzungsfähigen und zudem überwiegend auf den Arten- und Biotopschutz Bezug nehmenden) Fachplan für Natur und Landschaft konzentriert (DIETRICHS 1988: 15; SRU 1996a: 59, Tz. 125). In gleicher Weise ist die Forderung nach einer „Ökologisierung der Regionalplanung" - wie FINKE ET AL. (1993) an einer Analyse von 24 Regionalplänen der Bundesrepublik belegen - noch nicht über den Charakter einer Willensbekundung hinausgekommen, da landschaftsrahmenplanerische Zielvorstellungen in der Regionalplanung kaum berücksichtigt werden. Ökologische Aspekte im Sinne einer medienübergreifenden Betrachtung von Wechselwirkungen spielen zudem nicht nur in der Landschaftsplanung, sondern auch in anderen umweltrechtlich festgelegten Instrumenten, explizit vor allem bei der Umweltverträglichkeitsprüfung (UVP), eine Rolle.

- Hier setzt daher eine zweite, insbesondere von den Forschungsvorhaben des Umweltbundesamtes verfolgte Betrachtung an, die sich dafür ausspricht, gezielt Instrumente des technischen und des biologischen Umweltschutzes zu gemeinsamen, integrierenden Ansätzen zusammenzuführen (KNAUER 1987: 14). Diese schließen neben der Landschaftsplanung und der naturschutzrechtlichen Eingriffsregelung als weiterem Instrument des Naturschutzrechts die verschiedenen Formen der UVP wie auch Planungen u.a. der Luftreinhaltung, des Gewässerschutzes oder der Abfallbeseitigung ein. Weiterhin werden enge notwendige Beziehungen zu einer Ökosystemforschung betont, die sich mit der umfassenden Analyse ökosystemarer Zusammenhänge befaßt und die notwendigen planungsrelevanten Grundlagen bereitstellen soll (FRÄNZLE ET AL. 1992: 3; FRÄNZLE & FRÄNZLE 1993: 175ff.; KNAUER 1990: 38, 1991: 645f.). In der Argumentation für diese Sichtweise lassen sich neben strategischen Gründen - der technische Umweltschutz sollte aufgrund seines bislang vergleichsweise großen Erfolges mit der Landschaftsplanung zusammengeführt werden, um sie gleichfalls aufzuwerten - auch fachliche Gesichtspunkte anführen, da letztlich viele Ökosystemgefährdungen wie beispielsweise Waldschäden ohne technisch ansetzende Emissionsminderungen nicht zu verhindern sind (KNAUER 1987: 14).
  Auch hier läßt sich entgegenhalten, ob nicht die Praxis rechtlicher und administrativer Abwägungen, in denen sich ökonomische Belange oft gegenüber Belangen

des Natur- und Umweltschutzes durchzusetzen pflegen, es geraten erscheinen läßt, die Belange des Naturhaushaltes zunächst getrennt und damit ungefiltert durch andere Interessen darzustellen, um ihnen bei anstehenden Entscheidungen zu stärkerem Gewicht zu verhelfen. Bei einer Verbindung mit technischen Standards, die meist auch durch außerwissenschaftliche Kriterien wie die wirtschaftliche Zumutbarkeit bestimmt sind, kommen hingegen in Entscheidungsprozessen unter Umständen bereits frühzeitig andere Interessen mit zum Tragen.

Beide Standpunkte wurzeln in einer bislang als unbefriedigend empfundenen Berücksichtigung ökologischer Belange in räumlichen Planungen. In der Konsequenz stehen auch in der künftigen Entwicklung recht unterschiedliche, je für sich mit eigenen Vor- und Nachteilen behaftete Strategien zur Debatte: Diese reichen vom Konzept eines integrierten Umweltplans (UPPENBRINK 1983: 24ff.) bzw. der Ausgestaltung der Landschaftsplanung zu einer umfassenden umweltrechtlichen Leitplanung (KLOEPFER, REHBINDER & SCHMIDT-AßMANN 1990: 46ff.), die zudem neben der Integration anderer Fachpläne auch die rechtlich festgelegten Anforderungen von Umweltverträglichkeitsprüfung (UVP) und Eingriffsregelung abdecken könnte (ERBGUTH 1995: 447), bis hin zu der gegenteiligen Auffassung, daß die einzelnen bestehenden Umweltfachpläne durch Stärkung ihrer Selbständigkeit und Qualität sowie durch Sicherung der Koordination zu anderen Umweltplanungen jeweils eigenständig weiterentwickelt werden sollten (HOLST ET AL. 1991: 14).

Auch anhand einiger weiterer Aspekte wird deutlich, daß unter ökologisch orientiertem Planen Unterschiedliches subsumiert werden kann:

- Ansätze ökologisch orientierter Planung können sowohl als *institutionalisierte Verfahren*, d.h. als rechtlich festgelegtes Instrumentarium, als auch als *methodisch-inhaltliche Konzepte*, d.h. als ein Repertoire inhaltlicher Vorgehensweisen, begriffen werden. So sind neben der Landschaftsplanung und der medienübergreifend angelegten Umweltverträglichkeitsprüfung eine ganze Reihe von raumrelevanten Fachplanungen ökologisch orientierten Teil- und Begleitzielen verpflichtet, u.a. Luftreinhaltepläne, wasserwirtschaftliche Rahmenpläne, Abwasserbeseitigungs- und Entsorgungspläne, die Programme und Pläne der Raumordnung und Landesplanung wie auch Agrarleitpläne oder forstliche Rahmenpläne. Daneben bestehen verschiedene inhaltliche Vorgehensweisen, die mit einer integrativen Zusammenführung der von verschiedenen Disziplinen erhobenen Sachverhalte an ökologische Betrachtungsweisen anknüpfen, dabei aber nicht an bestimmte institutionalisierte Instrumente gebunden sind. Auch GASSNER (1993b: 362f.) weist in diesem Zusammenhang darauf hin, daß die Bewältigung von Umweltproblemen nicht an institutionalisierte Planungsinstrumente gebunden zu sein braucht. Vielmehr würden sich, wie das Beispiel gängig eingesetzter städtebaulicher Rahmenpläne zeigt, akute Probleme ihre eigene planerische Lösung oft auf informelle

Weise erstreiten. Zu bedenken ist jedoch, daß auf diesem Weg, der in einem Reagieren auf drängende Probleme besteht, die Umweltvorsorge, d.h. vorausschauendes Agieren, zu kurz kommen dürfte.
Im Regelfall kann davon ausgegangen werden, daß in der Praxis der rechtlich vorgegebene Rahmen, Anforderungen der Verwaltung an die Ausgestaltung von Verfahrensabläufen sowie inhaltlich-methodische Anforderungen eng zusammenhängen: Rechtliche Vorgaben und durch diese abgesteckte Verfahrensabläufe, die inhaltlich nicht ausgefüllt werden, laufen ins Leere[13)]; genauso werden fachlich-inhaltlich bestimmte, auf ökologische Grundlagen Bezug nehmende, ausgefeilte Vorgehensweisen meist wirkungslos bleiben, wenn sie sich zu ihrer Umsetzung gegenüber Dritten nicht bestimmter rechtlicher und administrativer Kategorien bedienen können.

- Innerhalb ökologisch orientierter Planungen kann des weiteren unterschieden werden zwischen
  - einer *aktiven* Komponente, die vorausschauend Konzepte für ein unter zu bestimmenden Wertmaßstäben verträgliches Miteinander der Nutzungen im Raum entwickelt, sowie
  - einer *reaktiven* Komponente, die in Reaktion auf bestehende und geplante Nutzungsansprüche deren Auswirkungen auf den Naturhaushalt untersucht, unter zu bestimmenden Wertmaßstäben beurteilt und Maßnahmen konzipiert, die im wesentlichen die Verschlechterung des Status quo verhindern helfen sollen.

Beide Ansätze greifen eng ineinander, jedoch ist nach ihrem Gesetzesauftrag beispielsweise die naturschutzrechtliche Eingriffsregelung im Sinne eines zumindest hypothetischen Verschlechterungsverbotes reaktiv, die Landschaftsplanung hingegen eher als aktiv-vorausschauendes Instrument angelegt. Die bislang bei bestimmten, bereits konkret beabsichtigten Projekten anzuwendende gesetzliche Umweltverträglichkeitsprüfung vereint aufgrund ihres rechtlichen Auftrages, gleichzeitig Umweltvorsorge zu betreiben, eine reaktive und eine aktive Komponente. An der bereits von BIERHALS, KIEMSTEDT & SCHARPF (1974: 77; später BECHMANN 1981: 29) getroffenen Einschätzung, daß die Landschaftsplanung diesem Auftrag nicht gerecht wird, sondern gleichfalls meist reaktiv bleibt, hat sich dabei bis heute kaum etwas geändert (vgl. SRU 1996a: 58ff.). Dem versucht man, verstärkt seit Beginn der 90er Jahre, mit Leitbildern und hierarchisch über die Planungsebenen hinweg entwickelten Zielkonzepten zu begegnen (vgl. FÜRST ET AL. 1992). Über sie soll vor allem die aktiv-gestaltende Komponente in der Landschaftsplanung wie auch in anderen raumbezogenen Planungen gestärkt werden,

[13)] So sind beispielsweise bei der gesetzlichen UVP im wesentlichen der Verfahrensablauf und die Art der beizubringenden Unterlagen rechtlich geregelt, noch nicht aber die inhaltlich-methodischen Anforderungen bestimmt, mit denen die Auswirkungen des Projektes ermittelt werden sollen und über die der verfahrensmäßig abgesteckte Rahmen erst ausgefüllt wird.

indem eine auf räumlich differenzierte Leitvorstellungen gerichtete, vorausschauende Entwicklung betrieben wird. Zugleich haben mit dem Aufkommen der Diskussion um die Bedeutung von Leitbildern und explizit darzulegenden Zielkonzepten (exemplarisch: ANL 1994b; BASTIAN 1996; WIEGLEB 1997) das Aufdecken auch innerfachlicher Zielkonflikte sowie die Diskussion über die dahinterstehenden Wertmaßstäbe an Bedeutung gewonnen.

- Bei der Betrachtung von Belastungen und der Entwicklung von Strategien kann schließlich unterschieden werden zwischen
  - einem primär *nutzungsorientierten* Ansatz, der zunächst von Nutzungsansprüchen an den Raum ausgeht und Konflikte in ihren Auswirkungen auf Naturhaushalt und Landschaftsbild zu minimieren sucht, und
  - einem primär *ressourcenorientierten* Ansatz, der zunächst an den Regelungsfunktionen einzelner Ökosystemkompartimente, meist Ressourcen oder Schutzgütern, sowie den daran geknüpften Beeinträchtigungen und Entwicklungsmöglichkeiten ansetzt.

Ausgehend von dem Grundmuster „verursachender Nutzungsanspruch - ausgelöste Folgewirkung - betroffener Nutzungsanspruch" (BIERHALS, KIEMSTEDT & SCHARPF 1974: 77) setzte man in der Anfangsphase ökologisch orientierten Planens vor allem an einer räumlichen Analyse und Bewertung einzelner Nutzungsansprüche an (so auch OLSCHOWY 1977: 38). Ein solches primär an Nutzungen orientiertes Vorgehen sollte der Überwindung medialer, nur auf einzelne Ressourcen gerichteter Betrachtungen dienen. Aufgrund der für kausale Wirkungsanalysen jedoch häufig unzureichenden Datenbasis sowie mit dem Aufkommen der gesetzlichen Umweltverträglichkeitsprüfung, die eine systematische Erfassung, Darstellung und Bewertung der Schutzgüter und ihrer Beeinträchtigungen einschließlich der Wechselwirkungen fordert, traten im Laufe der Entwicklung stärker ressourcenorientierte und an einzelnen Ökosystemfunktionen ansetzende Betrachtungsweisen in den Vordergrund.

Deutlich wird diese Entwicklung beim sogenannten „Potentialansatz", der in seiner ursprünglichen Ausformung durch HAASE (1978; vgl. auch FINKE 1994: 114ff.) von volkswirtschaftlichen Anforderungen an den Naturraum ausgeht, die einzelne Nutzungspotentiale (u.a. ein Rohstoff-, Entsorgungs-, Wasserdargebots- und biotischen Regenerationspotential) bestimmen und der damit an einer „nutzungsbezogenen Interpretation" der Natureigenschaften ansetzt (HAASE 1991: 26). Neuere Ansätze (SCHILD ET AL. 1992), die sich z.B. in der Landschaftsrahmenplanung auf den Potentialansatz beziehen, gehen dagegen von einer ressourcenbezogenen Betrachtung u.a. eines Arten- und Lebensraumpotentials sowie von Regulations- und Regenerationspotentialen für Boden, Wasser und Luft/Klima aus, bei der schwerpunktmäßig die Regelungsfunktionen einzelner Ökosystemkompartimente beschrieben werden. Beide Ansätze bestehen geläufig nebeneinander (ein aktuelles Beispiel einer primär nutzungsbezogenen Betrachtungsweise liefern z.B.

BÄCHTOLD ET AL. 1995), wobei der Nachteil nutzungsorientierter Vorgehensweisen darin liegt, daß sie zunächst nur auf vorhandene und absehbare Nutzungsansprüche reagieren können. Ressourcenorientierte Ansätze dagegen neigen dazu, stärker den „Eigenwert“ in Form der Ressourcen oder Naturhaushaltspotentialen innewohnenden Entwicklungsmöglichkeiten in den Vordergrund zu stellen, sind dadurch aber u.U. den Adressaten von Planungen schwerer vermittelbar.

Unter dem Begriff einer „ökologischen“ bzw. „ökologisch orientierten“ Planung werden damit bislang vor allem formal-methodische Aspekte bei der Umsetzung naturwissenschaftlicher, insbesondere ökologischer Grundlagen diskutiert. Es bleibt zu erwähnen, daß bei der vorliegenden angelsächsischen Literatur auffällt, daß - ausgehend von einer akzeptierten Position der Menschen als Teilen von Ökoystemen - vielfach zusätzlich die Rolle sozialer Werthaltungen bei der Überführung ökologischen Wissens in Planungsaussagen betont und die Notwendigkeit einer Integration naturwissenschaftlichen und sozioökonomischen Wissens unterstrichen wird (exemplarisch: ROE 1996; SLOCOMBE 1993; VAN RIET & COOKS 1990).

Vor diesem Hintergrund kann nun das Verständnis ökologisch orientierten Planens, das den nachfolgenden Ausführungen zugrunde gelegt wird, wie folgt beschrieben werden:

Unter ökologisch orientiertem Planen werden Vorgehensweisen verstanden, die aufbauend auf einer Betrachtung ökologischer Muster und Prozesse bzw. Strukturen und Funktionen über mediale Ansätze hinaus eine integrierende räumliche Betrachtung von Schutzgütern, Ressourcen oder Nutzungen in ihren Wechselbeziehungen und Zusammenhängen anstreben und daraus unter Einbeziehung darzulegender Werthaltungen raumbezogene Zielvorstellungen, Handlungsempfehlungen und Maßnahmen begründen.

Ökologisch orientiertes Planen baut damit auf den Erfordernissen anwendungsorientierter ökologischer, insbesondere landschaftsökologischer, Forschung auf und bringt diese in Bezug zu menschlichen Nutzungsansprüchen im Raum sowie zu gesellschaftlich vermittelten Anforderungen an die Umweltqualität. Gerade diesen Aspekt, den bislang kaum eine der Begriffsdefinitionen eigens betont, gilt es, in Abgrenzung zu den Grundlagen, die ökologische Wissenschaft bereitstellen kann, herauszuarbeiten (vgl. Kap. C.3 und E.2.3). Es muß weiterhin betont werden, daß diesem Selbstverständnis eine Eingrenzung auf ein bestimmtes rechtliches oder administratives Instrumentarium widerspricht, sondern es sich prinzipiell um einen jede raumwirksame Planung durchziehenden Aspekt handeln kann (so auch ALBERT 1982: 150), wenn auch aus Gründen der Durchsetzbarkeit gegenüber den von verschiedenen Interessen geleiteten Fachplanungen die schwerpunktmäßige Stärkung eines Instruments unter ökologischen Gesichtspunkten - in diesem Falle der Landschaftsplanung, die hierzu von der rechtlichen Ausgestaltung her die günstigsten Voraussetzungen aufweisen würde - angebracht erschiene. Aus Gründen der Praktikabilität wie auch aus eigener Erfahrung heraus beziehen sich die Beispiele, die in den nachfolgenden Erörterungen genannt werden, überwiegend auf die Landschaftsplanung, die naturschutzrechtliche Eingriffsregelung und die UVP. Dies ist insoweit vertretbar, als daß damit eng und wechselseitig aufeinander bezogene Instrumente erfaßt sind:

- mit der Landschaftsplanung ein zumindest vom Anspruch her aktiv-vorausschauendes Entwicklungsinstrument, das prinzipiell flächendeckend Leitbilder und Qualitätsziele formulieren und über diese für spätere projektbezogene Planungen einen Bezugsrahmen bereitstellen sollte. Der Planungshierarchie der Landschaftsplanung kommt damit bei der planungsbezogenen Aufbereitung landschaftsökologischer Informationen wesentliche Bedeutung zu. Sie ist zudem nach verbreiteter Auffassung dasjenige Instrument, das aufgrund seines integrativen Ansatzes einer ökologisch orientierten Planung am nächsten kommt (FRÄNZLE ET AL. 1992: 144), auch wenn sie nicht mit ihr identisch zu sehen ist;
- mit der UVP ein medienübergreifend sowie auf die Einbeziehung von Wechselwirkungen angelegtes Instrument der Prüfung und Entscheidungsvorbereitung, das projektbezogen erste überschlägige Aussagen zu Beeinträchtigungen, Kompensationsräumen sowie denkbaren Ausgleichs- und Ersatzmaßnahmen trifft und von seiner rechtlichen Ausgestaltung her Belange des biologischen und des technischen Umweltschutzes integriert;
- mit der naturschutzrechtlichen Eingriffsregelung ein überwiegend reaktiv auf die Sicherung der bestehenden Leistungsfähigkeit von Naturhaushalt und Landschaftsbild angelegtes Instrument, das im Regelfall auf der UVP aufbauen und deren Aussagen im konkreten Flächenbezug hin zu rechtlich verbindlichen Ausgleichs- und Ersatzmaßnahmen weiter präzisieren sollte.

Unter dem Blickwinkel eines engen Bezugs von rechtlichen, administrativen und fachlich-inhaltlichen Aspekten, wird dabei zwar primär von letzteren auszugehen sein; wo sich dies aber anbietet, werden auch Verbindungen zum rechtlichen und administrativen Rahmen hergestellt.

An allen Instrumenten wird Kritik geäußert, die sich neben der oft zu vermissenden Einbeziehung der betroffenen Menschen in Planungsabläufe vor allem auf die mangelnde Implementierung und politische wie administrative Durchsetzbarkeit konzentriert. FINKE (1989: 586) läßt dies zu der Aussage kommen, daß man bei der Einbeziehung ökologischer Grundlagen in Planungen noch nicht über Schlagwörter hinausgelangt sei. Ergänzend kann die Frage aufgeworfen werden, ob hier nicht auch überzogene Planungshoffnungen sowie ein noch nicht klar konturiertes Selbstverständnis „ökologisch orientierten Planens“ eine Rolle spielen. Unter Hinzuziehung erkenntnis- und wissenschaftstheoretischer Ansätze wird dies im folgenden zu diskutieren sein.

B Erkenntnis- und wissenschaftstheoretische Grundlagen

B.1 Relevanz der Erkenntnis- und Wissenschaftstheorie für ökologische und planerische Fragestellungen

„Alles Interesse meiner Vernunft (...)
vereinigt sich auf die folgenden drei Fragen:
1. Was kann ich wissen?
2. Was soll ich tun?
3. Was darf ich hoffen?“
(Immanuel Kant, Kritik der reinen Vernunft, 1781/1956: 728)

Die Erkenntnistheorie oder Epistemologie fragt nach den Voraussetzungen, Prinzipien und Grenzen der Erkenntnis (SCHEIDT 1986: 32). Ihre Fragestellungen sind durch das Kantsche Eingangszitat bereits recht treffend umrissen und lassen sich näher bestimmen als
- die Frage nach der Beschaffenheit und dem Verhältnis von Erfahrung und Denken,
- die Klärung der Begriffe der „Realität“ und „Wirklichkeit“ und damit verbunden der Frage nach dem Gegenstand von Erkenntnis und
- der Frage nach den Bedingungen von Erkenntnis sowie danach, inwieweit ein Anspruch des Erkannten auf Wahrheit bzw. Gültigkeit zu rechtfertigen ist.

(vgl. RÖD in SEIFFERT & RADNITZKY 1994: 52ff.; SCHEIDT 1986: 38). Damit stellt die Erkenntnistheorie die Grundlage jeder wissenschaftlichen Erkenntnis dar. Auch Planungsprozesse sind als stufenweise Entscheidungsprozesse mit der Erzeugung von Information und dem daraus abgeleiteten Gewinnen von Wissen, von „Erkenntnis“, sowie dessen Verarbeitung verbunden.

Wissenschaftstheorie versteht sich nach STEGMÜLLER (1973: 3) als „Metatheorie der einzelwissenschaftlichen Erkenntnis sowie des rationalen Handelns“ und damit als fachübergreifende Disziplin, die auf der Grundlage der Erkenntnistheorie ihr Augenmerk vor allem den in der Wissenschaft verwendeten Begriffen und Methoden widmet. Wesentliches Hilfsmittel stellt die Logik dar, über die wissenschaftliche Aussagen auf Widerspruchsfreiheit sowie die Art ihrer wechselseitigen Beziehungen überprüft werden. Die Definition STEGMÜLLERS läßt Bezüge der Wissenschaftstheorie sowohl zur Ökologie, die als Wissenschaft von der Umwelterkenntnis verstanden werden kann (HABER 1993a: 187), als auch, über den Aspekt des rationalen Handelns, zur Planung deutlich werden. Die zentrale Aufgabe der Wissenschaftstheorie sehen sowohl MITTELSTRAß (1982: 38f.) als auch LUHMANN (1988: 151) in einer Selbstreflexion der Wissenschaften über die Möglichkeiten des Wissens und Prozesse der Wissensbildung.

Zwischen Erkenntnisgewinnung, Wissenschaft und Philosophie besteht nach STACHOWIAK (1989a: XXXII) ein strukturiertes Verhältnis, das in allen Einzelwissenschaften beobachtet werden kann.

Erkenntnis- und Wissenschaftstheorie erheben zwar von mancher Seite her den Anspruch, einen einheitlichen Rahmen für die Wissenschaften und ihre Erkenntnisvorgänge zu entwerfen (vgl. exemplarisch BUNGE 1983; LUHMANN 1988: 151; POPPER 1984a), doch stellen sie selbst sich durchaus nicht als ein einheitliches Gebilde dar (ALBERT 1972: 3). Unterschiedliche erkenntnisphilosophische Grundannahmen ergeben eine Vielzahl unterschiedlicher Richtungen, die von unterschiedlichen, nicht selten einander widersprechenden Auffassungen der „Realität" ausgehen und unterschiedliche Aspekte (wie die Erklärung der Wissenschaftsentwicklung, die anzustrebende Handhabung von Methoden oder den Bezug der Wissenschaft zum Handeln) zum Schwerpunkt ihrer Betrachtungen machen. Auch gilt es zu beachten, daß die Prinzipien der Erkenntnis und des wissenschaftlichen Vorgehens selbst einem kulturellen Wandel unterliegen (REININGER & NAWRATIL 1985: 20f.). Die verschiedenen Sichtweisen der Wissenschaftstheorie lassen nach STRÖKER (1977a: 5) dabei den gemeinsamen Gegenstand „Wissenschaft" wie durch ein Prisma als ein Spektrum unterschiedlicher „-ismen" erscheinen und sind je für sich nicht frei von Einseitigkeiten.
Oft wird streng kritisiert, daß die neuzeitliche Wissenschaftstheorie sich selbst zu sehr in abstrakter Logik und Methodologie, in „intellektueller Grammatik" (BUNGE 1983: 16), verliere, die zu einer zu starken modellhaften Vereinfachung führe und der tatsächlichen Praxis der Wissenschaften nicht gerecht werde (exemplarisch FEYERABEND 1978: 293; KUHN 1988a: 93; POPPER 1984a: Vorwort XX; STRÖKER 1977a: 109). Kritisiert wird auch der Anspruch, eine einheitliche Theorie der Wissenschaften entwerfen zu wollen. Die neuzeitliche Naturwissenschaft stelle indessen ein zu differenziertes Gebilde dar, als daß es „die" Definition von Wissenschaft (TREPL 1987: 42) und damit „die" Theorie oder Methode geben könne. Diese Kritik an übermäßiger Vereinfachung gilt es im folgenden zu beachten. Daß es jedoch bei entsprechender Betrachtung gerechtfertigt sein kann, den verschiedenen Wissenschaftsdisziplinen und demnach auch der Ökologie ähnliche Strukturprinzipien zugrunde zu legen, hat TOBIAS (1991) am Beispiel der Hierarchischen Systemtheorie aufgezeigt.
Im Rahmen dieser Arbeit kann weder zwischen einzelnen Ansätzen der Erkenntnis- und Wissenschaftstheorie entschieden noch eine umfassende Einführung in die unterschiedlichen Konzepte gegeben werden. Vielmehr gilt es, den Blick auf solche Ansätze zu lenken, die Aussagen zum Verhältnis von Wissen(schaft) und Handeln treffen, und zu diskutieren, inwieweit sie Erklärungen für das Verhältnis von (ökologischer) Wissenschaft und (ökologisch orientierter) Planung bieten. Letztbegründungen im Sinne eines „Archimedischen Punktes" (LAUENER 1995: 229) sind auch mit

Hilfe der Erkenntnis- und Wissenschaftstheorie nicht zu erwarten.[1)]

„Wissenschaftlich planen" oder „Wissenschaft über Planung"?

Dabei gilt es, einem möglichen Irrtum zu begegnen, der auftauchen kann, sobald die Begriffe „Wissenschaft" und „Planung" gemeinsam gebraucht werden. Planung ist ein stufenweiser Entscheidungsprozeß, bei dem deskriptive und normative Aspekte eng miteinander verknüpft sind (JESSEL 1996: 212). Wegen laufend zu treffender Entscheidungen und Wertungen sowie der wechselseitigen Durchdringung von Sachaussagen und Werturteilen können Planungsabläufe weder im wissenschaftlichen Sinne „objektiv" oder „wertfrei"[2)] sein noch ausschließlich nach wissenschaftlichen Kriterien gestaltet werden, weshalb z.B. RITTEL (1992: 51) zu Recht darauf hinweist, daß es keine „wissenschaftliche Planung" geben kann.
Da jedoch „jeder Gegenstand überhaupt (...) Gegenstand einer Wissenschaft sein [kann] und (...) als solcher unmittelbar auch Gegenstand der Wissenschaftstheorie [ist]" (SEIFFERT in SEIFFERT & RADNITZKY 1994: 2) können sehr wohl mit dem begrifflichen Instrumentarium der Erkenntnis- und Wissenschaftstheorie einzelne Planungsschritte und Vorgehensweisen kritisch hinterfragt werden.

Die Unmöglichkeit, wissenschaftlich zu planen, muß demnach von der Möglichkeit einer Wissenschaft über Planung unterschieden werden.

Als Aufgaben einer solchen „Wissenschaft über Planung" werden z.B. gesehen:
- den Ablauf von Planungsprozessen empirisch nachzuzeichnen und zu klären, inwieweit sich gemeinsame Muster identifizieren und kategorisieren lassen;
- planerisch getroffene Wertsetzungen, Entscheidungen und Handlungsanweisungen im Hinblick auf ihr logisches Verhältnis zueinander sowie im Hinblick auf ihre faktischen Wirkungen zu untersuchen;
- die gesellschaftlichen Voraussetzungen und Rahmenbedingungen von Planungs-

---

1) Wie unterschiedlich selbst am gleichen Ausgangspunkt anknüpfende erkenntnistheoretische Ansätze ausfallen können, läßt sich am Beispiel von Autoren zeigen, die sich gleichermaßen auf eine „evolutionäre Erkenntnistheorie" beziehen, die die evolutionäre Entwicklung des Wissens und der Erkenntnis beschreibt: Während u.a. VOLLMER (1987) und MOHR (1987) davon ausgehen, daß unsere Erkenntnisstrukturen sich im Laufe der Entwicklung zunehmend den Strukturen der realen Welt annähern und sich nur so ihr zunehmender Erfolg erklären läßt, lehnt LUHMANN (1994: 549ff.) dies ab und geht von autopoietischen, selbstreferentiellen, d.h. sich ständig selbst erneuernden lebenden und kognitiven Systemen aus, die sich durch ihren Selbst-Bezug zunehmend selbst stabilisieren und gerade dadurch immer weiter von den Strukturen der Realität *entfernen*.
Aufgrund dieser Heterogenität verschiedener aktueller und nebeneinander bestehender Ansätze der Erkenntnis- und Wissenschaftstheorie wird hier keinem von ihnen explizit gefolgt. Auch wird die Ansicht vertreten, daß wissenschaftliches Wissen sich nicht auf einer per se vorgegebenen Erkenntnis- und Wissenschaftstheorie gründen läßt (LUHMANN 1994: 700), sondern vielmehr letztere sich im Regelfall in der Reflexion über die Praxis der Erlangung von ersterem herausbildet.

2) Beide Begriffe sind in Anführungszeichen gesetzt, da es auch zu diskutieren gilt, inwieweit Wissenschaft im allgemeinen und Ökologie im speziellen die gängigen Kriterien strenger Objektivität und Wertfreiheit erfüllen können (vgl. insbesondere Kapitel C.3).

prozessen zu analysieren und ihre Auswirkungen auf deren Ablauf sowie die erzielten Ergebnisse zu betrachten.

Die Notwendigkeit einer Untersuchung von Planungsprozessen aus wissenschaftstheoretischer Perspektive ist bereits von z.B. LENK (1972) und LANGER (1974: 4) betont worden, wobei letzterer in der Nutzung wissenschaftstheoretischer Einsichten die unabdingbare Voraussetzung für die systematische Ordnung des Wissens eines Fachgebietes sieht.
Wissenschaftliche Theorien können dem Planer die konstruktive Arbeit sowie Entscheidungen über Kriterien, Wertungsrahmen und Zielbestimmungen dabei nicht abnehmen. Sie können ihm jedoch helfen, den Planungsprozeß sowie einzelne seiner Schritte kritisch zu analysieren, z.B. indem Argumentations- und Begründungszusammenhänge durchleuchtet werden (LENK 1972: 69, 83). Ihre Rolle kann demnach als „kritisches Korrektiv" (LENK 1972: 92) bei der Entwicklung und Bewährung planerischer Vorgehensweisen verstanden werden.
Die Anwendung wissenschaftstheoretischer Einsichten bei Planungen darf nicht unreflektiert erfolgen. Oft wird versucht, durch ausgefeilte, aufwendig-komplexe Planungs"methoden" eine gleichsam naturwissenschaftliche Relevanz der Ergebnisse zu erlangen (JESSEL 1994: 508). Zwischen primär auf Erkenntnisgewinn gerichteter ökologischer Wissenschaft und primär zweckorientiertem, auf Handeln gerichtetem ökologisch orientiertem Planen bestehen jedoch grundlegende Unterschiede, die es herauszuarbeiten gilt. Keineswegs geht es um eine Verwissenschaftlichung des Planungsdenkens, sondern darum, aufbauend auf den Unterschieden zwischen wissenschaftlichen und planerischen Vorgehensweisen zu beleuchten, was Planung hinsichtlich des komplexen Gefüges „Landschaft" überhaupt leisten kann und welche Art des Vorgehens hier angemessen erscheint.

Vor diesem Hintergrund bestimmen folgende Fragestellungen das Vorgehen:
- Wie läßt sich die Ökologie in das Spektrum der Wissenschaftsdisziplinen einordnen? Was macht ihren Charakter als Wissenschaft aus? (vgl. Kapitel C)
- Wie läßt sich das Verhältnis von ökologischer Wissenschaft und auf ihrem Wissen aufbauendem rationalen Handeln, also Planung, bestimmen? (vgl. Kapitel D)
- Welche Erklärungsmuster bietet die Erkenntnis- und Wissenschaftstheorie für Planungsprozesse? (vgl. Kapitel E.1)
- Wie können mit Mitteln der Erkenntnis- und Wissenschaftstheorie einzelne planerische Vorgehensweisen und Fragestellungen kritisch geprüft werden? (vgl. Kapitel E.2).

B.2 Entwicklung des neuzeitlichen Wissenschaftsverständnisses

„Jede große Epoche der Wissenschaft
hat ein bestimmtes Modell von Natur entwickelt."
(Ilya Prigogine & Isabelle Stengers, Vom Sein zum Werden, 1986: 29)

Ein Abriß über die Entwicklung des neuzeitlichen Wissenschaftsverständnisses soll zunächst die Einsicht vermitteln, daß sich ein ständiger Wandel vollzog, der nicht nur das jeweilige wissenschaftliche Weltbild, sondern auch das Handeln in sowie das Verständnis von Landschaften beeinflußt hat und damit auch auf das heutige Planungsverständnis durchscheint. Dabei geht es nicht um Vollständigkeit, sondern darum, einige Kernpunkte herauszuarbeiten, die teils bis heute die Auffassung von Wissenschaft wie auch das Verständnis von Planung im Sinne von „Machbarkeit" prägen. Des weiteren gilt es, die in der Folge näher betrachteten wissenschaftstheoretischen Ansätze und Ausführungen in einen größeren Rahmen einzuordnen bzw. aus der geschichtlichen Entwicklung heraus zu begreifen.

Der Ursprung der modernen Wissenschaft ist nach POPPER (1984b: 360f.) etwa um die Wende des 5. zum 6. vorchristlichen Jahrhundert in Griechenland anzusiedeln. Das grundsätzlich Neue gegenüber dem „magisch-animistischen", durch die Überlieferung von Mythen geprägten Weltbild (VOLLMER 1988: 347) lag im Aufkommen des kritischen Diskurses (POPPER, ebd.), d.h. einem ständigen kritischen Hinterfragen des bestehenden Wissens, sowie in der Berufung auf die Vernunft, die Ratio, als Mittel der Erkenntnis. Der philosophischen Schule der Eleaten (mit Xenophanes, Parmenides, Zenon etc.), die das Statische, das Sein, betonte, stand die Denkrichtung Heraklits gegenüber, die das Werden der Dinge herausstrich (vgl. STÖRIG 1995: 131ff.). Die Schule der Eleaten setzte sich durch und prägte später auch wesentlich das abendländische Denken - eine historische „Entscheidung" mit tiefgreifenden Folgen. Die Sichtweise Heraklits, die auf den Wandel des Seins und damit die Einmaligkeit aller Vorgänge abstellt, haben in neuerer Zeit Chaostheorie und Systemlehre wieder vermehrt zum Gegenstand ihrer Betrachtungen gemacht. Prägend für das abendländische Denken wurden vor allem Platon (427-347 v. Chr.) und sein Schüler Aristoteles (384-322 v. Chr.): Ersterer begründete die idealistische Philosophie und Ideenlehre (STÖRIG 1995: 173), die der Ökologe SIMBERLOFF (1980: 15, 29) bis ins 20. Jahrhundert in ganzheitlichen Auffassungen, etwa von Pflanzengemeinschaften als „Superorganismen" oder der Idee des Ökosystems, durchscheinen sieht. Aristoteles hingegen war es, der mit seinen Schriften die Grundzüge der zweiwertigen („binären") Logik, die auf der Grundlage von Ja-nein-Entscheidungen das logische Schließen bis heute bestimmt, sowie die heute noch verwendeten wissenschaftlichen Grundbegriffe, wie Schluß, Beweis und Definition, in besonderem Maße geprägt hat.

Im europäischen Mittelalter versuchte die christliche Scholastik, Offenbarungslehre und philosophisches Denken miteinander zu verbinden: Aufbauend auf der als unbezweifelbar geltenden Autorität der Kirche ging man von der Einheit von menschlichem Geist und Natur, von der Identität von „Sinn und Zeichen" (GELDSETZER in SEIFFERT & RADNITZKY 1994: 129) aus. Dementsprechend stand weniger die Verfügung über, sondern vor allem die Orientierung in der Umwelt (TREPL1987: 39), im göttlichen Kosmos, im Mittelpunkt des Erkenntnisstrebens.
Mit dem aus europäischer Perspektive i.d.R. auf die „Entdeckung" Amerikas 1492 datierten Beginn der Neuzeit kam es, im wahrsten Sinne des Wortes, zu einer Ausdehnung des Horizontes, die mit einer Neubestimmung der Mensch-Umwelt-Beziehung einherging und sich vor allem mit den Namen Galileo Galilei (1564-1642), René Descartes (1596-1650) und Isaac Newton (1643-1727) verbindet:
Der Ausgangspunkt für die neue philosophische Denkweise lag für Descartes - im Gegensatz zu der in göttliche Autorität vertrauenden mittelalterlichen Scholastik - im Prinzip des Zweifels: Es ist an allem, was die Wahrnehmung der Sinne übermittelt wie auch an den Ergebnissen des rationalen Denkens, zu zweifeln. Da die eigene Existenz aufgrund der Tatsache, daß der Mensch des Denkens fähig ist, das einzige ist, was sinnvollerweise nicht bezweifelt werden kann, gelangte DESCARTES (1971: 31) so zum Satz „Ego cogito, ergo sum, sive existo" - ich denke, also bin ich. Diese Ansicht war ein wesentlicher Ausgangspunkt für eine geänderte Auffassung der Mensch-Natur-Beziehung, der zufolge der denkende Mensch als Subjekt der Natur als Objekt gegenüber steht (DESCARTES 1971: u.a. 32, 34). Eine konsequente Objektivierung und scharfe Trennung von Geist („res cogitans") und Materie („res extensa") sowie darauf aufbauend von Tatsachen und Werten war die Folge. Sie erweist sich bis heute als prägend für die Auffassung von Wissenschaft, die sich auf „Tatsachen" zu beschränken hat, wie auch für das gängige Wertverständnis (vgl. hierzu näher Kapitel E.2.3.1) und hatte auch im gesellschaftlichen Bereich Konsequenzen, wie etwa in der Trennung von Kirche und Staat.
Ein tiefgreifender Wandel der Weltsicht ging auch mit Galilei und seinem Eintreten für das heliozentrische Weltbild einher. PIETSCHMANN (1996: 74ff.) sieht in ihm den eigentlichen Begründer der modernen Naturwissenschaft, weil er diese Ansicht nicht, wie vor ihm bereits Kopernikus, nur als Hypothese betrachtete, sondern als unbezweifelbare Wahrheit vertrat. Dies bedeutete, daß die Trennung von Theorie und von - durch die Kirche als höchster Instanz anerkannter - Wahrheit aufgehoben und die abstrakte theoretische Überlegung und Ableitung zu Kriterien der Wahrheit erhoben wurden.[3)] Die Leistung Galileis bestand zudem in der Einführung des Experiments

[3)] Deshalb geriet auch Galilei - im Gegensatz zu Kopernikus, der ja bereits die heliozentrischen Vorstellungen entwickelt hatte - in Konflikt mit der Kirche: Während Kopernikus das heliozentrische Weltbild stets nur als mögliche Hypothese hingestellt und damit den Autoritätsanspruch der Kirche nicht grundsätzlich angezweifelt hatte, vertrat Galilei diese Ansicht als unbezweifelbaren Standpunkt.

als Kriterium für die Prüfbarkeit von Hypothesen, verbunden mit der Reproduzierbarkeit der Resultate, dem logisch-analytischen Denken sowie der Forderung nach Quantifizierbarkeit. Diese Maßgaben bestimmten als Leitlinien und Kriterien wesentlich die weitere Entwicklung der Wissenschaften (PIETSCHMANN 1996: 84ff.). Der Ausspruch Galileis: „Man muß messen, was meßbar ist und meßbar machen, was zunächst nicht meßbar ist" (zit. nach STACHOWIAK 1983: 65) erwies sich lange Zeit als prägend in vielen Bereichen der Naturwissenschaften. Die Ökologie wie auch ökologisch orientierte Planungen sehen sich bis heute Forderungen nach Objektivierung und Quantifizierung ihrer Ergebnisse ausgesetzt, um in der „scientific community" sowie bei Entscheidungsträgern akzeptiert zu sein.[4)]
Auch die Leistung Newtons bestand darin, mit den von ihm abgeleiteten Gesetzen der Mechanik allgemeine Naturgesetze zu formulieren, die von der unmittelbaren Erfahrung abstrahierten und imstande waren, unterschiedliche Phänomene - im Falle des Gravitationsgesetzes z.B. den Fall eines Apfels vom Baum wie auch die Bewegung des Mondes um die Erde - auf gleiche Weise zu erklären. Insbesondere durch die von Newton entwickelten Gesetze der Mechanik gewann das Prinzip von Ursache und Wirkung, das Kausalitätsprinzip, an Bedeutung. Die damit einhergehende reduktionistische Sichtweise, die notwendige Beschränkung auf kausale Abhängigkeiten zwischen methodisch isolierten Variablen also, ermöglichte den neuzeitlichen Naturwissenschaften, Gesetze über das Funktionieren sehr unterschiedlicher Vorgänge aufzustellen und aus ihnen erfolgreich Voraussagen abzuleiten, die zur planmäßigen Konstruktion technischer Abläufe herangezogen werden konnten (HONNEFELDER 1993: 225). Die Physik (und hier insbesondere die Mechanik) sowie die Mathematik waren in einer Weise erfolgreich, daß sie zu Leitwissenschaften avancierten und eine Entwicklung einsetzte, die DIJSTERHUIS (1956) treffend als „Mechanisierung des Weltbildes" beschrieben hat. Seinen deutlichsten Ausdruck fand diese auf der Mechanik fußende Sicht von Voraussagbarkeit und Beherrschbarkeit im „Laplaceschen Dämon", d.h. der von Simon de Laplace 1776 formulierten Ansicht, man könne das Geschehen der Welt für alle Zeit berechnen, wenn man nur die Orte und Geschwindigkeiten aller Teilchen des Universums zu einem einzigen Zeitpunkt kenne.
Die Erfolge der Mechanik, zu denen auch die exakte Berechnung der Planetenbahnen oder die Vorhersage von Mondfinsternissen zählten, führten dazu, daß sie bis Ende des 19. Jahrhunderts als ein wesentlichnes Vorbild für verallgemeinernde naturwissenschaftliche Theoriebildung galt und vielfach die Auffassung vertreten wurde, „daß die Geschehnisse der Natur sich am besten in einer mathematischen Sprache offenbaren" (EKELAND 1989: 17). Unter diesem Aspekt lag das Ziel einer „ordentlichen", d.h. anerkannten wissenschaftlichen Arbeit in der Rückführung der Problemstellungen auf die Physik als Leitwissenschaft und ihrer Erklärung mit Hilfe der

---

[4)] Für die Ökologie hierzu beispielhaft PETERS 1991, der ihre Wissenschaftlichkeit ausschließlich in möglichst quantitativ formulierten Prognosen sieht.

Mechanik. Diese reduktionistische Betrachtungsweise, wonach alle Phänomene auf eine physikalische Erklärungsebene rückführbar sind, aus der letztlich alle Strukturen, auch biologische, erklärbar sind, wird bis heute von Wissenschaftlern vertreten (so z.B. bei GIERER 1991: 29, 31). DIJSTERHUIS (1956: 1) stellt dazu fest: „Durch dieses alles ist die Mechanisierung der Physik viel mehr als eine interne methodische Angelegenheit der Naturwissenschaft geworden; sie geht die Kulturgeschichte als Ganzes an und verdient daher auch außerhalb dieses Kreises Aufmerksamkeit."
So erlaubte die Kenntnis der mechanischen Gesetze auch eine technische Veränderung von Landschaften in bislang nicht gekannter Weise. Es dürfte kein Zufall sein, daß umfangreiche Meliorationsmaßnahmen bislang unzugänglicher Gebiete, etwa die systematische, auf Ingenieurmethoden gestützte Entwässerung und Inkulturnahme des bayerischen Donaumooses, die ab 1778 eingeleitet wurde (MAXHOFER 1978), oder die Erschließung des Oderbruchs durch Friedrich den Großen von 1747 bis 1753 (KÜSTER 1995: 274), in etwa zeitgleich mit der Formulierung des Laplaceschen Dämons und der damit einhergehenden Auffassung von Machbarkeit wie auch der Betonung der Ratio, der Vernunft im Zeitalter der Aufklärung, zusammenfielen. TREPL (1985: 175) äußert die Vermutung, daß zwischen dem verallgemeinerbaren Wissen neuzeitlicher Naturwissenschaft und dem Prozeß der Nivellierung von Landschaften ein Zusammenhang besteht: Erfolgten frühere Eingriffe nur ortsgebunden aufgrund von regionalem ökologischem und technischem Wissen, so verfügt z.B. der moderne Wasserbauer mit seinen Gleichungen und Tabellenwerken über Kenntnisse, die sich auf jedes Fließgewässer und auf jede Ausbaumaßnahme in gleicher Weise anwenden lassen.
Ergänzend zur nomologischen, d.h. theoretisch-verallgemeinernden Naturwissenschaft, teils auch in Gegenbewegung zu ihr, entwickelte sich im 18. Jahrhndert die idiographische Naturgeschichte, die ihre Aufgabe im systematichen Klassifizieren und Ordnen der Lebensformen sah (TREPL 1987: 64ff.). Auf sie lassen sich wesentliche Wurzeln der späteren Wissenschaft Ökologie zurückführen. Wissenschaften mit idiographischen und nomothetischen Aspekten existierten und existieren dabei nebeneinander und sind, etwa über eine Vor- und Zuarbeit von ersteren für letztere, vielfältig miteinander verbunden (Trepl 1987: 42).

Während das Denken der westlichen Welt stark durch die auf Aristoteles zurückgehende binäre Denkweise und Logik geprägt wurde, konnten sich in anderen Erdteilen, z.B. den fernöstlichen Philosophien, durchaus ganz andere Denkformen herausbilden und halten. So hat z.B. der bis heute in Indien vertretene Jainismus eine formale Logik entwickelt, nach der jede Aussage auch teilweise wahr oder unwahr sein kann, „Wahrheit" mithin nicht nur die beiden Pole „wahr" und „falsch", sondern viele Facetten und Übergänge aufweist (MCNEILL & FREIBERGER 1994: 183).[5] Auch

[5] Derartige im asiatischen Raum verbreitete Denkformen waren der Grund, daß neuere logische Systeme, wie die „unscharfe" (Fuzzy-) Logik und darauf aufbauende technische

zeigt die ostasiatische Tradition der Landschaftsmalerei, daß dort eine andere Art der Betrachtung von Landschaften anzutreffen ist und in der Gartenkunst auch umgesetzt wurde (BEUCHERT 1988: 228ff.). Beispielsweise wird im chinesischen Garten sowie in der umgebenden Landschaft versucht, Kontraste zu erzeugen, denen das philosophische Prinzip von „Yin" und „Yang" zugrundeliegt. Für die räumliche Wahrnehmung spielt hier nicht nur der materielle Raum, sondern vor allem der „Luftraum" zwischen den Dingen eine Rolle, was mit anderen Sehgewohnheiten einhergeht.

Das Zeitalter der „klassischen Physik" lösten mit Beginn des 20. Jahrhunderts Relativitätstheorie und Quantenphysik mit der Entdeckung prinzipieller Grenzen des Erkenntnisvermögens ab: Im Makroskopischen betraf dies die Beschränkung auf Geschwindigkeiten, die kleiner als die Lichtgeschwindigkeit sind, und die Begrenztheit des Raumes auf das Universum. Im Mikroskopischen zeigte die Quantentheorie die Unmöglichkeit auf, Ort und Geschwindigkeit eines Teilchens gleichzeitig zu bestimmen: Beide können zwar je für sich beobachtet und gemessen werden; es ist aber unmöglich, beide Größen gleichzeitig genau zu bestimmen (Heisenbergsche Unsicherheitsrelation, vgl. HEISENBERG 1990: 26f.; später als „Unschärferelation" bekannt geworden). Eine weitere, nur schwer in das bestehende Gedankengebäude zu integrierende Unstimmigkeit lag im Begriff der Komplementarität nach Niels Bohr, wonach beide Vorstellungen vom Charakter etwa des Lichts, die des Partikels und das Bild der Welle, als komplementäre, gleichzeitig aber miteinander unvereinbare Beschreibungen derselben Realität zu betrachten sind. HEISENBERG (1990: 83) weist darauf hin, daß durch diese Resultate die strenge cartesianische Trennung von Geist und Materie insofern aufgehoben wird, als es nunmehr vom Standpunkt, den der Beobachter einnimmt und von der Art seiner Fragestellungen abhängt, wie sich die Umwelt ihm darstellt.
Zwar ist mit einer Übertragung von Ergebnissen im Mikro-, also Teilchenbereich auf andere Erfahrungsebenen Vorsicht geboten, doch lassen neuere Erkenntnisse der Biologie, insbesondere das von MATURANA & VARELA (1990) entwickelte Konzept der Autopoiese, sowie Theorien der Selbstorganisation und Selbstreferenz von Systemen (z.B. LUHMANN 1988) auf eine Beobachterabhängigkeit menschlicher Wahrnehmung schließen. Konsequenzen, die dies beispielsweise auf die Erhebung und Interpretation von Daten oder für die Umsetzung von Planungsaussagen hat, gilt es zu diskutieren (vgl. z.B. Kapitel E.1.3).
In der Philosophie erhob in den 1920er und 1930er Jahren der „Wiener Kreis", dem u.a. Rudolf Carnap, Viktor Kraft und Moritz Schlick angehörten, den Anspruch, mit

Steuerungssysteme - obwohl zunächst in den USA entwickelt - sich bspw. in Japan und China (wo es keine „aristotelischen Dogmen" zu durchbrechen galt) sehr viel leichter durchsetzen konnten und in diesen Ländern heute einen viel größeren Wirtschaftsfaktor darstellen als in Europa oder Nordamerika (vgl. KOSKO 1993: 31; MCNEILL & FREIBERGER 1994: 191).

Hilfe einer strikt logischen Analyse von Begriffen, Aussagen und naturwissenschaftlichen Theorien eine Einheitswissenschaft bzw. Einheitssprache zu entwickeln, die als gemeinsame Sprache der Wissenschaften dienen sollte (HEYSELMANN 1989: 447). Zwar konnte sich dieser wissenschaftstheoretische „Hegemonieanspruch" (HABERMAS 1993: 373) im Sinne einer von der Physik ausgehenden Einheitswissenschaft angesichts der realen Vielfalt wissenschaftlicher Arbeitsweisen nicht durchsetzen, doch hängt die Rolle, die vor allem in der ersten Hälfte unseres Jahrhunderts die Logik zur Beschreibung wissenschaftlicher Prinzipien und Vorgehensweisen gewonnen hat, eng mit dem Wirken des Wiener Kreises zusammen.
Den Anspruch eines einheitlichen methodischen Rahmens für die Wissenschaften, der in der logischen Ableitung von Hypothesen aus übergeordneten Theorien und ihrer experimentellen Überprüfung besteht, erhebt auch der Kritische Rationalismus Karl Raimund POPPERS (1984a), der mit seiner Ansicht über das Funktionieren von Wissenschaft wie kaum ein anderer Ansatz die wissenschaftstheoretischen Auseinandersetzungen des 20. Jahrhunderts geprägt hat und daher auch in eine Reflexion über die Stellung der Ökologie innerhalb der Wissenschaften (vgl. Kapitel C) einzubeziehen ist.

Neuere Tendenzen

Die heutige Erkenntnis- und Wissenschaftstheorie kennzeichnet, sicherlich auch in Reaktion auf die Methodologie Poppers, die in ihrer Strenge von vielen als in der wissenschaftlichen Praxis nicht durchführbar eingestuft wird, ein Pluralismus von Strömungen, der allerdings in wiederum relativ weitreichender Übereinstimmung von tiefer Skepsis im Hinblick auf die Möglichkeit von gesicherter und zeitlos gültiger Erkenntnis geprägt ist. Analog zu anderen Lebensbereichen, wie der Kunst oder Architektur, ist die Rede von einer „Postmoderne" in den Naturwissenschaften (MARKUS 1993), und es wird angesichts der Theorienvielfalt die Ansicht vertreten, daß die Zeit der Dogmen in der Erkenntnis- und Wissenschaftstheorie nunmehr vorbei zu sein scheint (TRETTIN 1992). Beispielhaft hierfür stehen insbesondere der „erkenntnistheoretische Relativismus" Paul FEYERABENDS (1986) und Thomas KUHNS (1988a, b), der die Geltung unveränderlicher Regeln und Methoden in den Wissenschaften grundsätzlich in Frage stellt.
Symptomatisch erscheint weiterhin, daß gegenüber den Vertretern, die sich weiterhin für die Physik als Leitwissenschaft aussprechen (z.B. BUNGE 1983; PIETSCHMANN 1996: Vorwort VII; hierzu auch SCHWEGLER 1992: 35) zunehmend auch die Biologie (z.B SAYNISCH 1991: 201; WALLNER 1990: 138; v. WRIGHT 1988: 940) sowie die Ökologie (hierzu näher in Kapitel C.2) als neue Leitwissenschaften angesehen werden. Dies ist im Zusammenhang mit Erkenntnissen der Biologie und Wahrnehmungsforschung sowie dem Trend zu interdisziplinärem Vorgehen (z.B. KÜPPERS 1986: 81) zu sehen, die sich im erkenntnistheoretischen Konzept des Konstruktivismus, weiterhin in einem Konglomerat miteinander verbundener Begriffe und Theori-

en wie „Selbstorganisation" bzw. „Selbstreferenz", „Autopoiese", „Systemtheorie" und „Chaosforschung" niederschlagen. Auch angesichts der Umweltprobleme tritt die Forderung nach stärker pragmatischer, d.h. ziel- und handlungsgerichteter Orientierung des Erkenntnisstrebens hinzu, die insbesondere im „Neopragmatismus" mit dessen deutschen Hauptvertreter, dem Berliner Modelltheoretiker und Philosophen Herbert Stachowiak, ihren Ausdruck findet.

In diesen neueren Strömungen der Erkenntnis- und Wissenschaftstheorie sehen viele Anzeichen für einen umfassenden Wechsel der erkenntnistheoretischen und wissenschaftlichen Leitgedanken, für einen sogenannten „Paradigmenwechsel" (hierzu für die Neopragmatische Erkenntnistheorie: STACHOWIAK 1986: XVII; für Selbstorganisation und Chaostheorie: JANTSCH 1988: 19, 36; KRATKY 1990: 4; KROHN, KÜPPERS & PASLACK 1987: 441; für die Ökologie: BRÖRING & WIEGLEB 1990: 284f.; für die Naturphilosophie: DIERßEN & WÖHLER 1997: 170). *Es wird deshalb im folgenden darum gehen, vor dem Hintergrund des vom Kritischen Rationalismus entworfenen und schon „klassisch" zu nennenden Wissenschaftsverständnisses diese neueren Entwicklungen heranzuziehen, um zu diskutieren, welche Erklärungsmuster sie für die Einordnung von ökologischer Wissenschaft sowie für Fragestellungen ökologisch orientierter Planungen bieten.*

Die im Rahmen der Arbeit betrachteten Ansätze werden im folgenden kurz umrissen. Beabsichtigt ist dabei nur ein grober Überblick, der die Struktur verschiedener Theorien verdeutlichen sowie die Einordnung von Begriffen und Aussagen erleichtern soll.

B.3 Charakteristik planungsrelevanter erkenntnis- und wissenschaftstheoretischer Konzepte

B.3.1 Kritischer Rationalismus

Der „Kritische Rationalismus" ist wesentlich von Karl Raimund Popper in den 30er Jahren unseres Jahrhunderts ausgearbeitet worden; als weitere Vertreter sind u.a. Imre Lakatos, Hans Albert oder Mario Bunge zu nennen.

POPPER (1984a: 3, 98ff.) beginnt mit Kritik an der Induktionslogik, d.h. an der Annahme, daß es möglich ist, von einzelnen Beobachtungen durch Verallgemeinerungen zu allgemeinen Theorien und Gesetzen zu gelangen. Ein solches Schließen vom Besonderen zum Allgemeinen kann immer nur zu statistischen Wahrscheinlichkeitsaussagen führen (so auch CARNAP 1969: 28f.), niemals aber zu allgemeingültigen Gesetzen. Logisch zulässig sind vielmehr nur deduktive Schlüsse, d.h. logische Ableitungen von besonderen Sätzen aus allgemeinen Theorien, denn über sie gelangt man von Prämissen zu einer Konklusion, die mit Notwendigkeit so sicher ist wie die Prämissen selbst: „Man überprüft die Theoriensysteme, indem man aus ihnen Sätze von geringerer Allgemeinheit ableitet. Diese Sätze müssen ihrerseits, da sie intersubjektiv nachprüfbar sein sollen, auf die gleiche Art überprüfbar sein" (POPPER 1984a: 21). Zu logisch richtigen Gesetzen führende Induktionsschritte, die in der lebensweltlichen Wirklichkeit auf der Wiederholung von Wahrnehmungen und auf aus diesen erkannten Ähnlichkeiten beruhen, kann es auch deshalb nicht geben, weil die psychische Verarbeitung solcher Wiederholungen nur unter der Voraussetzung eines bereits vorgängig vorhandenen Standpunktes, der selber unsicher ist, möglich ist (POPPER 1984a: 375f.). Zwangsläufig geht jeder Beobachtung bereits eine Theorie voraus, ist jede Beobachtung bereits „theoriegetränkt" (POPPER 1984b: 72; auch: 1984a: 76, 1972b: 44ff.).
Auf die hypothetisch-deduktive Vorgehensweise hat sich nach Popper „die Methode aller Wissenschaften" (1987: 104) zu stützen (vgl. Abb. B\1.): Aus Grundannahmen können weitere Sätze deduziert werden, aus denen unter Beachtung gegebener Randbedingungen - gleichfalls durch Deduktion - Prognosen ableitbar sind. Dabei spielt keine Rolle, wie man, etwa durch Wahrnehmungserlebnisse oder Intuition, zu den allgemeinen Theorien gelangt. Ausschlaggebend für wissenschaftliches Vorgehen ist einzig und allein, daß es der Methode kritischer Prüfung standhält.
Dabei können Hypothesen aus logischen Gründen niemals verifiziert, d.h. endgültig bestätigt, werden (POPPER 1984a: 14), weil dies die Überprüfung jedes durch die Hypothese eingeschlossenen Ereignisses erforderte. Beispielsweise würde die Bestätigung der Hypothese „Alle Schwäne sind weiß" den Nachweis erfordern, daß man alle jemals existierenden, verstorbenen, lebenden und noch unausgebrüteten Schwäne hinsichtlich des Merkmals „weiß" untersucht hat. Möglich ist aber ein Vor-

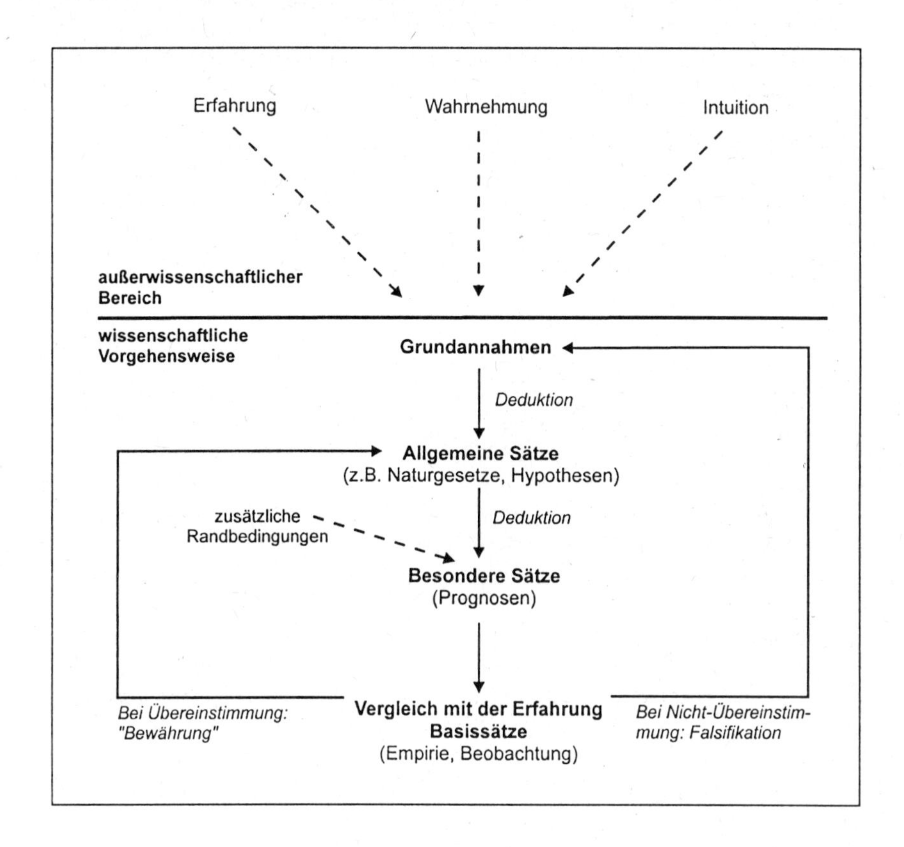

Abbildung B\1

Hypothetisch-deduktive Vorgehensweise von Wissenschaft nach POPPER (1984a).

gehen, das auf die Falsifikation (Widerlegung) von Hypothesen angelegt ist: „Ein empirisch-wissenschaftliches System muß an der Erfahrung scheitern können" (POPPER 1984a: 15). Hypothesen sind daher so zu formulieren, daß sie falsifizierbar sind. „Es gibt nur weiße Schwäne" ist z.B. eine Hypothese, die bereits durch das Auffinden eines einzigen nichtweißen Schwanes widerlegt ist. Das Kriterium der Falsifizierbarkeit (vgl. auch Abb. B\1) wurde von Popper als entscheidendes Kriterium der Abgrenzung von wissenschaftlichen zu nicht-wissenschaftlichen Sätzen eingestuft.
Entsprechend gibt es keine Theorien, die nicht grundsätzlich als widerlegbar gelten und umgestoßen werden können (POPPER 1984b: 30). Sicheres Wissen kann nur im Hinblick auf falsche, keineswegs auf „wahre" Theorien gewonnen werden, weshalb

wissenschaftliches Vorgehen in beständiger Kritik nicht auf Bestätigung, sondern auf Widerlegung herrschender Theorien gerichtet zu sein hat. Entscheidend dabei ist das Konzept der „Bewährung“ (POPPER 1984a: 225): Die Theorien, die sich in einer Art „Konkurrenzkampf“ vorläufig behaupten, bilden den im jeweiligen geschichtlichen Erkenntnisstadium bis dahin erarbeiteten Inhalt menschlichen Wissens von der wirklichen Welt. Solches Wissen ist nie wirklich sicher, sondern kann immer wieder verworfen werden und bleibt so letztlich ein Raten. Dieses Fehlen von Sicherheit hält das Denken beweglich und führt zu immer leistungsfähigeren Theorien.
Alte Theorien bleiben jedoch, auch wenn sie überholt sind, nicht selten als Grenzfall der neuen Theorie für diejenigen Fälle gültig, für die sie Erklärungen liefern. Beispielsweise wird die Newtonsche Mechanik als neuer Grenzfall der Quantentheorie eingestuft (POPPER 1984a: 199), gleichfalls die Newtonsche Gravitationstheorie im Hinblick auf die Allgemeine Relativitätstheorie (PIETSCHMANN 1996: 225). Eine allmähliche Annäherung an die Wahrheit, verbunden mit einem kumulativen Wissenszuwachs, „an dem wir wie die Maurer an einer Kathedrale arbeiten“ (POPPER 1974: 57) ist demnach möglich. Damit erweist sich POPPER (insbes. 1984b) zugleich als Vertreter einer evolutionären Erkenntnistheorie.

Ein Problem stellt die Frage der „Letztbegründung“ dar. POPPER beläßt es hier (1984a: 73) bei der Angabe, daß die Basissätze, das empirische Fundament der Wissenschaft, durch „Festsetzung“ anerkannt werden. Der gesamte Problemkreis der sich damit verbindenden Normsetzungen wie auch des forschungspsychologischen Zusammenhangs, d.h. der subjektiven Werthaltungen und Erwartungen des einzelnen Wissenschaftlers wie der Gemeinschaft aller Forscher, der „scientific community“, bleibt damit ausgeblendet. Statt dessen wird die Auffassung vertreten, „daß wissenschaftliche Erkenntnis als subjektlos gelten darf“ (POPPER 1974: 57).[6)]
Weitere Aussagen Poppers befassen sich mit der Prognostizierbarkeit von Ereignissen: Ausgehend von der Kritik der marxistischen Geschichtsphilosophie gelangt er zu dem Schluß, daß es unmöglich ist, den Lauf der Geschichte mit rationalen Methoden vorherzusagen (POPPER 1987). Auch werden von ihm in diesem Zusammenhang Aussagen über die systembegrenzte Unmöglichkeit einer „utopischen“, ganzheitlichen Planung getroffen.

Fazit und Ansatzpunkte für weitere Betrachtungen

Das Verdienst des Kritischen Rationalismus liegt unbestritten darin, den Hypothesencharakter und die Unsicherheit jedweder Erkenntnis verdeutlicht sowie die Methodenkritik, die ständige kritische Prüfung der Ergebnisse, zu einem wesentlichen

---

6) Bezeichnenderweise wird daher auch die Wissenssoziologie und -anthropologie, als deren Vertreter in der Arbeit u.a. Robert Merton und Karin Knorr-Cetina zitiert werden, als Wissenschaft von POPPER (1989: 112f.) strikt abgelehnt.

Teil des Forschungsprozesses gemacht zu haben.
Allerdings hat er mit der von ihm entworfenen streng hypothetisch-deduktiven Vorgehensweise ein Idealbild gezeichnet, wie die Gewinnung von Wissen erfolgen soll. Da POPPER (1987: 102ff.) mit der von ihm vertretenen „Einheit der Methode" eine prinzipielle Übertragbarkeit auf alle Wissenschaften, gleichgültig ob Natur- oder Sozialwissenschaften, beansprucht und die methodische Eigenständigkeit von Einzeldisziplinen in Frage stellt (ALBERT 1972: 6), gilt es zu überlegen, inwieweit die im Rahmen der ökologischen Wissenschaften praktizierten Vorgehensweisen und auch planerisches Vorgehen - soweit es der Gewinnung von planerisch verwertbarer Erkenntnis dient - diesem Grundmuster folgen oder ob hier nicht ein zu streng-axiomatischer Rahmen aufgestellt wurde, dem die Praxis der Wissenschaften kaum entsprechen kann. Dabei stellt sich insbesondere die Frage, welche Rolle die von Popper abgelehnten induktiven Verallgemeinerungen in Ökologie wie Planung tatsächlich spielen. Allerdings sind die Argumente gegen die reine Induktionslogik und deren eingeschränkte Leistungsfähigkeit im Hinblick auf logisch sichere Ergebnisse zutreffend und müssen ernst genommen werden.
Schließlich verbindet sich mit dem Kritischen Rationalismus eine bestimmte Auffassung von „Wirklichkeit" bzw. „Realität" (vgl. Kapitel D.4), die es im Hinblick auf das Verhältnis von Wissenschaft und Planung zusammen mit anderen Ansätzen einzuordnen gilt.

B.3.2 Erkenntnistheoretischer Relativismus

Im Gegensatz zu Popper gehen die Hauptvertreter relativistischer Anschauungen, Thomas Kuhn[7)] und Paul Feyerabend, nicht von einer eigenen, logisch konsistenten Methode der Erkenntnisgewinnung aus, sondern setzen an der Art an, wie Wissenschaftler *faktisch* arbeiten. Aufbauend auf einer wissenschaftshistorischen Betrachtung, die Beispiele aus der Wissenschaftsgeschichte wie auch aus anderen Kulturkreisen heranzieht, wird dabei der Wandel der Gesetze, erkenntnistheoretischen Positionen und wissenschaftsimmanenten Normen in den Mittelpunkt der Betrachtungen gestellt.

Nach KUHN (1988a: 16f., 108) vollziehen sich wissenschaftlicher Fortschritt und Erkenntnisgewinn nicht durch kontinuierliche Veränderung und - wie von Popper angenommen - im Zuge kumulativen Wachstums, sondern durch plötzliche, revolutionäre

[7)] Zwar hat KUHN (1988a) es abgelehnt, relativistischen Anschauungen zugerechnet zu werden; auch greift FEYERABEND (1986) Kuhns Darstellungen des wissenschaftlichen Wandels seinerseits als zu schematisch und schablonenhaft an. Dennoch scheint es gerechtfertigt, aufgrund ihrer sich historisch begründenden, auf den Wandel der Wissenschafts*praxis* gerichteten Betrachtungsweise hier beide gemeinsam zu behandeln (wie z.B. auch GELLNER in SEIFFERT & RADNITZKY 1994: 287ff.).

Prozesse. Ein bislang geltendes und akzeptiertes Erklärungsmodell wird verworfen und durch ein anderes, nicht mit ihm zu vereinbarendes ersetzt (KUHN 1988a: 104). Dieser Übergang wird nicht rational, d.h. durch objektive Beweise (KUHN 1988a: 159, 1988b: 421) oder gemäß dem Falsifikationsprinzip durch widersprechende Daten (KUHN 1988a: 157) entschieden. Vielmehr handelt es sich dabei um „Bekehrungsprozesse“, für die wissenschaftsexterne Faktoren philosophischer, weltanschaulicher und gesellschaftlicher Art die entscheidende Rolle spielen.

Das jeweils geltende theoretische Modell, von Kuhn „Paradigma“ genannt, steht für die herrschende Grundeinsicht, die von den Mitgliedern der entsprechenden Wissenschaftlergemeinschaft in Form gemeinsamer Werte, Meinungen und Methoden geteilt wird und ihnen zugleich die maßgebenden Problemstellungen, Beispiele und Lösungsansätze liefert (KUHN 1988a: 186, 1988b: 392). Damit umfaßt ein Paradigma die Grundprinzipien und das Selbstverständnis der jeweiligen wissenschaftlichen Disziplin.

Mit „Paradigmenwechseln“ einhergehende Phasen des revolutionären Umbruchs und Phasen „normaler“ Wissenschaft, die sich mit der Ausgestaltung, Vertiefung und Umsetzung eines herrschenden Paradigmas befassen, wechseln Kuhn zufolge einander ab. Aufgrund tradierter Ansichten der Wissenschaftler muß sich ein neues Paradigma erst durchsetzen. Umgekehrt ist es dann schwierig, eine einmal angenommene Theorie durch eine andere zu ersetzen (PIETSCHMANN 1996: 148), zumal mit dem etablierten Paradigma häufig Forschungsgelder, Status und Prestige verknüpft sind. Einer wissenschaftlichen Revolution voraus geht daher zunächst eine Phase, die durch Unsicherheit und Festhalten an bestehenden Theorien trotz des Versagens einzelner Teile des Paradigmas zum einen, durch Theorienvielfalt und die Wucherung konkurrierender Theorien zum anderen gekennzeichnet ist (KUHN 1988a: 103). Dies ist ein Grund, weshalb viele Forscher in der heutigen Vielfalt der erkenntnis- und wissenschaftstheoretischen Ansätze Anzeichen für einen bevorstehenden Paradigmenwechsel sehen. Auch dieser Auffassung eines nicht rational bedingten Wandels zufolge liefert Wissenschaft keine absoluten Wahrheiten, sondern spiegelt den Wissensstand einer Gesellschaft zu einem bestimmten Zeitpunkt wider (KUHN 1988a: 182).

Noch einen Schritt weiter reicht die gelegentlich auch als „anarchische Erkenntnistheorie“ (FEYERABEND 1986: 238ff.; SEIFFERT & RADNITZKY 1994: 58ff.) bezeichnete Position Feyerabends. Mit dem Grundpostulat „Kein Gedanke ist so alt oder absurd, daß er nicht unser Wissen verbessern könnte“ wendet sich FEYERABEND (1986: 55) gegen das Dominieren bestimmter erkenntnistheoretischer Regeln oder Methoden und lehnt eine streng einheitlich-systematisch vorgehende wissenschaftliche Methodologie ab.

Zwar richtet sich die wissenschaftliche Praxis nach herrschenden Grundsätzen, jedoch werden diese nicht streng und durchgängig eingehalten, sondern oftmals ver-

letzt. Wissenschaftlicher Fortschritt kommt oft gerade durch solche Verletzungen der gängigen Regeln, so auch der hypothetisch-deduktiven, zustande (FEYERABEND 1978: 309f., 1986: 21). Umgekehrt besteht durch das Festhalten an strengen Regeln die Gefahr, daß Bestehendes - ohne hinterfragt zu werden - zementiert und Fortschritt gehemmt wird. Eine Vielfalt von Methoden, Regeln, Traditionen und Werten kann und sollte gleichzeitig bestehen, weshalb Feyerabend sich für einen Pluralismus der Theorien, Methoden und Handlungsformen einsetzt (zu letzterem insbes. FEYERABEND 1971, 1990). Auch hebt er dabei auf die Bedeutung subjektiver Motive und Einstellungen für die gewählten Vorgehensweisen, die gewonnenen Daten und insbesondere die Ergebnisse ab: „Was als Beweis gilt oder als wichtiges Ergebnis oder als 'solides' wissenschaftliches Verfahren, hängt von den Einstellungen und Beurteilungen ab, die sich mit der Zeit, mit dem Beruf und sogar von einer Forschergruppe zur nächsten ändern können" (FEYERABEND 1990: 110).
Mit dieser Sichtweise geht die Forderung einher, die „objektive", einen Autoritätsanspruch über die Wahrheit bzw. Richtigkeit von Aussagen vertretende Wissenschaft durch einen demokratischen Diskussionsprozeß zu ersetzen, in den auch Nichtwissenschaftler einbezogen und in dem Urteile über die Anerkennung von Forschungsergebnissen diskurshaft gefällt werden (FEYERABEND 1980).

Fazit und Ansatzpunkte für weitere Betrachtungen

Wissenschaftlicher Fortschritt wird von Kuhn und Feyerabend nicht als linearer, akkumulativer Prozeß gesehen, sondern unterliegt einer diskontinuierlichen Dynamik (KROMKA 1984: 147), wobei die gerade herrschende Praxis von Wissenschaft immer an eine gewisse Tradition, der der jeweilige Wissenschaftler angehört, gebunden ist. Insbesondere bei Kuhn erscheint Wissen als normatives Produkt wissenschaftlicher Gemeinschaften. An Bedeutung gewinnen damit der „forschungspsychologische Kontext", d.h. die lebensweltliche Situation der Wissenschaftlergemeinschaft, die über die Anerkennung oder Ablehnung von Forschungsergebnissen entscheidet, wie auch der Diskurs mit Nichtwissenschaftlern.
Von Interesse sind diese Ansätze, um die Funktion eines „Paradigmas" sowie die Anwendung von Methoden in Ökologie und Planung zu beleuchten, weiterhin, um subjektive Komponenten in Planungsprozessen, die sowohl den Planer und seine Daten als auch die Adressaten betreffen, einzubeziehen.

B.3.3 Neopragmatische Erkenntnistheorie

Hergeleitet aus dem griechischen Wort „pragma" (= Handeln, Tun) stand der sogenannte „Pragmatismus" zunächst für eine an der erfolgreichen Daseinsbewältigung orientierte Philosophie, die im nordamerikanischen Raum gegen Ende des 19. Jahrhunderts insbesondere von Charles Sanders Peirce, weiterhin von William James

und John Dewey begründet wurde.
In neuerer Zeit hat insbesondere der Berliner Philosoph Herbert Stachowiak durch eine Zusammenführung und Bündelung verschiedener pragmatischer Tendenzen der Philosophie (hierzu näher STACHOWIAK 1973: 87ff.; weiterhin LENK 1979) eine „Neopragmatische Erkenntnistheorie" entwickelt. Ausgangspunkt war die Kritik am Erkenntnismodell des Kritischen Rationalismus, dem gleichfalls übertriebene, in der Praxis nicht umsetzbare Strenge vorgeworfen wird (STACHOWIAK 1973: 41). Es wird festgestellt, daß Popper subjektive Wertungen und Entscheidungen zwar ausblendet, selber jedoch nicht darlegen kann, wie es möglich ist, seine Basissätze von subjektiven Annahmen über deren „Gültigkeit" freizumachen („Unmöglichkeit der entscheidungsfreien Letztbegründungen" bei Popper; vgl. STACHOWIAK 1973: 45). Demgegenüber bekennt sich Stachowiak zu einem pragmatischen, von vornherein auf bestimmte Ziele gerichteten Erkenntnisbegriff: Dieser erkennt die subjektiven Entscheidungsanteile im Forschungs- und Erkenntnisprozeß an und geht davon aus, daß Erkenntnis von vorneherein sach- und handlungsbezogen, d.h. anwendungs- und programmorientiert sein sollte (LENK 1970: 47; STACHOWIAK 1987b: 427). Damit wird der Subjektbezug von Erkenntnis gleichwertig neben dem Objektbezug akzeptiert: „Erkenntnis ist hiernach nicht nur Erkenntnis *von etwas*, sondern gleichwertig zum Objektbezug auch Erkenntnis *von wem* und *für wen*, Erkenntnis *wann* (d.h. in welchen Gültigkeitsbeziehungen) und Erkenntnis *wozu*" (AUDRETSCH 1989: 376).

Als zentrale Aspekte der Neopragmatischen Erkenntnistheorie lassen sich anführen:

- *Zielorientierung:* Da alle Erkenntnis von vorneherein auf Ziele gerichtet ist, d.h. als gezieltes Problemlösungshandeln aufgefaßt wird (LENK 1979: 47), interessieren den Pragmatismus primär nicht Methoden und Regeln des Denkens, sondern vor allem dessen Resultate und Konsequenzen. D.h., es muß ausgehend von definierten Zielen versucht werden, zu Handlungsoptionen und Lösungen zu gelangen.
- *Handlungsbezug* und Einheit von Erkenntnis und Handeln: Wahrheit und Wirklichkeit sind nicht absolute Sachverhalte, die bloß geschaut und erkannt, sondern die aktiv über Handeln „gemacht", hergestellt werden (HOCHKEPPEL in SEIFFERT & RADNITZKY 1994: 271). Die „Wahrheit" von Erkenntnis zeigt sich demnach in ihrer praktischen Bewährung.
- *Denken in Modellen:* Eine wesentliche Rolle spielt der Modellbegriff. Demzufolge „ist alle Erkenntnis Erkenntnis in Modellen oder durch Modelle, und jegliche menschliche Weltbegegnung überhaupt bedarf des Mediums 'Modell'" (STACHOWIAK 1973: 56; ähnlich auch DERS. 1983: 123 sowie GEHMACHER 1971: 56). Nicht nur werden Planungsabläufe als kybernetische Prozesse dargestellt (z.B. STACHOWIAK 1973: 110; 1987b: 427), sondern auch wissenschaftliche Theorien werden als Modelle gesehen, die ihre Abbildungsfunktion immer nur im Hinblick auf bestimmte Ziele erfüllen. Da die kybernetische Theorie Modelle für spezifische Sy-

steme entwickelt, sowie über Modelle das Verhalten von Systemen untersucht werden kann, bestehen enge Beziehungen zur Systemtheorie.

- *Wertlehre:* Im Zusammenhang mit dem Zielbezug werden normative Komponenten sowie das schlüssige Zustandekommen von Werturteilen zum Gegenstand erkenntnistheoretischer Überlegungen. Dies spiegelt sich z.B. im sogenannten „Korporatismus“ Morton WHITES (1987), der den Gebrauch und die Begründung von Werturteilen im sprachlichen Kontext betrachtet.

Weil all diese Bereiche zugleich auch Dimensionen des Planungsbegriffes darstellen, wie sie in Kapitel A.1 herausgearbeitet worden sind, erscheint die neopragmatische Denkweise für die Betrachtung verschiedener planerischer Fragestellungen sowie des Verhältnisses von Wissenschaft und Planung von besonderem Interesse.

B.3.4 Konstruktivismus

Auch konstruktivistischen Auffassungen zufolge besteht Wissen aus Modellen, die es ermöglichen, uns in der Erlebniswelt zu orientieren (V. GLASERSFELD 1991: 24), wird menschliche Wirklichkeit über Wahrnehmung und Handeln des Erlebenden erst geschaffen, also konstruiert. Im Gegensatz zu den Neopragmatikern, die sich aus dieser Sicht heraus vor allem mit den Zielen des Erkennens und den dahinterstehenden Werthaltungen befassen, tritt für Vertreter konstruktivistischer Positionen die Tätigkeit des Erkennens selbst und ihre Abhängigkeit von einem aktiven Subjekt in den Vordergrund (z.B. V. GLASERSFELD 1991: 18). Hinsichtlich des Vorhandenseins einer „objektiv“, d.h. unabhängig von jedweder Wahrnehmung gegebenen Realität wird zudem noch einen Schritt weitergegangen, indem zumindest manche Vertreter eines Radikalen Konstruktivismus daran zweifeln, ob es eine solche überhaupt gibt (PIETSCHMANN 1996: 252ff; THOMAS 1991: 63).

Den Ausgangspunkt konstruktivistischer Betrachtungen stellen aus der Biologie stammende Erkenntnisse wie insbesondere Untersuchungen Maturanas zur Farbwahrnehmung (beschrieben in MATURANA 1996: 30ff.) dar, die gezeigt haben, daß wir die Umwelt nicht direkt erfassen können. Vielmehr formt das Gehirn, das zusammen mit dem Verbund der Nervenzellen ein geschlossenes System bildet, die aus der Umwelt kommenden Eindrücke um, so daß der bewußten Wahrnehmung die Verarbeitung der Information vorgeschaltet ist. Daraus leitet sich die Annahme ab, daß erst das Gehirn das erzeugt, was wir als Wirklichkeit wahrnehmen. Unsere Wahrnehmungseindrücke hängen demnach mehr von der Struktur des Nervensystems und des Gehirns ab als von der Umwelt (vgl. hierzu z.B. ROTH 1986). Hieraus folgt, daß es keinen prinzipiellen Unterschied zwischen Wahrnehmung und Interpretation gibt (FISCHER 1991a: 123; MATURANA 1996), jede Wahrnehmung der „Realität“ also eine mentale Konstruktion ist. Auch aus dieser Sichtweise heraus gibt es keine wissenschaftliche Behauptung, die absolut gültig ist.

Wesentlich für die folgenden Betrachtungen ist, daß der Konstruktivismus die Bedeutung des Handelns für die Konstitution der subjektiv erlebten Wirklichkeit des Menschen betont und damit für die Betrachtung von Planung, die sich als „gedankliche Vorwegnahme künftigen Handelns" (STACHOWIAK 1970: 1) versteht, bedeutsam sein kann. So läßt sich aus konstruktivistischer Perspektive in einer ersten Folgerung formulieren, daß wir insofern für das Aussehen der uns umgebenden Landschaften verantwortlich sind, als sie unsere Welt, unser Konstrukt sind, das wir in unserem Handeln hervorbringen.

B.3.5 Aspekte der Selbstorganisation, Systemtheorie und Chaostheorie

Der Begriff der „Selbstorganisation" umreißt die Eigenschaft bestimmter physikalischer, chemischer, biologischer, zum Teil auch sozialer Gebilde, ohne erkennbar von außen einwirkende Steuerung Ordnungsstrukturen aufzubauen und steht dabei in Verbindung zu verschiedenen Konzepten wie z.B. der Synergetik, der Autopoiese und Teilen der Systemtheorie. Sie haben mit der Chaostheorie die Erklärung und Beschreibung von Dynamik und Komplexität als gemeinsamen Bezugspunkt und teilen auch die Grundannahme, daß es keine eindeutigen Ursache-Wirkungs-Beziehungen gibt (z.B. WASCHKUHN 1987: 26). Zugleich wird die Hoffnung geäußert, diese Ansätze könnten den Trend zu fortschreitender Spezialisierung in den Wissenschaften durchbrechen und im Sinne einer Metatheorie (für die Systemtheorie z.B. WASCHKUHN 1987: 24; WILLKE 1991: 1) bzw. eines Paradigmenwechsels wieder zu einer Verklammerung der theoretischen Ansätze führen (diese Hoffnung äußert z.B. GLEICK 1990: 14 in bezug auf die Chaostheorie; weiterhin JANTSCH 1988: 19, 36).
Verschiedene Theorien, die Prozesse der Selbstorganisation beschreiben, entstanden zunächst unabhängig voneinander in der Thermodynamik (PRIGOGINE 1988), bei der Erforschung von Laserstrahlen, aus der die Synergetik begründet wurde (HAKEN & WUNDERLIN 1986), und in der Molekularbiologie bei der Untersuchung der ersten Evolutionsschritte auf der Ebene der Protobionten (EIGEN 1987). Die Analyse der hier entdeckten Gleichungen ließ auf ein für verschiedene Phänomene gemeinsam geltendes Prinzip, das der Selbstorganisation, schließen. Es folgten - gleichsam auf höheren Organisationsebenen - die Arbeiten MATURANAS & VARELAS (1990), die mit dem Autopoiese-Begriff darlegen, daß Lebewesen sich aus ihren Bestandteilen durch deren zirkuläre Verknüpfung fortlaufend regenerieren, - ein primäres Kennzeichen allen Lebens. Zu nennen ist desgleichen die „Gaia-Hypothese" LOVELOCKS (1991), die den gesamten Planeten Erde als selbstregelungsfähigen Organismus begreift. Zunehmend wurden seit den 70er Jahren die neuen Sichtweisen auf Probleme der Ökologie (z.B. EIGEN & WINKLER 1975), weiterhin auf verschiedene Bereiche der Gesellschaft wie Wirtschaft, Recht oder Wissenschaft übertragen. Hinzuweisen ist diesbezüglich auf das Theoriengebäude LUHMANNS (1988, 1991, 1994), das

jedoch mit seiner Auffassung, wonach soziale Systeme aus Kommunikation gebildet werden und der physisch existierende Mensch der Systemumwelt zuzurechnen ist (LUHMANN 1988: 24, 1991: 6), einen eigenen umfassenden Zusammenhang bildet.

Die Chaostheorie als weiteres interessierendes Theoriengebäude wurde aus einfachen nichtliniearen Gleichungssystemen entwickelt, die z.B. Wachstums- und Klimaprozesse beschreiben, welche bereits nach einer kurzen Anzahl von Rechenschritten ein völlig abweichendes „chaotisches" Verhalten zeigen (vgl. SEIFRITZ 1987: 41ff.). Maßgebend war weiterhin das Aufkommen der elektronischen Datenverarbeitung, mit deren Hilfe eine große Anzahl von Rechenschritten rasch durchgeführt werden kann (EILENBERGER 1986: 539). Es zeigte sich, daß bereits kleinste, u.U. unterhalb der Meßgenauigkeit liegende Abweichungen aufgrund ihrer exponentiellen Verstärkung nach einer gewissen Anzahl von Rechenschritten zu einer völlig unterschiedlichen Systementwicklung führen können. Da sich - bei Offenheit und Nicht-Voraussagbarkeit des Ergebnisses - der Weg zu derartigen Zuständen über ein jederzeit reproduzierbares, fest vorgegebenes mathematisches Schema initiieren läßt, spricht man auch von „deterministischem Chaos" (z.B. SEIFRITZ 1987: 41ff., 163). Daraus ergeben sich Konsequenzen für die Vorhersagbarkeit des Systemverhaltens, die hinsichtlich des komplexen Systems Landschaft auch für Planungsvorgänge relevant sind.

Fazit und Ansatzpunkte für weitere Betrachtungen

Es erscheint wichtig, sich die Entstehungsgeschichte dieser Ansätze sowie die Tatsache vor Augen zu führen, daß sie ihre Wurzeln vor allem in der Mathematik, der Physik, Chemie und Molekularbiologie haben: Sie bieten zwar einerseits die Chance, daß hierdurch eine neue Dynamik der Theorienbildung in Gang gesetzt wird, die sich im Sinne eines umfassenden Paradigmenwechsels auf unterschiedliche Lebensbereiche erstrecken mag, so auch auf Fragestellungen des Umganges mit als Systemen begriffenen Landschaften. Zum anderen muß jedoch - vor allem vor dem Hintergrund der momentan zahlreich erscheinenden Populärliteratur - die Gefahr einer unreflektiert-metaphorischen und inflationären Verwendung von Begriffen wie „Chaos", „Selbstorganisation", „System" u.a. gesehen werden. So besteht einer der wesentlichen Kritikpunkte, die gegen die Systemtheorie ins Feld geführt werden, in der bislang mangelnden empirischen Überprüfung und Anwendung dieser Theorie (z.B. WASCHKUHN 1987: 85). Was diese Ansätze für die Erklärung von und die Anwendung auf planerische Fragestellungen leisten können, muß jedoch vermehrt diskutiert werden.

C Ökologie im Spektrum der Wissenschaftsdisziplinen

Im Rahmen der Diskussion um „ökologisch orientiertes" Planen stellt sich zunächst die Frage, wie sich der Begriff „Ökologie" weiter bestimmen läßt, wie sich also ökologische Wissenschaft, die von ökologisch orientierten Planungen als Grundlage beansprucht wird, hinsichtlich ihrer Arbeitsweisen und ihrer Ergebnisse darstellt. Dabei kann und soll hier keine umfassende Standortbestimmung der Aufgabenfelder von Ökologie im allgemeinen sowie von Landschaftsökologie im besonderen vorgenommen werden - dies würde angesichts der Vielfalt und Heterogenität bestehender Ansätze (hierzu im deutschsprachigen Raum TREPL 1987, für den englischsprachigen MCINTOSH 1985, 1987) den Rahmen sprengen und sollte zudem den auf entsprechendem Feld arbeitenden Ökologen vorbehalten bleiben. Jedoch gilt es vor dem Hintergrund des öfteren zu findender Ansichten, die in der Ökologie keine „echte", sondern bestenfalls eine „unreife" Wissenschaft sehen und ihr innerhalb der Biologie nur eine Randposition zugestehen (vgl. etwa FENCHEL 1987: 4 und PETERS 1991 - beides selber Ökologen; weiterhin hierzu EISENHARDT, KURTH & STIEHL 1988: 220), zu erörtern, was sie als Wissenschaft prinzipiell sowie als Grundlage für Planung zu leisten vermag.

Um die Einordnung ökologischen Arbeitens besser zu verdeutlichen, wird an dieser Stelle darüber hinaus die Abgrenzung zum Begriff „Naturschutz" in die Betrachtungen einbezogen, da er mit dem der Ökologie in vielfältiger Überschneidung gebraucht wird und beide in ihren Inhalten nicht immer klar unterschieden werden. Auch schöpfen die im Rahmen der Arbeit schwerpunktmäßig behandelten Instrumente ökologisch orientierter Planungen (Landschaftsplanung, Eingriffsregelung und in Teilen auch - soweit die entsprechenden Schutzgüter betroffen sind - die UVP) ihre Grundlage wesentlich aus der Naturschutzgesetzgebung.

Vor dem Hintergrund des herrschenden Begriffswirrwarrs um Ökologie, Naturschutz, um eine „Ökologisierung" nicht nur von Wissenschaft, sondern auch von Gesellschaft und Politik, soll weiterhin zwischen den beiden Polen - Ökologie einerseits als „reine" und andererseits als „normative" Wissenschaft, die im gesellschaftlichen Diskurs Stellung bezieht - eine eigene Bestimmung der Rolle, die die ökologischen Disziplinen im Hinblick auf menschliches Handeln einnehmen sollen, dargelegt werden. Darauf aufbauend können dann Aussagen über das Verhältnis von Ökologie und ökologisch orientierter Planung getroffen werden (vgl. Kapitel D).

C.1 Einordnung von Ökologie und Naturschutzforschung in ein System wissenschaftlicher Disziplinen

„Jeder Gegenstand überhaupt kann Gegenstand einer Wissenschaft sein ..."
(Helmut Seiffert, in Seiffert & Radnitzky 1994: 2)

Bezüglich der Frage, was unter Wissenschaft zu verstehen ist, spannt sich ein weites Feld der Ansichten auf. Dabei kann zwar keine eindeutige Begriffsbestimmung gegeben werden, wohl aber besteht ein gewisser Grundkonsens darin, daß es sich um den systematischen Versuch handelt, intersubjektiv nachprüfbares Wissen zu erlangen, systematisch zu ordnen und nach Möglichkeit zu generalisieren (vgl. z.B. BECHMANN 1981: 6; KANT zit. nach SEIFFERT & RADNITZKY 1994: 346; KROMKA 1984: 15; MAYNTZ 1985: 68; MOHR 1987: 31; REININGER & NAVRATIL 1985: 13; VOLLMER 1988: 345, 347). Konsens dürfte auch darüber bestehen, daß bloße Daten noch keine Wissenschaft bilden (JANICH 1987: 255). Vielmehr formt diese sich erst mit der Einordnung dieser Daten und Fakten in ein theoretisches Gebäude. Hingegen wird Wissenschaftlichkeit nicht durch den Erkenntnisgegenstand bestimmt (HOFMANN zit. nach BECHMANN 1981: 48); vielmehr kann jeder Bereich menschlicher Lebenspraxis zum Gegenstand einer Wissenschaft werden (SEIFFERT in SEIFFERT & RADNITZKY 1994: 2). KUHN (1988a: 18) betont, daß einzelne wissenschaftliche Schulen und Fachrichtungen sich dabei nicht durch ihre „Wissenschaftlichkeit" oder die Qualität der von ihnen angewandten Methoden unterscheiden, sondern durch ihre u.U. nicht untereinander vergleichbare Art, die Welt zu sehen.

Um die Stellung der Ökologie zu verdeutlichen, bietet es sich an, zunächst eine Systematisierung gängiger Wissenschaftsdisziplinen vorzunehmen und „Ökologie" sowie in Abgrenzung zu ihr die wissenschaftliche Auseinandersetzung mit „Naturschutz" hier einzuordnen. Diese Systematisierung muß vor dem Hintergrund gesehen werden, daß es weder „die" Definition von Wissenschaft noch eine allseits akzeptierte Klassifikation der Wissenschaftsdisziplinen geben kann, zumal sich bislang Versuche, sie gemeinsam methodisch zu vereinheitlichen, als wenig ergiebig erwiesen haben. Es kann jedoch versucht werden, die Mannigfaltigkeit der Wissenschaften von verschiedenen Standpunkten aus nach Übereinstimmungen, Ähnlichkeiten und Unterschieden zu klassifizieren (so auch STRÖKER 1977a: 7).
Unter den Perspektiven, die hierbei eingenommen werden können, sind folgende zu erwähnen:

- Auf WINDELBAND und RICKERT (zit. in SEIFFERT & RADNITZKY 1994: 346f.) geht eine Einteilung der Wissenschaften nach ihren Vorgehensweisen in „nomothetische", d.h. regelmäßig wiederkehrende Gesetzmäßigkeiten erfassende, und „idiographische", also individuelle Erscheinungen in ihrer historischen Genese beschreibende Wissenschaften zurück. Vereinfachend wird dabei den Naturwissenschaften oft erstere, den Geisteswissenschaften die zweite Vorgehensweise zugrundegelegt. Eine solche Trennung erscheint jedoch wenig zielführend, suchen doch auch die Sozialwissenschaften zu Erklärungen menschlichen Verhaltens, die Gesetzescharakter haben und Allgemeingültigkeit beanspruchen, zu gelangen und befassen sich auch Teile der Naturwissenschaften mit der Beschreibung singulärer Erscheinungen. Auch die Ökologie weist über ihre schwerpunktmäßig in historischen („idiographischen") Naturbeschreibungen liegenden Wurzeln zum einen und die Formulierung von „nomothetischen" Gesetzen, wie etwa die Liebigsche Regel des Minimumfaktors oder den Bestrebungen zu mathematischen Beschreibungen und abstrahierenden Modellierungen in der theoretischen Ökologie zum anderen, beide Komponenten auf (hierzu z.B. McIntosh 1985; Trepl 1987).

- Auch eine Unterteilung nach dem Gegenstand erscheint wenig ergiebig, da zum einen derselbe Gegenstand aus verschiedener Perspektive betrachtet werden kann. So kann das Verhalten von Stoffen wie des Phosphors Gegenstand der Chemie, die z.B. das Reaktionsverhalten untersucht, bezüglich seiner Rolle im Stoffwechsel von Lebewesen Gegenstand der Biologie sowie in seinen Stoffkreisläufen in der Landschaft der Ökologie sein. Zum anderen dürfte es dann auch keine wissenschaftlichen Disziplinen geben, die sich sowohl mit der materiellen Natur als auch mit dem Geist befassen, wie etwa die moderne Psychologie und Hirnforschung.
- Als eine dritte Möglichkeit erscheint die Haltung einzelner Wissenschaften zu normativen Aspekten, d.h. der Grad, in dem sie von nur deskriptiven Sachverhalten ausgehen oder aber auch Wertsetzungen und Normen zu ihren Prämissen machen. Da Ökologie oft als Wissenschaft von der Umwelt mit dem Ziel der Umwelterkenntnis (Haber 1993a: 187) bezeichnet wird, Naturschutz wie Planung aber mit Werten und deren normativer Umsetzung in Handeln verknüpft sind, erscheint im Hinblick auf die Frage nach dem Verhältnis von Wissen und Handeln dieser Ansatz der vielversprechendste.

In der Folge wird daher auf eine Kategorisierung Bezug genommen, die Weingartner (1971) entwickelt hat und die auf den Anteilen von Wertprädikaten in den Prämissen einzelner Wissenschaften beruht. Damit wird nicht die Absicht einer strengen Abgrenzung einzelner Disziplinen verfolgt, die sich zudem - wie an den Arbeitsbereichen der Ökologie aufgezeigt - in stetem Wandel und weiterer Entwicklung befinden; es sollen jedoch unterschiedliche Schwerpunkte in den jeweiligen Arbeitsweisen deutlich gemacht werden.

Jede Wissenschaft geht von bestimmten Grundannahmen aus. Diese sollten einen möglichst hohen empirischen und logischen Gehalt aufweisen (Weingartner 1971: 51ff.), damit sich aus ihnen möglichst viele Hypothesen ableiten bzw. umgekehrt auf sie zurückführen lassen. Die Axiome können jedoch ihrerseits nicht endgültig bewiesen werden, sondern sind letzten Endes „gesetzt": „Alle Wissenschaften müssen ei-

nige Sätze voraussetzen, die sie nicht beweisen können" (EBD.: 20).[1] Solche Grundannahmen sind z.B. in der christlichen Theologie die zehn Gebote, die im Sinne eines Sollens oder Nicht-Sollens normative Grundlagen enthalten (EBD.: 54ff.). Aus diesen Geboten lassen sich eine große Zahl von Teilnormen ableiten, die sich auf einzelne Menschen und ihr Zusammenleben beziehen. Die Aussagen hingegen, die sich mit Landschaft, verstanden als räumlicher Repräsentant eines Wirkungsgefüges aus physiogenen, biogenen und anthropogenen Bestandteilen (LESER 1991: 174) verbinden, können als Grundaxiom der Wissenschaft der Geographie (NEEF 1967: 19) gelten, das überwiegend deskriptiv ist, also - um es mit den Begriffen Weingartners auszudrücken - nur unwesentliche Wertprädikate enthält.
Davon ausgehend gelangt WEINGARTNER (1971: 124ff.) zu einer Einteilung der Wissenschaftsbereiche in überwiegend „deskriptive", „normative" sowie „deskriptiv-normative" Disziplinen (vgl. Abb. C\1):

1. *„Deskriptive Wissenschaften"* überprüfen Aussagen, ob sie wahr oder falsch sind (oder bis zu ihrer Widerlegung als vorläufig wahr angenommen werden können), indem sie aus Hypothesen, die in der Regel Wenn-dann-Verbindungen darstellen, mit Hilfe von Randbedingungen Erklärungen ableiten (WEINGARTNER 1971: 124). Sie umfassen zunächst die „deskriptiv-wertfreien" Wissenschaften, die in ihren Grundannahmen und Erklärungen keine wesentlichen Wertprädikate enthalten (EBD.: 125), wie die Mathematik, Naturwissenschaften, anthropologischen und geographischen Wissenschaften, die Sozialwissenschaften, Psychologie, Sprach- und Geschichtswissenschaften. Zwar können in den Aussagen, die beispielsweise von Psychologie und empirischen Sozialwissenschaften überprüft werden, auch Wertprädikate enthalten sein (EBD.: 128ff.), jedoch spielen diese nur eine marginale Rolle. Auch steht außer Frage, daß die Werthaltungen der Menschen einer empirischen Untersuchung zugänglich sind und auf dieser Grundlage ihrerseits beschrieben werden können.
   „Deskriptive Wertwissenschaften" wie die Ästhetik als zweite Unterteilung sind erklärende Wissenschaften, die in ihren Aussagen wesentlich von Wertprädikaten

[1] Die Suche nach einer ihrerseits voraussetzungslosen Begründung wissenschaftlicher Axiome führt in eine dreifache Sackgasse, die auch als „Münchhausen-Trilemma" bezeichnet wird: „Man hat nämlich die Wahl zwischen
a) einem infiniten Regreß, bei dem man auf der Suche nach Gründen immer weiter zurückgeht,
b) einem logischen Zirkel, wobei man auf Aussagen zurückgreift, die ihrerseits schon als begründungsbedürftig angesehen werden,
c) einem Abbruch des Verfahrens an einem bestimmten selbstgewählten Punkt" (VOLLMER 1987: 25).
Da der infinite Regreß (a) praktisch nicht durchführbar und der Zirkel (b) logisch nicht statthaft ist, bleibt bei der Begründung wissenschaftlicher Axiome in der Regel nur (c), d.h. der Abbruch des Verfahrens an einem bestimmten Punkt. In der Konsequenz wird es nie ein geschlossenes System von Regeln des Denkens geben können, das sich selbst vollständig absichert (GIERER 1991: 34). Damit sind zugleich Versuche einer stringenten Letztbegründung von Erkenntnis zum Scheitern verurteilt (KROMKA 1984: 152; LENK 1979: 19).

<table>
<tr><th colspan="2">Deskriptive Wissenschaften
→ überprüfen Aussagen, ob sie wahr oder falsch sind</th><th>Deskriptiv - normative Wissenschaften
→ erklären sowohl deskriptive als auch normative Sätze</th><th>Normative Wissenschaften
→ erklären Normen, die gültig oder ungültig sind</th></tr>
<tr><td>Deskriptiv-wertfreie Wissenschaften</td><td>Deskriptive Wertwissenschaften</td><td rowspan="2">z.B.
Literatur- und Kunstwissenschaften
Rechtswissenschaften
Volkswirtschaftslehre
Pädagogik
Politikwissenschaft
Theologie
Ingenieurwissenschaften und
Technologien z.B. Elektrotechnik
Wasserbau
<u>Naturschutzforschung</u></td><td rowspan="2">z.B.
Normative Rechtswissenschaft
Wertlogik (Deontik)
Ethik</td></tr>
<tr><td>z.B.
Mathematik
Naturwissenschaften
z.B. Physik
Chemie
Biologie
<u>Ökologie</u>
Geographie
Anthropologie
Psychologie
Empirische Sozialwissenschaften
Sprach- und Geschichtswissenschaften</td><td>z.B.
Ästhetik
Werttheorie</td></tr>
</table>

Abbildung C\1

Systematik der Wissenschaften (nach WEINGARTNER 1971).

ausgehen. Beispielsweise versucht die Ästhetik zu erklären, warum, d.h. ausgehend von welchen Eigenschaften der betrachteten Objekte, man diese mit Wertprädikaten belegt, also „schön" oder „häßlich" findet.

2. *„Normative Wissenschaften"* treffen Aussagen über die Gültigkeit oder Ungültigkeit von Normen, indem sie Sätze, die Gebotenes ausdrücken, aus übergeordneten Normsystemen unter einschränkenden Bedingungen ableiten. Als Beispiel führt WEINGARTNER (1971: 133) hier die normative Rechtswissenschaft an, die ausgehend von allgemeinen Gesetzesnormen wie dem Grundgesetz oder der Verfassung spezielle Rechtsnormen ableitet. Als weitere Disziplin kann die sich gleichfalls mit der Herleitung aus übergeordneten Normen befassende Ethik bzw. Deontik, die die formale Struktur normativer Aussagen untersucht, hinzugefügt werden.
3. Dazwischen stehen die sogenannten *„deskriptiv-normativen Wissenschaften"* wie die Philosophie, Literatur- und Kunstwissenschaften, Rechtswissenschaften, Volkswirtschaftslehre, Pädagogik, Politische Wissenschaft oder Theologie (EBD.: 140). Bei den Sätzen, die diese Wissenschaften erklären, handelt es sich sowohl um deskriptive Aussagen als auch um normative Sätze. Beispielsweise wird die Philosophie von WEINGARTNER (1971: 142) als deskriptiv-normative Wissenschaft angesehen, weil sie sowohl Aussagen als auch Normen im Sinne eines „Was sollen wir tun?" zu begründen und zu erklären sucht. Für die christliche Theologie als weiterem bereits genannten Beispiel gibt die Bibel ein Gerüst an nicht beweisbaren Axiomen vor, die zum einen weiter interpretiert werden müssen und aus denen zum anderen weitere Normen entwickelt werden. Daß dies in durchaus unterschiedlicher Weise geschehen kann, zeigen die verschiedenen Glaubensrichtungen mit der ihnen jeweils eigenen Theologie. Eingeordnet werden können hier schließlich auch die Ingenieurwissenschaften und Technologien, denen normativ gesetzte Ziele zugrundeliegen, zu deren Erreichung sie Wege beschreiben.

Dieses Grundgerüst ist als Hilfsmittel weit genug gefaßt, um ihm - ausgehend von der Prämisse, daß bei entsprechender Betrachtung jeder Gegenstand zum Gegenstand einer Wissenschaft werden kann - jede als solche bezeichnete Tätigkeit zuordnen zu können und dabei zugleich ihren Bezug zu normativen Aussagen deutlich zu machen. Die Einordnung der Ökologie geht aus von ihrem Entstehen als biologische Disziplin (HABER 1993b: 1) und damit als Naturwissenschaft. Zugleich bezeichnen sie verschiedene Autoren (z.B. DAHL 1983: 28; EISENHARDT, KURTH & STIEHL 1988: 220) als „deskriptive" Wissenschaft (vgl. Abb C\1). Dabei ist nochmals darauf hinzuweisen, daß der Begriff „deskriptiv" hier nicht nur im Sinne einer beschreibenden Wiedergabe gebraucht wird, sondern in der Bedeutung, daß die Erklärungen wie auch die Prämissen, auf die sie zurückgeführt werden, keine wesentlichen Wertprädikate enthalten.
Dabei befassen sich die Arbeitsbereiche der Ökologie mit der Erfassung von Mu-

stern und Prozessen in Ökosystemen, mit ihrer Beschreibung und Interpretation hinsichtlich der damit verbundenen Strukturen und Funktionen sowie ihrer zeitlichen Veränderungen. Als Grundannahme, auf die diese Beschreibungen und Interpretationen zurückgeführt werden können, läßt sich beispielsweise die Struktur eines Ökosystems aus Produzenten, Konsumenten, Destruenten und den jeweiligen Stoff- und Energieflüssen anführen. Eine weitere Annahme stellt die in Kapitel A.3 angeführte Stufenfolge der Betrachtungsebenen als hierarchisches Gliederungsprinzip dar (vgl. auch Abb. A\2), mit Unterschieden allerdings, wie weit man geneigt ist, in der Stufenfolge nach oben zu schreiten, d.h. je nach dem, ob man eher einer „organismischen" oder einer „individualistischen" Betrachtung - zwei weiteren, allerdings verschiedenen Axiomen der Ökologie - zuneigt.
Naturschutz kann als „Gesamtheit aller Maßnahmen zur Erhaltung und Förderung der natürlichen Lebensgrundlagen aller Lebewesen (...) sowie der Sicherung von Landschaften und Landschaftsteilen in ihrer Vielfalt und Eigenart" (ANL 1994c: 80) beschrieben werden. Auch in anderen Definitionen wird sein praktischer, umsetzungsorientierter Ansatz (ERZ 1986: 13; PLACHTER 1991: 9) bzw. seine Ausrichtung an darzulegenden Handlungszielen (BRÖRING & WIEGLEB 1990: 289; ESER & POTTHAST 1997: 181) betont. Da jedes Handeln zugleich auf Werte hin ausgerichtet ist (BUNGE 1983: 178) bzw. eine Bewertung voraussetzt (GEIGER 1971: 36; HIRSCH 1993: 143), enthält Naturschutz stets eine wertende Dimension. Derartiger Naturschutz, verstanden etwa als Forderung, die auf den Erhalt von Arten oder Lebensräumen gerichtet ist, stellt zunächst keine Wissenschaft dar (so auch BRÖRING & WIEGLEB 1990: 290). Bestimmte Aspekte können jedoch als „Naturschutzforschung" zum Gegenstand systematischen Vorgehens und Betrachtens gemacht werden, beispielsweise indem man den sachlichen Gehalt von Zielen und Normen ermittelt, die von Naturschützern vorgebrachten Forderungen zugrunde liegen, ihre faktischen Wirkungen sowie ihre Verträglichkeit und Bezüge untereinander aufzeigt und ihrem Wandel nachspürt. Auf solcherart betriebene „Naturschutzforschung" trifft das Kennzeichen deskriptiv-normativer Wissenschaften nach WEINGARTNER (1971: 140) zu (vgl. Abb. C\1). Sie versucht, von normativen Prämissen ausgehend, sowohl deskriptive, auf deren sachlichen Gehalt bezogene Aussagen zu treffen als auch die zugrundeliegenden Normen zu erklären bzw. sie aus übergeordneten Normen abzuleiten sowie ggf. auf ihnen aufbauend selber Normen, beispielsweise im Sinne zu stellender Ansprüche an die Qualität der Ressourcen und der Umwelt, zu formulieren.
Ausgehend von ökologischem Wissen, beispielsweise von Beschreibungen der natürlichen Walddynamik, werden interpretierende Theorien und Hypothesen wie in diesem Falle die Inseltheorie oder die Mosaik-Zyklus-Theorie entwickelt, die beobachtete Sachverhalte und Abläufe in heuristische Kategorien zu fassen versuchen. Auf ihnen aufbauend können ihrerseits Fragen normativen Charakters, beispielsweise die anzustrebenden Größen von Schutzgebieten betreffend, formuliert werden. So läßt sich die in der Umsetzung von Naturschutzzielen im Hinblick auf den Erhalt

einer möglichst großen Vielfalt an Arten und Lebensgemeinschaften auftretende „SLOSS"-Debatte (Single large or several small - „Was ist besser, ein großes oder mehrere kleine Schutzgebiete?") wesentlich auf die beiden oben genannten Theorien zurückführen (vgl. ESER et al. 1992: 24ff.). Ausgehend von beiden Konzepten können im Rahmen von Naturschutzforschung normative Annahmen z.B. über Mindestgrößen, Abstände und Anzahl von Schutzgebieten gebildet und anhand von Hypothesen das Vorkommen und die Verteilung von Arten untersucht werden. Dabei geht es sowohl um die Überprüfung von Normen (welche Schutzgebietsgröße und -anordnung ist beispielsweise im Hinblick auf die Erreichung der Norm „Maximale Arten- und Lebensraumvielfalt im betreffenden Raum" die optimale?); man wird aber auch deskriptive Aussagen zu bestehenden Vorkommen und Verteilungsmustern erhalten. Entscheidend im Vergleich zu einer als „deskriptiv-wertfrei" betrachteten Ökologie ist, daß den Ausgangspunkt normative Ansprüche an die Umwelt darstellen, die beschrieben und im Hinblick auf die Folgen untersucht werden, und daß unter Umständen versucht wird, daraus weitere normative Forderungen zu begründen. Aufgrund seiner Orientierung an Handlungszielen läßt ein solcherart verstandener Naturschutz sich zugleich den „Technologien" und damit verbunden im weiteren Sinne den gleichfalls handlungsorientierten Ingenieurwissenschaften zuordnen (vgl. Abb. C\1, sowie ERZ 1986: 15), auf deren Verständnis näher in Kapitel D.3 eingegangen wird.

Es ist in der „scientific community" anerkannter Standard, daß spezielle Werte und Normen logisch nur begründet werden können, indem sie aus allgemeineren Werturteilen und Normen logisch abgeleitet, deduziert, werden. Jeder Schluß von Sachaussagen zu Wertungen würde einem „naturalistischen Fehlschluß" gleichkommen, der im Hinblick auf seinen Einfluß bei planerischen Entscheidungen in Kapitel E.2.3.1 näher erörtert wird. Damit ist eine logische Begründung von Werturteilen und Normen nur in normativen Wissenschaften oder Wissenschaften wie beispielsweise der Philosophie, Theologie, Ethik oder Ästhetik möglich, in denen Teilnormen systematisch auf übergeordnete, gehaltvolle Normen zurückgeführt werden können (vgl. Abb. C\2). Diese Basisnormen stellen für die betreffenden Disziplinen deren Grundgerüst dar, auf dem aufbauend andere Sätze kritisiert bzw. innerhalb der jeweiligen Disziplin als gültig angenommen werden. Sie sind jedoch ihrerseits gesetzt und müssen letztlich als unbewiesen „wahre" Voraussetzungen angenommen werden (WEINGARTNER 1971: 166 i. Verb. mit 151). Eine solche übergeordnete Norm können auch Rechtsgrundsätze darstellen, wie beispielsweise die Ziele und Grundsätze des Naturschutzes und der Landschaftspflege der Paragraphen 1 und 2 des Bundesnaturschutzgesetzes, oder z.B. im Wasserrecht der Grundsatz des „Wohls der Allgemeinheit" in Paragraph 1a, Absatz 1 des Wasserhaushaltsgesetzes. Weitere der Naturschutzdiskussion zugrundeliegende allgemeine Normen können z.B. ein ange-

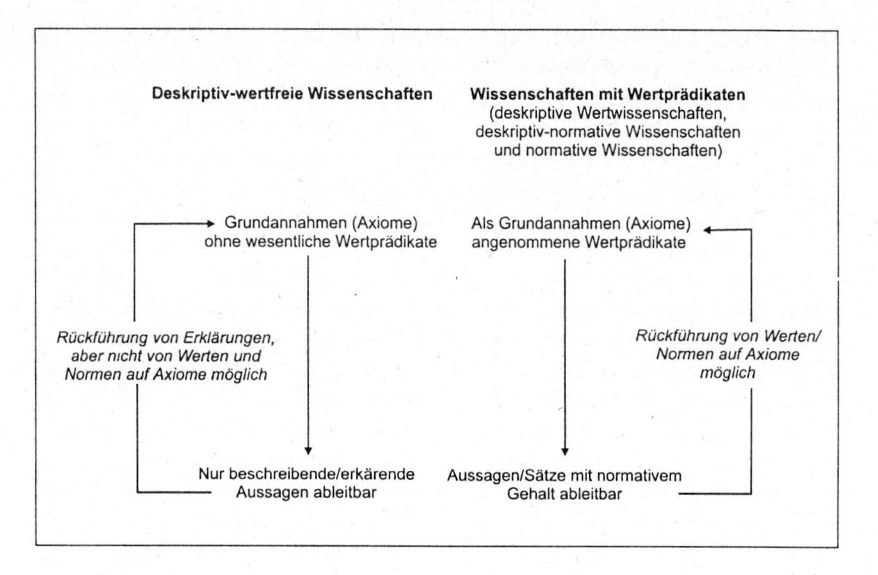

Abbildung C\2

Begründbarkeit von Erklärungen und Normen.

nommenes „Eigenrecht" der Natur auf Existenz[2] oder das „Prinzip Verantwortung" (JONAS 1984), d.h. eine akzeptierte Verpflichtung heutiger gegenüber kommenden Generationen, sein.

Zugleich bedeutet dies, daß in den deskriptiven Wissenschaften wie der (Landschafts-) Ökologie nur Aussagen begründet werden können, in denen keine wesentlichen Wertprädikate vorkommen, und die Resultate dieser Wissenschaften ihrerseits nicht zur Begründung von Handlungsnormen herangezogen werden können (vgl. Abb C\2). Für die normativen und deskriptiv-normativen Wissenschaften hingegen heißt dies, daß sie die ihnen zugrundeliegenden Grundannahmen klar offenlegen müssen: Mit dem Anspruch von Wissenschaftlichkeit betriebene Naturschutzforschung muß demnach ihre Basisnormen, ihr zugrundeliegendes Wertesystem transparent machen und aus ihm ihre weiteren Aussagen konsequent herleiten bzw. sie umgekehrt begründend darauf zurückführen. In der öffentlichen Diskussion, die des öfteren durch von Interessenvertretern (z.B. Behörden und unterschiedlichen Verbänden) vorgebrachte unterschiedliche Naturschutzziele geprägt ist, wird dies

[2] Es bleibt festzuhalten, daß auch die Zuschreibung solcher „Eigenrechte" zwangsläufig stets aus menschlicher Perspektive erfolgt. Sie verlangt zudem weitere Entscheidungen, etwa welche Ökosysteme oder Arten (z.B. auch bakterielle Krankheitserreger?) nun einer Eigenentwicklung gemäß der ihnen innewohnenden Potentiale folgen dürfen.

meist versäumt: Verschiedene vorgeschlagene Naturschutzhandlungen hängen häufig mit nicht explizit benannten und einander widersprechenden Normensystemen zusammen. So kann beispielsweise für ein feuchtes Wirtschaftsgrünland aus Naturschutzsicht gleichermaßen gängig eine sekundäre Sukzession oder das Aufrechterhalten einer extensiven Bewirtschaftung gefordert werden: Liegt ersterem u.U. die Vorstellung einer anzustrebenden maximalen Naturnähe und von menschlichen Zweckbestimmungen freien Entwicklung zugrunde, so mag sich letzteres auf eine maximale Nutzungsvielfalt im betreffenden Landschaftsraum als oberstes Ziel berufen.[3)]
Desweiteren weist WEINGARTNER (1971: 162) darauf hin, daß in den deskriptiven Wertwissenschaften und deskriptiv-normativen Wissenschaften auf induktivem Weg getroffene Verallgemeinerungen sehr viel schneller zu Irrtümern und Fehlern führen können als dies bereits in den deskriptiven Naturwissenschaften der Fall ist. Ein solcher Fall tritt beispielsweise auf, wenn in der Naturschutzdiskussion von einzelnen auftretenden und empirisch erfaßten Arten oder Artenspektren her unmittelbar Schutzforderungen formuliert werden, - gleichfalls ohne diese Forderungen auf ein zugrundeliegendes Wertungs- und Normensystem zurückzuführen.

Für WEINGARTNER (exemplarisch 1971: 38ff.) bedeutet wissenschaftliche Tätigkeit zwar auch ein strenges, im wesentlichen deduktives Vorgehen, bei dem ausgehend von möglichst gehaltvollen Axiomen singuläre Aussagen abgeleitet werden. Die von ihm aufgestellte Terminologie umfaßt jedoch ein sehr viel weiteres Spektrum an Wissenschaften als die Poppersche Auffassung, in der z.B. die Theologie, in Teilen aber auch die Soziologie und Psychologie nicht als Wissenschaften gelten, da in ihnen verschiedene theoretische Ansätze bestehen, die nicht miteinander verglichen werden können (POPPER 1974: 56f.). Ordnet man Ökologie und wissenschaftlich betriebene Naturschutzforschung in diese Terminologie ein, dann können Unterschiede zwischen beiden herausgearbeitet werden, die in einem unterschiedlichen Gehalt an normativen Prämissen und damit verbunden einer unterschiedlichen Rückführbarkeit von wertenden Aussagen auf Grundannahmen bestehen. Zugleich wird durch eine derartige Sicht von Naturschutz deutlich, daß er sich nicht allein aus Ökologie als Grundlagenwissenschaft schöpfen kann, sondern zugleich auf andere deskriptive Disziplinen wie die Sozialwissenschaften sowie in seinen Wertprämissen auf z.B. Ansätze der Ethik oder Philosophie zurückgreifen muß. Besonders klar wird dies im Fall besiedelter Bereiche, wo von Naturschutzbelangen unmittelbar menschliche Interessen, Lebensweisen und Handlungsformen betroffen sind. BREUSTE (1994) hat diese Forderung als eine notwendige „Urbanisierung des Naturschutzgedankens" ausgedrückt.
Problematisch erscheint jedoch, daß die Ökologie in Abb. C\1 in einer Reihe mit an-

[3)] Zur Widersprüchlichkeit dieser beiden gängigen Oberziele vgl. auch die Einleitung zu Kapitel E.2.3., S. 231f.

deren „exakten", d.h. „nomothetischen" Wissenschaften wie z.B. der Physik und Chemie, des weiteren aber auch mit den Sozial- und Geschichtswissenschaften steht, die als überwiegend „idiographische" Wissenschaften geschichtlich gewachsene singuläre Fälle betrachten und ordnen. In jedem Fall bestehen innerhalb dieses Spektrums noch beträchtliche Unterschiede, auf die weiter eingegangen wird.

C.2 Arbeitsweisen ökologischer Disziplinen vor dem Hintergrund des „klassischen" Wissenschaftsverständnisses

„Denn Wägen und Messen mögen
für die eine Wissenschaft das Brot des Lebens sein,
andere machen sich dadurch nur lächerlich"
(Erwin Chargaff, Chemiker; aus: Das Feuer des Heraklit, 1995a: 178)

„Je mehr man die Erscheinung des Lebens in seiner Vielfältigkeit erforschen will,
zu je größeren Einheiten man vordringt, desto geringer wird die Möglichkeit
zu allgemeingültigen Aussagen. Der Ökologe kann daher nur bestimmte
Tendenzen und Prinzipien aufzeigen. Damit sollte er sich begnügen."
(Wolfgang Tischler, Ökologe; aus: Ein Zeitbild vom Werden der Ökologie, 1985: 143)

Die Vorstellungen sowohl darüber, was Wissenschaft ist, als auch wie sich die ökologischen Disziplinen in diesem Zusammenhang darstellen, befinden sich unter Wissenschaftlern im allgemeinen wie unter Ökologen im besonderen im Fluß (McINTOSH 1985: 246; TOULMIN 1981: 17). Des öfteren wird jedoch die auf dem Kritischen Rationalismus aufbauende „hypothetisch-deduktive" Vorgehensweise (vgl. Abb. B\1) von Wissenschaftlern (z.B. BUNGE 1983: 38) wie z.T. auch von Ökologen selbst (PETERS 1991) als Rahmen gesehen, in dem wissenschaftliches Arbeiten sich abspielen solle. Da hiermit ein (zudem auf der klassischen Physik fußendes) Idealbild entworfen ist, wie Wissenschaft zu „funktionieren" hat, wird dieses Wissenschaftsverständnis auch als „klassisch" bezeichnet. In der Folge gilt es zu untersuchen, wie sich ökologisches Arbeiten vor diesem Hintergrund darstellt.
Eigene Beweisführungen können hier nicht angestellt werden; vielmehr soll anhand von Literaturquellen insbesondere auch von Autoren aus anderen Disziplinen belegt werden, wie wissenschaftliches Arbeiten tatsächlich abläuft und wie ökologische Arbeitsweisen im Vergleich zu betrachten sind. Dabei geht es nicht zuletzt darum, was ökologisch orientiertes Planen von den ökologischen Wissenschaften an Grundlagen erwarten kann.

Hypothetisch-deduktives Vorgehen und Funktion der Induktion

Wie ausgeführt (vgl. Kapitel B.3.1 und Abb. B\1) steht im Mittelpunkt der Methode des Kritischen Rationalismus das Prinzip strikter Deduktion, indem ausgehend von allgemeinen Annahmen, auf logischem Weg besondere Sätze abgeleitet werden. Aus diesen können bei gegebenen Randbedingungen - gleichfalls durch Deduktion - Erklärungen, Prognosen und Technologien entwickelt werden, die im Experiment unter kontrollierten Bedingungen nachzuprüfen sind (POPPER 1984a). Im Aufstellen von allgemein, d.h. ohne raum-zeitliche Beschränkungen gültigen sowie in ihren Aussagegehalten möglichst umfassenden Gesetzesaussagen wird eine zentrale Auf-

gabe der Wissenschaftsdisziplinen gesehen (BUNGE 1987: 276f.), weshalb sich jede Wissenschaft auf ein in sich logisches und konsistentes System von wenigen gehaltvollen, generalisierten Aussagen zurückführen lasse (WEINGARTNER 1971: 39ff.).
Für die Ökologie fordert in letzter Zeit PETERS (1991) eine solche deduktive Vorgehensweise, wobei in der Entwicklung falsifizierbarer, möglichst quantitativ faßbarer Voraussagen das Kriterium für die Wissenschaftlichkeit ihrer Aussagen liegen soll, in allen anderen Erklärungen, Analysen und Beschreibungen dagegen ein „vorwissenschaftliches Gemisch" (wörtlich: „prescientific soup", PETERS 1991: 21) gesehen wird. Auch setzt sich z.B. FENCHEL (1987: 12, 40f.) für die Abkehr von einer primär beschreibenden, auf singuläre Fälle Bezug nehmenden Ökologie ein. Ökologie hätte sich vielmehr auf das Studium verallgemeinerbarer Prinzipien von Organismenansammlungen zu konzentrieren und solle auf Erklärungen, die über die Ebene der Populationen hinausreichen, verzichten.

Logisch gesehen ist eine Aussage bereits falsifiziert, wenn es auch nur eine Beobachtung gibt, die ihr widerspricht, - und so war es ja auch das Falsifikationskriterium, das von POPPER (1984a) als Abgrenzungskriterium wissenschaftlicher zu nichtwissenschaftlichen Aussagen eingeführt wurde. Gerade Physiker haben jedoch wiederholt deutlich gemacht, daß es zu jeder Theorie widersprechende Tatsachen gibt und also keine Theorie existiert, die mit allen von ihr erklärten Tatsachen übereinstimmt (z.B. ALBERT 1972: 8; FEYERABEND 1986: 71, 86, 1978: 309f.; EISENHARDT, KURTH & STIEHL 1988: 59; LENK & MARING 1987: 270). Tauchen widersprechende Daten auf, wird in der Praxis gerade auch der „exakten" Wissenschaften in der Regel nicht sofort das zugrundeliegende Gesetz falsifiziert - zumal wenn es sich um ein bislang „bewährtes" handelt - sondern dies wird zum Anlaß genommen, zunächst die Versuchsbedingungen zu prüfen und das Gesetz u.U. umzuformulieren, zu präzisieren oder in seinem Geltungsbereich einzuschränken (STRÖKER 1977a: 194). Weiterhin neigt man dazu, Theorien - auch wenn sie sich streng genommen als falsifiziert erwiesen haben - beizubehalten, wenn sie dennoch geeignet sind, bestimmte Phänomene zu erklären, und man noch über keine bessere neue Theorie verfügt (STRÖKER 1977a: 103; KUHN 1988a; LENK & MARING 1987: 270). Gestützt wird diese Einsicht durch die Kuhnsche Theorie des Paradigmenwechsels, wonach sich neue Theorien weniger aufgrund ihres „Wahrheitsgehaltes", sondern aufgrund von Überzeugungsprozessen durchsetzen.
Auch für die Ökologie stellt TAYLOR (1989: 121) fest, „(...) that data alone do not drive ecologists (and others) to reject theories." Als Beispiel könnte die Theorie der Inselbiogeographie nach McArthur & Wilson dienen, die die zu erwartende Anzahl von Arten in Abhängigkeit von Gebietsgröße und Verinselungseffekt in quantitative Relationen faßt und daher bei ihrer Veröffentlichung von vielen als neues „Paradigma" in der Ökologie betrachtet wurde (vgl. MCINTOSH 1985: 244ff.). Empirisch ist diese Theorie mittlerweile zwar in vielen Fällen in Frage gestellt und entsprechend umstrit-

ten, da sie als zu holzschnittartig vereinfachend gilt (McINTOSH 1985: 280; PETERS 1991: 206; WILLIAMSON 1989: 3); sie wird jedoch immer noch als einer der Ausgangspunkte bei der Erstellung von Schutzgebietskonzepten verwendet.
Ein naiver Falsifikationismus muß damit in den Wissenschaften als gescheitert angesehen werden (LENK & MARING 1987: 270). Selbst die Physik als in der Konsistenz ihres Theorie- und Methodengerüsts am weitesten fortgeschrittene Wissenschaft greift oft zu ad hoc gesetzten Verfahren und Methoden, um gesteckte Forschungsziele zu erreichen. Dies hat einen Gegensatz zwischen dem von der Wissenschaftstheorie entworfenen Idealtyp von Physik und ihrem tatsächlichen Vorgehen zur Folge. So erläutert AUDRETSCH (1989: 381ff.), wie zunächst oft vorläufige, unvollständige Theorien angenommen werden, um ein Ziel, z.B. die Erklärung von Vorgängen der Quantenphysik, zu erreichen. Erst im Nachhinein werden aufgrund der Ergebnisse - falls möglich - die Theorien „saniert", d.h. ergänzt oder modifiziert. AUDRETSCH (1989) spricht hier von einer „vorläufigen" bzw. in ihrer Praxis „schmutzigen" Physik, die sich aber zugleich auf hohem methodischen Niveau mit hoher Effizienz hinsichtlich der Bewältigung vorgegebener Problemstellungen bewegt.
Zusammenfassend läßt sich für die wissenschaftliche Praxis feststellen: „Nicht immer dient die Poppersche Forderung möglichst strenger Theoriekontrolle dem Fortschritt der (...) Erkenntnis" (STACHOWIAK 1988: 131). FEYERABEND (1978: 23, 1986: 30f.) fordert in der Konsequenz, auch in den „exakten" Wissenschaften Regelverletzungen sogar bewußt vorzunehmen und ein gleichsam „kontrainduktives" Vorgehen einzuschlagen, womit er ein der Erfahrung widersprechendes, gleichsam „kontraintuitives" Vorgehen meint. Dies sei oft die Voraussetzung für neue Entdeckungen, während die starre Bindung an eine vorgegebene Methodik wissenschaftlichen Fortschritt nur einschränke. So sind insbesondere die Relativitätstheorie und die Wellentheorie des Lichts Beispiele, daß gerade das Nichteinhalten wissenschaftlicher Regeln zu wichtigen Neuerungen geführt hat (FEYERABEND 1986: 15). Von einer solchen Forderung hin zu einem bewußt an definierten Forschungszielen orientierten Erkenntnisprozeß, wie dies der Neopragmatismus fordert (vgl. auch STACHOWIAK 1989b: 325) ist es nur ein kleiner Schritt. Ein solches Vorgehen, das z.B. in den ökologischen Wissenschaften eine stärkere Ausrichtung an anwendungsbezogenen Fragestellungen bedeutete, kann aber nicht mehr streng deduktiv sein.
Den Einsatz von ad hoc-Hypothesen schlägt für die Sozialwissenschaften auch MAYNTZ (1985: 70, 74) vor. Insbesondere zu Beginn einer Forschung, wenn es darum geht, Erkenntnisobjekte zu identifizieren und Forschungsfragen zu formulieren, könne dies hilfreich sein. Entsprechend bemängelt HAILA (1988) im Fall der Ökologie, in der die Forschung es noch nicht mit konsistenten, übergeordneten Theorien zu tun hat, einen Mangel an guten deskriptiven Daten, um daraus überhaupt erst Theorien und Arbeitshypothesen gewinnen zu können.
Solches ad hoc-Vorgehen, das mit einem Herangehen an Forschungsfragen nach dem Versuchs-Irrtums-Prinzip verbunden ist, stellt nichts anderes als ein der streng

deduktiven Logik zuwiderlaufendes induktives Verfahren dar. Aus derartigen induktiven Verallgemeinerungen lassen sich zwar keine allgemeingültigen einer rationalen Überprüfung standhaltenden Theorien gewinnen, jedoch wird die Induktion in der wissenschaftlichen Praxis weithin eingesetzt, um Hypothesen zu formulieren, zu unterstützen und zu überprüfen (vgl. ANDERSSEN in SEIFFERT & RADNITZKY 1994: 153). So erscheint es - wenn auch nicht nach strenger Logik, sondern nach dem Alltagsverstand - einleuchtend, daß die Hypothese „Alle Schwäne sind weiß" - um das genannte Beispiel Poppers heranzuziehen - um so mehr gestützt wird, je mehr weiße Schwäne tatsächlich beobachtet werden. Deren Auftreten kann zwar nicht mit Sicherheit, aber mit hoher Wahrscheinlichkeit angegeben werden.
Gerade ökologische Betrachtungsweisen, deren Wurzeln wie auch Praxis bis heute wesentlich in der Naturgeschichte und Naturbeschreibung liegen (vgl. MCINTOSH 1985, 1987; TREPL 1987), kommen zunächst um solche induktiven Verallgemeinerungen und die damit einhergehende Hermeneutik, d.h. Auslegung, nicht herum, um etwa räumliche Muster in den Kombinationen von abiotischen Standortfaktoren oder im Auftreten von Arten und Lebensgemeinschaften zu identifizieren. Beispielsweise fußt auch die Ausgliederung landschaftsökologischer Raumeinheiten, die aufgrund gleichartiger Ausprägungen bestimmter Standortfaktoren erfolgt und als räumliche Grundlage für ökologische Aussagen wie als Hilfsmittel für ökologisch orientierte Planungen dient, aufgrund der in Landschaften vorzufindenden Übergänge auf einer Interpretation des Standortmusters. Auch die Rekonstruktion der historischen Entwicklung von Kulturlandschaften und der anthropogenen Beeinflussung ihres Wirkungsgefüges bedarf der Hermeneutik und Induktion.
Auch wenn induktive Verallgemeinerungen logisch gesehen fehlerbehaftet sind, können sie doch ein wichtiges Hilfsmittel darstellen, um aus Erfahrungen Einsichten zu abstrahieren, die dann als Behauptungen verallgemeinert und im Zuge der Deduktion überprüft werden können. Die Deduktion übernimmt damit in der Forschung die Rolle einer „regulativen Idee" (MAYNTZ 1985: 65ff.). Weil jede Wissenschaft sowohl erklärende als auch beschreibende Gesichtspunkte (BUNGE 1987: 314) bzw. eine Dichotomie zwischen theoretischen und empirischen Aspekten aufweist (so für die Ökologie: MCINTOSH 1987: 327), sind Induktion und Deduktion meist zirkulär miteinander verknüpft: Es dürfte keinen Zweig der Wissenschaften geben, der mit einer Methode allein auskommt (vgl. auch KLAUS & BUHR 1985: 794f.), zumal auch eine reine Induktion nicht vorstellbar ist, da jede Beobachtung ja bereits mit theoretischen Erwartungen verknüpft ist (POPPER 1984b: 72).
Je nach dem, ob verallgemeinerbare Gesetze erstellt werden können, liegt der Schwerpunkt einer Wissenschaft dabei mehr auf der hypothetisch-deduktiv arbeitenden oder der idiographisch-beschreibend verfahrenden und dabei auch induktive Schlüsse einbeziehenden Seite. Gerade im Rahmen solcher ökologischer Arbeitsweisen, die aus naturgeschichtlichen Betrachtungen heraus entstanden sind und sich zunächst auf Beschreibungen singulärer Prozesse beziehen, können Hypothe-

sen oft erst aus bereits vorliegenden Daten entwickelt werden, weshalb - worauf HAILA (1988: 410) hinweist - solche Daten keineswegs theoretisch uninteressant sind. Umgekehrt waren es gerade einige frühe, heute in dieser Form nicht mehr akzeptierte ökologische Theorien wie die seinerzeit einflußreiche Theorie Clements von der Klimaxgesellschaft als eine eigenständige Einheit bildendem Superorganismus, die ausgesprochen deduktiv waren (MCINTOSH 1985: 250).
Gegen eine allmähliche Annäherung der Ökologie an das deduktiv vorgehende Idealbild von Wissenschaft sprechen auch die derzeitigen Trends: So mußten die Hoffnungen der wesentlich auf Informationstheorie, Systemanalyse und mathematische Modelle zurückgreifenden sogenannten „New Ecology" der 60er und 70er Jahre auf eine einheitliche Theoriebildung im Sinne einer exakten Wissenschaft mit prognostischem Potential mittlerweile wieder pluralistischen Ansätzen und Vorgehensweisen weichen, weshalb die 80er Jahre in der Ökologie wieder durch eine bislang noch nicht gekannte Vielfalt der Theoriebildung und damit einhergehend der angewandten Methoden gekennzeichnet sind (näher beschrieben bei MCINTOSH 1987). Bei den Beispielen schließlich, die PETERS (1991: 274ff.) für eine ausschließlich deduktiv vorgehende, streng an Prognosefähigkeit orientierte Ökologie anführt, verbleiben als diesen Anforderungen genügend überwiegend die Ergebnisse von Regressionsanalysen, die einzelne Parameter (z.B. Abundanz einzelner Tierarten oder Phosphatgehalt von Gewässern) sozusagen von ihrem Kontext lösen, sie jedoch nicht mehr in einen übergeordneten theoretischen Rahmen einordnen und beispielsweise zu den mit ihnen verbundenen Wirkungsgefügen keine Aussagen treffen können. Hier wird zugleich die Kritik FEYERABENDS (1986: 17) bestätigt, wonach eine nach festen Grundsätzen und Regeln vorgehende Wissenschaft nur isolierte Tatsachen zutage fördern kann.

Den von Popper geforderten, aus allgemeinen Sätzen deduzierbaren Prognosen müssen zudem deterministisch formulierte Theorien zugrunde liegen, bei denen aus einer gegebenen Ursache notwendig eine bestimmte Wirkung folgt (STEGMÜLLER 1973: 58). Natürliche Systeme als komplexe Wirkungsgefüge funktionieren aber nicht deterministisch, sondern lassen bestenfalls probabilistische Aussagen zu. So können Angaben z.B. zu Populationsaustausch und Wanderbeziehungen von Arten zwischen verschiedenen Lebensräumen nur mit einer gewissen Wahrscheinlichkeit getroffen werden. Auch solchen, im Rahmen ökologischer Disziplinen geläufigen Aussagen liegen induktive Erklärungsmuster zugrunde, die sich auf die Möglichkeit des Eintretens eines Ereignisses beziehen, während deduktive Erklärungen nur ein Entweder-Oder zulassen (HEMPEL 1972: 243).

Wenn wir somit in den Bereichen der Ökologie und auch in den Sozialwissenschaften, auf die sich das folgende Zitat ursprünglich bezieht, nur sehr wenig finden, was an das „objektive und idealistische Streben nach Wahrheit erinnert, dem wir in der

Physik begegnen" (POPPER 1987: 13), so hängt dies sicherlich auch mit der Komplexität der beteiligten Systeme und der Nicht-Reproduzierbarkeit ihrer Vorgänge zusammen, die sich der Quantifizierung und Wiederholbarkeit entziehen. Methodologien wie die des Kritischen Rationalismus, die in sich zwar stimmig sind, bleiben u.U. von geringem praktischen Nutzen, weil sie auf restriktiven Voraussetzungen beruhen, die viele Anforderungen der tatsächlich ausgeübten Wissenschaftspraxis nicht berücksichtigen. Dies gilt, wie gezeigt wurde, sogar für die Physik als „exakte" Wissenschaft und veranlaßte einen Physiker wie den Nobelpreisträger HEISENBERG (1990: 64) zu der Feststellung: „Das Beharren auf der Forderung nach logischer Klarheit würde wahrscheinlich Wissenschaft unmöglich machen."
Deutlich geworden sein sollte damit, daß in den Wissenschaften im allgemeinen wie in den ökologischen Disziplinen im speziellen Methodenvielfalt und damit, unter Anerkennung ihrer logischen und erkenntnistheoretischen Grenzen, auch die Induktion ihren Platz hat.

Naturgesetze und Genauigkeitsanforderungen

Das Hervorbringen von Gesetzesaussagen, d.h. von allgemeinen und überprüfbaren Hypothesen, die in Übereinstimmung mit den Standards wissenschaftlicher Methodik aufgestellt werden, wird des öfteren als Hauptanliegen von Wissenschaft gesehen (BUNGE 1987: 276ff.). Vorwürfe, die die Ökologie als unreife Wissenschaft bezeichnen (FENCHEL 1987: 14), nehmen häufig darauf Bezug, daß sie das idealisierte Konzept der Mathematisierung und Axiomatisierung, über das einigen Wissenschaftstheoretikern zufolge eine Naturwissenschaft verfügen sollte, noch nicht erreicht hat (hierzu MCINTOSH 1985: 286). Neben quantitativer Genauigkeit naturwissenschaftlicher Gesetze wird oft auch deren größtmögliche Einfachheit gefordert: „Einfache Sätze sind (...) deshalb höher zu werten als weniger einfache, weil sie mehr sagen, weil der empirische Gehalt größer ist, weil sie besser überprüfbar sind" (POPPER 1984a: 103).
Im Zusammenhang mit dem angesprochenen Sachverhalt, daß bei genauerer Betrachtung keine Theorie jemals mit allen Tatsachen auf ihrem Gebiet übereinstimmt, geht mittlerweile jedoch ein großer Teil der Wissenschaftlergemeinschaft darin konform, daß auch Naturgesetze lediglich als Idealisierungen (BUNGE 1987: 39; SACHSSE 1989: 408) bzw. als nur für einfache Systeme geltende Abstraktionen (CARTWRIGHT 1995: 305; DRÖSSER 1994: 20) und annähernde Beschreibungen natürlicher Phänomene (CAPRA 1990: 72; FEYERABEND 1995: 76; WILLKE 1991: 11) zu gelten haben. Bei genauerer Betrachtung wird es auch auf Teilchenebene keine zwei realen Ereignisse bzw. Materieteilchen geben, die hinsichtlich Energieniveau oder Impuls vollkommen identisch sind (vgl. BUNGE 1987: 292ff.). Gerade solche winzigen, oft unter der Meßgenauigkeit liegenden Unterschiede in den Ausgangsbedingungen sind es jedoch, die zu vollkommen unterschiedlichen Entwicklungen führen können und dem zugrundeliegen, was man in der Chaostheorie als „deterministisches Chaos" be-

zeichnet. Auch in den exakten Naturwissenschaften erlaubt mithin die Mathematisierung nur eine Annäherung an die Realität. So hat bereits EINSTEIN (zit. nach V. WOLDECK 1989: 10) betont, daß Klarheit und Einfachheit in der Physik nur auf Kosten der Vollständigkeit der Erkenntnis zu erreichen seien.
An solche Erkenntnisse anknüpfend äußert BUNGE (1987: 189) die Vermutung, daß alle realen Ereignisse, auch physikalische Phänomene, in schwacher Form nichtlinear sein könnten und die bestehenden Gleichungen in mehr oder minder starker Form vereinfachten. Die Seltenheit, in der nichtlineare Theorien in der Physik bislang vorliegen, wäre dann umgekehrt ein Zeichen unterentwickelter Wissenschaft, führt doch Nichtlinearität zu immensen mathematischen Schwierigkeiten. PIETSCHMANN (1996: 101) beschreibt gleichfalls, wie die Ergebnisse physikalischer Experimente in vielen Fällen erst korrigiert (indem z.B. Maximalabweichungen herausgenommen werden), vereinfacht und extrapoliert werden müssen, um eine Überprüfung von zunächst theoretisch geleisteten Vorhersagen abzugeben. Er kommt zu dem Schluß: „Die Physik gelangt zu einer Beschreibung der Wirklichkeit, indem sie darauf verzichtet." Auch stimmen schon aus Gründen der Meßungenauigkeit von Instrumenten, die stets eine gewisse, wenn auch oft nur minimale Schwankungsbreite umfaßt, Meßwerte nicht exakt mit den beobachteten Daten überein. GETHMANN & MITTELSTRAß (1992: 18) gehen dabei so weit, die Naturgesetze als von unserer Sicht der Natur bestimmte Kulturleistungen des Menschen zu interpretieren, wobei die Begriffe des „Gesetzes" und damit verbunden der „Kausalität" nicht zur „Realität" an sich, sondern zur menschlichen Sicht der Natur bzw. der Wirklichkeit gehörten (MITTELSTRAß 1985: 116f.).
Es kann vermutet werden, daß diese Unterschiede von den unteren zu den höheren Betrachtungsebenen weiter zunehmen, so daß sich für sie um so mehr die Frage stellt, wie „Genauigkeit" denn überhaupt zu definieren ist. So variiert das Verhalten von Arten und Populationen stark in Raum und Zeit, so daß es meist nur über qualitative oder klassifikatorische Kategorien beschreibbar ist, - wie im übrigen auch viele soziale und ökonomische Phänomene (BUNGE 1987: 307). Derartige klassifikatorische Schemata und Regeln brauchen nicht für alle Mitglieder einer Klasse bestimmend zu sein und gelten auch nicht ausnahmslos für jeden Vorgang einer bestimmten Art, sondern nur für einen bestimmten Prozentsatz, d.h. einen bestimmten sich wiederholenden Typus einer „Regularität". Innerhalb der ökologischen Disziplinen stellt z.B. die Pflanzensoziologie mit ihrer Ordnung und hierarchischen Systematisierung der Pflanzengesellschaften ein solches Klassifikationsschema auf höherer Betrachtungsebene bereit.

Durch die erforderliche Konzentration auf abgegrenzte Untersuchungsbereiche und Methoden beziehen sich die Vorgehensweisen verschiedener Wissenschaften jeweils auf einzelne Wirklichkeitsbereiche und schließen andere notwendigerweise aus. Es gilt, sich im klaren zu sein, daß dadurch jede wissenschaftliche Disziplin nicht nur begrenzt, sondern in ihrem Erkenntnisvermögen auch eingeschränkt ist (THOMAS 1991: 64). Faßt man wissenschaftliche Gesetze als Abstraktionen auf, die mit der Betrachtungsweise der Wirklichkeit bzw. der Wirklichkeitsausschnitte, mit denen sich die jeweilige Disziplin befaßt, zusammenhängen (MITTELSTRAß 1985: 116f.), so hängt auch die Definition von „Genauigkeit" vom Untersuchungsziel der jeweiligen Wissenschaft ab. Es läßt sich jedenfalls keine exakte Grenze zwischen Genauigkeit und Ungenauigkeit benennen: „Ein Ideal der Genauigkeit ist nicht vorgesehen" (WITTGENSTEIN zit. nach SCHEIDT 1986: 32). Entsprechend muß auch die Rolle der Mathematik kritisch betrachtet werden: Sie kann zwar herangezogen werden, um Auswirkungen von Theorien darzustellen, ihr Einsatz auch in der Ökologie läßt Schlußfolgerungen aber nicht automatisch „theoretisch" und damit erklärend werden (HAILA 1988: 409).[4)]

Demnach kennzeichnen „Genauigkeit" und „Ungenauigkeit", „Reproduzierbarkeit" und „Einmaliges" zusammen mit anderen Charakteristika Endpunkte eines Kontinuums (vgl. Abb. C\3).[5)] Zwischen beiden Polen ist eine „ontologische Grenze" (PIETSCHMANN 1996: 110) der menschlichen Erkenntnisfähigkeit anzunehmen. Diesem heuristischen Bild folgend enthält jede Wissenschaft Aspekte beider Seiten, wobei angesichts der Untersuchungsgegenstände und des jeweils gewählten Ausschnitts aus der Wirklichkeit die Schwerpunkte unterschiedlich gelagert sind. So fordert etwa der Chemiker CHARGAFF (1977: 330f.), Aufgabe der Naturwissenschaften sei es nicht nur, Tatsachenwissen zu liefern, sondern spekulativ auch in die Grenzbereiche der Natur vorzudringen und dabei interpretierend Hinweise auf „Funktionen" zu erschließen. Ähnlich liegen für den Physiker TOULMIN (1981: 118) die zentralen Ziele wissenschaftlicher Tätigkeit in der Suche nach einem Verständnis von Natur, im Aufstellen von Verknüpfungsregeln, „mit deren Hilfe wir einen Sinn im Strom der Ereignisse finden können." Das dargestellte Kontinuum läßt sich des weiteren mit der von KROMKA (1984: 117) geäußerten Vermutung in Zusammenhang bringen, daß vor dem Hintergrund der in diesem Abschnitt eingangs erläuterten meßtechnischen Schwierigkeiten die Unterschiede zwischen den Natur- und den Sozialwissenschaf-

4) So dürfte die Aufgabe mathematischer Modellvorstellungen und Analysen weniger in dem „exakten" Daten-Output, den man erhält, zu sehen sein. Vielmehr zwingt das System der Mathematik zu einem logischen Aufbau der mit seiner Hilfe getroffenen Aussagen, während sich bei qualitativ-verbalen Analysen leicht unaufgedeckte Zusatzannahmen und Wertprämissen einschleichen können.

5) Entlang solcher Kontinua bewegen sich im übrigen auch die Anhänger einer unscharfen Logik, der sogenannten „Fuzzy Logic", die davon ausgeht, daß Ausprägungen der Wirklichkeit nicht in einem simplen „Ja" oder „Nein", d.h. der Aussage „wahr" oder „falsch" bestehen, sondern hier ein Kontinuum an „Grauwerten" (vgl. KOSKO 1993: 14ff.; DRÖSSER 1994: 22) vorliegt, in dem sich keine scharfen Grenzen angeben lassen und das sich vielmehr nur klassifikatorisch, d.h. über einzelne sich wechselseitig überlappende Klassen fassen läßt. Daß die Kombination verschiedener Klassen von „Grauwerten" durchaus zu technologisch hochwertigen Systemen und damit bestimmten, der menschlichen Wirklichkeit gerecht werdenden Handlungszielen führen kann, zeigen darauf aufbauende Steuerungssysteme für Verkehrsmittel oder Maschinen (das Prinzip der Fuzzy Logic wird unter Kapitel E.1.1. näher beschrieben).

Genauigkeit	■	Ungenauigkeit
Reproduzierbares	■	Einmaliges
Nomothetisches		Idiographisches
Quantifizierbares	■	Qualitäten
Analysierbares		Ganzheitliches
Eindeutiges	■	Offenes
Widerspruchfreies		Lebendiges
Kausal Zuordenbares	■	Vernetztes
Binäre Ja-nein-Entscheidungen		"Grautöne" und Übergänge
Materiale Gegebenheiten	■	Geist und Sinn
"harte" Aspekte	*"ontologische Grenze" der Erkenntnisfähigkeit*	**"weiche" Aspekte**

Abbildung C\3

Ontologische Grenze der Erkenntnisfähigkeit zwischen „harten" und „weichen" Aspekten (in Anlehnung an PIETSCHMANN 1996: 110, ergänzt u. verändert).

ten von gradueller und nicht von prinzipieller Art sind.

Die ökologischen Disziplinen bewegen sich bezogen auf Abbildung C\3 aufgrund der Gegenstände ihrer Betrachtungen vielfach wesentlich näher an dieser ontologischen Grenze als beispielsweise die Physik und müssen z.T. versuchen, sie immer wieder - spekulativ - zu überschreiten. Dieses Überschreiten äußert sich u.a. in ganzheitlichen Forschungshypothesen wie des dargelegten Verständnisses von „Landschaft", mit denen - folgt man TOULMIN (1981) - versucht wird, die meßbaren Einzelaspekte zu einem Sinn zu verknüpfen. Ein reiner Reduktionismus hingegen, der versucht, alle Gegebenheiten auf einheitliche Entitäten einer untersten Betrachtungsebene zurückzuführen, ist extrem einseitig. Auch er muß jedoch versuchen, die genannte Grenze zu überschreiten, um seine Ergebnisse in einen übergeordneten Rahmen einordnen und in ihrem Zusammenhang interpretieren zu können. Bezogen auf die Ökologie hätte dies zu bedeuten, daß auch eine Betrachtungsweise, die sich - wie z.B. von FENCHEL (1987: 40f.) gefordert - auf die Identifizierung der Prinzipien sowie der wiederholbaren zeitlichen und räumlichen Muster auf den unteren Betrachtungsebenen der Organismen und Populationen beschränkt, einseitig bliebe, sofern auf besagte Einordnung ihrer Ergebnisse in einen größeren Zusammenhang verzichtet wird.[6)]

Entsprechend der Sichtweise, daß die Art, wie eine Theorie formuliert ist, mit der Art modellhafter Abstraktion zusammenhängt, können Theorien sich auch im Rahmen ökologischer Betrachtungen in vielen Formen von mathematischen Beschreibungen bis hin zu verbalen Modellen ausdrücken. Als Beispiel für ein Gesetz in der Ökologie kann z.B. die Liebigsche Regel vom begrenzenden Minimumfaktor, verbunden mit dem Schellfordschen „Gesetz der Toleranz" (z.B. ODUM 1980: 167ff.), herangezogen werden. Auch die von Lotka & Volterra abgeleiteten Gesetzmäßigkeiten zur Beschreibung von Räuber-Beute-Beziehungen (z.B. der Periodizität der Schwankungen zwischen den Populationen zweier Arten) liefern brauchbare Generalisierungen. Allerdings gelten gerade diese Gleichungen zwar im theoretischen Modell; sie sind jedoch in ihrer Anwendbarkeit auf Organismen in Landschaften wegen zahlreicher weiterer Randbedingungen, z.B. trophischer Gegebenheiten oder Konkurrenzbeziehungen zu anderen Arten, umstritten (vgl. MCINTOSH 1985: 271; hierzu auch REMMERT 1992: 306; STRASKABA 1995: 50).
Aufgrund der gegenüber dem Experiment vor Ort in Form zusätzlich hineinspielender Randbedingungen tatsächlich vorhandenen Freiheitsgrade wird das kontrollierte Testen von Hypothesen und von unter Versuchsbedingungen ermittelten Gesetzmäßigkeiten in den ökologischen Disziplinen kaum eine ähnlich zentrale Rolle spielen können, wie in den Wissenschaften, die kontrollierte Experimente auf aus ihrem Zusammenhang losgelöste Subsysteme anwenden. Wenn nach Ansicht vieler Ökologen (z.B. MCINTOSH 1985: 272; TISCHLER 1985: 143) in der Ökologie in der Hauptsache „nur" qualitative Regeln und Prinzipien sowie eine Systematisierung von Strukturen (TREPL 1987: 53) erwartet werden können, so ist dies auch vor dem Hintergrund eines Kontinuums zwischen Genauigkeit und Ungenauigkeit, vor dem auch andere Disziplinen stehen, sowie dem Grad der Abstraktion und Vereinfachung zu sehen, den man von der Komplexität realer Bedingungen zu leisten willens ist.

[6)] Hierzu paßt folgende Aussage Stephen Toulmins: „Tatsächlich sind auf lange Sicht die Auswirkungen erfolgreicher Spekulationen größer als die des Experiments. Der höchste wissenschaftliche Rang bleibt denen vorbehalten, die neue Systeme wissenschaftlicher Begriffe entwerfen und damit vorher unverbundene Wissensgebiete vereinigen. Man erinnert sich an Isaac Newton, an Clerk Maxwell und an Charles Darwin nicht so sehr, weil sie große Experimentatoren oder Beobachter waren, sondern vor allem deshalb, weil sie die kritischen und phantasievollen Schöpfer neuer Gedankensysteme gewesen sind" (TOULMIN 1981: 129). Solche Aussagen eines Physikers sind dazu angetan, auch manchem Ökologen wieder Mut zu machen, bekannte Sachverhalte zusammenzufügen, zu verknüpfen und zum Ausgangspunkt neuer, spekulativer Hypothesen zu machen, wie auch FEYERABEND (1986) es betont.

Zum Stand der „Paradigmatisierung" der Ökologie

Kuhn hat ein Modell der Wissenschaftsentwicklung entworfen, in dem (a) auf eine sogenannte „präparadigmatische" oder explorative Phase, in der vor allem die Methoden- und Begriffsentwicklung der jeweiligen Disziplin erfolgt, (b) eine Phase der „Paradigmatisierung", d.h. der Konstituierung einer zentralen Theorie für das entsprechende Wissensgebiet, folgt. Schließlich ermöglicht es das Vorliegen eines Paradigmas (c) einer Disziplin, zur „normalen" Wissenschaft zu werden, die die durch die leitende Theorie gegebenen Fragestellungen weiter vertieft und dadurch den Erkenntnisfortschritt auf ihrem Gebiet erfolgreich weitertreibt (KUHN 1988a: 38, 1988b: 40; auch: SCHÄFER 1978: 380ff.). Im Bestehen eines gefestigten „Paradigmas" wird daher oft ein Kennzeichen für den Reifegrad einer Wissenschaft gesehen (KUHN 1988a: 26). Gewarnt wird aber auch, daß eine zu starke Orientierung an paradigmatischen Regeln den wissenschaftlichen Fortschritt hemmt und nur isolierte Tatsachen zutage fördert, was letztlich zu Reduktionismus führt (FEYERABEND 1986: 17).
KUHN (1988a: 39) hat beispielsweise den biologischen Disziplinen nur wenige anerkannte Paradigmen wie insbesondere die Vererbungslehre zugestanden und die Frage aufgeworfen, ob andere Disziplinen wie die Sozialwissenschaften überhaupt schon welche hervorgebracht hätten. Auch die Arbeitsgebiete der Ökologie haben bislang nur relativ wenige, allgemein als Bezugsrahmen anerkannte theoretische Konzepte entwickeln können. Eine gewisse Paradigmatisierung erfährt vielfach der Ökosystembegriff und die damit verbundene systemtheoretische Betrachtungsweise (OTT 1994: 54), die jedoch von den Vertretern einer „individualistischen" Sichtweise, der zufolge oberhalb der Ebene der Organismen keine eigenständigen ontologischen Entitäten existieren, ihrerseits als Grundkonzept abgelehnt wird (vgl. z.B. FENCHEL 1987: 12, 40; JAX, VARESCHI & ZAUKE 1991: 19). Von SIMBERLOFF (1980: 28) wird dem Ökosystem der Status eines noch dominierenden Paradigmas zugesprochen, das trotz konfligierender Daten aufrechterhalten werde - dem Autor zufolge ein Zeichen für eine bevorstehende Revolution im Kuhnschen Sinn. Zehn Jahre später sehen BRÖRING & WIEGLEB (1990: 284f.) in der an den Ökosystembegriff anknüpfenden ganzheitlich-systemaren Betrachtungsweise einerseits und der individualistischen Sichtweise andererseits zwei Ansätze zu Paradigmen in der Ökologie, stellen dabei jedoch seit Beginn der 80er Jahre vor allem im englischsprachigen Raum besagten Paradigmenwechsel fest, der in Richtung individualistischen Denkens weise. Dem widersprechen allerdings zahlreiche in den 80er und 90er Jahren erschienene Werke, die den Landschaftsbegriff sowie den Ökosystemansatz in den Mittelpunkt der Betrachtungen stellen (u.a. FORMAN & GODRON 1986; O'NEILL ET AL. 1986; ZONNEVELD 1995; ZONNEVELD & FORMAN 1990). Die bis heute kontroversen Diskussionen zwischen Vertretern eines ganzheitlich-systemaren und eines „individualistischen" Ansatzes können demnach als Beleg gewertet werden, daß sich in der Ökologie noch *kein* einheitliches wissenschaftliches Paradigma herausgebildet hat. In der Vorstellung von Landschaften als räumlichen Wirkungsgefügen von biotischen, abio-

tischen und anthropogenen Bestandteilen, die zumindest die Teildisziplin Landschaftsökologie als gemeinsamer paradigmatischer Rahmen prägt (hierzu ZONNEVELD 1990: 11), weiterhin in Modellvorstellungen wie denen des Fließgleichgewichts (Homöostase) oder von Stoffkreisläufen und Energieflüssen, können zudem weitere, eher ganzheitlich-systemare Versuche zur Paradigmatisierung in der Ökologie gesehen werden, die sich somit heute nur in Ansätzen darstellt, die ihrerseits keineswegs einheitlich gehalten sind. Einem Vorschlag von GRENE (1980: 44, Fn. 1) folgend ist es daher angebrachter, anstelle *eines* Paradigmas besser von *mehreren* „Maximen", „regulativen Ideen" oder auch „Prinzipien" zu sprechen, die die Arbeitsgebiete der Ökologie leiten und die z.B. FORMAN (1995) zusammenfassend für die Landschaftsökologie wiederzugeben versucht.

Dabei fragt es sich, ob eine bislang nur in Ansätzen vorhandene „Paradigmatisierung" der Unreife der Ökologie als im Vergleich zur klassischen Physik, aber auch der Biologie, sicherlich noch recht junge Wissenschaft zugeschrieben werden muß oder ob sie nicht mit der Vielzahl ihrer auf mehreren Betrachtungsebenen (Organismen, Populationen, Lebensgemeinschaften, Ökosystemen) angesiedelten Untersuchungsgegenstände zusammenhängt, über die hinweg eine Paradigmatisierung nur sehr schwierig möglich sein dürfte. Wenn Autoren wie FENCHEL (1987: 3) bemängeln, daß sich die Ökologie von den meisten Naturwissenschaften dadurch unterscheidet, daß ihr anscheinend ein zentrales Theoriengebäude mit anerkannten Ideen, Konzepten, Methoden und Zielen fehlt, so liegt dies sicher auch in der Vielfalt der notwendigen Betrachtungsformen innerhalb ihrer heute meist von Spezialisten betriebenen Arbeitsgebiete begründet, die ein entsprechendes breitgefächertes Spektrum an Methoden, Herangehensweisen und Erklärungsformen notwendig machen.

Als weiterer Faktor spielt auch hier wieder eine Rolle, daß die Ökologie wesentlich auf die Naturgeschichte und die damit verbundene Naturbeschreibung zurückgeht (MCINTOSH 1985, 1987) und sich bis heute hauptsächlich mit der Erfassung und Beschreibung singulärer Gefüge wie der Entwicklung von Landschaftsräumen oder von bestimmten Vegetationsformen befaßt. Derartige singuläre Muster und Prozesse sind einer Paradigmatisierung gleichfalls kaum zugänglich. Die in letzter Zeit bestehenden Tendenzen zu stärkerer Mathematisierung und Ökosystemforschung, die mit exakten Methoden vorgeht und sich dabei auch Arbeitsweisen beispielsweise der Physik bedient, sind zwar dabei, sich als eigenständiger, „nomothetischer" Strang innerhalb der Ökologie zu entwickeln (vgl. z.B. LIETH 1990: 373); dieser dürfte aber weiterhin neben der idiographisch-beschreibenden, auf individuelle, geschichtliche Erscheinungen Bezug nehmenden Betrachtungsweise fortbestehen, ohne diese vereinnahmen bzw. ablösen zu können (TREPL 1987: 296f.).

Fazit

Es erstaunt, daß gerade in den „exakten" Wissenschaften wie der Physik oder Chemie das Akzeptieren einer gewissen Relativität der Methodenanwendung sowie die Erkenntnis des geschichtlichen Wandels der bevorzugten Theorien und Sichtweisen mittlerweile recht weit fortgeschritten zu sein scheint[7], während gerade die von vornherein auf integrative Betrachtung angelegte Ökologie wie im übrigen auch die Sozialwissenschaften (vgl. hierzu die Sammlung der Diskussionsbeiträge in BONß & HARTMANN 1985) sich selber in mancher Hinsicht einem sehr viel strengeren Rechtfertigungsanspruch unterwerfen, um als „echte" Wissenschaft, als „science"[8], anerkannt zu sein. Angesichts der Praxis auch in den „exakten" Wissenschaften erscheint jedoch ein „methodischer Minderwertigkeitskomplex" (so WILLKE 1991: 153 für die Sozialwissenschaften) auch für die Ökologie als verfehlt.
Eine ökologische Wissenschaft, die verschiedene Betrachtungsebenen vom Organismus bis hin zu landschaftlichen Gefügen als ihren Gegenstand begreift, sollte die Maxime FEYERABENDS (1986: 15) beherzigen, daß ein komplexer Gegenstand, der sich unvorhergesehen entwickeln kann, komplexe Methoden erfordert und sich der Analyse aufgrund von Regeln entzieht, die im vornherein und ohne Rücksicht auf wechselnde Verhältnisse aufgestellt werden. So erfordern auch ständig sich wandelnde Verhältnisse, wie sie in der Dynamik vieler Landschaftsformen auftreten, komplexe und anpassungsfähige Methoden. Deduktive und induktive Vorgehensweisen sind dabei - wie bei genauerer Betrachtung in wohl jeder Wissenschaft - wechselseitig aufeinander bezogen. Damit einhergehend erscheint auch eine Polarität von Reduktionismus und ganzheitlicher Betrachtung für die Ökologie als wenig hilfreich. Auch diese beiden Auffassungen müssen zusammenspielen (vgl. Abb. C\3), weil Datenerhebungen und Untersuchungen zunächst notwendigerweise reduktionistisch ansetzen müssen, zugleich aber einer Einordnung und Interpretation ihrer Ergebnisse bedürfen.
Forderungen nach Einschränkung des Untersuchungsgegenstandes der Ökologie auf eine bestimmte Betrachtungsebene und Methode müssen kritisch betrachtet werden und scheinen auch unter dem Gesichtspunkt einer auf ökologische Aspekte Bezug nehmenden Gestaltung der Lebenswelt fraglich: Eine Einschränkung von Wissenschaftlichkeit auf reproduzierbare Einzelergebnisse (POPPER 1984a: 54) würde der Ökologie als Tätigkeitsfeld nur einen minimalen Bereich belassen, der überwiegend in statistischen Relationen einzelner Parameter besteht (vgl. hierzu die von PETERS: 1991: 274ff. angeführten Beispiele). Eine zwar weiter gefaßte, aber gleichfalls reduktionistische Sichtweise, die Ökologie als Studium der verallgemeinerbaren Prinzipien, zeitlicher und räumlicher Muster von Organismenansammlungen (FENCHEL 1987: 12, 40) betrachtet und von ihren idiographischen Aspekten absieht,

[7] So waren beispielsweise Feyerabend wie Kuhn beides Physiker.
[8] Das englische „science" steht sowohl für die exakten Naturwissenschaften wie für Technik, nicht aber für Gesellschaftswissenschaften.

könnte gleichfalls kaum Aussagen zum Verhalten sowie zur Ausprägung des landschaftlichen Gefüges als solchem treffen bzw. kaum einen entsprechenden Rahmen bereitstellen, in den die Ergebnisse eingeordnet werden und auf den Maßnahmen einer ökologisch orientierten Planung Bezug nehmen können.

Die dargelegte Sichtweise umfaßt demnach ein weites Spektrum ökologischer Gesetze, Prinzipien, Regeln sowie Beschreibungs- und Klassifikationsformen, das auf verschiedene Betrachtungsebenen bezug nimmt und „weiche“ wie „harte“ Komponenten umfaßt. Planung sollte dabei im Hinblick auf eine „planungsorientierte Ökologie“ (HABER 1979: 28) nicht auf deterministische Gesetze hoffen, die die genaue Vorhersage von Erscheinungen unter den komplexen Bedingungen vor Ort erlaubten. Vielmehr kann sie neben nur wenigen „harten“ Prinzipien und Regeln vor allem auf Klassifikationsmuster zurückgreifen, die - wie in der Pflanzensoziologie der Fall - Hilfestellung insbesondere bei der Abgrenzung räumlicher Bezugseinheiten geben können, und sich zudem auf Beschreibungs- und Erklärungsmuster stützen, die die interpretierende Einordnung von Daten erlauben.

C.3 Ökologie als Wissenschaft oder Ökologisierung von Wissenschaft - Die Frage nach den Wertbezügen von Wissenschaft

„Nous ne voulons pas tirer la morale de la science,
mais faire la science de la morale, ce qui est bien different."
(Emile Durkheim, De la Division de la Travail social, 1895)

Es stellt sich nun die Frage, wie sich Ökologie als in ihrem Anspruch „deskriptive" und damit von ihren Voraussetzungen her „wertfreie" Disziplin (WEINGARTNER 1971) zur Frage menschlichen Handelns und damit zur Frage des Planens verhält, das ja stets mit Zielentscheidungen und Wertsetzungen verbunden ist. Im Zuge einer anzustrebenden „planungsrelevanten Ökologie" wird hingegen des öfteren gefordert, daß diese eine normative Komponente aufzuweisen habe (PIETSCH 1981: 65ff). Diese soll „Wissen und Erkenntnisse bereitstellen, die die rationale Koordination von Naturwerten und Gesellschaftsinteressen erlauben" (EBD.).
Den Hintergrund bildet zugleich ein breites Feld der öffentlichen Diskussion, in dem die Erweiterung der Ökologie zu einer übergeordneten „Leitwissenschaft" gefordert wird (z.B. AMERY 1978: 39), die z.T. forschungsleitende Funktion für die anderen Wissenschaftsbereiche ausübt (KORAB 1991: 320ff.; TREPL 1987: 226), z.T. aber auch normativ in Form von Handlungsanweisungen in den politischen Raum hineingreifen soll (MAYER-TASCH 1991: 7; ähnlich auch LÜBBE & STRÖKER 1986: 9). Noch einen Schritt weitergehend findet sich die Forderung nach einer „ökologischen Gesellschaft" (MÜLLER & MÜLLER 1992: 132) und einer umfassenden „Ökologisierung" verschiedener menschlicher Handlungsfelder (skeptisch hierzu HABER 1992a: 18f.). Dies schließt einen häufig unreflektierten Gebrauch ökologischer Begriffe wie „Vielfalt"; „Stabilität", „ökologisches Gleichgewicht", sowie „Kreislauf" und „Vernetzung" ein (hierzu DAHL 1983; SCHÖN 1997), die oft unmittelbar anzustrebenden Zuständen und damit Handlungsaufforderungen gleichgesetzt werden.
Wenn von einer solchen „normativen Ausrichtung" oder „Ökologisierung" die Rede ist, fällt auf, daß meist nicht näher präzisiert wird, was genau darunter zu verstehen ist. Insbesondere in der öffentlichen Diskussion werden, einhergehend mit der Popularisierung des Ökologiebegriffs, oft verschiedene Aspekte miteinander vermengt, die im folgenden systematisiert werden sollen. So können im Zusammenhang mit einem Wertbezug von Wissenschaft gemeint sein:
(1) das wissenschaftsimmanente Wertsystem
(2) der forschungspsychologische Kontext
(3) die subjektiven Entscheidungen bei der Wahl der Untersuchungsgegenstände sowie
(4) der Anspruch, aus den Resultaten heraus externe Normen zu setzen und Handlungsziele zu bestimmen.

ad (1): Das wissenschaftsimmanente Wertsystem

Keine menschliche Tätigkeit, die auf ein Ziel ausgerichtet ist, kann wertfrei sein (WEINGARTNER 1971: 178ff.). Auch der Vorgang der Erkenntnisgewinnung setzt bereits die Bindung an Regeln voraus. So liegt bereits eine Entscheidung vor, wenn der Gewinn von Erkenntnis, d.h. von gesichertem, intersubjektiv nachprüfbarem und kommunizierbarem Wissen als oberstes Ziel von Wissenschaft gesehen wird (MOHR 1987: 61, 68). Für die ökologischen Disziplinen steht hier die Entscheidung, sich dem Gewinn von Erkenntnis über die Wechselbeziehungen von Lebewesen und ihrer Umwelt zu widmen und dabei in einer Brückenfunktion Aussagen verschiedener Wissenschaften miteinander zu verbinden, um die Wechselwirkungen der Existenzbedingungen zu kennzeichnen.
Auch Eigenschaften, denen wissenschaftliche Vorgehensweisen nach gängiger Lesart zu genügen haben, wie Widerspruchsfreiheit, Genauigkeit, Intersubjektivität sowie logische Verknüpfbarkeit von Aussagen (vgl. WOHLGENANNT zit. nach KRINGS, BAUMGARTNER & WILD 1974: 1752f.) enthalten bereits eine wertende Entscheidung. Als weitere Punkte werden in diesem Zusammenhang z.B. Tatsachenkonformität, Einfachheit und „Fruchtbarkeit“ (d.h. das Hervorbringen von neuen Einsichten; KUHN 1988b: 422ff.), weiterhin Ehrlichkeit, d.h. Daten und Schlußfolgerungen dürfen nicht manipuliert werden (MOHR 1987: 42), gesehen. Auch die Entscheidung für ein bestimmtes wissenschaftliches System und die damit verbundene Vorgehensweise hat immer schon normativen Charakter, so beispielsweise die grundlegende Entscheidung, ob man eher dem Rationalismus (der von logisch-verstandesmäßigem Denken ausgeht) oder dem Empirismus (für den Erkenntnis der Erfahrung entstammt und somit Messen, Beobachtung und Experiment die wichtigsten Hilfsmittel sind) zuneigt (hierzu ALBERT 1971b: 502f.; HABERMAS 1993: 321f.; KROMKA 1984: 16ff.; VOLLMER 1987: 131ff.). Für die Bereiche der Ökologie können hier die beiden unterschiedlichen Arbeitsrichtungen einer theoretischen, d.h. eher von abstrakten Modellierungen natürlicher Prozesse ausgehenden Ökologie zum einen sowie einer z.B. von LESER (1991) geforderten, empirisch vorgehenden Landschaftsökologie zum anderen, die sich auf eine breite Datenbasis über die Ausprägungen biotischer und abiotischer Standortmerkmale stützt, angeführt werden. Schließlich stellt auch das sogenannte Wertfreiheitspostulat, die Forderung, daß Wissenschaftler selber keine Wertungen vorzunehmen haben, keine wissenschaftliche Aussage dar (LENK 1979: 81), sondern zählt gleichfalls zu den metawissenschaftlichen Vorschriften, die den Rahmen für wissenschaftliches Vorgehen bilden.[9)]
„Die Basis der Wissenschaft besteht also in gemeinsamen (normativen) Überzeu-

[9)] Sowohl das Wertfreiheitspostulat der Wissenschaften (WEBER 1988) als auch das damit in Verbindung stehende Verbot eines „naturalistischen Fehlschlusses“, wonach von Sachaussagen nicht auf Wertungen geschlossen werden kann, sind selber wertbezogen und damit nicht per se gegeben. Sie stellen die Resultate einer Entwicklung dar, die zu jeder Zeit auch auf widersprechende Meinungen gestoßen sind; vgl. hierzu näher die Ausführungen unter Kapitel E.2.3.1.

gungen bezüglich der richtigen Methode zur Entscheidung wissenschaftlicher Probleme" (ALBERT 1971b: 510). Diese Basis wird hier als „wissenschaftsimmanentes Wertsystem" bezeichnet.
Als Bestandteile dieses wissenschaftsimmanenten Wertsystems können weiterhin die jeder Wissenschaft zugrundeliegenden Axiome, die nicht völlig bestätigbar sind (BUNGE 1987: 261f.; vgl. auch Anmerkung[1] auf S. 67) angesehen werden. Wenn hingegen FEYERABEND (1980: 79ff., 1986) jedwede Regeln und letztlich sogar die Trennung zwischen Wissenschaft und Nichtwissenschaft ablehnt, so hängt dies mit der Einsicht zusammen, daß die wissenschaftlichem Arbeiten zugrundeliegenden Regeln, ihr immanentes Wertsystem, selber nicht wertfrei begründbar sind: „Wertfrei ist Wissenschaft nur in dem Sinn, daß außerwissenschaftliche Interessen niemals darüber entscheiden dürfen, was als wahr anerkannt oder falsch abgelehnt wird. Die Forderung nach Wertfreiheit ist aber selber wertbezogen" (PATZIG 1986: 987).

ad (2): Der forschungspsychologische Kontext

Daneben sind Wissenschaften Leistungsgebilde, die durch die Tätigkeit von Wissenschaftlern hervorgebracht werden; d.h. sie sind in der gesellschaftlichen Praxis verwurzelt und werden neben methodologischen Entscheidungen, die der einzelne Wissenschaftler oder die einzelne Forschergruppe treffen, auch durch das Umfeld der „scientific community" geprägt. Errungenes Wissen muß intersubjektiv vermittelbar sein, muß, um als „Erkenntnis" zu gelten, von den Mitgliedern der Gemeinschaft akzeptiert sein. Darüber hinaus ist wissenschaftliches Wissen insoweit soziales Wissen, als es von den Mitgliedern eines Wissensgebietes gemeinsam erarbeitet, ausgetauscht und wechselseitig nachgeprüft wird (LUHMANN 1994; MERTON 1985; MOHR 1987: 31), indem es also - um es aus konstruktivistischer Sicht zu formulieren - kollektiv im Handlungszusammenhang der scientific community erzeugt wird (SCHWEGLER 1992: 31). Diese Kontextgebundenheit gilt für die Natur- wie die Geisteswissenschaften gleichermaßen (KNORR-CETINA 1984: 64, 245ff., 1985: 286), deren „Produkte" einander unter diesem Aspekt mehr ähneln als gemeinhin angenommen wird.
Beispiele, wie die Aufgabe einer paradigmatischen Theorie aus den oft nicht als logisch-rational zu bezeichnenden Entscheidungen der Wissenschaftlergemeinschaft folgt, hat KUHN (1988a, b) mit seiner Theorie des „Paradigmenwechsels" gegeben. Da wissenschaftliche Erklärungen im sozialen Zusammenhang gerechtfertigt werden müssen, wobei nach FEYERABEND (1990: 23) gute Begründungen genauso „entdeckt" werden müssen wie gute Theorien und gute Experimente, kann auch hier nicht von völliger Wertfreiheit gesprochen werden. Beispiele gibt PIETSCHMANN (1996: 99f., 127) aus der mit großem gerätetechnischen Aufwand und unter hohen Exaktheitsanforderungen arbeitenden Teilchenphysik: Die Entscheidung über das Vorhandensein eines neuen Teilchens fällt nicht allein aufgrund von Meßergebnissen, sondern auf großen Physikerkongressen, auf denen die Forscher ihre Ergebnisse vortragen und begründen müssen und die anwesende Forschergemeinschaft kollektiv darüber be-

findet, ob das neue Teilchen als Bestandteil der gemeinsamen wissenschaftlichen Wirklichkeit akzeptiert wird. Auch in der Ökologie darf unter diesem Aspekt die Bedeutung von Wissenschaftlerzusammenkünften, z.B. der Jahrestagungen der großen wissenschaftlichen Gesellschaften oder der Berufsverbände, im Hinblick auf die kollektive Akzeptanz der Ergebnisse oder das Herauskristallisieren neuer Forschungsschwerpunkte nicht unterschätzt werden. Eine ähnlich wichtige Rolle spielen als institutionalisierte Bewertungsgremien die Gutachter und Herausgeberbeiräte der Fachzeitschriften, die über das Erscheinen wissenschaftlicher Aufsätze entscheiden (hierzu MERTON 1985: 172ff.).
Resultat unterschiedlicher Forschungskontexte ist u.U. auch eine Inkompatibilität der dabei benutzten Sprachen (SCHWEGLER 1992: 32), d.h. wissenschaftlicher Beschreibungen, die im Rahmen unterschiedlicher Theorien entwickelt werden und nicht mehr direkt und ohne Wertungen vorzunehmen miteinander verglichen werden können. In diesem Rahmen könnten Verständigungsschwierigkeiten zwischen überwiegend aus dem biologischen Bereich kommenden, schwerpunktmäßig auf Arten- und Populationsebene arbeitenden Ökologen und des öfteren eher aus einer geographisch geprägten Richtung stammenden Landschaftsökologen auftreten, die sich in eher „individualistisch" oder eher „ganzheitlich-ökosystemar" angesiedelten Vorstellungen niederschlagen. Auch hier werden „Tatsachen", z.B. ob man nun vorkommende bzw. erhobene Arten als Bestandteile von Ökosystemen oder als selbständige Entitäten betrachtet oder landschaftliche Gefüge als Forschungsgegenstand akzeptiert, durch Theorien sowie die hinter diesen Theorien stehenden Paradigmen und damit verbundenen wertbehafteten Vorstellungen erst konstituiert (FEYERABEND 1990: 421).

ad (3): Entscheidungsanteile bei der Wahl der Untersuchungsgegenstände

Die Entscheidung, sich innerhalb des eigenen Fachgebietes einem bestimmten Untersuchungsgegenstand zuzuwenden, stellt eine weitere, nicht „wertfrei" zu treffende Grundlage wissenschaftlicher Tätigkeit dar. Dieser Entscheidung können die Motivation des einzelnen Wissenschaftlers wie die kollektiv vermittelte der Wissenschaftlergemeinschaft, aber auch gesellschaftliche Interessen bzw. außerhalb der Wissenschaften entstandene und wahrgenommene Probleme zugrundeliegen. Da die Auswahl von bearbeitbar erscheinenden Fragestellungen und die Entscheidung über die leistbare Vorgehensweise auch vom situationsgebundenen Zusammenhang in Form von zeitlichen und finanziellen Ressourcen, zur Verfügung stehenden Meßinstrumenten u.a.m. abhängt, spricht KNORR-CETINA (1984: 183) hier von einem „transepistemischen", d.h. über die Wissenschaften hinausreichenden Feld, in das diese jeweils eingebettet sind. Damit können unter diesem Punkt zwar außerwissenschaftliche (externe) Einflüsse hinzutreten, jedoch ist die Entscheidung des Forschers über seine Untersuchungsgegenstände (z.B. auch, ob er bezahlte Forschungsaufträge annimmt) im Regelfall eine wissenschaftsintern zu treffende.

Mit der Wahl der Untersuchungsgegenstände der „Natur"wissenschaften verbindet sich zudem immer bereits ein Grundverständnis von dem, was „Natur" ist (HEISENBERG 1990: 60), d.h. ein Wertbezug der Begriffsbildung, der gleichfalls in die Auswahl der Fragestellungen, der Methode sowie die Interpretation der Ergebnisse eingeht: „Nicht die *sachlichen* Zusammenhänge der Dinge, sondern die gedanklichen Zusammenhänge der *Probleme* liegen den Arbeitsfeldern der Wissenschaft zugrunde" (WEBER 1988: 166). In diesem Zusammenhang kann auf die Ausführungen zum Landschaftsbegriff (unter A.2) verwiesen werden, dessen Verständnis die Art resultierender Forschungshypothesen bestimmt.
Weiterhin kann unter diesen Punkt (3) die Diskussion um den Anwendungsbezug von Wissenschaft, u.a. die oft geforderte stärkere Anwendungsorientierung ökologischer Disziplinen, die auch von außen an sie herangetragene Fragestellungen einbeziehen (z.B. SLOBODKIN 1988: 341f.), eingeordnet werden. Neben Vertretern der Neopragmatischen Erkenntnistheorie (z.B. LENK 1979; STACHOWIAK 1987b: 427) hat sich vor allem die Frankfurter Schule um Habermas u.a. für eine solche pragmatische, an gesellschaftlichen Interessen ausgerichtete Orientierung wissenschaftlichen Erkenntnisstrebens eingesetzt. So sieht Habermas einen prinzipiell engen Zusammenhang von Erkenntnis und Interesse, dem zufolge die erkenntnisleitenden Interessen sich „im Medium von Arbeit, Sprache und Herrschaft" (HABERMAS 1971: 348) bzw. aus der „soziokulturellen Lebensform" (HABERMAS 1993: 16) heraus bilden. Für die Frage, inwieweit wissenschaftliche Erkenntnis sich explizit an gesellschaftlich vermittelten Interessen orientieren bzw. den (unter Umständen außerwissenschaftlichen) Entstehungszusammenhang ihrer Hypothesen im Rahmen einer strikt hypothetisch-deduktiven Vorgehensweise ausgeklammert lassen soll, steht der sogenannte „Positivismusstreit", der sich in den 60er Jahren zwischen Vertretern der Frankfurter Schule und des Kritischen Rationalismus um die anzustrebende Vorgehensweise in den Sozialwissenschaften entspann.[10)] Hinter dieser Auseinandersetzung verbirgt sich nicht zuletzt der Streit, ob es „reine", von außerwissenschaftlichen Einflüssen freie Grundlagenforschung überhaupt geben kann. Dieser kann hier nicht vertieft werden; indessen kann der Ansicht gefolgt werden, daß die Unterteilung in Grundlagenforschung und angewandte Wissenschaft nicht zwischen den Wissenschaftsdisziplinen getroffen werden kann, sondern in jeder Disziplin beide Aspekte, mithin auch außerwissenschaftlich beeinflußte Entscheidungen, hineinspielen (vgl. z.B. DIEMER in SEIFFERT & RADNITZKY 1994: 350ff.; POPPER 1989: 113).
So können als Probleme wahrgenommene Zustände und Entwicklungen wie Wald-

[10)] Während die Positivisten dabei jegliche spekulativ-ideologische Theoriebildung zugunsten einer empirischen, auf dem Prozeß der Falsifikation durch Beobachtung und Experiment beruhenden Vorgehensweise ablehnten, wandten sich die Vertreter der Frankfurter Schule (darunter auch Habermas) gegen die bei einem solchen Vorgehen eintretende Vernachlässigung aktueller gesellschaftlicher Probleme, die zur Verfestigung des bestehenden Gesellschaftssystems führen müsse und forderten eine explizite Ausrichtung von Wissenschaft an gesellschaftlich relevanten Problemen.

schäden, der Artenrückgang, die Anreicherung toxischer Stoffe in Nahrungsketten wie auch aus planerischen Aufgabenstellungen entspringende Fragen (LENZ 1997: 158) ökologische Forschungen anstoßen. So wird, um ein Beispiel zu nennen, aus dem starken, derzeit einsetzenden Rückzug der Landwirtschaft aus der Fläche heraus an die Ökologie die Forderung herangetragen, sich stärker mit der Sukzessionsforschung zu befassen, da insbesondere über möglicherweise eintretende Entwicklungen auf mittleren Ackerstandorten noch viel zu wenig bekannt ist (vgl. hierzu die Ergebnisse von HÜBNER 1994).
In der Wissenschaftstheorie hat dabei vor allem Max WEBER (1988: z.B. 151ff.), der sich vehement für die Wertfreiheit der Sozialwissenschaften eingesetzt hat, aufgezeigt, daß jede Forschung auf wertbehafteter Begriffsbildung wie auch auf der Tatsache beruht, daß die gestellten Fragen zwar von außerwissenschaftlichen Einflüssen abhängen, dadurch wissenschaftsintern aber nicht die intersubjektive Überprüfung der Ergebnisse gefährdet ist.

ad (4): Setzen von externen Normen und Handlungszielen

Ein weiterer Schritt besteht in einer Wissenschaft, die von ihren Resultaten ausgehend den Anspruch erhebt, daraus selbst über wissenschaftliche Aussagenzusammenhänge hinausreichende Handlungsnormen abzuleiten bzw. Handlungsziele zu bestimmen. So fordert für die Ökologie SCHÄFER (1978: 380ff.), der Geschichtswissenschaftler ist und sie als reife Wissenschaft mit bereits gefestigtem Paradigma begreift, eine sogenannte „normative Finalisierung", d.h. eine gesellschaftliche Interessen berücksichtigende Ausrichtung ihrer Forschung. Eine solche Finalisierung von Wissenschaft reicht über eine bloße Anwendungsorientierung (nach Punkt (3)) hinaus, da sie nicht mehr zwischen internen Determinanten der Wissenschaftsentwicklung und externen Normen trennt, sondern fordert, wissenschaftliche Theoriebildung selbst solle sich in politische Strategien einordnen (BÖHME, VAN DEN DAELE & KROHN 1974: 293). Die ökologischen Disziplinen sollten demzufolge zu einer Wissenschaft mit normativen, strategischen Elementen bezüglich eines anzustrebenden Entwicklungskonzeptes für die natürlichen Grundlagen werden (EBD.: 307).
Auch die von ökologischen Disziplinen des öfteren geforderte Bestimmung von Sollwerten, z.B. der Anteile schützenswerter Biotope in einem Raum, wie PIETSCH (1981: 130) sie als Aufgabe der von ihm vertretenen "planungsrelevanten Ökologie" sieht, stellt eine externe Normsetzung dar, die über die im Rahmen ökologischer Betrachtungen leistbaren Aussagenzusammenhänge hinausreicht.[11] Wie bereits unter C.1

[11] Wenn PIETSCH (1981: 66ff.) als Begründung für diese Forderung anführt, daß ja jegliche Wissenschaft, die sich mit Natur bzw. Landschaft beschäftigt, nicht frei von wertenden Elementen ist, da bereits unsere Wahrnehmung von Natur bzw. Landschaft von herrschenden Normen und Werthaltungen geprägt ist, so liegt hier genau die kritisierte Vermengung von wissenschaftsimmanenter Wertbasis und subjektiven Entscheidungsanteilen bei der Wahl der Untersuchungsgegenstände einerseits mit dem Bestimmen von externen Handlungsanweisungen andererseits vor.

dargelegt, kann eine solche normative Ausrichtung nur vorgenommen werden, wenn sie auf allseits akzeptierte Basisnormen der jeweiligen Disziplin rückführbar ist. Da dies in den Naturwissenschaften nicht der Fall ist, liegt in einem solchen Sprung daher die Grenze, die eine „deskriptive" Wissenschaft nicht überschreiten sollte, wenn sie sich nicht des „naturalistischen Fehlschlusses", der logisch unzulässigen Ableitung von Werten aus gewonnenem Fakten, schuldig machen will (exemplarisch: SCHEMEL 1994: 40).
In Anlehnung an RICKERT (1911: 142ff.), der den unmittelbaren Schluß von biologischen Tatsachen auf daraus abgeleitete externe Wertungen und Leitbilder für die gesellschaftliche Entwicklung als „Biologismus" bezeichnete und als unzulässig kritisierte, kann man ein derartiges Vorgehen auch als „Ökologismus" bezeichnen (HABER 1993c: 102). Das Beispiel des Sozialdarwinismus, d.h. der Übertragung von Ergebnissen der Evolutionsforschung auf das Funktionieren menschlicher Gesellschaften, verbunden mit der Forderung, daß auch hier nur der Stärkste überleben dürfe, macht die Gefahren eines solchen Vorgehens deutlich und zeigt zugleich seine Anfälligkeit für Ideologisierung und Dogmatisierung.

Folgerungen

Zahlreiche Mißverständnisse um den normativen Bezug von Ökologie und das Stichwort „Ökologisierung" dürften darin bestehen, daß die verschiedenen möglichen Wertdimensionen von Wissenschaft nicht immer unterschieden werden:
Die Punkte (1), das wissenschaftsimmanente Wertsystem, und (2), der forschungspsychologische Kontext, sind in jeder Wissenschaftsdisziplin anzutreffen; eine Streitfrage stellt es hingegen dar, inwieweit es möglich ist, aus der - zweifelsohne wertbehafteten - Wahl der Untersuchungsgegenstände, also Punkt (3), außerwissenschaftliche Einflüsse herauszuhalten. Insbesondere zwischen (1), dem wissenschafts*immanenten* Wertsystem, das die Basis für wissenschaftliche Tätigkeit und die dabei erhaltenen Ergebnisse darstellt, und (4), d.h. dem Setzen von *externen* Wertungen und dem Treffen von Handlungsanweisungen auf der Grundlage der gewonnenen Ergebnisse, wird - gerade im Zuge der zunehmenden Popularisierung des Ökologiebegriffs - nicht immer klar unterschieden.
Hier wäre eine Ökologie als „Leitwissenschaft", deren wissenschaftsimmanentes Wertsystem im Sinne beispielsweise der Betrachtung von Wechselbeziehungen, einer interdisziplinären Arbeitsweise oder der Zulässigkeit qualitativer Ausdrucksformen analog zu dem der Physik (Stichworte: Kausalität, Quantifizierungsanspruch, vgl. Kapitel B.2) von anderen Wissenschaften übernommen wird, zu unterscheiden von einer „normativen Leitwissenschaft" (vgl. z.B. MAYER-TASCH 1991: 7), die darüber hinaus *nach außen hin* selber Wertsetzungen im Sinne z.B. politischer Handlungsvorgaben vornimmt. Zwar können Denkweisen der Ökologie, insbesondere das Prinzip der Verknüpfung der Teile mit dem Ganzen, auch auf andere Lebensbereiche übertragen werden (was gleichfalls eine Entscheidung voraussetzt!), jedoch gibt

Ökologie als „deskriptiv“ verstandene Wissenschaft hierbei keine Auskunft, *welche Art* von Verknüpfungen oder Systemzuständen aufrechterhalten oder angestrebt werden sollen. Dies gilt auch für eine wenn auch nicht „ökologische“, so doch „ökologisch orientierte“ Planung, die aus ökologischen Grundlagen selbst keine Handlungsziele beziehen kann, sondern beispielsweise auf das u.a. auf der Naturschutzgesetzgebung fußende normative System des Naturschutzes zurückgreifen muß. Sie wird allerdings bei Vorliegen definierter Ziele ökologisches Wissen einsetzen, um jeweils geeignete Maßnahmen zu deren Erreichung aufzuzeigen (LAWTON 1997: 4).
Zu diskutieren wäre allerdings, angesichts der häufig vorgetragenen Forderung nach stärkerer Anwendungsorientierung von Ökologie (z.B. FINKE 1994: 15) sowie des an Bedeutung gewinnenden Paradigmas der Neopragmatischen Erkenntnistheorie, das Anwendungsbezug und Zweckorientierung der Theoriebildung vorsieht (also eine entsprechende Ausrichtung der Untersuchungsgegenstände nach Punkt (3) fordert), ob sich das wissenschaftsimmanente Wertsystem der ökologischen Disziplinen z.B. um eine Maxime der „Angemessenheit“ gegenüber bestimmten noch näher zu definierenden, aus der Praxis stammenden Zielen ergänzen ließe. Es wäre dies dann das, was unter einer „planungsorientierten“ (HABER 1979: 28) bzw. „planungsrelevanten“ (PIETSCH 1981) Ökologie zu verstehen wäre, die gezielt aus planerischen Fragestellungen heraus formulierte Wissensdefizite erforscht. Zugleich können von einer sich gemäß Punkt (3) in der Auswahl ihrer Untersuchungsgegenstände als angewandt begreifenden, mit ihren Forschungshypothesen an praktischen Fragestellungen ansetzenden Ökologie Berührungspunkte zu Naturschutzforschungen bestehen, wie sie unter C.1 erörtert wurden.

Verfügungswissen und Orientierungswissen

In Verbindung mit der Diskussion um den Handlungsbezug von Ökologie und Naturschutz ist weiterhin die Diskussion um sogenanntes „Verfügungswissen“ und „Orientierungswissen“ zu sehen. Dabei zeigt Verfügungswissen die Mittel zur Erreichung definierter Ziele auf. Orientierungswissen hingegen ist insofern handlungsleitend, als es selber Aufschluß über Ziele gibt (LÜTHE 1989: 290; MITTELSTRAß 1982: 7, 20; MOHR 1987: 61). Solches Orientierungswissen sieht man insbesondere in der historischen Forschung begründet, die Hinweise über auftretende Entwicklungslinien, beispielsweise über die Entwicklung der Artenausstattung eines Raumes oder von Ökosystemen gibt, aus denen sich unmittelbar anzustrebende Zwecke und damit Handlungsziele begründen ließen. Von verschiedener Seite wird dabei an Wissenschaft die Forderung erhoben, auch handlungsleitendes Orientierungswissen bereitzustellen, da in unserer technisch geprägten Kultur das Verfügungswissen bei weitem dominiere (so MITTELSTRAß 1982: 16ff.).
Auch ökologisches Wissen wird als Verfügungswissen eingesetzt, indem beispielsweise Kenntnisse über Sukzessionsabläufe in der Landschaftspflege zum Erhalt oder zur Erreichung definierter Zielzustände verwendet werden (so z.B. des Erhalts

von Wacholderheiden oder bestimmten Ausprägungen von Mager- und Halbtrockenrasen, die spezielle Formen der Beweidung oder einen genau festgelegten Mahdrhythmus erfordern). In der naturschutzrechtlichen Eingriffsregelung steht hier ein gewisses Verfügungsdenken, das oft von der „Ersetzbarkeit" von Biotopen bestimmt ist, etwa in Form von deren Transplantation an eine andere Stelle bestimmt ist, wozu gleichfalls ökologische Kenntnisse angewendet werden.
Hingegen bestehen kaum Kenntnisse, ob sich gewisse Abläufe, z.B. großflächige Sukzessionsvorgänge, langfristig tatsächlich so verhalten, wie es bestimmte ökologische Theorien wie die Mosaik-Zyklus-Theorie (REMMERT 1991) beschreiben. So konnte anhand eigener Begehungen im „Hainich", einem Laubwaldgebiet in Thüringen, festgestellt werden, daß in den seit 150 Jahren aus der Nutzung genommenen Bereichen Zusammenbrüche alter Bäume nicht hektarweise, wie von der Mosaik-Zyklus-Theorie vermutet (REMMERT 1991: 13), sondern nur sehr kleinflächig und einzelstammweise erfolgten. Auch dominierten entgegen der gängigen forstwirtschaftlichen Lehrmeinung auf offenen, großflächigen Sukzessionsstandorten nicht Pionierbaumarten, sondern es trat vielmehr das gesamte Artenspektrum der einstigen Laubwaldgesellschaften auf (vgl. auch KLAUS & REISINGER 1994: 31).
Aus solchen Wissensdefiziten entspringt z.B. die - obigem Punkt (3), also der Ausrichtung der Untersuchungsgegenstände, zuzuordnende - Forderung an die Ökologie, über Langzeitbeobachtungen Kenntnisse über die langfristige Selbstregelungsfähigkeit von Systemen sowie über langfristige und großräumige Sukzessionsabläufe bereitzustellen. Es kann jedoch, wie bereits WEBER (1988: 512) festgestellt hat, aus solchen Entwicklungstendenzen nicht auf Imperative des Handelns unmittelbar geschlossen werden. Die Umsetzung solcherart gewonnenen Wissens in Handeln geht immer mit einer externen wertenden Entscheidung (Punkt (4) zufolge) einher, die nicht von den Arbeitsbereichen der Ökologie allein geleistet werden kann. Die Frage nach Orientierungswissen erweist sich „identisch mit der Frage nach einem rational begründeten, kohärenten und in sich kompakten System terminaler Werte" (MOHR 1987: 61), wobei es nach der unter C.1 getroffenen Differenzierung Sache des Naturschutzes wäre, ein solches in sich stimmiges Wertesystem zu entwickeln.

In der notwendigen Unterscheidung insbesondere zwischen den Wertbezügen von (1) und (4) wird zugleich das Dilemma jeder Wissenschaft deutlich, die Normen des eigenen Vorgehens als zum Teil irrational fundiert, d.h. nicht letztgültig begründbar und beweisbar ansehen zu müssen (vgl. auch Anmerkung[1)] auf S. 67), gleichwohl aber in ihrer Praxis sowie in der Verwendung und Umsetzung ihrer Ergebnisse auf Rationalität pochen zu müssen. Die Grenze zwischen Ökologie und „Ökologismus" wird dabei, wie etwa die Diskussion um Verfügungswissen und Orientierungswissen zeigt, nicht immer einfach zu ziehen sein (worauf auch ZONNEVELD 1982: 15 hinweist). In vielen Fällen ist es dennoch hilfreich, sich die Trennung zwischen wissenschaftsimmanenten Werten und extern vorgenommenen Wertsetzungen im Sinne von Handlungsanweisungen zu verdeutlichen.

C.4 Zusammenfassung: Konsequenzen im Verhältnis von Ökologie und Naturschutz sowie ökologisch orientierter Planung

Unbenommen der Diskussion um die normative Komponente, von der jede Wissenschaft, der psychologische Kontext der „scientific community" und die Wahl der Untersuchungsgegenstände geprägt ist, sollte bei der Betrachtung von „Landschaft" unterschieden werden zwischen

- Ökologie als in der Terminologie von WEINGARTNER (1971) „deskriptiver", also primär auf die ordnende Beschreibung, Interpretation und theoretische Erklärung der Strukturen und Funktionen von Ökosystemen gerichteter Wissenschaft

und

- Naturschutzforschung, die - sofern sie als Wissenschaft im Sinne von Hypothesenbildung und deren rationaler Prüfbarkeit betrieben wird - die Folgen von Normbezügen untersucht und dabei in ihren Prämissen selber wertende Aspekte enthält, nach WEINGARTNER (1971) also den „deskriptiv-normativen" Wissenschaften zuzurechnen ist.

Damit können im Hinblick auf denselben Untersuchungsgegenstand, das landschaftliche Gefüge, zwei unterschiedliche Betrachtungsstandpunkte eingenommen werden. Sinnvoll erscheint dies, um den Begriff „Ökologie" nicht mit Erwartungen an seine planerische Problemlösungskompetenz zu überfordern, weiterhin um eindeutig zwischen beschreibendem Wissen zum einen und sehr unterschiedlichen, darauf aufbauend formulierbaren Zielen, Handlungsaufforderungen und Maßnahmenvorschlägen zum anderen zu unterscheiden. Dies schließt eine stärker „planungsorientierte Ökologie" (nach HABER 1979: 28), die sich in der Wahl ihrer Untersuchungsgegenstände an praktischen Fragen orientiert, nicht aus.
Die Diskussion um die Dimensionen des Wertbezuges von Ökologie macht deutlich, daß vom Begriff einer „ökologischen" Planung Abstand genommen werden sollte, weil dieser eine unmittelbare Gleichsetzung von Erkenntnissen der Ökologie mit Handlungsanweisungen suggeriert. Da Planungs- und Handlungsprozesse jedoch immer auch mit externen Wertungs- und Entscheidungsprozessen einhergehen, würde damit das Wertfreiheitspostulat, wonach aus Erkenntnissen keine direkten Handlungsanweisungen logisch ableitbar sind, durchbrochen. Angemessener erscheint es, statt dessen von einer „ökologisch orientierten" Planung zu sprechen, die sich in bewußter Entscheidung die integrierenden wissenschaftsimmanenten Betrachtungsweisen der Ökologie zu eigen macht, aber ihre Grenzen darin sieht, daß sie ökologische Erkenntnisse über die Beziehungen zwischen Lebewesen und ihrer Umwelt nicht logisch zwingend in Handlungsanweisungen umsetzen kann.[12)]

[12)] Einer ähnlichen Betrachtung entspringen sogenannte ökosystemare Ansätze wie der von SLOCOMBE (1993) für die Umweltplanung („Environmental Planning") vertretene „Ecosystem Approach". Diesem zufolge gilt es, biophysische und sozioökonomische Dimen-

Ökologische Arbeitsfelder	**Hypothesen**	**Instrumente**	**Gesellschaftlich vermittelte (Naturschutz-/Planungs-) Ziele**
Aut- Dem- Ökologie Syn- Ökosystem - Ökologie Landschafts - Ökologie Human - Ökologie	Wirkweise von Umweltfaktoren Wettbewerb Ökologische Nische Sukzessionsabläufe Patch Dynamics bzw. Mosaik-Zyklus-Konzept Stoffkreisläufe und Energieflüsse Fließgleichgewicht (Homöostase) Liebigsche Regel r- und K-Selektion Klassifikationsmuster (z. B. pflanzensoziologische Einheiten) u.a.m.	Minimumareale Kritische Eintragsraten bzw. Tragfähigkeiten („Critical Loads" bzw. „Carrying Capacities") Biologische Indikatoren Strukturell-funktionale Indikatoren zur Beschreibung - physikalisch-chemischer bzw. - ästhetischer Zustände von Natur und Landschaft Zielarten Biotopverbundsysteme Differenzierte Landnutzung / Landnutzungssysteme u.a.m.	u.a. Schutz von Arten und ihren Lebensgemeinschaften Erhalt und Entwicklung der Leistungsfähigkeit des Naturhaushalts Erhalt und Entwicklung der Vielfalt, Eigenart und Schönheit von Natur und Landschaft

Abbildung C\4

Arbeitsfelder ökologischer Disziplinen, Hypothesen, handlungsleitende Instrumente sowie gesellschaftlich vermittelte Naturschutz- und Planungsziele.

sionen in einer transdisziplinären Vorgehensweise zu integrieren und die Komplexität, Dynamik und Prozeßhaftigkeit von Systemen anzuerkennen. Auch hier werden demnach einer ökosystemaren Betrachtung entspringende Sichtweisen auf Planungsprozesse übertragen, ohne daß sich daraus jedoch unmittelbar externe Normen im Sinne von Handlungsanweisungen begründen.

Weil angesichts der Umweltprobleme Dezisionismus (OTT 1994: 68f.), d.h. ein willkürliches Treffen von Entscheidungen, allerdings unbefriedigend wäre, wird aus der dargelegten Perspektive heraus ein ethisch fundierter Naturschutz bedeutsam. Dem entspricht die Forderung nach einem Naturschutz, der nicht irrational argumentiert und seine Werte und Handlungsbezüge nicht aus dem Blickwinkel verschiedener gesellschaftlicher Interessenperspektiven setzt, sondern der auf einem fundierten Gerüst an Normen aufbaut, die in einem konsistenten Zusammenhang stehen. Die Verbindungen zwischen Naturschutz und der in zahlreichen Ansätzen formulierten „ökologischen Ethik" (z.B. MERCHANT 1989; OTT 1994; V.D. PFORDTEN 1994; VOSSENKUHL 1993) sollten unter diesem Gesichtspunkt verstärkt werden. Allerdings wäre es vor dem Hintergrund der dargelegten Position der Ökologie angebracht, anstelle von „ökologischer Ethik" eher von einer „Ethik des Umgangs mit der Natur" oder von „Naturschutz-Ethik" zu sprechen, da die ökologischen Disziplinen aus sich heraus keine ethischen Prinzipien bereitstellen können.

Abbildung C\4 gibt zusammenfassend ökologische Arbeitsfelder, exemplarische Hypothesen, handlungsleitende Instrumente sowie gesetzlich bestimmte Naturschutz- und Planungsziele wieder, deren Verhältnis wie folgt beschrieben werden kann:

- Die Arbeitsbereiche der Ökologie bieten ein Spektrum theoretischer Ansätze, das zur Strukturierung, Interpretation und Erklärung von Daten eingesetzt werden kann. Sie kennzeichnen unterschiedliche Zugänge zur Erfassung natürlicher Systeme, die einem bestimmten wissenschaftlichen Kenntnisstand entsprechen.
- Die Realisierung von Naturschutz- und Planungszielen wird von einer Reihe von „Instrumenten" unterstützt. Sie bedienen sich ihrerseits zwar ökologischer Erkenntnisse, um einen möglichst kohärenten Begründungszusammenhang zu entwickeln, lassen sich jedoch nicht logisch aus diesen ableiten, sondern kommen nicht ohne normative Setzungen aus. Beispielsweise hängen kritische Eintragsraten („critical loads") und Tragfähigkeiten („carrying capacities") nicht nur mit den häufig nicht durch exakte Ursache-Wirkungs-Beziehungen nachweisbaren Veränderungen von Ökosystemen zusammen, sondern ihnen liegen auch Wertungen zugrunde, welche Veränderung der Umweltqualität noch als hinnehmbar eingestuft wird. Auch Minimumareale für dauerhaft überlebensfähige Populationen oder Zielarten sind hinsichtlich der Bestimmung ihres Flächenumfanges (HOVESTADT, ROESER & MÜHLENBERG 1991)[13] bzw. den über sie erfaßten Lebensraumansprüchen weiterer Arten oft nicht exakt benennbar, sondern es fließen zusätzliche Annahmen mit ein.

[13] Demnach kann ein Minimumareal nur anhand der „minimum viable population", d.h. einer Population der zum langfristigen Überleben notwendigen Mindestgröße, bestimmt werden. Hierzu ist die Erhebung umfangreicher Daten über einen längeren Zeitraum hinweg notwendig (im Regelfall mindestens 3 Jahre; vgl. VOGEL et al. 1996: 182), die im Normalfall kaum zu leisten sein wird und bisher nur für wenige Species durchgeführt wurde.

- Über ihre Theorien und Hypothesen können die Arbeitsbereiche der Ökologie Erklärungs- und Interpretationsmuster für ökologisch orientierte Planungen liefern, die den Ablauf von Prozessen erklären und die Einordnung vorgefundener Strukturen erlauben. Diese enthalten aber noch keine logisch zwingend ableitbaren Handlungsprämissen, sondern es hat dazwischen immer eine bewußt zu machende normative Entscheidung zu erfolgen. In diesem Zusammenhang kann jedoch einer genauen Fassung ökologischer Begriffe Bedeutung zukommen, weil sich hierauf - wenn auch unter Zugrundelegung einer bewußten Entscheidung - verschiedene in sich kohärente[14)] Begründungszusammenhänge aufbauen lassen (vgl. JAX 1994: 94): So kann beispielsweise der Begriff des „Ökosystems", knüpft man an die gegebenen Stoff- und Energieflüsse an, zum Anlaß genommen werden, um auf Maßnahmen zur Erhaltung eines Lebensraumes als System abzustellen. Eine Bezugnahme auf den Artenbestand hingegen kann eher zu Schutzstrategien führen, die auf den Erhalt charakteristischer Arten angelegt sind.

[14)] Auf den Begriff der „Kohärenz", der im Vergleich zu einer streng logischen Ableitung auf in sich plausible Zusammenhänge abstellt, dabei aber Freiheitsgrade enthält, wird im Zusammenhang mit der Begründng von Wertungen unter Kapitel E.2.3.1 näher eingegangen (vgl. S.252).

D Das Verhältnis von ökologischer Wissenschaft zu ökologisch orientierter Planung

D.1 Wissenschaftliches Arbeiten und planerische Vorgehensweisen: Paradigma versus Pragma

„Im Bereich des Handelns und der Nützlichkeiten gibt es keine eigentliche Stabilität (...). Der Handelnde ist im Gegenteil jeweils auf sich selbst gestellt und muß sich nach den Erfordernissen des Augenblicks richten, man denke nur an die Kunst des Arztes und des Steuermanns."
(Aristoteles, Nikomachische Ethik, Ausgabe v. 1969: 36)

Unter den in Kapitel A.1 herausgearbeiteten Dimensionen des Planungsbegriffs charakterisieren vor allem Zukunfts- und Handlungsbezug sowie die normative Dimension die Zielsetzung von Planungsvorgängen: Planung dient der Vorbereitung zu künftigem *Handeln*. Für wissenschaftliches Vorgehen kann hingegen, bei aller Heterogenität möglicher Betrachtungsweisen, das Streben nach *Erkenntnis* als oberstes verallgemeinerbares Ziel gesehen werden (z.B. MOHR 1987: 68; vgl. auch Kapitel C.3).
Während ökologische Wissenschaft der Gewinnung von Umwelterkenntnis dient, wendet ökologisch orientierte Planung diese vor allem an. Mit Ausnahme von Pilotvorhaben oder Großprojekten, bei denen u.U. auch ein entsprechender Aufwand an Grundlagenerfassungen und -überlegungen betrieben werden kann, stehen die meisten Planungsaufgaben unter beschränkten zeitlichen und finanziellen Rahmenbedingungen. Man denke etwa an die vielen kleineren Eingriffsvorhaben, für die in der Praxis keine Grundlagenforschung betrieben werden kann, aber nichtsdestotrotz Wege der Bearbeitung gefunden werden müssen. Im Vergleich zu wissenschaftlichen Zielsetzungen steht bei Planungsvorgängen - auch angesichts der i.d.R. begrenzten Ressourcen - damit nicht der *Erkenntnisprozeß*, sondern der *Entscheidungsprozeß* im Vordergrund, um zu möglichst adäquaten Maßnahmen im Hinblick auf die definierten Ziele zu gelangen. Im Überwiegen des Erkenntnisbezugs zum einen und des Handlungsbezugs zum anderen bestehen Unterschiede in der Zielsetzung von ökologischer Wissenschaft und ökologisch orientierter Planung (vgl. Abb. D\1), die die jeweiligen Vorgehensweisen beeinflussen.
Ausgehend von dieser aus der Praxis sich ergebenden Unterscheidung nehmen die folgenden Ausführungen nicht darauf Bezug, wie sich eine bestimmten theoretischen Anforderungen genügende Planung darstellen *sollte*; beabsichtigt ist vielmehr eine Erörterung, wie planerisches im Gegensatz zu wissenschaftlichem Vorgehen aus der Erfahrung heraus *tatsächlich* funktioniert.

Zunächst dürfte die *Singularität* der in Landschaften vorzufindenden Gegebenheiten für planerische Aufgabenstellungen eine noch größere Rolle spielen als dies bereits bei ökologischen Betrachtungen der Fall ist. Zielen ökologische Untersuchungen auf eine Beobachtung von regelmäßigen Ereignissen bzw. bei der Beschreibung singulärer Erscheinungen auf die Identifizierung von Mustern und Strukturen sowie die Einordnung und das „In-die-Struktur-Stellen" (TREPL 1987: 53) des Vorgefundenen in einen größeren Rahmen, so hat menschliches Handeln in Landschaften und damit Planung es mit einem fortlaufenden Reagieren auf singuläre, sich im Zeitraum der Planung kontinuierlich weiter verändernde Ereignisse zu tun, und versucht vor allem selber bewußt eine neue Situation zu schaffen, die bestimmten Zwecken dienen soll.
Dies führt zu Unterschieden in den Möglichkeiten der Problemeingrenzung und -definition: Für das Vorgehen in den Wissenschaften sollte eine definierte, möglichst über Wenn-dann- oder Je-desto-Formulierungen genau eingegrenzte Fragestellung den Ausgangspunkt bilden, um die Überprüfung der Hypothesen sicherzustellen (WEINGARTNER 1971). Bei der Erstellung von Plänen ist zwar in der Regel ein übergeordnetes Handlungsziel - beispielsweise die Ausarbeitung von Zielen und Maßnahmen für die anzustrebende Entwicklung von Natur und Landschaft im Rahmen der Landschaftsplanung oder die Beurteilung der Auswirkungen eines Eingriffs im Rahmen von UVP und Eingriffsregelung - vorgegeben. Die damit verbundenen Probleme müssen jedoch aufgrund der vorgefundenen Konstellation der natürlichen Gegebenheiten wie auch aufgrund der Tatsache, daß die Umsetzung von Planungsaussagen nicht an den natürlichen Ökosystemen ansetzt (so HIRSCH 1993: 141), sondern von Menschen als Teilen von Ökosystemen ausgeführt wird, durch Kontaktaufnahme mit den sogenannten „Betroffenen" erst identifiziert werden.
So sind im Rahmen der gemeindlichen Landschaftsplanung, soll hieraus kein „Einheitsplan" entstehen und sollen die Aussagen auch verwirklichbar sein, durch Einsichtnahme vor Ort wie auch im Kontakt mit den Menschen die wesentlichen Fragestellungen, die in der jeweiligen Gemeinde angegangen werden sollen, erst zu eruieren: Die Planungsaufgabe besteht gerade darin, die Probleme zu verstehen und im Fall widersprüchlicher Auffassungen und z.B. von unterschiedlichen Interessengruppen her vorhandener Problemverständnisse zu umsetzungsfähigen Entschlüssen zu gelangen. Da sowohl der jeweilige Landschaftsraum wie auch - oft nicht zuletzt aufgrund geleisteter Überzeugungsarbeit - Zielsetzungen und Präferenzen der Adressaten sich laufend ändern, erfordert das Lösen planerischer Probleme ein laufendes Reagieren und erlaubt dabei im Gegensatz zu wissenschaftlichen Fragestellungen oft keine exakte Trennung zwischen Problemstellung und Problemlösung.
Aufgrund ihrer Einzigartigkeit, ihrer mangelnden Isolierbarkeit aus einem größeren Zusammenhang sowie ihres Wandels im Planungsprozeß hat RITTEL (1992: 20ff.) Planungsprobleme deshalb ironisch auch als „bösartige" Probleme, die Fragestellungen der Naturwissenschaften dagegen als vergleichsweise „zahme" Probleme bezeichnet. Eine Planung, die sich als gedankliche Vorwegnahme von Handeln ver-

steht, hat sich somit u.U. laufend auf veränderte Rahmenbedingungen einzustellen, einen Sachverhalt, den bereits ARISTOTELES (1969: 36) im Eingangszitat treffend mit dem Verhalten eines Steuermanns verglichen hat, der sich laufend auf neue (und dabei durch den von ihm eingeschlagenen Kurs mitverursachte) Erfordernisse einzustellen hat.
Mit der Singularität von Planungsvorgängen einher geht eine eingeschränkte Verallgemeinerbarkeit und Übertragbarkeit ihrer Ergebnisse: Nach POPPER (1984a: 32ff.) gilt es, sogenannte universelle Sätze, die generelle Gültigkeit in Raum und Zeit beanspruchen, von singulären Sätzen zu unterscheiden, die sich auf endliche Raum-Zeit-Gebilde beziehen. Aus singulären Sätzen können dabei keine allgemeingültigen, universellen Sätze abgeleitet werden. Da Handeln in Landschaften es immer mit dynamischen Raum-Zeit-Gebilden sowie singulären Fällen zu tun hat, können die gewonnenen Erkenntnisse immer nur als singuläre Sätze aufgefaßt werden. Planung steht damit immer unter der Unsicherheit von letztlich nur in begrenzten Raum-Zeit-Gebilden geltenden Aussagen, die sich im Prinzip nicht oder nur beschränkt auf andere Situationen anwenden lassen. Mit der Übertragung von in Landschaften bei einem bestimmten Planungsvorgang sowie im Rahmen einer bestimmten, dabei angewandten Vorgehensweise gewonnenen Ergebnissen ist daher aus erkenntnistheoretischer Sicht Vorsicht geboten, selbst wenn es sich um einen von den Ausgangsbedingungen und der Problemstellung her vergleichbaren Fall handelt.

Ihren Ausgang müssen Wissenschaft wie Planung zunächst von *Hypothesen* nehmen, von Annahmen also, die Zusammenhänge zwischen Sachverhalten behaupten, deren Rolle sich jedoch unterschiedlich darstellt: Wissenschaftliche Hypothesenbildung dient dem Ziel, zu verallgemeinerbarem Wissen zu gelangen, wenngleich sich auch die Art der dabei getätigten Abstraktion über die Aufstellung von Gesetzen, das Auffinden von Regelmäßigkeiten oder auch die Klassifikation und Zuordnung vorgefundener Strukturen recht unterschiedlich darstellen kann. Im Rahmen wissenschaftlicher Vorgehensweisen dominieren damit „Erkenntnishypothesen". Die Hypothesenbildung in der Planung dient hingegen dazu, Erkenntnisse über ein spezielles Problem zu erhalten und dadurch zu einer Problemlösung im Sinne eines Handlungsvorschlages zu gelangen. Im Rahmen planerischer Vorgehensweisen dominieren daher „Entscheidungshypothesen" (MATTESSICH, zit. nach BRAUN 1977: 176), die zudem stärker vorläufigen Charakter haben und angesichts der sich wandelnden Bedingungen u.U. des öfteren revidiert werden müssen.
In diesem Zusammenhang kommt auch dem Falsifikationsprinzip unterschiedliche Bedeutung zu: Während für die Wissenschaften zwar seine strikte Einhaltung in Form der sofortigen Verwerfung von widerlegten Hypothesen zu weit reicht, muß angesichts der Vorläufigkeit und Unsicherheit jedweder Erkenntnis die damit verbundene Forderung Poppers, Annahmen so zu formulieren, daß sie falsifizierbar sind und bewußt nach die getroffenen Hypothesen widerlegenden Ergebnissen zu suchen,

dennoch ernst genommen werden. In der Planungspraxis liegen hingegen andere Motivationen vor, die eher von der Vorstellung praktischer Problemlösung bestimmt sind: Nach Aufstellung von häufig ad hoc (d.h. aus der Situation und der damit verbundenen Problemstellung heraus) getroffenen Hypothesen, die von vornherein auf die Lösung bestimmter Probleme angelegt sind, werden Planer in der Regel nicht um Falsifizierung, sondern um die Suche nach Informationen, die der Bestätigung der getroffenen Annahmen dienen, bemüht sein. Bereits bei der Hypothesenbildung werden dabei meist Behauptungen ausgestellt, die mit hoher Wahrscheinlichkeit bestätigbar und zudem von der Kenntnis gängiger Methoden der Problemlösung bestimmt sind (BRITSCH 1979: 111). So pflegen sich zoologische Erhebungen gängigerweise auf diejenigen Artengruppen zu konzentrieren, deren Lebensraumansprüche gut bekannt sind, deren Auftreten im betreffenden Raum mit hoher Wahrscheinlichkeit zu erwarten ist und für die bereits ein weitreichender Konsens über die anzuwendenden Erhebungsmethoden besteht (explizit gefordert wird ein solches Vorgehen z.B. von RECK 1996: 46). Man mag diese Einstellung als ein psychologisches Trugbild bezeichnen, wie es bereits zu Anfang des 17. Jahrhunderts von Bacon kritisiert wurde (STÖRIG 1995: 306); sie wird jedoch wesentlich von der Notwendigkeit mitbestimmt, aufgrund des meist begrenzten Planungszeitraumes sowie begrenzter zur Verfügung stehender Gelder ökonomisch vorgehen zu müssen.

Planung ist dabei in noch stärkerem Maße als dies auch für wissenschaftliches Vorgehen gilt, auf den Einsatz induktiv gewonnenen Wissens und *ad hoc-Vorgehensweisen* angewiesen: Man kommt oft nicht umhin, aus erhobenen Daten wie auch sogenannter Primärerfahrung, bereits vorliegenden Untersuchungen und überschlägiger Betrachtung des Untersuchungsraumes erst einmal ad hoc und induktiv Schlüsse zu ziehen und diese zur Grundlage des weiteren Vorgehens (z.B. für die Durchführung detaillierter Erhebungen) zu machen. Dies mag zum einen mit dem Fehlen eines konsistenten Theoriegebäudes sowie dem Mangel an Grundlagendaten, die die Ökologie beizusteuern hätte, zusammenhängen, dürfte jedoch auch in der inhärenten „Bösartigkeit" von Planungsproblemen begründet liegen, die sich aufgrund ihrer Singularität und ihrer Veränderbarkeit einer Zugänglichkeit für genormte Anleitungen weitgehend entziehen.
Während wissenschaftliches Vorgehen in stärkerem Ausmaß theoriegeleitet ist, indem nach reproduzierbaren Ergebnissen und einer Kontrolle der Randbedingungen gesucht wird, hat menschliches Handeln zunächst oft zwangsläufig nach dem Versuchs-und-Irrtums-Prinzip abtastend (und damit induktiv Erfahrungen sammelnd, vgl. PIETSCHMANN 1996: 254) zu verfahren. Die Darstellung von MESSERLI (1989: 14f.; vgl. Abb. A\1 in Kapitel A.2.2), der zeigt, wie sich im Alpenraum der Mensch über die Jahrhunderte hinweg sukzessive immer wieder wechselnden Bedingungen angepaßt hat, beruht auf einem solchen Abtasten: Problemen wie der Übernutzung der Alpweiden oder dem Raubbau am Bergwald durch Kahlschläge und Übernutzung, ein-

hergehend mit Überschwemmungskatastrophen im Tiefland, wurde durch gesellschaftliche Reglementierungen (wie der Regelung der Alpbestoßung) sowie Aufforstungsprogramme, verbunden mit einer Rücknahme des Nutzungsdrucks, begegnet. Selbst eine bewußte Planung, die versuchen sollte, von theoriegeleiteten Handlungsprämissen auszugehen, wird um die Nutzung von Alltagswissen und um bei plötzlich eintretenden Entwicklungen ad hoc zu treffende Entscheidungen nicht umhin kommen, weil eben in der Wirklichkeit von Landschaften nicht alle Rahmenbedingungen kontrollierbar sind und auch während des Planungsablaufes unvorhersehbare Änderungen eintreten.
Spekulativ kann zwar vermutet werden, daß früher für derartige Anpassungen mehr Zeit gegeben war, mittlerweile jedoch der Wandel in den vom Menschen geprägten Landschaften so schnell abläuft, daß nicht mehr genügend Zeit verbleibt, Handlungsstrategien auszuprobieren: Einem allmählichen Abtasten, d.h. Ausprobieren, sind Grenzen gesetzt. Versuche, eine Straße oder eine Fabrik erst probeweise zu bauen und sodann erst über ihren endgültigen Verbleib zu entscheiden, sind einsichtigerweise so gut wie ausgeschlossen. Auch würde eine konsequente Übertragung des Versuchs-und-Irrtums-Prinzips auf Planungsprozesse bedeuten, daß Erhebungsprogramme bewußt breit gefächert sein müßten, um nicht nur die bekannten bzw. mit gutem Grund vermuteten Tier- und Pflanzenarten zu erfassen, sondern um spekulativ nach dem Motto zu verfahren: "Erst einmal schauen, was so alles da ist." Dies kann angesichts der für Planungsaufgaben geforderten Ziel-Mittel-Effizienz im Regelfall nicht Aufgabe von Planung sein. Hier käme vielmehr die Rolle einer soliden Grundlagenforschung zum Tragen, die eine breit gefächerte Datenbasis bereitstellt und dabei in ihren Untersuchungen nicht von vornherein auf bestimmte Parameter eingeengt ist, sondern es sich leisten kann, spekulativ und experimentierend vorzugehen.

Was die *Resultate* betrifft, so entscheidet über die Geltung wissenschaftlicher Ergebnisse, ob sie in den Augen der „scientific community“ mit den Grundannahmen des jeweiligen Faches kompatibel sind. Theorien haben sich, sofern sie schlüssig sind, einer empirischen Überprüfung, d.h. Bestätigung anhand von Fakten, zu stellen (MOLITOR 1971: 263). Die Ergebnisse wissenschaftlicher Forschung gelten daher als „richtig“ oder „falsch“ im Sinne ihrer Prüfbarkeit (PIETSCHMANN 1996: 231ff.; Erkenntnisorientierung der Wissenschaft). Über die praktische „Geltung“ von Theorien und im Rahmen von Planungen getroffener Annahmen entscheidet hingegen der Handlungserfolg. Handeln ist jedoch, da es stets mit letztlich nicht-objektivierbaren Entscheidungen und Wertbezügen zusammenhängt, nicht nach den Kategorien „richtig“ oder „falsch“ zu beurteilen, sondern daran, ob es zielführend (PIETSCHMANN 1996: 234) im Sinne des angestrebten Ergebnisses ist (Zweckorientierung der Planung).

Abbildung D\1 gibt zusammenfassend die erläuterte Gegenüberstellung von primär

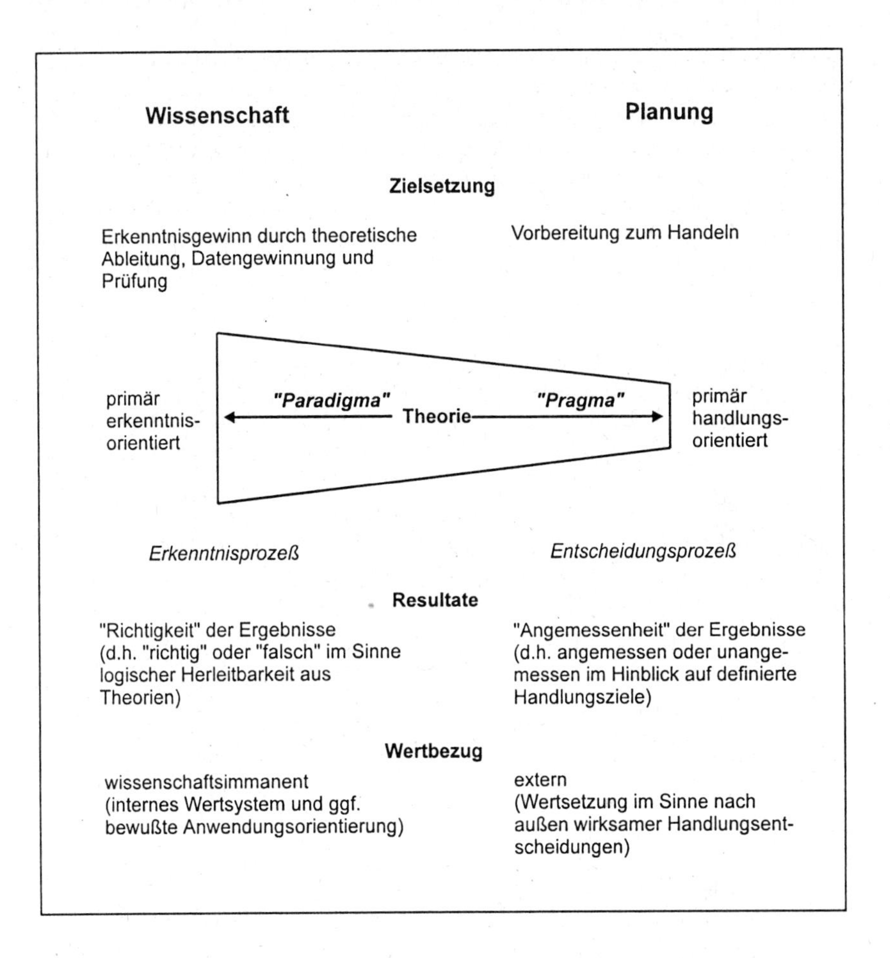

Abbildung D\1

Unterschiedliche Schwerpunkte von Wissenschaft und Planung im Hinblick auf Zielsetzungen, Resultate und Wertbezug.

auf Erkenntnisgewinn ausgerichteter Wissenschaft und primär der Vorbereitung zum Handeln dienender Planung wieder. In der Darstellung ist keine strikte Abgrenzung zu sehen, sondern es geht darum, die unterschiedlichen Schwerpunktsetzungen deutlich zu machen, läßt sich doch auch jegliches Erkennen zugleich als Problemlösen, jegliche Auswahl von Hypothesen bereits als kriteriengeleitetes und damit pragmatisches Handeln interpretieren (vgl. auch LENK & MARING 1987: 272). Auch taucht

pragmatisches, d.h. zielorientiertes Vorgehen im Sinne eines „Methoden-Opportunismus“ auch in den Wissenschaften auf (vgl. die erwähnte „schmutzige“ Physik nach AUDRETSCH 1989, Kapitel C.2). Unbenommen ist auch, daß im Sinne einer „Wissenschaft über Planung“ bei entsprechender Herangehensweise planerisches Vorgehen selber Gegenstand wissenschaftlicher Betrachtungen sein kann.
Ein wesentlicher Unterschied wird zudem im unter C.3 erläuterten Wertbezug gesehen: Während der Wertbezug der ökologischen Arbeitsbereiche ein wissenschafts-*immanenter* ist, der in ihrem eigenen, die Forschung leitenden Wertsystem, weiterhin in einer ggf. als bewußte Entscheidung zu treffenden Anwendungsorientierung begründet ist, müssen im Rahmen ökologisch orientierter Planungen auf der Grundlage ökologischer Sachverhalte bewußt Entscheidungen gefällt werden, die im Sinne von Handlungsanweisungen *nach außen hin* wirksam werden.
Der „Theoriekeil“ in Abbildung D\1 schließlich verdeutlicht die größere Rolle, die ein theoriegeleitetes Vorgehen sowie umgekehrt die Einordnung von Daten und Ergebnissen in ein theoretisches Gebäude der jeweiligen Disziplin im Zuge wissenschaftlicher Vorgehensweisen spielt. Auch Planungsvorgänge werden dabei von bestimmten Denkschemata, Instrumenten und bevorzugt eingesetzten Methoden geprägt. Da der Begriff „Paradigma“ von KUHN (1988b: 323) ausdrücklich auf die Grundlagenforschung bezogen gebraucht wird und somit wissenschaftlichem Vorgehen vorbehalten bleiben soll, wird hier für derartige *handlungs*leitende Maximen der Begriff „Pragma“ eingeführt.[1] Damit kommt zugleich die notwendige, vergleichsweise stärkere Flexibilisierung, Einzelfallbezogenheit und pragmatische Orientierung planerischen Vorgehens zum Ausdruck. Im Rahmen eines Paradigmas eingesetzte Theorien müssen dabei im Sinne von empirischer Bewährung und logischer Prüfbarkeit „richtig“[2] sein, während im Rahmen eines „Pragmas“ eingesetzte Thesen vor allem „pas-

[1] Im Gegensatz zu BECHMANN (1978: 194ff.), der den Begriff Paradigma auch für Planungsvorgänge - in diesem Fall bezogen auf die Nutzwertanalyse - gebraucht. Anders als der aufgrund der Kuhnschen Theorie weit verbreitete Begriff „Paradigma“ war der des „Pragma“ nur in einem wenig bekannten Aufsatz von DUPRÉ (1986) mit dem Titel „Das Pragma in schriftlosen Kulturen“ zu finden. Es wird hier bestimmt als „die jeweils kulturell differenzierte Gestaltung des Handelns“ (EBD.: 19) und umfaßt „sowohl die Denkregeln und Muster, deren wir uns im Kommunikationsprozeß bedienen als auch das Ganze dessen, was Menschen überhaupt als Wirklichkeit und Sinnanspruch erfahren und als Grund von Denken und Handeln zumal voraussetzen sowie in Denken und Handeln zustande bringen“ (EBD.: 2). Daß der Begriff „Pragma“ aus einem lebensweltlichen, handlungsbezogenen Zusammenhang bestimmt wird, läßt seine Übertragung auch auf Planung gerechtfertigt erscheinen. Eine Abweichung im Verständnis besteht allerdings darin, daß nach DUPRÉ (1986: 5) unterschiedliche Pragmen zwar als objektive Gebilde vorstellbar sind; versucht man jedoch, sie zu erkennen, ist das aufgrund der engen Bezogenheit von Kultur und Pragma nicht möglich, weil die Fragen, mit denen man an derartige Gebilde herantritt, durch die eigene Kultur geprägt sind und mithin ein Zirkelschluß entsteht. Dies sollte aber nicht davon abhalten, den Begriff im hier bestimmten Sinn modifiziert zu übernehmen, um ihn zur Hinterfragung eigener, u.U. verfestigter Handlungsformen einzusetzen.

[2] In diesem Zusammenhang ist der Unterschied zwischen „richtig“ und „wahr“ von Interesse, den PIETSCHMANN (1996: 231ff.) wie folgt definiert: „Richtig“ bezeichnet das, was im Sinne der Logik beweisbar bzw. mit übergeordneten Axiomen vereinbar ist. „Wahrheit“ hingegen ist das Ziel wissenschaftlicher Erkenntnis, das im Sinne einer Übereinstimmung

sen", d.h. zielführend sein müssen.

In Planungen sind u.a. folgende „Pragmen" als handlungsleitende Maximen unterscheidbar:

- Der *„Zweck-Mittel-Bezug"* (BECHMANN 1978: 50; HOPPE 1988: 663; RITTEL 1992: 18). Dabei gilt es, bei gegebenem Planungs-Zweck den optimalen Mitteleinsatz zu bewerkstelligen. Ein solches Pragma bestimmt z.B. die reaktiven Planungsinstrumente UVP und Eingriffsregelung, bei denen der Zweck, die Sicherung des Status quo von Naturhaushalt und Landschaftsbild bei Durchführung einer Maßnahme, aufgrund der gesetzlichen Grundlagen vorgegeben ist, und bei denen es im Einzelfall Maßnahmen zu bestimmen gilt, die diesem Zweck auf möglichst effiziente Weise in der Reihenfolge Vermeidung, Ausgleich und Ersatz gerecht werden.
- Im Rahmen der kommunalen Landschaftsplanung könnte man - auch angesichts neuerer Arbeiten (KAULE, ENDRUWEIT & WEINSCHENK 1994; LUZ 1994), die die Akzeptanz der Planungsziele bei den Adressaten als Bedingung für den Umsetzungserfolg herausstellen - einen *„Akzeptanz-Zweck-Bezug"* als Pragma nennen: Hier gilt, oft erst einmal auszuloten, welche Planungsziele realisierbar scheinen, was wesentlich von der Akzeptanz der Adressaten abhängt. Diese sollen ja die Aussagen eines kommunalen Landschaftsplanes, der gegenüber Privatpersonen keine rechtliche Bindungswirkung entfaltet, auf freiwilliger Basis umsetzen; die Art der Zweckbestimmung einer Planung bemißt sich mithin innerhalb dieses Pragmas an der zu erwartenden Akzeptanz durch die Akteure.

Analog zu dem Einsatz neuer Apparate, der sich nach KUHN (1988a: 23) mit einem wissenschaftlichen Paradigma verbindet, umfassen auch die gängigen „Pragmen" in der Planung ein Repertoire an Problemlösungstechniken bzw. -apparaten und -instrumenten. Zu erwähnen sind beispielsweise der Einsatz von EDV, insbesondere von Geographischen Informationssystemen, oder auch CAD-gestützte Entwurfssysteme, die im Rahmen der für ökologisch orientierte Planungen relevanten „Pragmen", insbesondere des „Zweck-Mittel-Bezugs", an Bedeutung gewinnen und deren oft unreflektierter Gebrauch etwa bei KNOSPE (1996: 19) oder LAEPPLE (1996: 108) beklagt wird. Als weiteres Beispiel steht hier ein bereits angesprochenes, in der Planergemeinschaft vorhandenes Repertoire an gängigen Problemlösungstechniken (wie Nutzwertanalyse, ökologische Risikoanalyse, verbal-argumentative Vorgehensweisen; s. auch Kap. 1.4). Hier konnte DAAB (1994: 167) anhand einer Auswertung von Umweltverträglichkeitsstudien darlegen, daß beim Gebrauch dieser methodischen Hilfsmittel von Planungsbüro zu Planungsbüro unterschiedliche Präferenzen bestehen, d.h. oft nur eine ganz bestimmte Vorgehensweise als intern gängige Problemlösungstechnik eingesetzt wird.

---

mit den Gegenständen des Erkennens zwar angestrebt, aber niemals erreicht werden kann (vgl. auch KROMKA 1984: 53). Wahrheit kann demnach nicht unmittelbar erkannt, sie muß erstrebt werden; das, was zum jeweiligen Zeitpunkt als wahr angenommen wird, ist bezweifelbar.

D.2 Technologie und Wissenschaft: Zur Praxistauglichkeit von Theorien

„In the domain of action, deep or sophisticated theories are inefficient, because they require too much labor to produce results that can as well be obtained with poorer means, i.e. with less true but simpler theories. Deep and accurate truth, a desiderate of pure scientific research, is uneconomical."
(Mario Bunge, The Search for Truth - Studies on the Foundations, Methodology and Philosophy of Science, 1967: 124).

Planung ist, wie bereits ausführlich dargelegt wurde, als ein stufenweiser Entscheidungsprozeß zu verstehen, der sich am Handlungserfolg, an der Realisierung von Planungszielen, orientiert. Instrumentelles Wissen sowie die damit verbundenen Regeln, die auf die Erreichung eines definierten Zieles gerichtet sind und die hierzu notwendigen Mittel beschreiben, bezeichnet man auch als „technologisches Wissen" oder „Technologien" (z.B. ALISCH 1995: 403ff.; SACHSSE 1989: 359; STACHOWIAK in SEIFFERT & RADNITZKY 1994: 67). Der Begriff Technologie kennzeichnet somit eine auf ein praktisches Ziel gerichtete, hervorbringende Aktivität im Gegensatz zu den auf wissenschaftliche Erkenntnis gerichteten Theorien. Auch ökologisch orientierte Planungen müssen sich zur Realisierung ihrer Maßnahmen und Planungsziele oft instrumentellen Wissens bedienen und lassen sich in diesem Sinne technologischen Vorgehensweisen zuordnen.

Mit philosophischen Fragen der Anwendung wissenschaftlicher Theorien auf praktische Zwecke und der Rolle von Technologien hat sich insbesondere BUNGE (1967: 121ff.) befaßt. Er konnte zeigen, daß sich in der Praxis aufgrund bestimmter anwendungsbezogener Problemstellungen häufig eigene technologische Theorien und Regeln herausgebildet haben, weil die wissenschaftlichen Kenntnisse sich zu einem Großteil als zu praxisfern erwiesen oder für die Praxis sogar irrelevant waren (BUNGE 1967: 121; auch: LENK 1979: 142). Die anwendungsbezogenen Regeln, die ausgehend von der Bewältigung bestimmter praktischer Probleme entstanden sind, brauchen dabei nicht immer den strengen Gesetzen der empirischen Wissenschaften zu gehorchen, sondern können sogar - gemessen an diesen - strenggenommen „falsch" bzw. überholt sein. Das in ihnen enthaltene Körnchen Wahrheit („grain of truth", BUNGE 1967: 126) kann für eine erfolgreiche Praxis ausreichen. Technologische Regeln fassen vielmehr die Erfahrungswerte komplexer Verhältnisse summarisch sowie oft in Black-Box- oder Input-Output-Form zusammen (LENK 1979: 142). Sie können letztlich auch in einer uns unbekannten Welt funktionieren (LUHMANN 1994: 632), ohne vollständig auf exakten naturwissenschaftlichen Erklärungen zu beruhen oder diese liefern zu können, was in der Handlungs- bzw. der technischen Konstruktionspraxis aber keine Rolle spielt. Für das praktische Handeln läßt sich daher die Auffassung eines „Instrumentalismus" vertreten, der empirische Gesetze als Werkzeuge sieht, bei denen der Erfolg, nicht aber unbedingt die wissenschaftliche „Richtigkeit"

zählt: „Das Ziel der Technologie liegt eher darin, zu einer erfolgreichen Aktion beizutragen als nur reines Wissen zu sammeln“ (BUNGE 1967: 139; ähnlich auch BUNGE 1983: 172f.; ALBERT 1972: 24).
So wird etwa beim Entwerfen und der Herstellung optischer Instrumente immer noch die Strahlentheorie des Lichts verwendet, die im wesentlichen dem entspricht, was über sein Verhalten bereits Mitte des 17. Jahrhunderts bekannt war. Die neuere Wellentheorie des Lichts, durch die sie im strengen Sinn eigentlich falsifiziert worden ist, bleibt dabei unberücksichtigt (BUNGE 1967: 124f.). Man kann es sich jedoch leisten, in der praktischen Tätigkeit die neue Theorie zu ignorieren, weil nämlich die wesentlichen Grundzüge jener Tatsachen, die für die Herstellung optischer Instrumente relevant sind, in vereinfachter Form durch die Strahlentheorie erklärt werden. Es wäre andererseits auch extrem schwierig und zudem aufwendig, die betreffenden Wellengleichungen zu lösen, die mehr von akademischem Interesse sind und dem Zweck dienen, die Theorie zu illustrieren. Die „richtige“ Verwendung der neuen Theorie bei praktischen Problemen würde nach BUNGE (1967: 127) oft ein Schießen mit Kanonen auf Spatzen bedeuten. Umgekehrt lautet die Konsequenz jedoch auch, daß Forschung, die sich nur mit den unmittelbaren Anforderungen der technischen Produktion bzw. bestimmten Anwendungsfragen beschäftigte, aufgrund der damit einhergehenden Vereinfachungen letztlich dazu führte, daß es keine Wissenschaft im eigentlichen Sinne mehr gäbe (BUNGE 1967: 125).[3)]

Technologische, d.h. anwendungsbezogene Regeln sind daher zu unterscheiden von wissenschaftlichen Theorien und Regeln. Dies drückt sich vor allem darin aus, daß sich ihnen kein Wahrheitswert, sondern Effektivitätswerte zusprechen lassen (ALISCH 1995: 413; BUNGE 1967).[4)] Auch für Planungsvorgänge müssen abstrakte und anspruchsvolle Theorien unter Umständen für die praktische Verwendung transformiert werden und muß des öfteren von technologischen Vereinfachungen ausgegangen werden. Daß derartiges Vorgehen in der Planungspraxis geläufig ist, sollen folgende Beispiele verdeutlichen:

- *Ausbreitungsmodelle* (z.B. für Schadstoffeinträge, Grundwasserveränderungen oder klimatische Änderungen), wie sie insbesondere Wirkungsanalysen zugrundeliegen, werden häufig vereinfacht, um sie für Planungszwecke besser handhabbar zu machen, beispielsweise um Untersuchungsräume abgrenzen zu können.
  Als Beispiel mag eine landschaftspflegerische Begleitplanung für eine Hochspannungsleitung dienen, bei der auf der Leitungstrasse in einem 80m breiten Korridor der Baum- und Strauchaufwuchs zu beseitigen war. Da durch diese Schneisenbil-

[3)] Wörtlich: „The moral is, if scientific research had sheepishly plied itself to the immediate needs of production, we would have no science“ (BUNGE 1967: 125).

[4)] In neuerer Zeit trifft sich dies - aus einer anderen Perspektive kommend - auch mit der Ansicht von Vertretern des Konstruktivismus, wonach es keine vom Wahrnehmenden unabhängige Realität gibt und Wissen „passen“, aber nicht übereinstimmen muß (vgl. V. GLASERSFELD 1991: 24).

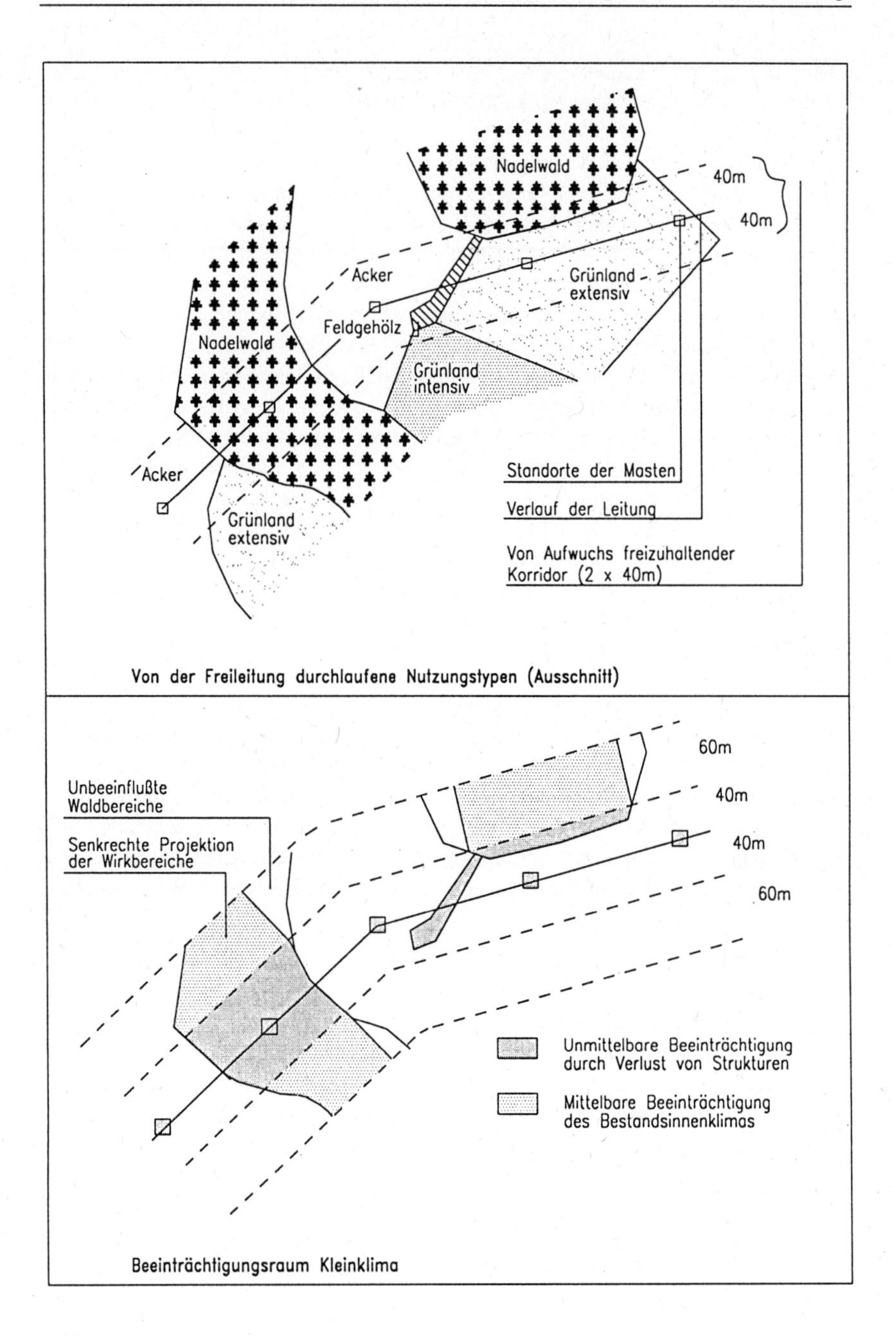
Nadelwald
40m
40m
Acker
Grünland extensiv
Feldgehölz
Nadelwald
Grünland intensiv
Acker
Standorte der Masten
Verlauf der Leitung
Grünland extensiv
Von Aufwuchs freizuhaltender Korridor (2 x 40m)
Von der Freileitung durchlaufene Nutzungstypen (Ausschnitt)
60m
Unbeeinflußte Waldbereiche
40m
Senkrechte Projektion der Wirkbereiche
40m
60m
Unmittelbare Beeinträchtigung durch Verlust von Strukturen
Mittelbare Beeinträchtigung des Bestandsinnenklimas
Beeinträchtigungsraum Kleinklima

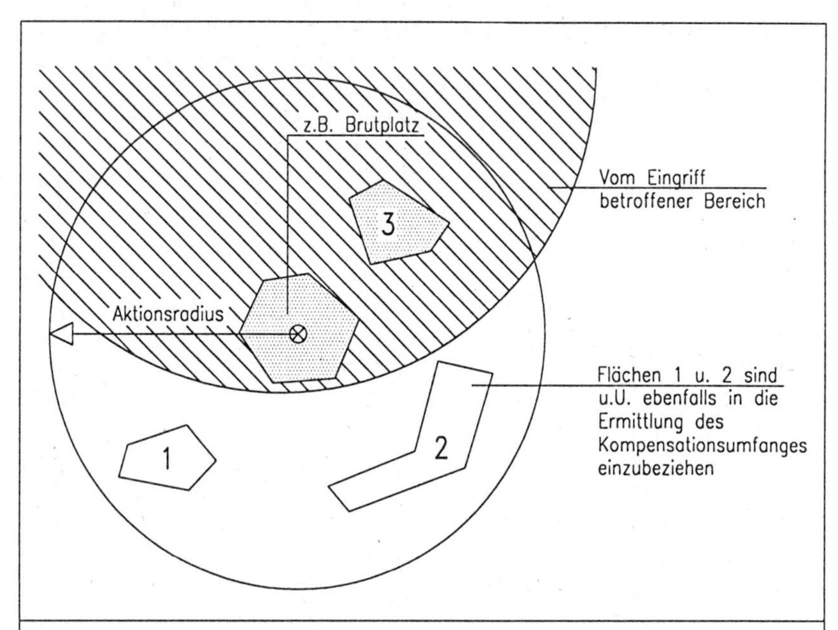

Beispiel:
Es sind sowohl einzelne Nahrungsbiotope (Fläche 3) als auch – z.B. bei Vögeln, Amphibien – das Aktionszentrum (Brutplatz, Laichplatz) von einem Eingriff betroffen.
→ U.U. können auch die anderen innerhalb des Aktionsraumes liegenden Teilflächen (hier die Flächen Nr. 1 und 2) nicht mehr besiedelt bzw. als Nahrungsraum genutzt werden. Diese Flächen müssen dann ebenfalls auf die Bestimmung des Eingriffsumfanges und die daraus resultierende Ermittlung des Kompensationsumfanges angerechnet werden.

Abbildung D\3 (oben)

Anwendung von Faustregeln bei planerischen Fragestellungen; Beispiel: Aktionsräume von Tierarten (aus: JESSEL & KÖPPEL 1991a; s.a. HABER et al. 1993).

Abbildung D\2 (gegenüber)

Anwendung von Faustregeln bei planerischen Fragestellungen; Beispiel: Bestimmung des Beeinträchtigungsraums für die Ressource „Kleinklima" bei einer Hochspannungsleitung (aus JESSEL & KÖPPEL 1991b; vgl. auch HABER et al. 1993).

dung verschiedene Waldflächen angerissen und durchtrennt wurden, kam es in den angrenzenden Beständen u.a. zu Veränderungen des Innenklimas. Exakte Modelle der zu erwartenden klimatischen Veränderungen waren nicht verfügbar;

auch wäre ihre Anwendung im Verhältnis zu den zu erwartenden Vorhabenswirkungen zu aufwendig gewesen (die weitaus größten Auswirkungen von Freileitungen bestehen normalerweise auf das Landschaftsbild sowie infolge des Drahtanfluges auf die Vogelwelt). Da man dennoch das Schutzgut Klima in der Beurteilung des Eingriffes nicht herausfallen lassen wollte, wurde anhand einer Literaturauswertung ein pragmatischer Ausbreitungswert (in diesem Falle 60m) angenommen und diese Entfernung vereinfachend senkrecht in die betroffenen Waldbereiche hineinprojiziert (Abb. D\2; vgl. HABER et al. 1993: 239; JESSEL & KÖPPEL 1991b, Anlage F.2.I.: 2). Diese Faustregel war ausreichend, um die potentiell von Klimaänderungen betroffene Waldfläche zu ermitteln und den Kompensationsbedarf zu bilanzieren (HABER et al. 1993: 295f.; JESSEL & KÖPPEL 1991b, Anlage F.2.II.: 6).
Weitere gängige Faustregeln stellen bei Eingriffsvorhaben häufig vereinfachte, auf Erfahrungswerten beruhende Aktionsradien von Tierarten mit großen Raumansprüchen (z.B. Greifvögeln u.a. Großvogelarten) dar, die zugrunde gelegt werden, um neben den durch ein Bauvorhaben direkt betroffenen Lebensräumen die mittelbar betroffenen Habitate zu ermitteln (z.B. weitere innerhalb des Aktionsraums gelegene Nahrungshabitate, die nicht mehr aufgesucht werden können oder indirekt betroffen sind, weil der gesamte Lebensraum durch die Beeinträchtigungen eine Mindestgröße unterschreitet; vgl. Abb. D\3). Untersuchungen, die für jede Art in kilometerweitem Umkreis die tatsächliche Verbreitung in der Fläche nachweisen, wären mit einem unverhältnismäßig hohen Aufwand verbunden.
Pauschale Wirkkorridore einheitlicher Breite (z.B. 200 oder 500m), wie sie häufig bei Eingriffsbeurteilungen zu linienförmigen Bauvorhaben vorgeschlagen werden, lassen jedoch zugleich die Grenzen einer zu starken Vereinfachung erkennen: Derartige Wirkräume müssen - wie im oben geschilderten Beispiel der Freileitung der Fall - zumindest nach einzelnen Wirkfaktoren oder Schutzgütern differenziert sowie im Einzelfall aufgrund der raum- und projektspezifischen Gegebenheiten begründet werden (HABER et al. 1993: 230). Nur so lassen die über solche Faustregeln erzielten Ergebnisse - entsprechend dem Planungszweck - eine differenzierte Beurteilung der Eingriffsmaßnahme bzw. die weitere Umsetzung von gezielt auf die Eingriffsfolgen Bezug nehmenden Kompensationsmaßnahmen zu. Des weiteren lassen sich bestimmte Sachverhalte, etwa die Aktionsräume von wandernden und im Jahresverlauf zwischen verschiedenen Lebensräumen pendelnden Tiergruppen (wie Amphibien, die zwischen Laichgewässern und Sommerlebensräumen wandern) eben nicht durch einheitliche Wirkbreiten entlang von Eingriffsvorhaben vereinfachend erfassen.

- Auch der *Potentialansatz*, bei dem hinsichtlich einzelner Ressourcen (z.B. für ein Arten- und Lebensraumpotential, landschaftsästhetisches Erlebnispotential, sowie für Regulations- und Regenerationspotentiale für Boden, Wasser, Luft/Klima; vgl. SCHILD et al. 1992) aufgrund der vermuteten Entwicklungsmöglichkeiten Aussa-

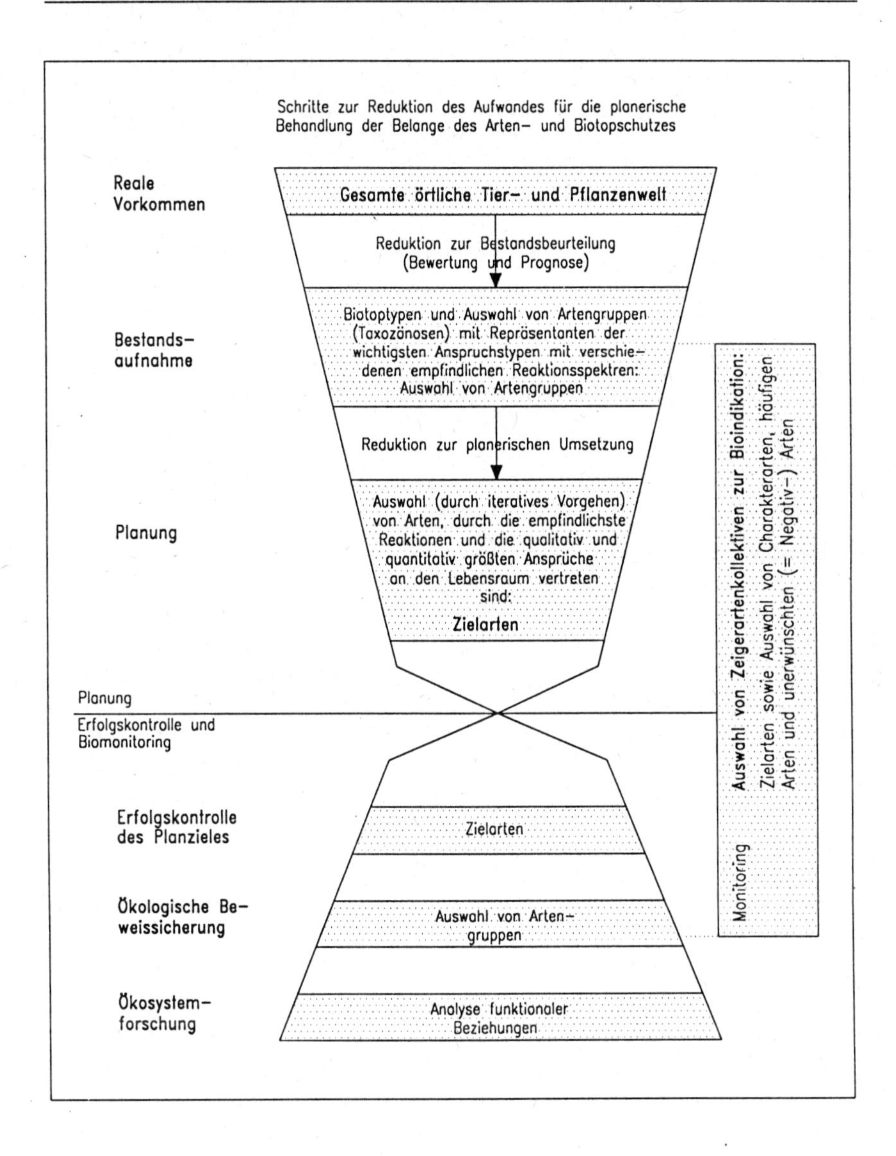

Abbildung D\4

Schrittweise Reduktion des Aufwands für die planerische Behandlung der Belange des Arten- und Biotopschutzes (aus RECK ET AL. 1994: 72).

Zusammenhang der Einflußparameter für die Grundwasserneubildung

	Verdunstung abhängig von:		**Nieder-schlag**	**Oberflächen-abfluß**
	Bodenart	Nutzungstyp	Menge	Relief
geringe/wenig leistungsfähige Grundwasserneubildung	grundwassernahe Böden			
	T	Nadelwald Laubwald	< 700 mm	hügelig/bergig (> 5 % Neigung)
	L			
	lS	Buschbrache	700-800 mm	wellig (ca. 2 bis 5 % Neigung)
	S			
hohe/sehr leistungsfähige Grundwasserneubildung	Kies	Grünland Acker	> 800 mm	flach/eben (< 2 % Neigung)

Einstufung der potentiellen Grundwasseranreicherungsfunktion

Einstufung der potentiellen Grundwasseranreicherungsfunktion	**Erläuterung**
gering	Alle Waldtypen, außer den unter 'mittel' erwähnten[1], alle Nutzungstypen auf semiterrestrischen Böden mit Grundwasseranschluß (Flurabstand < 2m, dabei insbesondere alle Moorgleye und Moorböden)[2], zusammenhängende Siedlungsgebiete/-flächen, außer den unter 'mittel' erwähnten.[3]
mittel	Acker, Grünland und Hopfenkulturen in mittel- bis steilhängigen Lagen oder auf ebenen bis schwach geneigten Flächen mit wenig durchlässigen Tonböden (T, LT). Laubwald in Gelände mit keinem oder geringem Gefälle auf Karstuntergrund oder durchlässigem Boden (S, Sl)[1], locker bebaute Siedlungsbereiche auf durchlässigen Böden (S, lS).[3]
hoch	Acker, Grünland und Hopfenkulturen auf allen sonstigen ebenen bis schwach geneigten Flächen oder auf ebenen Flächen mit überwiegendem Lehmanteil bei einem Jahresniederschlag > 750 mm/a.[4]

Anmerkungen:

1) Eine ggf. abweichende Einstufung von Laub- und Nadelwald resultiert aus dem unterschiedlichen Verdunstungsverlust infolge Interzeption (Spanne der Interzeption von Laubwald 10% bis Nadelwald 40%).

2) Diese Zuordnung hat zur Folge, daß Moore und Mooslandschaften in die niedrigste Kategorie fallen. Infolge der z.T. starken Entwässerung der Moorböden kann es im Zusammenhang mit der ebenen Lage und der überwiegenden Acker-/Grünlandnutzung hier aber durchaus zu nennenswerter Grundwasserneubildung kommen, wenn der kapillare Wasseraufstieg unterbrochen ist.

3) Bezüglich der Einstufungen von Siedlungen ist u.U. mit hohen Unsicherheitsfaktoren zu rechnen (Grundwasserneubildung hängt von der Höhe der Gartenbewässerung, vorliegender Trenn- und Mischentwässerung, Anteil an versiegelten Flächen ab). Angesichts der regionalen Betrachtungsebene sowie des zugänglichen Datenmaterials mußte eine Beschränkung auf die o. g. Kategorien erfolgen.

4) Die Niederschlagsverteilung ist in der Region nicht stark differenziert (Beispiel: Schwankungen von 650 bis 800 mm/a); sie ist daher nur im Falle der angeführten Standorte für eine differenzierte Einstufung bedeutsam.

gen getroffen werden, stellt eine Vereinfachung dar; gleiches gilt für *Zielartenkonzepte*:
Im Fall der Potentiale werden auf Grundlage des oft nur vagen Wissens, was an einem Standort einmal war sowie der aktuellen Standortkonstellation als dem „Körnchen Wahrheit" u.U. umfangreiche Maßnahmen formuliert und Handlungsvorkehrungen getroffen. Auch bei der Verwendung von Zielarten als Leitindikatoren für die Ausrichtung planerischer Maßnahmen sowie der Formulierung von naturraumbezogenen Mindestausstattungen (RECK ET AL. 1994: 68f.) stellt man vereinfachend auf die Ansprüche einzelner Arten oder Artenkollektive ab, von denen man annimmt, daß sie die Lebensraumansprüche weiterer auftretender Arten mit abdecken (sog. „Mitnahmeeffekt"; vgl. VOGEL et al. 1996: 179). Abbildung D\4 verdeutlicht die schrittweise Vereinfachung, die von der Komplexität tatsächlicher Vorkommen hin zu einzelnen Parametern, an denen sich die planerische Umsetzung wie auch die späteren Erfolgskontrollen der durchgeführten Maßnahmen orientieren können, notwendig ist.

- *Modellierungen*, wie sie des öfteren zur Abbildung natürlicher Prozesse vorgenommen werden, sind ein weiteres Beispiel für technologische Vereinfachungen: Die Eigenschaft, die repräsentierten Sachverhalte nicht exakt zu erfassen, sondern nur die im Hinblick auf die jeweilige Fragestellung relevanten Merkmale wiederzugeben, stellt eines der wesentlichen Charakteristika von Modellen überhaupt dar (PITTIONI 1983: 172f.; STACHOWIAK 1973: 131ff.).
So konnten beispielsweise bei einer Rahmenuntersuchung für einen geplanten Fließgewässerausbau die Prognosewerte der Grundwassermodellrechungen für die Parameter „Grundwasserflurabstand" und „Schwankungsamplitude" aufgrund des verwendeten Rechenmodells nur auf Rasterbasis (jeweils 250x500m, bezogen auf ca. 50km Ausbaustrecke) ausgegeben werden. Aus Gründen der Vergleichbarkeit mußten dann auch die flächig vorliegenden Status quo-Meßwerte in Rasterdaten mit gleichem Bezugsrahmen umgesetzt, also vereinfacht werden (vgl. PLANUNGSBÜRO SCHALLER 1989: 15).

- Die *Einschätzung von Parameterausprägungen insbesondere auf kleinmaßstäblichen, großräumigen Planungsebenen* wie der Landschaftsrahmenplanung kann bei Fehlen von Grundlagenmaterial oft nur mit Hilfe von „Faustregeln" vorgenommen werden.
So sind, was die Grundwasserneubildung betrifft, direkte oder indirekte Meßverfahren, die zu den genauen Infiltrationsmengen führen, derart aufwendig, daß sie

Abbildung D\5 (gegenüber)

Zusammenhang der Einflußparameter und resultierende Einschätzung der potentiellen Grundwasseranreicherung (aus: SCHILD et al. 1992: 45f.).

vorrangig in der Forschung zur Entwicklung und Eichung von Modellen eingesetzt werden (BASTIAN & SCHREIBER 1994: 243). Eine Annäherung bietet das von DÖRHÖFER & JOSOPAIT (1980) entwickelte Verfahren, das mittleren Jahresniederschlag, potentielle Verdunstung, Bodenkennwerte, Hangneigung und Flächennutzung in einer Gleichung kombiniert. Unter Zugrundelegung dieses und anderer Näherungsverfahren, die allerdings je für sich zu u.U. abweichenden Werten für die Grundwasserneubildung führen können, wurde im Zuge eines Landschaftsrahmenplanes (SCHILD et al. 1992: 44ff.) durch Kombination der Einflußgrößen eine relative Reihenfolge für das Ausmaß der Grundwasserneubildung dargestellt, die die Grundlage für die Zuordnung von Potentialstufen der Grundwasseranreicherungsfunktion bildete (vgl. Abb. D\5). Hierbei handelt es sich um eine stark vereinfachte Klassifizierungsvorschrift, die auf im regionalen Maßstab zugängliche Informationen abgestimmt ist, und deren Abstufungen im Zusammenhang mit den spezifischen Verhältnissen der betreffenden Region (insbesondere Niederschlagsverteilung, Reliefierung und Untergrund) zu verstehen sind, d.h. nicht ohne weiteres auf andere Situationen übertragen werden können (SCHILD ET AL. 1992: 46).

Planung bedarf also neben wissenschaftlichen Grundlagen vor allem auch instrumentellen Wissens, das zur Erreichung festgelegter Ziele befähigt. Solches Wissen, das mit der Anwendung von technologischen Faustregeln einhergeht, bemißt sich vorrangig nicht an seiner wissenschaftlichen Gültigkeit, sondern an seiner Effizienz und Brauchbarkeit zur Zielerreichung (FEYERABEND 1978: 323).[5]
Da in fast jedem Planungsvorgang derartige Faustregeln zum Einsatz kommen, ist es im Umkehrschluß in aller Regel auch nicht gerechtfertigt, von planerischen Vorgehensweisen eine gewissermaßen wissenschaftliche Relevanz und Exaktheit zu erwarten. Sie sind vielmehr auf Problemlösungen, auf die Bewältigung bestimmter Probleme hin ausgerichtet und entfalten oft nur in diesem Zusammenhang ihr „grain of truth", bergen dabei aber u.U. auch die Gefahr zu starker Vereinfachung. Dagegen ist theoretisches, d.h. mit Mitteln wissenschaftlicher Prüfung abgesichertes Wissen nicht unbedingt zugleich mit instrumentellem „Know-how" gleichzusetzen. Forschungsbedarf wird im Rahmen ökologisch orientierter Planungen deshalb auch darin gesehen, wie wissenschaftliche Erkenntnisse für bestimmte Anwendungen so vereinfacht und „instrumentalisiert" werden können, daß ihr „grain of truth" erhalten bleibt, sie aber gleichzeitig für den planerischen „Normalbetrieb" handhabbar werden.

---

[5] FEYERABEND (a.a.O.) trifft an dieser Stelle eine Analogie zum Brückenbau: Eine Theorie bzw. Methode des Brückenbaus ist brauchbar, weil sie mit den uns zur Verfügung stehenden Hilfsmitteln und unter gegebenen ökonomischen Bedingungen erlaubt, benutzbare und tragfähige Brücken von einem Ufer zum anderen zu errichten, nicht aber, weil sie mit bestimmten rationalen Regeln und Gesetzen übereinstimmt.

Zu betonen bleibt allerdings, daß damit nur *ein* Aspekt des Technologieverständnisses auf die Erklärung von Planungsprozessen übertragen werden soll. Von solchen durch zielgerichtete Vereinfachungen und den Einsatz von Faustregeln gekennzeichneten Vorgehensweisen zu unterscheiden ist ein umfassendes technokratisches Grundverständnis von Planung, das eine mechanistische Auffassung von Systemsteuerung im Sinne der deterministischen Beeinflußbarkeit einzelner Bestandteile auf Landschaftsplanung überträgt (kritisch hierzu MILLER 1985; PETAK 1980: 188). Die Auseinandersetzung mit der Heuristik der Systemtheorie zeigt, daß gerade dieses technisch-mechanistische Verständnis nicht angebracht ist (siehe Ausführungen in Kapitel E.1.3). Auch darf die Anwendung technologischer Faustregeln zur optimalen Erreichung von Zielen nicht in eine starre Anwendung festgelegter Vorgehensweisen münden. Vielmehr sollte Planung, zumal angesichts oft eintretender Veränderungen von Planungszielen, stets auf einer Kombination verschiedener Ansätze beruhen (BRIASSOULIS 1989: 189) und dabei insbesondere den Sozialbezug beim Zustandekommen der angestrebten Ziele beachten, um diesen gegebenenfalls kritisch zu durchleuchten.

D.3 Gebrauch von Methoden in Wissenschaft und Planung

„Phantasie, Weitblick, Freude am Zusammenhang,
die auch in der Wissenschaft notwendig sind,
verkümmern in der Kunstwelt der vor allem Gewißheit versprechenden Methode."
(Hartmut v. Hentig: Wissenschaft, Schlußvorlesung an der Universität Bielefeld
am 24.4.1988: 18)

Methodenbegriff und „Einheit der Methode" in den Wissenschaften

Um zu Erkenntnis bzw. zielgerichtetem Handeln und Veränderung der Wirklichkeit zu gelangen, bedient sich wissenschaftliches wie planerisches Vorgehen gedanklicher und formaler Hilfsmittel, d.h. verschiedener Methoden. Damit verbinden sich Systeme begründbarer Regeln und Prinzipien, die von Ausgangsbedingungen zu einem definierten Ziel führen (BECHMANN 1981: 119; KLAUS & BUHR 1975: 792; KRIZ 1981: 131ff.; MÄDING 1987: 213) und dazu dienen, bestimmte Sachfragen auf inhaltlich angemessene Weise zu behandeln (SCHEMEL 1989: 197; STRÖKER 1977a: 8). Charakteristisch für den Methodenbegriff sind damit:

(1) die Zielorientierung, d.h. Methoden dienen der Erreichung definierter Ziele;
(2) das Ausgehen von einem definierten Anfangszustand bzw. einer definierten Fragestellung;
(3) die regelhafte Strukturierung des Vorgehens, um eine intersubjektive Nachvollziehbarkeit der Abläufe zu erreichen.

Während Methoden eine mehr formale Strukturierung des Vorgehens bezwecken, bezieht der teilweise mit ihnen verwandte Begriff des „Verfahrens" sich zusätzlich stärker auf die dabei ablaufenden sozialen Interaktionen (BECHMANN 1981: 123; MÄDING 1987: 213). Außerdem werden Methoden eher auf einen Ausschnitt aus einem umfassenderen Verfahren, z.B. dem Planungsverfahren als solchem, angewendet (BÄCHTOLD et al. 1995: 26). Neben dieser inhaltlichen Differenzierung sind von den einzelnen Methoden als weitere Ebenen die Termini „Methodik" und „Methodologie" zu unterscheiden: Während Methodik für ein System von einzelnen Methoden steht (KLAUS & BUHR 1975: 795), umfaßt Methodologie die Methodenlehre, d.h. die Theorie der Methoden und ihrer Eigenschaften. Manchmal wird Methodologie als Reflektieren über die in den Wissenschaften angewandten Methoden auch synonym mit Wissenschaftstheorie selbst gesehen (RADNITZKY IN SEIFFERT & RADNITZKY 1994: 463f.; STRÖKER 1977a: 4).

Mit den Charakteristika des Methodenbegriffs verbindet sich zunächst ein Spektrum von Grundsätzen über Formen geregelten Verhaltens, das von der Heuristik bis hin zu hochspezialisierten Arbeitstechniken reicht (STACHOWIAK 1970: 10). Häufig wird jedoch unter Methode die Vorgehensweise der Wissenschaft, „die wissenschaftliche Methode" (BUNGE 1983: 40; POPPER 1984b: 82) verstanden, die - zumindest unter Bezugnahme auf das hypothetisch-deduktive Vorgehen des Kritischen Rationalismus - universellen Anspruch für jede Wissenschaft erhebt (BUNGE 1983: 38). In Kapitel C.2 wurde erläutert, daß die wissenschaftliche Praxis mit solchen strengen Forderungen selten in Einklang steht, zumal es kein Prinzip und keine Regel gibt, die nicht irgendwann verletzt worden wären, selbst wenn es sich um so grundlegende Prinzipien wie das der logischen Widerspruchsfreiheit oder der Falsifizierbarkeit handelt (vgl. z.B. FEYERABEND 1978: 224). Auch ist im Lauf der Geschichte - etwa von dem englischen Philosophen HUME 1751[6] - des öfteren deutlich gemacht worden, daß sich die Bevorzugung gewisser Methoden mit der Zeit gewandelt hat und auch die von den Kritischen Rationalisten vertretene „wissenschaftliche Methode" von einem bestimmten Zeitgeist, der sich mit bestimmten logischen Überzeugungen verbindet, beeinflußt ist (KONDYLIS 1995: 93).

Kritik am Methodengebrauch

Nichtsdestoweniger wird mit dem Methodenbegriff in vielen Fällen ein formalisierter (SCHEMEL 1989: 197) und vor allem im Hinblick auf seine Ergebnisse wiederholbarer (BUNGE 1983: 26) Lösungsweg verbunden, um materielle und konzeptionelle Ziele zu erreichen. Gemessen an der obigen Charakterisierung des Methodenbegriffs heißt dies, daß der strukturierende, regelhafte Aspekt (3) gegenüber der Einbindung in eine zu definierende Fragestellung (2) und der Abhängigkeit von einem bestimmten Ziel (1) in der Methodendiskussion häufig in den Vordergrund tritt. Quer durch unterschiedliche Wissenschaftsdisziplinen und Handlungsfelder knüpft hieran Kritik, die eine resultierende häufig zu schematische und inhaltlich unreflektierte Methodenanwendung beklagt.
So haben nach dem Chemiker CHARGAFF (1985: 205) die Erfolge systematischer methodisch geleiteter Forschung in den exakten Naturwissenschaften und die dadurch erzielte Reproduzierbarkeit der Ergebnisse zu der Auffassung geführt, das Leben sowie alle anderen Phänomene auf ähnlichem Weg ebenso erfolgreich erforschen zu können. Die Übertragung und teilweise bloße Wiederholung von methodischen Anwendungen in einzelnen Spezialdisziplinen führe jedoch oft zu „banaler Analogieforschung" (CHARGAFF 1985: 201). Auch leistet der Einsatz von bestimmten Methoden in einzelnen Spezialgebieten dem Reduktionismus Vorschub, weil auf diese Weise nur isolierte Tatsachen zutage gefördert werden (CHARGAFF 1995a: 183; auch FEYERABEND 1986: 17), d.h. Verknüpfungen zwischen den Methoden der einzelnen Fachgebiete wie auch den erzielten Ergebnissen fehlen.
Eine Verselbständigung des Methodenarsenals, bei der zunehmend verlernt wird, nach der inhaltlichen Bedeutung und Relevanz der einzelnen Schritte zu fragen, stellt für die Sozialwissenschaften KRIZ (1981: 3, 1985: 79ff) fest: Im Hinblick auf eine

---

[6] So HUME, selber einer der Hauptvertreter des Empirismus, im Wortlaut: „In der Naturwissenschaft ist man jetzt von der Leidenschaft für Systeme und Hypothesen geheilt und will nur noch auf Beweisgründe hören, die aus der Erfahrung stammen" (HUME 1751: Untersuchung über die Prinzipien der Moral, Ausgabe von 1955: 9f.).

bestimmte Fragestellung durchaus sinnvolle methodische Konzepte würden oft aus ihrem Entstehungszusammenhang herausgelöst, weil man glaubte, durch sie objektive Angaben über die Wirklichkeit erhalten zu können. KRIZ (1985: 81; ähnlich auch: KONDYLIS 1995: 93) bezeichnet solcherart verstandene Methoden als „verselbständigte Objektivierungsinstanzen" und stellt fest, daß im Glauben an die Methodenunabhängigkeit sozialwissenschaftlicher Ergebnisse ein verbreiteter Irrtum liegt. Es ist dabei ersichtlich, daß auch im Bereich ökologischer oder planerischer Erhebungen, etwa bei einer flächendeckenden Kartierung der Avifauna, einmal eine Reihe akustischer Übersichtsbegehungen, zum anderen eine flächig im Raster angelegte Erfassung und Zuordnung der Brutvogelvorkommen zu einem unterschiedlichen räumlichen Bild der „Wirklichkeit" hinsichtlich der Vogelwelt führen wird.
Auch der Psychologe DÖRNER (1995: 256), der Untersuchungen zum menschlichen Problemlösungsverhalten mittels Computersimulationen durchgeführt hat, hat eine oft unreflektierte Übertragung und Verwendung von einmal erfolgreichen Handlungssequenzen festgestellt und als „Methodismus" bezeichnet. FEYERABEND (1986: 51) geht sogar so weit, Regeln und Handlungsmuster, die im Einzelfall nicht mehr problematisiert werden, mit Mythen gleichzusetzen.

Diese aus verschiedenem Blickwinkel vorgebrachte kritische Betrachtung des Einsatzes gängiger Methoden und Handlungsmuster kann wohl - zumal angesichts bestehender, teils bereits verfestigter Pragmen - auch für manche Vorgehensweisen ökologisch orientierter Planungen als zutreffend erachtet werden. Methoden werden dabei oft im Sinne von Algorithmen eingesetzt, „d.h. als eine streng durch formale Regeln definierte Abfolge von Arbeitsschritten, bei deren konkreter Handhabung eine klar definierte Ausgangsstruktur (Daten) in eine ebenso klar definierte Zielstruktur (Ergebnisse) transformiert wird (...)" (KRIZ 1985: 82) und man auf eine inhaltliche Begründung der einzelnen durchgeführten Schritte verzichtet.
So entziehen sich die komplexen formalen Algorithmen, die in den in der räumlichen Planung zunehmend geläufigen, EDV-gestützten Auswertungs- und Darstellungsroutinen ablaufen, oft einer inhaltlichen Begründung ihrer Schritte. Zudem sind die Ergebnisse oftmals nur schwer oder gar nicht mehr überprüfbar. Dadurch besteht die Gefahr, daß die Erhebung und Auswertung von Daten zum einen, sowie die resultierenden Handlungsoptionen zum anderen voneinander entkoppelt werden, d.h. nicht mehr schlüssig aufeinander aufbauen können und die vielzitierten (weil nicht mehr weiter in begründbares Handeln umsetzbaren) Datenfriedhöfe entstehen. Eine Gläubigkeit in formale Algorithmen muß auch manchen Vertretern komplexer, EDV-gestützter Bilanzierungsmodelle unterstellt werden, die nach Erhebung und Eingabe der Eingangsdaten „wie ein Uhrwerk" ablaufen sollen (KERNER 1995: 127), wobei an die dann solcherart entstandenen „objektiven" Ergebnisse erst im Nachhinein ein Wertbezug angelegt wird (EBD.). Eine solche Haltung läßt außer Acht, daß eine fruchtbare Methodenanwendung immer von der Fragestellung abhängt und die

Qualität der Ergebnisse von der Art und Qualität der erhobenen Daten sowie dem Blickwinkel, unter dem diese ermittelt wurden, beeinflußt ist (vgl. Kapitel E.2.1).

Eine Verselbständigung zu methodischen Algorithmen und Methodismus kann exemplarisch anhand der ökologischen Risikoanalyse, einer der geläufigsten Vorgehensweisen, die zur Beurteilung von Einwirkungen auf den Naturhaushalt eingesetzt werden, verdeutlicht werden. Die Schritte der Risikoanalyse bestehen in der räumlichen Überlagerung und Kombination von Empfindlichkeitsstufen und Beeinträchtigungsintensitäten zu „Risikostufen" einer möglichen Beeinträchtigung. Die Vorgehensweise wurde von BACHFISCHER (1978) am Verdichtungsraum Nürnberg/Fürth/Erlangen für die Aussageebene der Regionalplanung entwickelt und ist in verschiedener Hinsicht kritisch zu betrachten (exemplarisch: EBERLE 1984).[7)] Das formal eingängige Grundmuster ihres Ablaufes (exemplarisch wiedergegeben in BACHFISCHER 1978: 80) wird jedoch oft übernommen, zumal es sich aufgrund der notwendigen räumlichen Verschneidungen für eine EDV-technische Bearbeitung eignet. Dabei werden die mit der Risikoanalyse verbundenen Begriffe aber oft unsauber gebraucht, die ursprünglich von Bachfischer aufgezeigten Rahmenbedingungen nicht beachtet und das Verfahren in einen anderen inhaltlichen Zusammenhang gestellt.
So wird die Bedeutung bzw. „ökologische Eignung" (BACHFISCHER 1978: 80) einzelner Lebensräume (die einen aufgrund von naturschutzfachlicher Wertschätzung zugesprochenen Eigenwert wiedergibt) oft mit ihrer Empfindlichkeit (d.h. der Empfindlichkeit gegenüber spezifischen Wirkfaktoren) gleichgesetzt. Letztere ist zudem eigentlich gegenüber einzelnen Wirkfaktoren differenziert zu ermitteln. Dagegen werden in der Praxis einzelne Wirkungen (Beeinträchtigungsintensitäten) des öfteren pauschal zu einem Gesamtrisiko zusammengefaßt und bleiben nicht - wie bei BACHFISCHER (1978:172ff.) ausdrücklich dargelegt - in einzelne ressourcenbezogene Konfliktbereiche differenziert. Aus einem daraus resultierenden Gesamtrisiko sind dann keine funktional, d.h. wirkungsbezogen auf einzelne Beeinträchtigungen reagierenden Handlungsoptionen (beispielsweise gezielte Vermeidungs-, Ausgleichs- und Ersatzmaßnahmen) mehr begründbar. Auch ist die ökologische Risikoanalyse als Methode zur Ermittlung und Darstellung der möglichen Beeinträchtigungen bei unvollständiger Information gedacht (BACHFISCHER 1978: 78, 94). Diese Unvollständigkeit bezieht sich auf die Kenntnis der Ursache-Wirkungs-Zusammenhänge. BACHFISCHER (1978: 115, 191) selber hat jedoch darauf hingewiesen, daß für die räumlich differenzierte Einstufung von Beeinträchtigungsintensitäten entsprechend genaue, empirisch abgesicherte Ausbreitungsmodelle bzw. Wirkungsprognosen erforderlich sind und deshalb in seinem Beispiel für die Industrieregion Mittelfranken

---

[7)] Diese Kritik betrifft u.a. die von der Entscheidungstheorie abweichende Verwendung des Risikobegriffs. Auch werden zwei im Regelfall nur ordinal faßbare und damit hinsichtlich ihrer Klassen nicht direkt vergleichbare Maßstäbe - Empfindlichkeit und Beeinträchtigung - überlagert und dabei zu einem gemeinsamen Risikowert kombiniert.

für den Konfliktbereich „Klima/Luft" auf eine am Schema der Risikoanalyse orientierte Vorgehensweise verzichtet. Für die Konfliktbereiche „Grundwasser" und „Biotope" sind die aus der Datenlage entstehenden Restriktionen genau dargelegt (BACHFISCHER 1978: 177ff.). Im Gegensatz hierzu werden in der heutigen Praxis des öfteren überschlägig und ohne die Grundlage einer hinreichend genauen Fundierung über Wirkungsprognosen flächendeckende Beeinträchtigungsstufen vergeben, wodurch eine Scheingenauigkeit vorgespiegelt wird.
Schließlich ist die ökologische Risikoanalyse als ein Vorgehen zur Abbildung und Einstufung möglicher räumlicher Beeinträchtigungsrisiken gedacht, das seinerseits auf Wirkmodelle und Wirkungsprognosen zurückgreift. WÄCHTLER (1992: 155ff.) konnte jedoch darlegen, daß die Risikoanalyse des öfteren nicht als solches Meß- und Bewertungsinstrument, sondern als Prognosemodell eingesetzt wird, also in einen anderen inhaltlichen Zusammenhang, für den sie nicht geeignet ist, gestellt wird.[8)]

Als weiteres Beispiel für nicht hinreichend problematisierte Methodenanwendung verdeutlicht SCHERNER (1994) die Anwendung des Diversitäts-Index nach Shannon (der die Anzahl der vorhandenen Arten sowie die Individuenzahl je Art zueinander in Beziehung setzt) für die Bewertung von Flächen hinsichtlich ihrer Bedeutung für die Avifauna. Wenn der Shannon-Index für einen Vergleich und für eine Bewertung unterschiedlich großer Gebiete herangezogen wird, führt dies zu nicht plausiblen Ergebnissen, weil Vergleichbarkeit hier nur bei ungefähr gleicher Gebietsgröße und ähnlichen strukturellen Bedingungen gegeben ist.[9)] Hohe Diversitätswerte ergeben sich fast ausnahmslos für sehr kleine Flächen, wohingegen mit zunehmender Größe fast automatisch ein Rückgang des Indexwerts und damit im direkten Vergleich eine „Abwertung" verbunden ist.
Die Resultate einer derart verselbständigten Methodenanwendung, die nicht hinreichend im jeweiligen Kontext begründet wird, lassen sich mit KRIZ (1981: 60f., 132ff.) als „Artefakte", also als Kunstprodukte bezeichnen, denn ihnen fehlt ein Aussagewert im Hinblick auf die jeweilige Fragestellung. Für LENK & SPINNER (1989: 23) ist ein Verhalten, das eine stereotype Wiederholung ohne Orientierung an einem Bezugsrahmen darstellt, als nicht rational zu bezeichnen. Auch die schematische, ohne Reflexion ihrer Anwendungsbedingungen erfolgte Verwendung methodischer Regeln verhilft demnach nicht zu mehr Rationalität im Sinne von situationsangemessener

8) Wie unter E.2.2 noch näher begründet, enthalten zwar auch Prognosen wertende Elemente; ihre Aufgabe liegt jedoch nicht in der Be-Wertung und Entscheidungsfindung, sondern darin, einen plausiblen Argumentationszusammenhang hinsichtlich möglicherweise eintretender Entwicklungsszenarien aufzubauen.

9) SCHERNER (1994: 53) vermittelt ein sehr anschauliches Beispiel, in dem die Dichte an Brutpaaren für ein 8,6 ha großes Waldgebiet sowie des Zentralsollings (20 qkm) mit der der gesamten Erde ohne den Solling verglichen wurde. Dies führt zu dem absurden Ergebnis, daß das Waldgebiet gegenüber dem Rest der Welt eine um das 12millionenfache erhöhte Artendichte aufweist.

Nachvollziehbarkeit, sondern hätte als das Gegenteil dessen, was durch sie bezweckt werden soll, nämlich als irrational, zu gelten.

Bedingungen für die Anwendung von Methoden

Methoden erweisen sich damit als Hilfsmittel bei der Konstituierung inhaltlich begründeter Perspektiven, unter denen die Wirklichkeit betrachtet wird (KRIZ 1985: 81). Der Sachverhalt, daß unser Wissen über die Wirklichkeit eng mit der Art der Methoden zusammenhängt, mit denen wir sie erforschen, hat DÜRR (1991: 81) anschaulich die Parallele zu einem Ichthyologen, einem Fischkundigen, ziehen lassen: Dieser wirft Netze von bestimmter Maschenweite aus und gelangt bei der Betrachtung seines Fanges zu dem Schluß, alle Fische seien größer als fünf Zentimeter, - wobei ihm selbst nicht bewußt ist, daß diese 5 cm der Maschenweite seiner Netze entsprechen, also von den eingesetzten „Werkzeugen“ abhängen. Beschrieben wird auf diese Weise nicht die Natur, wie sie „an sich“ ist, sondern die Natur, die einer bestimmten Fragestellung und einer gewählten Methode (eben der Maschenweite des Netzes) ausgesetzt ist (HEISENBERG 1990: 60).
Wissenschaftliche wie planerische Methoden entsprechen somit *Meßinstrumenten* (FEYERABEND 1985: 393; 1980: 92f.), die dazu dienen, gezielt bestimmte Eigenschaften abzubilden. Kennzeichen solcher Meßinstrumente ist es, daß sie immer nur das aufdecken können, woraufhin sie angelegt sind (CHARGAFF 1985: 208). Beispielsweise konzentrieren sich nutzwertanalytische Vorgehensweisen (so ein für Nordrhein-Westfalen von ADAM, NOHL & VALENTIN 1986 entwickeltes Verfahren zur Beurteilung von Eingriffen in Naturhaushalt und Landschaftsbild) oder standardisierte Verfahren der Eingriffsbeurteilung, die auf der Zuordnung von definierten Biotopwerten (Punktwerten) zu einzelnen betroffenen Lebensräumen beruhen (HMfLWLFN 1992), jeweils auf einen über die Aussageebene „Biotop“ bzw. „Ökosystem“ definierten Ausschnitt der Wirklichkeit, in dem zusätzliche Einflußfaktoren bestenfalls über - gleichfalls formalisierte und vorformulierte - Rahmenbedingungen zum Tragen kommen (so können in dem genannten Biotopwertverfahren Beeinträchtigungen des Landschaftsbildes oder Lagebeziehungen und funktionale Bezüge zwischen einzelnen Biotopflächen nur über explizit zusätzlich eingeführte Rahmenbedingungen in die Beurteilung einfließen). Methoden und Vorgehensweisen werden dabei in der Regel zwangsläufig nur Stückwerk sein können, über das man sich dem Phänomen „Landschaft“ von einer bestimmten Seite nähert, über das allein man aber noch keine ganzheitlichen Erklärungen erreichen kann: „Es gibt keine Methode, um das Leben zu erforschen“ (CHARGAFF 1985: 207, 1995a: 183).

Die Entscheidung für eine bestimmte Vorgehensweise hat damit stets normativen Charakter (ALBERT 1971b; KONDYLIS 1995: 93). Aus Sicht der Verwaltungswissenschaft hat MÄDING (1987: 230) darauf hingewiesen, daß damit unter Umständen bereits eine Vorentscheidung zur Durchsetzung gewisser Ziele (z.B. „Ökonomie“ versus

„Ökologie") getroffen wird. Wie bereits bei der Diskussion des wissenschaftsimmanenten Wertsystems dargelegt, können Methoden schon deshalb nicht zu wertfreien Ergebnissen führen, weil sie notwendigerweise selber von Normen (z.B. Prüfbarkeit, Intersubjektivität; aber auch der Entscheidung, quantitativ faßbare oder auch nur verbal darstellbare Sachverhalte zu integrieren) geleitet und somit häufig darauf angelegt sind, die Inhalte, mit denen sie sich verbunden haben, in einer Art Zirkelschluß zu bestätigen. Daher gewinnt die Entscheidung, mit welchen Problemen man es zu tun hat (JARVIE 1971: 39), d.h. eine klare Formulierung der Fragestellung sowie des Ziels des Methodeneinsatzes, an Bedeutung: Methoden erweisen sich immer nur im Hinblick auf eine bestimmte Fragestellung als brauchbar. Wenn daher FEYERABEND (1978, 1980, 1986, 1990) wiederholt den „Methodenzwang" kritisiert und sich gegen feste Regeln wendet, so liegt dies nicht daran, daß er - wie oft unterstellt - einem „fröhlichen Anarchismus" nachhängt (so STIENS 1988: 461), sondern ist vielmehr im Umstand begründet, daß Regeln in Abhängigkeit von den jeweiligen Rahmenbedingungen sowie der jeweiligen Fragestellung und Zielsetzung immer wieder neu erfunden (FEYERABEND 1978: 248) und dabei auch plausibel dargelegt werden sollten, um sie intersubjektiver Diskussion zugänglich zu machen (FEYERABEND 1980).

Auch in Planungsvorgängen werden - selbst wenn sich dies bei der Lektüre der Abschlußberichte oft so darstellen mag - Vorgehensweisen häufig nicht von außen sozusagen unabhängig an die zu betrachtenden Sachverhalte herangetragen. Vielmehr wird oft *zuerst* überlegt, wie man zu plausiblen Ergebnissen gelangt und davon ausgehend der Weg zurück zu einer „Methode" entwickelt oder formalisiert. Oftmals aber wird nach Durchspielen der „Methode" aufgrund des erhaltenen Ergebnisses auch rückwirkend das Vorgehen verändert. Als dokumentiertes Beispiel steht hier die Entwicklung einer zunächst theoretisch begründeten Vorgehensweise zur Beurteilung von Eingriffen (ARGE EINGRIFF 1994), bei der nach einer ersten Anwendung das Landschaftsbild gegenüber dem Naturhaushalt hinsichtlich des Kompensationsumfanges zu schlecht abschnitt (die Kompensationsfläche für das Landschaftsbild betrug im Umfang nur ein Drittel von der des Naturhaushaltes). In der Konsequenz wurden die verwendeten Gewichtungsfaktoren im Nachhinein aufgestockt, so daß sich die Kompensationsfläche für das Landschaftsbild ungefähr verdoppelte (ARGE EINGRIFF 1994: 197ff.) und nun - nach Ansicht der Verfasser des Gutachtens - zu der des Naturhaushaltes in einer als „angemessen" erachteten Relation stand.[10)]

[10)] Es sind daneben sowohl aus eigener Erfahrung wie auch aus Gesprächen mit Landschaftsplanern zahlreiche Beispiele bekannt, bei denen die zunächst durch Anwendung einer bestimmten Vorgehensweise zustande gekommenen Ergebnisse auf Wunsch des Auftraggebers hin nochmals revidiert werden mußten, indem gewisse methodische Vorgaben und Rahmenbedingungen, auch das Vorgehen als solches, verändert wurden. Dies betrifft insbesondere (i.d.R. zu hoch ausgefallene) Flächenumfänge für Ausgleichs- und Ersatzmaßnahmen oder landschafts(rahmen)planerische Zielvorstellungen über anzustrebende Vorrang- oder Biotopflächenanteile in einem Landschaftsraum, weiterhin im Rahmen von Umweltverträglichkeitsstudien zunächst flächendeckend ermittelte Konflikt-

Bestimmte Methoden bzw. Vorgehensweisen werden demnach häufig nicht angewendet, weil sie sich als „richtig" erwiesen haben, sondern in der Hoffnung, daß sie sich zur Erreichung eines bestimmten Zieles als *brauchbar* herausstellen. Dieses Vorgehen ist, wie FEYERABEND (1986: 80ff.) am Beispiel der Berechnung von Planetenbahnen ausführt, durchaus auch den Wissenschaften eigen (ähnlich KNORR-CETINA 1984).[11] Es trifft jedoch in besonderer Weise auf planerische Vorgehensweisen zu, die von vornherein auf das Erreichen definierter Handlungsziele gerichtet sind.

Wissenschaftliche Methoden und planerische Vorgehensweisen

Während die Kritik an verfestigten Vorgehensweisen und Methoden, die mit dem Anspruch auf Objektivität an Probleme herangetragen werden, wie auch die Forderung nach Methodenvielfalt sich auf wissenschaftliche wie planerische Arbeitsfelder gleichermaßen erstrecken, werden doch Unterschiede zwischen beiden Bereichen in der Anwendbarkeit des Methodenbegriffs gesehen. So ist nach KLAUS & BUHR (1975: 796) zwischen Methoden des Erkennens und Denkens und Methoden des praktischen Handelns zu unterscheiden. Als kennzeichnend für den Methodenbegriff wird auch angeführt, daß er von einer gegebenen Ausgangssituation zu einem angestrebten Ergebnis führt, wobei die Existenz eines objektiven, regelhaften Zusammenhangs zwischen den Sachverhalten und seine Erkenntnis in Form einer Theorie vorausgesetzt werden (EBD.: 793).

Ein derartiges Verständnis von Methode im Sinne eines festgelegten Vorgehens, das - wenn es auch nicht immer auf Reproduzierbarkeit der Ergebnisse gerichtet sein kann, so doch auf theoretische Abstraktion angelegt ist - ist bereits von wissenschaftlichen Arbeitsweisen her belegt. Falsche Erwartungen an Planung und deren Ergebnisse dürften u.a. auch mit einer falschen Einschätzung der Leistungsfähigkeit

---

bereiche von hoher Intensität, die keine Darstellung von Korridoren mit „geringem Raumwiderstand" bzw. eine dem Vorhaben zu attestierende „Verträglichkeit" mehr zuließen. Ein solches Vorgehen ist in der Praxis gleichermaßen üblich wie schriftlich oder empirisch schwer belegbar, da es aus den Projektdokumentationen im Regelfall nicht mehr ablesbar ist. Dabei soll hier keinesfalls ein aus administrativen oder politischen Gründen erfolgtes Manipulieren von Planungsergebnissen verteidigt werden; angesichts der nach außen hin häufig so postulierten „Objektivität" der „Methode" und der aus ihr resultierenden Ergebnisse erscheint jedoch der Hinweis auf ein derartiges durchaus gängiges Procedere wichtig.

[11] So wird bei der Berechnung von Planetenbahnen zunächst der fiktive Fall einer zentralasymmetrischen Verteilung der Masse im Universum angenommen, um zu „richtigen" Ergebnissen zu gelangen. Auch ergeben sich die ermittelten Näherungswerte nicht aus der an sich anzuwendenden Relativitätstheorie, sondern es werden aufgrund der klassischen Newtonschen Mechanik zunächst ad hoc-Näherungen eingeführt, die dann Voraussetzung sind, um die Relativitätstheorie anwenden zu können (FEYERABEND 1986: 80ff.). Anhand von Beobachtungen in einem biochemischen Labor dokumentiert weiterhin KNORR-CETINA (1984: 175ff.), daß das tatsächliche, an einem von vornherein gesetzten pragmatischen Forschungsziel orientierte Vorgehen nicht mit der späteren Darstellung in der wissenschaftlichen Publikation, in der erst die einzelnen Schritte in einen logisch-systematischen Zusammenhang gebracht werden, übereinzustimmen braucht.

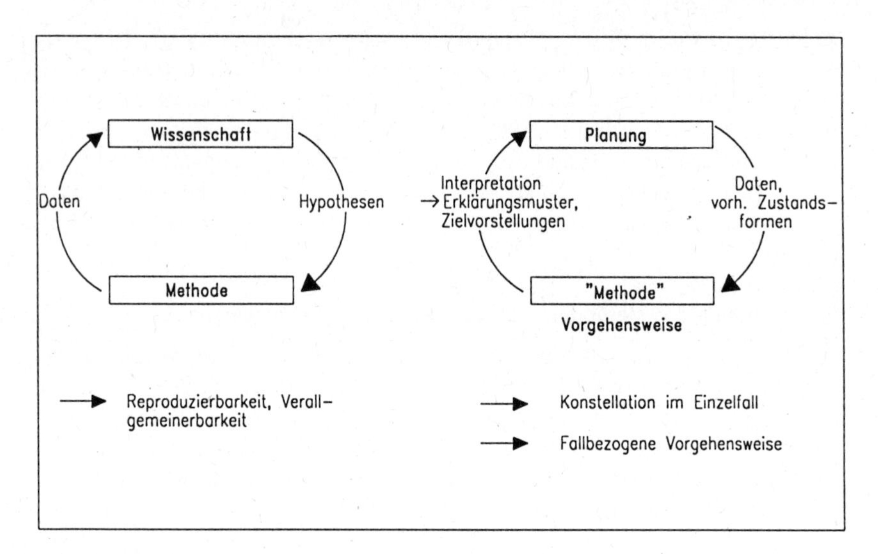

Abbildung D\6

Anwendung von Methoden in Wissenschaft und Planung.

von Planungs"methoden" verbunden sein, an die die Erwartungen übertragen werden, die an wissenschaftliches Vorgehen im Sinne von Verallgemeinerbarkeit und raum-zeitlich unabhängiger „Wahrheit" gestellt werden. Wissenschaftliche Methoden haben letztlich die Zuordnung von Wahrheitswerten zur Aufgabe, d.h. sie dienen innerhalb der Wissenschaften dem systematischen Nachweis, ob Aussagen gemessen an den übergeordneten Theorien und Hypothesen „wahr" oder „falsch" sind (LUHMANN 1994: 413ff., 418), während planerisches Vorgehen stärker an der Bestimmung und Erreichung pragmatischer Handlungsziele orientiert ist. *Es wird daher vorgeschlagen, in bezug auf Planung anstelle von Methoden besser von „Vorgehensweisen"*[12] *zu sprechen, zumal in der Art und Weise, wie diese jeweils zum Einsatz kommen, zwischen Wissenschaft und Planung Unterschiede bestehen,* die Abbildung D\6 verdeutlichen soll:

Wissenschaftliches Vorgehen geht primär von begründeten Annahmen (Hypothesen) aus. Diese werden empirisch geprüft, indem unter Einsatz von Methoden Daten er-

[12] KRIZ (1981: 132ff, 1985: 88) schlägt in diesem Zusammenhang vor, aufgrund des häufigen Fehlgebrauchs des Begriffes „Methode" besser von „Modellen der Wirklichkeitskonstruktion" zu sprechen, da über Methoden jeweils unterschiedliche Wirklichkeitsfragmente konstituiert werden. Da jedoch der Modellbegriff sehr weitreichend ist und auf jedwede Erkenntnis (STACHOWIAK 1983: 9) bzw. wissenschaftliche und planerische Aussage (GEHMACHER 1971: 78) angewendet werden kann, wird er für eine Differenzierung nicht als zutreffend erachtet.

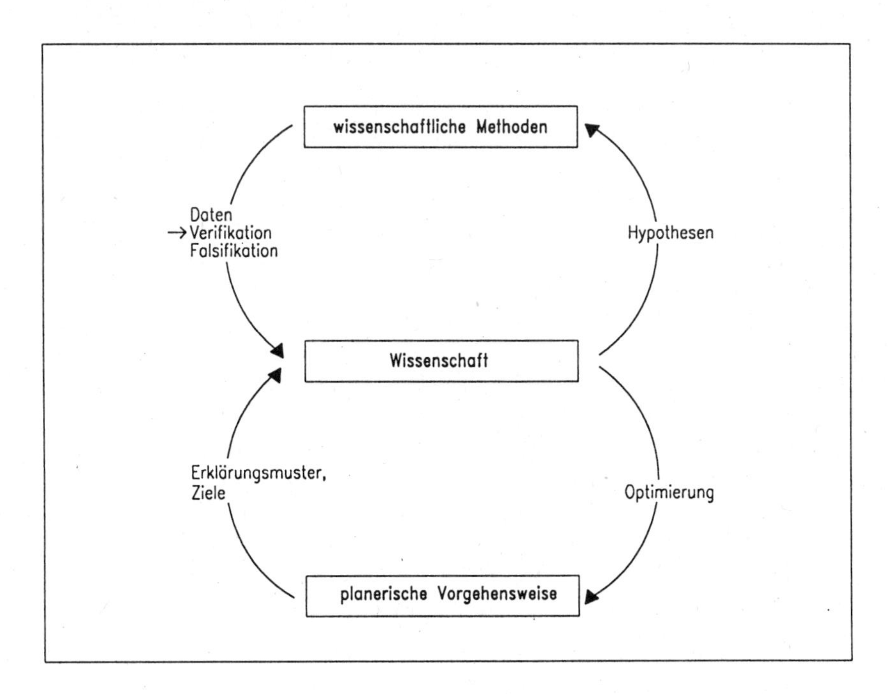

Abbildung D\7

Verbindung von wissenschaftlichen Methoden und planerischen Vorgehensweisen.

hoben, ausgewertet, interpretiert und dabei auf ihre Übereinstimmung mit den Hypothesen beurteilt werden. Planung geht hingegen in der Regel primär von über einen Raum vorhandenen Informationen, bereits vorliegenden Daten und Unterlagen aus. Strukturierte planerische Vorgehensweisen dienen dazu, diese zu interpretieren, zu verknüpfen und zusammenzuführen, um daraus Erklärungen abzuleiten bzw. normativ Zielvorstellungen und Maßnahmen zu entwickeln, die der Erreichung eines Handlungszieles dienen.

Es handelt sich dabei - wie bei allen Mustern - um eine vereinfachte Darstellung, da auch zu Beginn des Planungsprozesses immer schon unbewußte Zielvorstellungen und Erwartungen bestehen, die soweit wie möglich auch explizit als solche offengelegt werden sollen. Die Abbildung soll jedoch den Unterschied verdeutlichen, daß Methoden in den Wissenschaften *primär* zur empirischen Prüfung von Hypothesen dienen, wobei sich an die Ergebnisse Erwartungen hinsichtlich einer möglichen Verallgemeinerung und ggf. Reproduzierbarkeit knüpfen, während Vorgehensweisen in der Planung *primär* zur fallbezogenen Interpretation von Daten und Informationen eingesetzt werden.

Legt man diese Unterscheidung zugrunde, läßt sich die Verbindung zwischen beiden wie folgt fassen (vgl. Abb. D\7): Planerisch entwickelte Erklärungsmuster wie auch normativ bestimmte Ziele können von den Wissenschaften (z.B. einer anwendungsorientiert arbeitenden Ökologie, auch der Naturschutzforschung) als Ausgangspunkt für die Bildung von Hypothesen herangezogen werden. So können z.B. die Annahme bestimmter Zielarten oder planerisch entwickelte Konzepte einer je nach Naturraum zu differenzierenden Bodennutzung mit definierten Anteilen naturnaher Flächen als Grundlage für Hypothesenbildungen in den ökologischen Disziplinen dienen, die diese ihrerseits (z.B. anhand von Vergleichsräumen oder über die Ermittlung der Ansprüche einzelner Arten) systematisch überprüfen. Die Ergebnisse können je nach dem Grad ihrer Bestätigung zur Optimierung planerischer Vorgehensweisen eingesetzt werden, bzw. im Falle einer Falsifikation dazu führen, daß diese verworfen werden. Durch eine derartige Verknüpfung kann eine stärkere Anwendungsorientierung ökologischer Forschung zum Tragen kommen (vgl. Kapitel C.3), ohne daß sie dabei im Sinne von Handlungsanweisungen normativ tätig wird.

Zum Selbstverständnis planerischer Vorgehensweisen

Handlungsbezug und Zweckorientierung von Planung sowie die von verschiedener Seite kritisierte mangelnde Umsetzung ihrer Ergebnisse[13)] begründen die Forderung, daß ihre Vorgehensweisen sich nicht derart verselbständigen dürfen, daß sie wichtiger werden als praktikable, umsetzungsfähige Ergebnisse. Dies um so mehr, als Planung es mit singulären Situationen sowohl im Hinblick auf die natürlichen Gegebenheiten als auch die sozialen Handlungssysteme, d.h. die jeweilige Konstellation

[13)] So verfügen mittlerweile zwar ca. 68% der etwa 2000 Gemeinden Bayerns über einen gemeindlichen Landschaftsplan (bzw. es befindet sich ein solcher in Aufstellung); jedoch gibt es - gemessen an dieser Zahl - nur wenige Beispiele, in denen der Versuch gelungen ist, dessen Aussagen auch umfassend und im Zusammenwirken mit den jeweiligen Grundstückseigentümern umzusetzen. Zur naturschutzrechtlichen Eingriffsregelung stellt LAEPPLE (1996: 108) fest, daß nur etwa 10% der in Raumordnungs- und Planfeststellungsverfahren festgeschriebenen Ausgleichs- und Ersatzmaßnahmen auch realisiert werden; für die Autobahn Berlin-Hamburg konnte nachgewiesen werden, daß nur 27% der Kompensationsauflagen tatsächlich ausgeführt wurden (STUTE 1996). Eine weitere Untersuchung, die die mangelnde Umsetzung der Eingriffsregelung anhand von Fallbeispielen belegt, findet sich bei HEMPEN ET AL. (1992). Diese negative Bilanz ist sicherlich zum Großteil mangelndem politischen Willen zuzuschreiben, die rechtlich über den Genehmigungsbescheid festgeschriebenen Maßnahmenumfänge dem Verursacher gegenüber auch tatsächlich durchzusetzen bzw. Erfolgskontrollen zur Auflage zu machen. Angesichts der in vielen Bundesländern vorgegebenen schematischen Vorgehensweisen zur Ermittlung des Maßnahmen-, sprich: Flächenumfanges (etwa STMI & STMLU 1993; ADAM, NOHL & VALENTIEN 1986; HMfLWLFN 1992), bleibt jedoch zu vermuten, ob in vielen Fällen die gemäß der vorgegebenen Vorgehensweise rechnerisch saubere Ermittlung des resultierenden Flächenumfanges nicht wichtiger geworden ist als der Nachweis tatsächlich verfügbarer und im Hinblick auf eine Kompensation von Eingriffsfolgen entwikkelbarer Grundstücke vor Ort.

der Beteiligten, zu tun hat.

Planung bedarf demnach subjekt- und situationsorientierter Angemessenheit anstelle von methodisch verselbständigter Richtigkeit.

Planerische Fragestellungen verlangen die Bearbeitung eines ganzen Bündels von damit verbundenen heuristischen und Entscheidungsproblemen. Diese Probleme (z.B. Festlegungen über die Abgrenzung des Untersuchungsraumes, die Auswahl von Untersuchungsgegenständen, über die Wertzuordnungen, die bestimmten Ausprägungen zugewiesen werden) treten unabhängig von spezifischen Planungstechniken und Vorgehensweisen auf, sondern ergeben sich vielmehr aus der jeweiligen Aufgabe, Lösungen für ein definiertes Planungsziel zu finden. Bestimmte Vorgehensweisen und Technologien können Entscheidungen und notwendige normative Setzungen dabei nicht abnehmen, so daß sich unabhängig vom Bearbeiter gleichsam selbstlaufend dasselbe „objektive" Ergebnis einstellt. Sie können jedoch den Weg zum Ergebnis nachvollziehbar machen. Der Handlungszusammenhang, in dem planerische Vorgehensweisen angewandt werden, bringt es zudem mit sich, daß man sie kaum aus dem Lehrbuch erlernen kann, um sie zu verstehen: Planung begreift man vor allem, indem man sie „tut", d.h. über aktives Handeln oder - pädagogisch ausgedrückt - über „selbstorganisiertes Lernen", also durch Projektarbeit.
Widersprochen werden muß aus diesem Zusammenhang heraus euphorischen Sichtweisen, die in Planungs"methoden" rezeptähnlich formulierte Handlungsmuster sehen, die es scheinbar ermöglichen, auf Aspekte der Umwelt mit fest umrissenen, regelhaften Handlungsfolgen zu reagieren und die damit automatisch eine Lösung ergeben (so insbes. BECHMANN 1981: 142; ähnlich BÄCHTOLD ET AL. 1995: 27). Problem, Planungs"methode" und erarbeitete Lösung könnten, so die Argumentation, daher in einer Analogie als Reiz-Reaktions-Schema gedeutet werden (BECHMANN EBD.). Dabei wird verkannt, daß es gerade in der Beschäftigung mit Landschaften kaum jemals zwei Situationen geben wird, die einander entsprechen. An die Stelle festgefügter Vorgehensweisen sollte daher in ökologisch orientierten Planungen der Gedanke FEYERABENDS (z.B. 1986: 377) einer Anpassung des Instrumentariums an die jeweiligen historisch entstandenen Bedingungen treten. Mit diesem zielorientierten „Opportunitätsprinzip" (FEYERABEND 1980: 103) verbindet sich keinesfalls die Ablehnung jeglicher Systematik. Mit ihm kommt vielmehr dem Planer ein höheres Maß an Verantwortung zu, denn „er ist jetzt verantwortlich nicht nur für die sachgemäße Anwendung von Maßstäben, sondern auch für die Maßstäbe selber" (FEYERABEND 1990: 421), die er in plausibler Form offenlegen und verteidigen muß.

Weil allerdings die Praxis zeigt, daß gerade beim Fehlen eines Rahmens von Übereinkünften die Ergebnisse und deren Umsetzung sehr unterschiedlich ausfallen können (so am Beispiel der naturschutzrechtlichen Eingriffsregelung dargelegt von KIEMSTEDT ET AL. 1996), ist eine Differenzierung zu treffen: Dort wo es um die reakti-

ve, gesetzlich fixierte Aufrechterhaltung der Qualität eines Status quo geht (Eingriffsregelung, UVP) ist zur Durchsetzung der damit verbundenen Ansprüche (d.h. des Umfangs an Ausgleichs- und Ersatzmaßnahmen) ein höheres Maß an Konventionen notwendig. Dies soll keine Standardisierung des Vorgehens bzw. des resultierenden Maßnahmenumfanges bedeuten, die aufgrund der Singularität jeden Planungsfalles nicht angemessen zu leisten ist, sondern zielt vielmehr auf die Einführung von Prinzipien auf Ebene der Methodik (vgl. auch V. HENTIG 1988: 18; WEILAND 1994: 95). Solche Prinzipien können sich u.a. auf die zwingende Darlegung einer funktionalen Verbindung von Eingriffsfolgen und Ausgleichsmaßnahmen oder auf die Orientierung der Ersatzmaßnahmen an durch die Landschaftsplanung vorgegebenen Zielsystemen erstrecken. Hingegen ist bei aktiven Planungsinstrumenten wie der Landschaftsplanung, die auf vorausschauende Entwicklung hin auf ein erst näher zu bestimmendes Leitbild gerichtet ist, eine größere Freiheit und Phantasie im Herausbilden neuer Vorgehensweisen, insbesondere auch im Diskurs mit den Bürgern, notwendig. Die Experimentierfreude sollte sich hier demnach nicht nur auf neue formale Vorgehensweisen, sondern auch auf das Ausprobieren neuer Formen der Bürgerbeteiligung und Behördenkooperation erstrecken.
Maßstäbe und Regeln auf Ebene der „Methoden" sollten sich demzufolge insbesondere bei den aktiven Planungsinstrumenten aus dem Planungsprozeß heraus entwickeln können und nicht von außen vorgegeben werden. Dabei können durchaus einzelne Problemlösungstechniken und „Faustregeln" (FEYERABEND 1990: 410, 415; 1986: 383), die sich als fruchtbar erwiesen haben, von Fall zu Fall beibehalten werden, jedoch sollte sich dies nicht auf die gesamte Vorgehensweise beziehen. Im Rahmen planerischer Vorgehensweisen werden in diesem Zusammenhang als sinnvoll erachtet:

- Die Erarbeitung und Veröffentlichung von Fallbeispielen, die - unter Herausarbeitung der jeweiligen Rahmenbedingungen - verdeutlichen, wie im Einzelfall vorgegangen wurde, sowie
- das Erstellen von Methodenbausteinen und „technologischen Regeln" zur Bearbeitung bestimmter Fragestellungen (vgl. Kapitel D.2), die im Einzelfall miteinander kombiniert werden können, dabei jedoch keinesfalls als universelle Regeln angesehen werden dürfen. Exemplarisch wurde dies für die Eingriffsregelung von HABER ET AL. (1993) darzustellen versucht.

Die Rolle des Planers sollte somit als die eines anspruchsvollen „Opportunisten" (FEYERABEND 1980: 377) verstanden werden, der aus Fallbeispielen gewonnene Erfahrungen der Vergangenheit, technologische Faustregeln sowie eigene Phantasie in Abhängigkeit vom jeweiligen Zweck zu kombinieren und einzusetzen vermag.

D.4 Wissenschaft und Planung im Bezug zu Realität und Wirklichkeit

Zum Verständnis von Realität und Wirklichkeit

Wissenschaft versucht, Erkenntnis über die uns umgebenden materiellen und konzeptuellen Strukturen zu erlangen, Planung sie bewußt zu verändern. Inwieweit die erkennbaren Gegebenheiten der materiellen Welt wie auch unser Wissen realen Charakter haben, ob es also eine unabhängig vom Beobachter existierende *„Realität"* gibt oder ob alle Wahrnehmungen auf Konstruktionen des Verstandes beruhen, der sich sein Bild als *„Wirklichkeit"*[14] erschafft, ist eine erkenntnistheoretische Streitfrage (vgl. Abb. D\8).

Die beiden Pole stellen dabei die Sichtweise des Realismus und die eines Radikalen Konstruktivismus dar: Der Realismus nimmt an, daß es möglich ist, die vorgegebene von der menschlichen Wahrnehmung unabhängige Realität unmittelbar zu erfassen (SCHEIDT 1986: 37). Hingegen lehnt der Konstruktivismus, zumindest in seiner radikalsten Form, die Existenz einer unabhängig vom Beobachter gegebenen Realität überhaupt ab und geht davon aus, daß die Welt nichts anderes als ein durch die Wahrnehmung geschaffenes kognitives Konstrukt ist: „Die Umwelt, so wie wir sie wahrnehmen, ist unsere Erfindung" (V. FOERSTER in WATZLAWICK 1985: 40). Da der Mensch sich durch seine Wahrnehmung die Welt selbst erschafft, wird die Trennung in ein objektiv Vorhandenes und ein wahrnehmendes Subjekt aufgehoben, wobei auch Raum und Zeit nicht als Gegebenheiten einer objektiven Welt, sondern als unvermeidbares Begriffsgerüst der Vernunft eingestuft werden (V. GLASERSFELD 1991: 18).

Gegenüber einer solchen Sicht ist der Einwand nicht von der Hand zu weisen, daß ein Radikaler Konstruktivismus gleichsam in der Luft hängt, da er nicht erklären kann, warum man in den Wissenschaften trotzdem zu stimmigen, intersubjektiv gültigen Ergebnissen sowie in der Wahrnehmung offensichtlich zu gemeinsamen Erfahrungen gelangen kann (PIETSCHMANN 1996: 215). Demzufolge darf Realität zwar als notwendiger, wenn auch für menschliche Wahrnehmung und menschliches Erkennen wohl niemals direkt faßbarer Hintergrund gesehen werden, vor dem sich wissenschaftliche Erkenntnis wie planerisch vorbereitetes Handeln abspielen.

Weil auch ein naiver Realismus als überholt gelten kann, der die Unabhängigkeit der Erkenntnisgegenstände vom Vorgang des Erkennens vertritt und dem im Zeitalter

[14] Die Unterscheidung der Begriffe „Realität" und „Wirklichkeit" wird zum Teil verschieden gehandhabt, manchmal werden auch beide synonym gebraucht. Während hier der Terminologie von PIETSCHMANN (1996: 241) gefolgt wird, unterscheiden andere Autoren wie z.B. DÜRR (1991) analog zwei verschiedene Wirklichkeitsebenen und sprechen anstelle einer an sich existierenden Realität von der „eigentlichen" oder der „objektiven Wirklichkeit" (im Gegensatz zur beobachterabhängigen „subjektiven Wirklichkeit"). Hingegen ist für LUHMANN (1994: 698, 707) das Bild, das sich autopoietische, selbstreferentielle Systeme von der sie umgebenden Umwelt erschaffen, für diese Systeme zwar „real", die „Realität" als solche aber kognitiv unzugänglich.

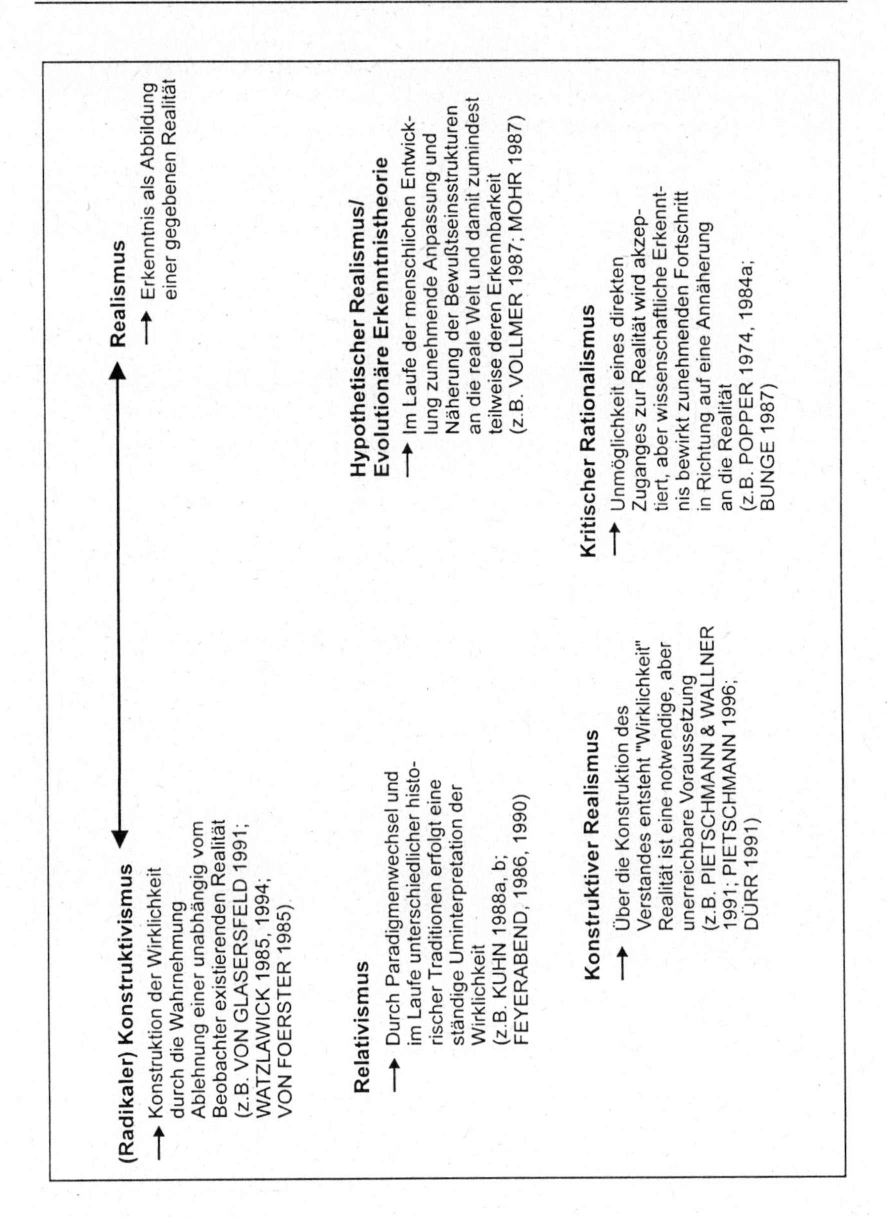

Abbildung D\8

Einordnung verschiedener erkenntnistheoretischer Positionen in ihrer Haltung zur Realität.

der Aufklärung z.B. die Vorstellung des erwähnten Laplaceschen Dämons entsprach, besteht über den Hypothesencharakter jedweder Erkenntnis heute weitreichende Einigkeit. Unterschiedlich sind jedoch die Auffassungen, ob und in welchem Umfang es tatsächlich möglich ist, sich der Realität anzunähern und so stufenweisen Erkenntnisfortschritt zu erreichen: Die These KUHNS (1988a, b) geht hier von einer laufenden Uminterpretation der Wirklichkeit durch einander ablösende Paradigmen aus, über deren Realitätsnähe keine Aussage gemacht werden kann. Auch PIETSCHMANN & WALLNER (1991), die versucht haben, die beiden Pole des Realismus und des Konstruktivismus zu einem „Konstruktiven Realismus" zusammenzuführen, gehen davon aus, daß man sich der Realität nicht annähern, sondern über das Handeln nur feststellen kann, wann man zu ihr in Widerspruch steht, ohne dabei allerdings etwas über die Beschaffenheit der Realität selbst zu erfahren (PIETSCHMANN 1996: 257).
Hingegen geht das wissenschaftstheoretische Konzept POPPERS von einem kontinuierlichen Fortschritt der Erkenntnis in Richtung objektiver Wahrheit aus (POPPER 1984a, Vorwort: XXV, 1974: 56f., 1972a: 34), der über die Bewährung und schrittweise Verbesserung der Theorien zu erreichen ist. Der sogenannten „3-Welten"-Theorie (POPPER & ECCLES 1987) zufolge haben dabei nicht nur die physischen Gegenstände („1. Welt"), sondern auch Bewußtseinszustände („2. Welt", u.a. Denken, Gefühle) und Wissen („3. Welt", u.a. theoretische Systeme und kulturelles Erbe) gleichermaßen Realitätscharakter, wird der seiner selbst bewußte Geist als gleichwertig mit den materiellen Strukturen des Gehirns gesehen. In ähnlicher Form gehen Vertreter einer evolutionären Erkenntnistheorie davon aus, daß sich das Denken, die kognitiven Strukturen und das Erkenntnisvermögen im Laufe der Evolution der realen Welt zunehmend angepaßt haben (LORENZ 1977; MOHR 1987; VOLLMER 1987) und man somit annehmen kann, daß Erkenntnisstrukturen und reale Strukturen zumindest teilweise übereinstimmen. Allerdings bleibt auch hier der Grad der Übereinstimmung verborgen (VOLLMER 1987: 137).
Bei aller Verschiedenartigkeit der hier nur in einigen Grundpositionen skizzierten Ansätze und der damit verbundenen Unstimmigkeit, ob und inwieweit eine Annäherung an die Realität tatsächlich möglich ist, bestehen doch Überschneidungen dergestalt, daß die Beschaffenheit des Erkannten nicht unabhängig vom Beobachter existiert. Gestützt wird diese Ansicht durch neuere Erkenntnisse der Wahrnehmungsbiologie und Hirnforschung: Mit dem Autopoiese-Konzept MATURANAS & VARELAS (1990), demzufolge es Kennzeichen des Lebens ist, sich aus seinen Bestandteilen laufend selbst zu regenerieren, geht die Auffassung einher, daß Lebewesen als geschlossene Systeme keine Möglichkeit haben, die äußere Realität abzubilden, sondern daß sie über ihre inneren Wahrnehmungsprozesse ihre eigene Wirklichkeit konstruieren müssen (FISCHER 1991b: 211; RUSCH & SCHMIDT 1995: 369ff.; SCHIEPEK 1990: 193; VARELA 1985: 306ff.). Auch das Gehirn wird diesen Erkenntnissen zufolge als ein dynamisches System gesehen, das die Umwelt nicht nur abbildet, sondern seine eigene Wirklichkeit erschafft. Was wir über die Dinge außerhalb von uns aussagen, ist

demnach schon deshalb eine Interpretation, weil sie nicht direkt, sondern durch das Nervensystem vermittelt sind (EDELMAN 1995; ROTH 1986).
Dabei gewinnen für die Konstruktion einer gemeinsam vermittelten Wirklichkeit Sprache und menschliches Handeln an Bedeutung: Über sprachliche Verständigung können gemeinsame Sinnstrukturen geschaffen werden (FEYERABEND 1990: 17ff.; KRIZ 1985). Über menschliches Handeln werden Wirklichkeitskonstrukte ausgebildet und verändert (V. GLASERSFELD 1992: 20ff.; HEJL 1995: 39, 1991: 274; LENK 1992: 77). Wir strukturieren uns die reale Welt, indem wir in ihr bestimmte Handlungsbereiche definieren und abgrenzen (LAUENER 1995: 229). Insbesondere die Untersuchungen PIAGETS (1983; PIAGET & INHELDER 1979) sind hier von Bedeutung: Er hat gezeigt, wie Kinder sich im Laufe ihrer Entwicklung sukzessive ihre kognitiven Strukturen, ihre Wirklichkeit, konstruieren und welche Rolle das aktive Handeln sowie die unmittelbare Erfahrbarkeit einer gemeinsamen Wirklichkeit dabei spielen. In den Zusammenhang verschiedener Theorien, die auf eine funktionale Einheit von Wahrnehmen und Handeln bei der Herausbildung der Wirklichkeit zielen, lassen sich schließlich auch Ansätze der Umweltpsychologie wie das Konzept des „gelebten Raumes" (KRUSE 1974; STRÖKER 1977b) einordnen, die einer phänomenologischen Raumbeschreibung entspringen und die den wahrnehmenden und handelnden Menschen und seine räumliche Umwelt nicht getrennt, sondern als wechselseitig aufeinander bezogen beschreiben. Von Bedeutung erscheinen diese Ansätze, da auch Planung in einem handlungsbezogenen Zusammenhang bestimmt wurde (vgl. Kapitel A.1), die gedankliche Strukturierung künftigen Handelns also einen wesentlichen Aspekt des Planungsbegriffes darstellt.

Wissenschaft und Planung: Konstruierte und konkret erfahrene Wirklichkeit

Es kann nun versucht werden, Bezüge zwischen der als notwendigem, aber nicht direkt erfahrbarem Hintergrund gesehenen Realität sowie der Konstruktion der Wirklichkeit über den Hypothesencharakter wissenschaftlicher Erkenntnis zum einen, ihrer Veränderung durch planendes Handeln zum anderen, zu erörtern (vgl. Abb. D\9). Der eingenommene Standpunkt liegt dem eines „Konstruktiven Realismus" am nächsten, der das Vorhandensein einer von menschlicher Wahrnehmung unabhängigen Realität nicht leugnet, dabei aber die Bedeutung von Handeln für die Konstitution der subjektiv erfahrenen Wirklichkeit betont. Zugleich wird damit versucht, in den vorangegangenen Kapiteln getroffene Ausführungen nochmals in einen gemeinsamen Bezugsrahmen zu stellen:

Vom Handeln in der alltäglichen Lebenswelt über durchgeführte Experimente und erhobene Daten (Empirie) sowie über Theorien, Abstraktionen und Interpretationsmuster bis hin zu den diesen zugrundeliegenden Basisannahmen entsteht eine Abfolge von lebensweltlich erfahrener Konkretheit hin zu zunehmender wissenschaftlicher Abstraktion, über die man sich der Realität anzunähern versucht. Die Umset-

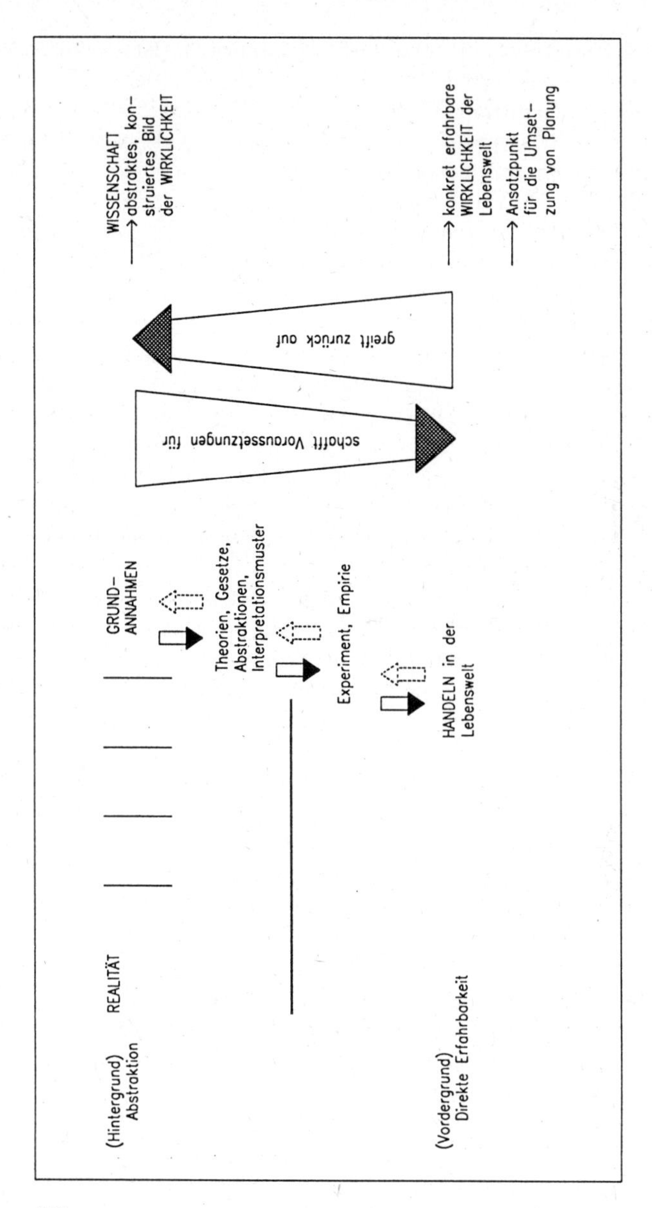

Abbildung D\9

Verhältnis von Wirklichkeit und vorausgesetzter Realität (ergänzt u. verändert nach PIETSCHMANN 1996: 256).

zung von Planungszielen erfolgt durch Handeln in der konkret erfahrenen Wirklichkeit der Lebenswelt, die sich im Gegensatz zum wissenschaftlichen Experiment nicht auf einige wenige kontrollierbare Randbedingungen eingrenzen läßt. Zugleich gehen insbesondere die Empiriker davon aus, daß auch jegliche wissenschaftliche Tätigkeit in der Erfahrung menschlicher Lebenswelt ihre Basis hat (PÖLTNER 1991: 239ff.). Auf diesem Weg zu zunehmender Abstraktion können auch die Naturgesetze natürliche Phänomene immer nur annähernd wiedergeben (vgl. Kapitel C.2) bzw. können auch die Grundannahmen einer Wissenschaft nicht allein „aus der Sache heraus“ entstehen, sondern lassen sich in letzter Konsequenz nicht ohne Festsetzungen treffen (vgl. auch Kapitel C.1). Die Theorien, Gesetze und Verallgemeinerungen der Naturwissenschaften können dabei als Projektionen derjenigen Aspekte der Realität verstanden werden, die man durch „gute“ Beobachtungen als vorläufig widerspruchsfrei herausfiltern kann (DÜRR 1991: 31). Durch diese Projektionen erhält das wissenschaftliche Wissen darüber hinaus eine eigene Prägung, wodurch sich der Charakter der wissenschaftlichen Welt gegenüber der dahinterliegenden Realität auch qualitativ verändert[15] und beim Prozeß der Abbildung der Realität in die konstruierte Wirklichkeit der Wissenschaften nicht von völliger Wertfreiheit gesprochen werden kann (vgl. hierzu die Ausführungen unter C.3).
Grundannahmen und Theorien beweisen sich in theoretisch motivierten Handlungsfolgen (Experiment, Datenerhebung über Empirie) bis letztlich hin zum Alltagshandeln. Daß dabei auch der Weg von Grundannahmen und Theorien zu den Daten nicht axiomatisch begriffen werden darf, sondern entgegen einer streng logisch aufgebauten Methodologie Sprünge auftreten bzw. auch umgekehrt (induktiv) verfahren wird, machen die jeweils in beide Richtungen angelegten Pfeile deutlich. Für den Menschen steht das Handeln im Alltag der Lebenswelt, über das er sich seine subjektive Wirklichkeit erschafft, im Vordergrund.[16] Handlungen stellen dabei Interpretationskonstrukte dar (LENK 1992: 7), mit denen der Mensch auf die wahrgenommene Wirklichkeit reagiert, sich diese zugleich aber auch erschafft und verändert (STRÖKER 1977b: 51). Da Experiment und Empirie überwiegend theoriegeleitet und von stärker kontrollierbaren Rahmenbedingungen bestimmt sind, Handeln in der Lebenswelt dagegen überwiegend zielorientiert und von den besonderen Gegebenheiten des Einzelfalles bestimmt ist (vgl. Kapitel D.1), kann für letzteres nur ein abnehmender Teil des theoretischen Wissens, beispielsweise über vereinfachte Technologien und

---

[15] Ein derartiges Bild von menschlicher Erkenntnis zeichnet bereits Platons Höhlengleichnis: Demzufolge ist unsere Existenz mit dem Leben von Menschen in einer unterirdischen Höhle zu vergleichen, die gefesselt sind, so daß sie den Kopf nicht zum Eingang, aus dem Licht hereinfällt, drehen können. Von den real vorhandenen Dingen um sie herum können sie nur die Schatten wahrnehmen, die ein brennendes Feuer an die gegenüberliegende Wand der Höhle wirft. Diese Schatten, die ja auch nur Abbildungen sind, sind für diese Menschen die wahrnehmbare Natur, letztlich ihre „Wirklichkeit“ (vgl. STÖRIG 1995: 162f.).

[16] So redet man ja auch davon, vollendete „Tat“sachen zu schaffen - diese entstehen dadurch, daß etwas „getan“, also gehandelt wird.

Faustregeln, verwendet werden (vgl. Kapitel D.2). Umgekehrt greift Alltagshandeln wie technisches Handeln zwar auf theoretisches Wissen zurück, kann mit diesem jedoch mit zunehmendem Abstraktionsgrad weniger anfangen. Indem man sie mit wissenschaftlichen Methoden nachprüft, können die durch Handeln gemachten Erfahrungen neue Erkenntnisse begründen (MATURANA 1996: 111), die auf die Daten und Theorien und damit auf die konstruierte wissenschaftliche Wirklichkeit zurückwirken (vgl. hierzu D.3 und Abb. D\7). Auf diese Weise verbindet sich der Erkenntnisprozeß der Wissenschaften mit den Entscheidungen und Handlungen der Menschen: Grundlagenwissenschaft und darauf fußende Anwendungen können demzufolge als in einem dialektischen Verhältnis stehend begriffen werden. Beide sind aufeinander angewiesen und jeweils ohne das andere unfruchtbar, - eine Aussage, die sich auch für das Verhältnis von ökologischer Grundlagenforschung, anwendungsorientierter ökologischer Forschung und Fragen bzw. Erfahrungen aus der praktischen Umsetzung, z.B. im Zuge von Planungen, treffen läßt. Über die konkret erfahrene Wirklichkeit der Lebenswelt bis hin zum abstrahierten Bild, das die Wissenschaften zeichnen, umfaßt Wirklichkeit als kognitive Vorstellung der Welt und unserer selbst zugleich verschiedene Abstraktionsstufen.

Als nächster Schritt soll nun diese Sichtweise weiter als Interpretationsmuster und heuristisches Modell für Planungsprozesse herangezogen und daraus begründbare Folgerungen diskutiert werden.
So hat die Auffassung, daß es keine strikte Trennung zwischen wahrnehmendem Subjekt und wahrgenommener Wirklichkeit gibt, sondern jedes Individuum über interne Prozesse seine eigene Wirklichkeit erzeugt (SCHIEPEK 1990: 193) und diese wiederum auf es zurückwirkt, Konsequenzen für die Planung: Demzufolge gäbe es keine unabhängig vom planenden Subjekt existierende Umwelt (bzw. ist diese für uns nicht erfahrbar), sondern der Planende konstituiert sich durch seine Sichtweisen und Beschreibungen sein Planungsobjekt selber. Auch das Verständnis, das die Landschaftsökologie von Mustern und Prozessen in Landschaften bzw. den daraus abstrahierten Strukturen und Funktionen liefert, wäre demzufolge als Konstrukt aufzufassen, über dessen objektive Nähe zur „Realität" keine Angaben möglich sind. Planerisches Handeln kann demnach nur auf eine wahrgenommene Wirklichkeit Bezug nehmen. Es ist zwar anzunehmen, daß über menschliche Eingriffe und Handlungen auch die Realität verändert wird, jedoch wissen wir nicht, in welcher Form und in welchem Ausmaß dies letzten Endes geschehen mag. Auch läßt sich diese Veränderung für den Menschen nur in indirekter Widerspiegelung über seine spezifische Wahrnehmung der Wirklichkeit feststellen. Die Realität der Landschaft - wenn es denn in der „Realität" so etwas wie „Landschaft" geben sollte - ist für uns nicht erfahrbar.
Maßnahmen zur Umsetzung von über Planung formulierten Zielen können dabei immer nur an Ausschnitten der Wirklichkeit ansetzen, wobei sich aufgrund der eintre-

tenden Entwicklungen nur Mutmaßungen über Veränderungen des komplexen realen Gefüges anstellen lassen. Das Verhältnis von Wirklichkeit zur Realität wie auch von abstrakter wissenschaftlicher Wirklichkeit und konkret erfahrener Wirklichkeit als Teil der Lebenswelt ist dabei nicht statisch, sondern als ein Prozeß zu sehen, der sich im Ergebnis von Handlungsfolgen niederschlägt (PIETSCHMANN 1996: 266). Unbenommen, ob man nun die Existenz einer von der Wahrnehmung unabhängigen Realität annimmt oder nicht, wäre eine solche wie auch die Wirklichkeit nicht als statisch anzusehen, sondern verändert sich im Laufe der Evolution ständig, wodurch sich sowohl die Lebewesen selbst wie auch ihre Umgebung in einem vielfältig vernetzten Prozeß der Anpassung, der Ko-Evolution, befinden. Diesen Prozeß, in dem Lebewesen sich nicht nur anpassen, sondern sich andererseits zu einem guten Teil ihre Umweltbedingungen auch selbst schaffen (JANTSCH 1988: 36) hat z.B. ZWÖLFER (1986) am Beispiel von Insektenpopulationen an Disteln beschrieben, an denen sich sowohl Pflanzen wie an diesen parasitierende Organismen, in diesem Fall verschiedene Insektenlarven, in wechselseitiger Anpassung weiterentwickeln. Auch der Planer muß es u.U. erleben, daß sich durch seine Planungsziele die Präferenzen seiner Adressaten (z.B. der kommunalen Entscheidungsträger nach einer Wahl) und damit die Voraussetzungen, von denen er ausgegangen war, ändern. Die Ausführung von planerischen Maßnahmen führt gleichfalls zu einer Veränderung der Wirklichkeit, die ihrerseits auf die Beteiligten zurückwirkt.

Mit Hilfe des Prozeßcharakters auch im Verhältnis von Realität und Wirklichkeit läßt sich damit zu einem Verständnis von Planung gelangen, die sich im Hin- und Herschwingen von durch ihre Umsetzung vor Ort gewonnener unmittelbarer Erfahrung und deren theoretischer Rückkopplung als „Stückwerk-Technik" (POPPER 1987: 47ff.)[17] manifestieren sollte: Ein Vorgehen in kleinen Schritten, das in beständiger Rückkopplung mit den wahrgenommenen Veränderungen und dem Prinzip der laufenden Fehlerkorrektur einhergeht.

Dieser Prozeßcharakter sowie die Bedeutung des Handelns für die Konstitution der Wirklichkeit machen zugleich deutlich, daß Planung von ihrer möglichst unmittelbaren Umsetzung in aktuelles Handeln lebt: Pläne können vor allem dann zu Verände-

[17] Der Begriff „Stückwerk-Technik" ist von POPPER (1987: 47ff.) geprägt worden und bezieht sich auf die Ablehnung einer von einer umfassenden Utopie ausgehenden gesellschaftlichen Gesamtplanung. Die prinzipielle Fehlbarkeit der Vernunft und die Vorläufigkeit der Erkenntnisse verbieten demnach gesamthafte gesellschaftliche Entwürfe und zwingen zu einer Strategie der kleinen Schritte, die revidierbar sind.
Der Hintergrund dieser Argumentation ist jedoch bei Popper ein anderer, nämlich das Prinzip, daß vorausschauendes Handeln nur in genau bekannten Ursache-Wirkungs-Zusammenhängen bzw. unter der Bedingung strikter experimenteller Überprüfbarkeit und Eingrenzbarkeit der einzelnen Schritte zulässig ist. Eine derartige Sichtweise mag zwar für unter genau bestimmbaren experimentellen Rahmenbedingungen arbeitende Wissenschaften wie die Physik angemessen sein, dürfte jedoch in der komplexen Wirklichkeit von Landschaften von vornherein jedes Handeln unmöglich machen. Näher wird auf das Poppersche Verständnis von vorausschauendem Handeln im Kapitel „Prognosen" unter E.2.2.1 eingegangen.

rungen in den Wirklichkeitsauffassungen ihrer Adressaten führen, wenn sie tatsächlich in Handeln umgesetzt und die dabei gemachten Erfahrungen rückgekoppelt werden. So hat die Erfahrung der gemeindlichen Landschaftsplanung gezeigt, daß - wenn erst mit der Umsetzung vor Ort begonnen wird, nachdem der Plan auf dem Papier fertiggestellt war - die Planungsaussagen u.U. schon wieder von der Wirklichkeit überholt sind, selbst wenn zwischen dem Billigungsbeschluß und dem Beginn der Umsetzung nur ein Zeitraum von etwa 2 Jahren liegt.[18)] Als Konsequenz zu fordern wäre, daß - wie mittlerweile auch zunehmend praktiziert - Planung und Umsetzung Hand in Hand gehen, d.h. parallel zur Erarbeitung von Planungsaussagen bereits deren erste Umsetzungsschritte anlaufen. Zugleich sollten Planungsaussagen dabei nicht als etwas Festes begriffen werden, sondern sich mit der Veränderung der Wirklichkeit ihrer Adressaten weiterentwickeln können.
Die hierzu notwendige Konstruktion einer gemeinsamen Wirklichkeit zwischen dem Planer und seinen Adressaten ist wesentlich das Ergebnis von Kommunikation (vgl. PIETSCHMANN & WALLNER 1991: 204; WATZLAWICK 1994). Das bedeutet, daß beim Abfassen von Plänen stets auch der Kommunikationsaspekt zu berücksichtigen ist, d.h. auf Verständlichkeit und entsprechende Vermittlung der Ergebnisse zu achten ist.
Im Zuge des Herstellens gemeinsamer Wirklichkeitsperspektiven durch Kommunikation gewinnt auch der Begriff „Methode“ neue Bedeutung: Methoden bzw. Vorgehensweisen können als intersubjektive Vereinbarungen von Handlungsregeln gesehen werden, die die Kommunikation zwischen Forschern und Planern sowie zwischen Planern und ihren Adressaten vereinfachen (nach HEJL 1995: 53; KRIZ 1981: 18ff.). Gemeinsam akzeptierte Sinnstrukturen einer jeweils individuell erfahrenen Wirklichkeit ersparen es, in jeder Situation und bei jedem Aufeinandertreffen im Planungs- wie im Forschungsprozeß jeweils die entsprechenden Verhaltensregeln neu aushandeln zu müssen und ermöglichen eine gemeinsame Konzentration auf die zu bearbeitenden Fragen. Dementsprechend kann es im Prozeß der Anwendung bestimmter Vorgehensweisen - wie bereits erörtert - nicht um irgendeine „Wahrheit“ oder „Objektivität“ gehen, sondern darum, mit Hilfe von Transparenz und Nachvollziehbarkeit über Fragestellungen intersubjektiv Kommunikation zu erzielen. Damit gewinnen gerade in ökologisch orientierten Planungen - wenn es um die Herstellung gemeinsamer Wirklichkeitsperspektiven als Grundlage für die Umsetzung von Ergebnissen in praktische Handlungen geht - neben dem formalen Aspekt die sozialen Anwendungsvoraussetzungen ihrer Vorgehensweisen gleichermaßen an Bedeutung.

[18)] Dies war nach Aussage der zuständigen Sachbearbeiter an den Bezirksregierungen beispielsweise bei den Landschaftsplänen der Gemeinden Seeg/Schwaben und Berching/ Oberpfalz der Fall, als diese umgesetzt werden sollten.

E Ökologisch orientiertes Planen vor dem Hintergrund der Erkenntnis- und Wissenschaftstheorie

„Herzustellen wäre ein Bewußtsein von Theorie und Praxis, das beide weder so trennt, daß Theorie ohnmächtig würde noch Praxis willkürlich ..."
(Theodor W. Adorno: Marginalien zu Theorie und Praxis, 1969: 171)

E.1 Ablauf von Planungsprozessen

E.1.1 Modellcharakter von Planung

Funktionen von Modellen in der Planung

Um Planungsprozesse abzubilden, werden häufig modellhafte Darstellungen eingesetzt. Kennzeichen von Modellen ist es, daß sie nicht alle Attribute des Originals erfassen, sondern nur solche, die von den Modellbildnern bzw. -anwendern als bedeutsam betrachtet werden. Modelle sind mithin ihren Originalen nicht per se zugeordnet. Sie erfüllen ihre Funktion stets nur für bestimmte Ziele, wobei das zu untersuchende Phänomen aus dem Ganzen der Wirklichkeit herausgelöst und gegenüber den nicht interessierenden Aspekten abgegrenzt wird. Merkmale sind demnach:

- die Abbildungsfunktion: Modelle sind Modelle von etwas, nicht dieses Etwas selbst;
- das Verkürzungsmerkmal: erfaßt werden nicht alle Relationen des Objekts, sondern nur solche, die jeweils bedeutsam erscheinen;
- das pragmatische Merkmal: Modelle sind stets auf Zwecke ausgerichtet, die die Art der Verknüpfung bestimmen.

(vgl. LEE 1973: 165; PITTIONI 1983: 172f.; STACHOWIAK 1983: 118 u. 1973: 131ff.).

Geht man von der Vermutung eines Abbildungscharakters der Realität auf die Wirklichkeit aus, kann zudem alle Erkenntnis letztlich als Erkenntnis in Modellen aufgefaßt werden. Auch die Aufstellung von Gesetzen ist nur unter modellhafter Abstraktion möglich (BUNGE 1987: 304), da Phänomene aus ihrem Zusammenhang herausgelöst und in ihren interessierenden Bezügen bestimmt werden. Der Modellbegriff umfaßt weiterhin neben graphisch-technischen Darstellungen auch semantische Modelle (z.B. die Verwendung von Fachsprachen, die Definitionen zur Festlegung von Gegebenheiten enthalten, - wie übrigens auch jede sprachliche Äußerung als modellhaftes Abbilden der Wirklichkeit gesehen werden kann). Modelle können sowohl Nachahmungen, mehr oder weniger genaue maßstäbliche Darstellungen von etwas sein wie auch Prototypen, Pläne und Konstruktionen aller Art. Auch Handlungsweisen, die sich darauf konzentrieren, definierte Zwecke zu erreichen, können als Modelle betrachtet werden (WARTOFSKY 1971: 144). Schließlich kann man sich auch dem komplexen Beziehungsgefüge „Landschaft" nur über modellhafte Eingrenzung seiner Komplexität nähern.

Im Planungsgeschehen ergeben sich demnach zahlreiche Ansätze für Modellanwendungen: So kann der gesamte Planungsablauf als modellhaftes Handeln beschrieben werden; daneben können Modelle eingesetzt werden, um Zusammenhänge abzubilden, Daten einzuordnen und zu analysieren, Prognosen und Bewertungen durchzuführen. Neben dem modellhaften Charakter von Planungsabläufen sollen hier vor allem Datenmodelle (vgl. unter E.2.1 - Informationsgewinn und Analyse) betrachtet werden.

Planung im kybernetischen Modell

Theoretische Ansätze ökologisch orientierten Planens nehmen bislang vor allem auf die Darstellung von Planungsabläufen als kybernetische Modelle Bezug (z.B. BECHMANN 1981: 72ff.; ALBERT 1982 in Form von Handlungsmodellen). Aufbauend auf einer Beschreibung von STACHOWIAK (1987b: 427f.) können solche Regelkreise mit verschiedenen Modellabschnitten dargestellt werden (vgl. Abb. E\1):

- Der Deskription des zu verändernden Wirklichkeitsausschnittes auf Grundlage von Datenmodellen;
- der darauf aufbauenden Theorie- und Hypothesenkonstruktion, insbesondere der Entwicklung von planerisch-technologischen Regeln;
- der Anwendungsplanung aufgrund von
  a) „Folgenwissen" über mögliche Folgen von Maßnahmen sowie „Kommunikationswissen", d.h. aus dem Diskurs und der Abstimmung mit den am Planungsprozeß Beteiligten gewonnenen Angaben,
  b) philosophischen und ethischen Ziel- und Maßnahmenerwägungen,
  c) der Evaluation vorangegangener Umsetzungen;
- der eigentlichen Umsetzung (Implementation) der Planungsziele, die mit der Veränderung der Wirklichkeit einhergeht.

Die Arbeitsgebiete der Ökologie bieten dabei einen Pool an Zulieferungswissen, Rahmentheorien sowie ökologischem Folgenwissen (d.h. Wissen über die bei Durchführung von Maßnahmen mit hoher Wahrscheinlichkeit eintretenden Folgen). Weiterhin können zwei Rückkopplungsschleifen unterschieden werden (vgl. Abb. E\1): Zum einen führt die Veränderung der Wirklichkeit zu neuen Datenmodellen, aufgrund derer die Phasen in abgewandelter Form nochmals durchlaufen werden können; zum anderen kann die Evaluation der laufenden Umsetzung (z.B. wenn, wie gefordert, Planung und Umsetzung Hand in Hand erfolgen) bewirken, daß die Anwendungsplanung unmittelbar modifiziert wird.

Dieses Regelkreismodell macht die Notwendigkeit zu ständiger Rückkopplung mit der veränderten Wirklichkeit sowie die als Reaktion darauf erforderliche Anpassung und Veränderung der Planungsziele deutlich. LENK (1972: 68) spricht hierbei von „zieladaptiver Planung". Die daraus ableitbare Forderung nach fortlaufender Evaluation und Erfolgskontrollen sowie flexibler Handhabung der Planungsziele wird - obwohl solche Modelle vor allem in den 70er Jahren entwickelt wurden und seitdem als

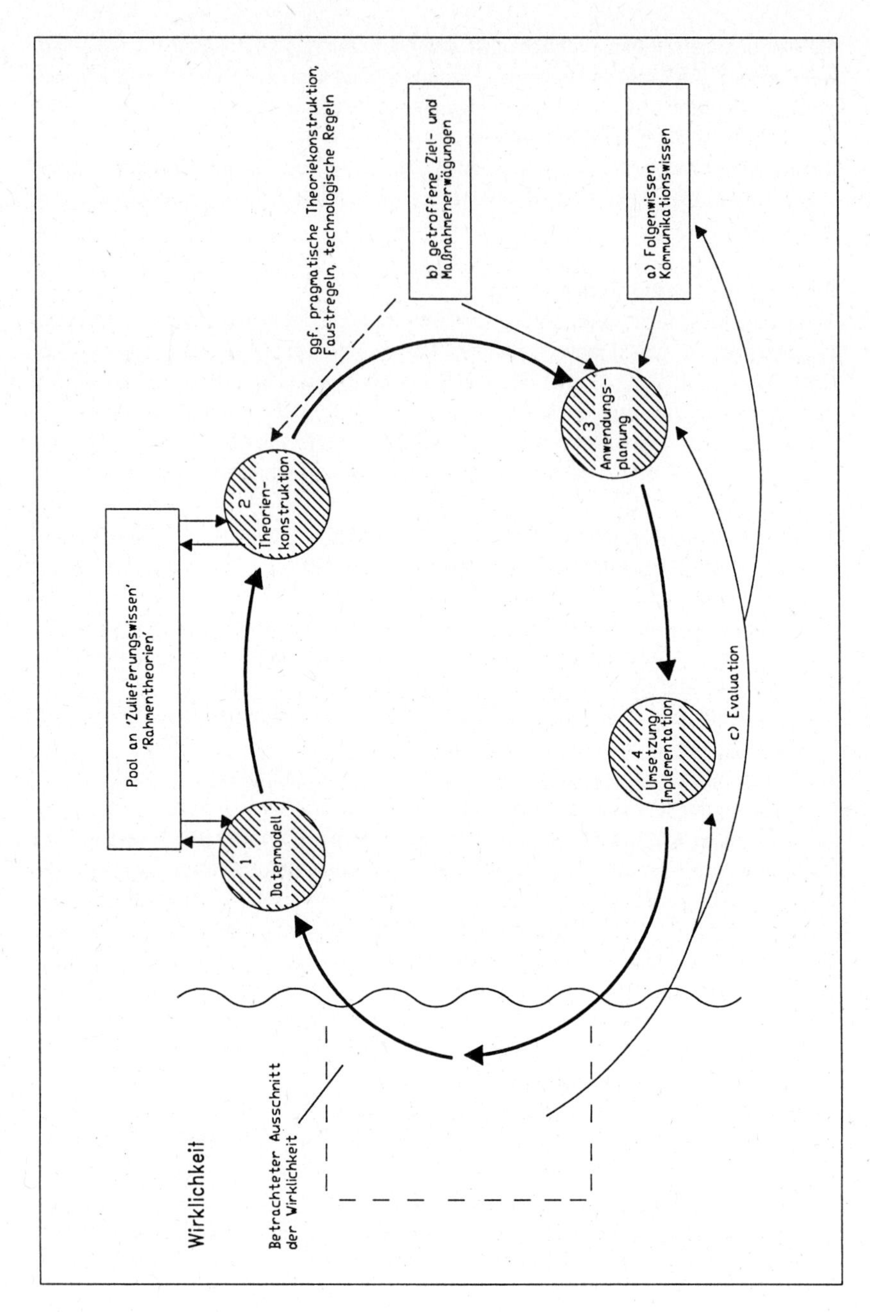
ggf. pragmatische Theoriekonstruktion,
Faustregeln, technologische Regeln
b) getroffene Ziel- und
Maßnahmenerwägungen
a) Folgenwissen
Kommunikationswissen
Pool an 'Zulieferungswissen'
'Rahmentheorien'
2
Theorien-
konstruktion
3
Anwendungs-
planung
1
Datenmodell
4
Umsetzung/
Implementation
c) Evaluation
Wirklichkeit
Betrachteter Ausschnitt
der Wirklichkeit

Darstellungsform geläufig sind - innerhalb ökologisch orientierter Planungen noch viel zu wenig thematisiert.

Grenzen von Regelkreismodellen

Es stellt sich jedoch die Frage, inwieweit sich solche Steuerungsmodelle zur Abbildung von Planungsvorgängen tatsächlich eignen oder ob sie nicht unter verschiedenen Gesichtspunkten zu starr sind. So enthält die Darstellung von Regelkreisen die Annahme mehr oder minder genau definierter Regelungsgrößen, die als Ziel angestrebt werden. Mittels einer einfachen Versuchsanordnung konnte DÖRNER (1995: 201ff.) zeigen, daß selbst einfache Systeme[1)] nur schwierig mittels vorgegebener Regelgrößen zu steuern sind: Versuchspersonen sollten mittels eines Stellrads ein Kühlhaus auf eine Temperatur von 4° C bringen und auf diesem Niveau halten. Dabei wurde die jeweilige Temperatur zwar auf einem Monitor angezeigt, jedoch enthielt das Stellrad selbst keine Temperaturangabe. Kaum jemand schaffte es, die Aufgabe auch nur annähernd zu bewältigen, weil die meisten Versuchspersonen nicht merkten, daß das System auf den Eingriff erst verzögert mit einer Temperaturänderung reagierte und zudem aufgrund der einwirkenden höheren Außentemperaturen beständige Gegensteuerung erforderlich war. Oft reagierten - weil das Kühlhaus sich nicht in der gewünschten Weise verhielt - die Versuchspersonen mit heftigen Eingriffen, die letztlich zum Gegenteil des Gewünschten führten, nämlich zu heftigen Schwankungen im Systemverhalten, sprich der Temperatur. Derartige Verzögerungen der Reaktion sowie zusätzliche Einflußfaktoren, die nicht bekannt und deshalb nicht modellierbar sind, sind bei komplexen natürlichen Systemen in noch viel stärkerem Maße gegeben - man denke nur an das Problem möglicher Klimaänderungen, die vielen unbekannten Einflußfaktoren unterliegen und selbst bei sofortiger Einstellung der Produktion aller vermutlich klimarelevanten Spurengase erst mit erheblicher Verzögerung zu beeinflussen wären.

Hinzu kommt, daß sich die Wirklichkeit, wie bereits unter C.2 bei der Diskussion der Naturgesetze deutlich wurde, vielfach nicht in exakte Ausprägungen fassen, d.h. mittels einfacher Zugehörigkeitskategorien (Ja-nein-Kategorien, auf denen die herkömmliche bivalente Logik beruht) beschreiben läßt. Vielmehr unterliegen die meisten natürlichen Ausprägungen einer Abstufung (KOSKO 1993: 11) oder stellen sich

Abbildung E\1 (gegenüber)

Ablauf von Planung im kybernetischen Modell (in Anlehnung an STACHOWIAK 1987b: 427f.).

---

1) Modellbegriff und Systembegriff hängen eng miteinander zusammen, da sie beide auf einer bewußten Ausgrenzung durch einen Beobachter beruhen. Der Begriff „System“ wird daher bereits für die Anwendung des Modellbegriffs auf komplexe Gebilde gebraucht; er ist unter E.1.3 näher erläutert.

als kontinuierliche Übergänge, als eine Abfolge von „Grauwerten", dar (DRÖSSER 1994: 22; KOSKO 1993: 14ff.; MCNEILL & FREIBERGER 1994: 39ff.): Temperatur, Geschwindigkeit oder Masse sind beispielsweise Zustandsformen, die entlang eines Kontinuums angesiedelt sind und durch Messungen künstlich unterteilt werden. Bereits auf ARISTOTELES (1969: 6f.) geht der Ausspruch zurück, daß ein Exaktheitsanspruch nicht für alle Probleme gleichermaßen erhoben werden darf, sondern es auch Sachverhalte gibt, die nur grob und umrißhaft angedeutet werden können.[2] Dies gilt um so mehr, je komplexer die Systeme sind, denn „um so hilfloser werden die Versuche, sie präzise zu beschreiben" (DRÖSSER 1994: 22). Auch ökologische Systeme auf der Betrachtungsebene „Landschaft" sind Gebilde von hohem Komplexitätsgrad, die von einem Betrachter ausgegrenzt werden, sich dabei aber als Kontinua darstellen, deren Grenz- und Übergangsbereiche zwar mit einem eigenen Fachbegriff, dem der „Ökotone", bezeichnet werden, aber gleichfalls nicht exakt faßbar sind. Auch Abgrenzungen von Biotopen oder Ökosystemen in der Gesamtheit von Landschaften haben immer Modellcharakter, d.h. erfolgen unter Abstraktion von den natürlichen Abfolgen im Hinblick auf eine zu definierende Fragestellung.[3] Kontinua in der Natur zeigen sich auch in der allmählichen genetischen und morphologischen Herausbildung neuer Arten, die Gewohnheit, in sich wechselseitig ausschließenden Ja-nein-Kategorien zu denken dagegen in den Schwierigkeiten der Taxonomen, Species und Subspecies eindeutig klassifizieren zu wollen. Nicht umsonst gehören die Streitigkeiten unter Taxonomen, welcher Kategorie ein Lebewesen im Zweifelsfall zuzuordnen ist (ob es sich etwa um eine neue Art oder nur um eine Unterart handelt) zu den am härtesten geführten in der Biologie.

Auch die Zuordnungen einer „Ursache" zu einer „Wirkung", auf der einfache Steuerungsmechanismen beruhen, können als binäre Abstraktionen aus verschiedenen kontinuierlichen, miteinander verbundenen Einheiten aufgefaßt werden. Im täglichen Sprachgebrauch operiert man allerdings nicht mit exakt definierten Mengen, wie sie die klassische Mathematik und resultierend die Kybernetik benutzt. Begriffe der Alltagssprache enthalten vielmehr in ihrer Bedeutung Übergänge, „graue" Mengen, die sich wechselseitig überlappen und gleichfalls nicht scharf voneinander abgegrenzt

---

[2] Interessanterweise wird der Ursprung der binären Logik und des damit einhergehenden Denkens in strikt getrennten Kategorien meist Aristoteles zugeschrieben (so DRÖSSER 1994: 52f.). Dies ist zwar im Prinzip richtig, verkennt dabei aber das ausgesprochen breite Werk dieses Denkers, das Schriften zur Logik, Physik, Metaphysik, Ethik, Rhetorik, Politik und Poetik gleichermaßen einschließt. Insbesondere in der „Nikomachischen Ethik" des Aristoteles finden sich interessante Äußerungen zu einem dem jeweiligen Sachverhalt angemessenen Exaktheitsanspruch und einer entsprechenden Betrachtungsweise sowie zur Relativität und Zieladaptivität des Handelns. Es kann gemutmaßt werden, daß die abendländische Denkweise in sich strikt ausschließenden logischen Kategorien nicht nur auf Aristoteles, sondern auch auf seine Nachfolger zurückzuführen ist, die eher dazu geneigt waren, sich die leicht eingängigen Teile seines Werkes anzueignen.

[3] So kann beispielsweise ein einzelner Landschaftsausschnitt in mehreren Stufen bzw. Größenordnungen bis - wie bei LOVELOCKS (1991) Gaia-Hypothese der Fall - hin zum gesamten Planeten Erde als Ökosystem aufgefaßt werden.

sind (DRÖSSER 1994: 17; KOSKO 1993; MCNEILL & FREIBERGER 1994:17f.; 42). Selbst exakt arbeitende Physiker wie HEISENBERG (1990: 69f.) weisen darauf hin, daß aufgrund des Wechselspiels zwischen unserer Weltwahrnehmung und der sich auf dieser aufbauenden Erfahrung, es unmöglich ist, Begriffe scharf zu definieren; hinreichend scharf könnten nicht die Begriffe an sich, sondern nur deren Verknüpfungen untereinander bestimmt werden.
Weitere Hinweise, daß exakte Abstufungen und Grenzen nicht in der Natur der Dinge selbst liegen, stammen aus der Chaostheorie und Chaosforschung, die zudem zeigt, daß es bis auf Teilchenebene keine zwei identischen, sondern immer nur ähnliche Zustandsformen gibt. Viele Formen der Natur sind zudem fraktal, d.h. sie beruhen auf gebrochenen Zahlenrelationen, die sich nicht durch einfache Zahlen, Gleichungen, geometrische Figuren oder Ordnungsprinzipien ausdrücken lassen. Erscheinungen wie Küstenlinien, Wolken oder die Aufgliederung von Blättern zeigen fraktale Oberflächenformen, die sich vom Großen bis ins unendlich Kleine immer von neuem wiederholen. Diese Eigenschaft, die man als „maßstabsübergreifende Konsistenz" (GLEICK 1990: 171) oder „Selbst-Ähnlichkeit" (EILENBERGER 1986: 839; GLEICK 1990: 426) bezeichnet, macht deutlich, daß von der Natur kein charakteristischer Betrachtungsmaßstab und keine in sich abgegrenzten Kategorien per se vorgegeben sind.[4)]

„Fuzzy-Set"-Theorie und Grundprinzipien von „fuzzy-logischen" Steuerungen

Auf der Erkenntnis, daß komplexe und nichtlineare Systeme aus „Grauwerten" bestehen, die sich einer exakten Beschreibung entziehen, und auf dem Versuch, dies bei Steuerungsvorgängen zu berücksichtigen, bauen die sogenannte „Fuzzy-Set"-Theorie", die Theorie der „unscharfen Mengen" (DRÖSSER 1994: 23; KOSKO 1993: 26) sowie die damit verbundene „unscharfe" (= Fuzzy-)Logik auf. Da beide Ansätze eine umfassende Anwendbarkeit in der Modellierung und Steuerung jedweder Systeme reklamieren (so KOSKO 1993: 208) und darüber hinaus aufzuzeigen versuchen, wie Entscheidungen auch bei vagen und unvollständigen Daten getroffen werden können, erscheint eine Diskussion hinsichtlich ihrer Verwendbarkeit im Rahmen von Planungen sinnvoll, zumal eine solche bislang wohl noch kaum erfolgt ist. Eine Anwendung von Fuzzy-Set-Methoden auf Entscheidungs- und Bewertungsprobleme der räumlichen Planung regt z.B. EBERLE (in ARL 1995: 93) an, allerdings ohne nähere Ausführungen zu treffen. Zum besseren Verständnis sollen zunächst die Grundgedanken sowie die Prinzipien, nach denen fuzzy-logische Steuerungen funktionieren, dargelegt werden.
Die Grundlagen dieser Theorie wurden bereits Mitte der 60er Jahre in den USA, ins-

---

4) In dieser Eigenschaft dürfte im übrigen eine der Querverbindungen liegen, die von Ergebnissen der Chaosforschung zu den nachfolgend behandelten unscharfen Mengen der Fuzzy-Set-Theorie weist. Der interessante Versuch einer Verknüpfung der beiden Ansätze wurde offensichtlich noch nicht unternommen.

besondere von dem Mathematiker Lotfi Zadeh, entwickelt, galten dort aber lange Zeit als unpräzise und somit wissenschaftlich unseriös. Dies hing sicherlich mit den negativen Assoziationen und Mißverständnissen zusammen, mit denen sich der englische Begriff „fuzzy“ (= unscharf, verschwommen, trüb, fusselig) für die westlichen Sprachen zunächst verknüpft. Dabei ist „Fuzzy Logic“ nicht etwa eine unscharfe Logik, sondern eine Theorie, die dazu dient, Unschärfen zu beschreiben und handhabbar zu machen (McNEILL & FREIBERGER 1994: 16f., 69). Sie baut dabei auf der Mengenlehre Georg Cantors auf (EBD.: 34f.), löst jedoch deren starre Grenzen auf und kombiniert die entstehenden, sich wechselseitig überlagernden Klassen regelhaft miteinander. Erst als diese Denkweise in Japan erfolgreich in (mit Hilfe der herkömmlichen Mathematik nur auf komplexe und zeitaufwendige Weise umsetzbare) technische Steuerungssysteme z.B. für Klimaanlagen, Waschmaschinen oder U-Bahnen umgesetzt und zu einem volkswirtschaftlich wichtigen Faktor wurde, kam Anfang der 80er Jahre auch im Westen die Diskussion um unscharfe Mengen, „Fuzzy Sets“, und eine Erweiterung des binären logischen Denkens um „Fuzzy Logic“ auf, wobei sich der Begriff nunmehr schon als Modewort in der Populärliteratur niedergeschlagen hat. Daneben wird die Theorie u.a. in der Sprachforschung eingesetzt (weil aufgrund der Übergänge von Wortbedeutungen auch die Sprache ein fuzzy-logisches System darstellt; vgl. DRÖSSER 1994: 17), des weiteren für ökonomische Modelle oder medizinische Diagnosesysteme (bei denen Entscheidungen über die Art einer Behandlung aufgrund einer Vielzahl einander überlappender Symptome getroffen werden), - also für die Modellierung und Steuerung komplex-dynamischer, nur schwer in exakt mathematisch-quantitativer Form faßbarer Systeme.
Fuzzy-logische Steuerungen kennzeichnet dabei, daß sie

- mit unscharfen Begriffen arbeiten (z.B. „ziemlich hoch“, „mittelgroß“ - Formulierungen also, wie sie analog auch in planerisch verwendeten, ordinalen Kategorien auftauchen),
- unscharfe Regeln (qualitativ ausgedrückte Wenn-dann-Regeln, Faustregeln) benutzen,
- jeweils mehrere dieser Regeln verknüpfen, um eine Aussage über die durchzuführende Handlungsoption zu erzielen.

Im Zentrum der Beschäftigung mit Fuzzy Sets steht die Frage: Wie definieren sich Eigenschaften (ab wann ist z.B. ein Mensch als groß, eine Temperatur als heiß, analog: eine Tier- oder Pflanzenart als selten, häufig oder für einen Raum als repräsentativ zu bezeichnen)? Darauf aufbauend, daß die Ausprägungen vieler natürlicher Phänomene wie auch menschliches Denken und Sprache nicht auf streng voneinander getrennten Klassen, sondern auf Ausprägungen eines Kontinuums beruhen, ist man bestrebt, solche Kontinua durch Zugehörigkeitsgrade zu beschreiben (vgl. Abb. E\2a): So kann ein Fluß nur zu einem gewissen Grad (z.B. zum Grad 0,6; vgl. Abb. E\2a) als lang, aber gleichzeitig zu einem anderen (geringeren) Grad als kurz, bzw.

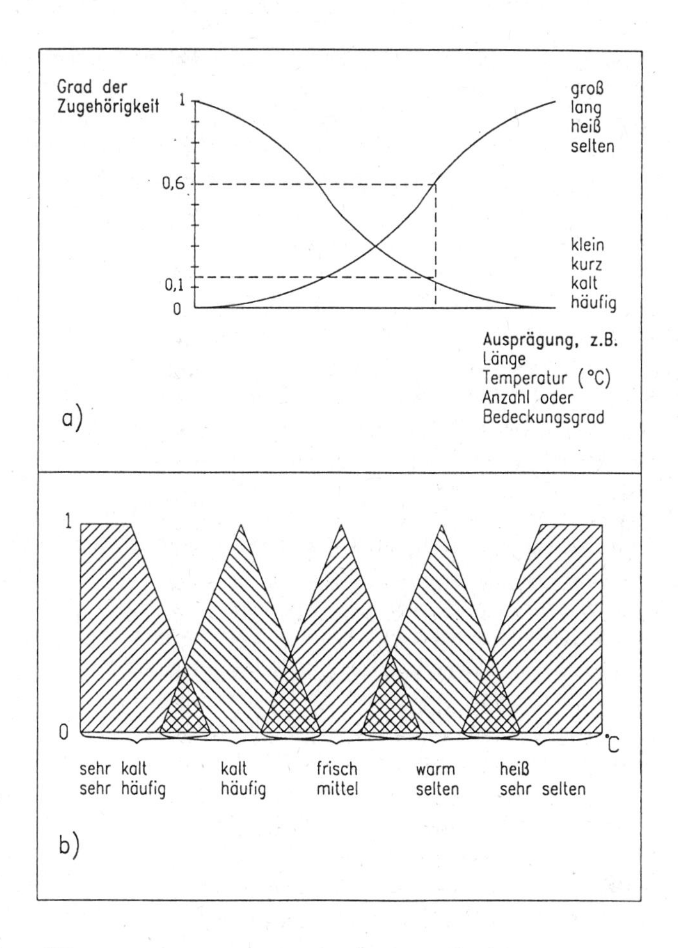

Abbildung E\2

Beschreibung von Kontinuen durch Zugehörigkeits-Kurven (a) bzw. sich wechselseitig überschneidende Zugehörigkeits-Klassen (b).

könnte analog eine Tier- oder Pflanzenart bezüglich ihres Auftretens zu einem bestimmten Grad als selten und gleichzeitig als häufig gelten. Auf diese Weise entstehen unscharfe Mengen („Fuzzy Sets"), die Teile besitzen, die nur zu einem bestimmten Grad zu ihnen gehören (MCNEILL & FREIBERGER 1994: 39ff.) und durch sogenannte „Zugehörigkeitsklassen" (KOSKO 1993: 177; vgl. Abb. E\2a) beschrieben werden. Darauf aufbauend werden die Kontinua natürlicher Ausprägungen in sich wechselseitig überlappende Beschreibungsklassen aufgelöst (vgl. DRÖSSER 1994: 32ff.;

McNeill & Freiberger 1994: 56; vgl. Abb. E\2b). Eine solche Beschreibungsfolge repräsentiert beispielsweise die Temperaturskala „sehr kalt - kalt - frisch - warm - heiß"; ähnlich könnte das Auftreten einer Tier- oder Pflanzenart über die Folge „sehr häufig - häufig - durchschnittlich - selten - sehr selten" erfaßt werden. Lediglich die Extremwerte 0 und 1 des Kontinuums (die eindeutige Zugehörigkeit bzw. Nichtzugehörigkeit ausdrücken) müssen genau festgelegt sein. So versucht man, den natürlichen Spektren der „Grauwerte" und Übergänge gerecht zu werden und eine Beschreibung unter möglichst wenig Informationsverlust zu erreichen (McNeill & Freiberger 1994: 50).
Derartige Kontinua, bei denen die Pole eindeutig definiert sind, aber Unklarheit besteht, wie mit dem Mittelbereich umzugehen ist, treten auch bei planerischen Kategorisierungen und Einstufungen geläufig auf: So besteht meist Klarheit über ein explizit vielfältiges und ein ausgesprochen eintöniges Landschaftsbild, auch über die Schutzwürdigkeit von Grünlandgesellschaften extrem nasser, trockener und/oder nährstoffarmer Standorte und die bislang aus naturschutzfachlicher Sicht eher geringe Schutzwürdigkeit der überdüngten Fettwiesen, hingegen oft Unsicherheit, wie z.B. mit den Grünlandausprägungen mittlerer Standorte hinsichtlich ihrer Erhaltenswürdigkeit zu verfahren ist.
Im übrigen sind solche qualitativen Klassifizierungen auch im Bereich der klassischen Dynamik, einer Disziplin der Physik, auf dem Vormarsch (vgl. Prigogine & Stengers 1990: 9), weil Meßgenauigkeiten auch hier an Grenzen stoßen. Auch von dieser Seite her wird daher verschiedentlich für einen „qualitativen Ansatz unserer Erkenntnis" plädiert, der es zwar nicht erlaubt, Phänomene exakt vorherzusagen, aber doch, sie zu kategorisieren (Ekeland 1989: 132).

Als weiteres Kennzeichen fuzzy-logischer Steuerungen werden Abläufe und Muster nicht durch mathematische Gleichungen oder numerische Angaben dargestellt, sondern als „unscharfe" verbale Regeln, die häufig der Alltagssprache entstammen und als Wenn-dann-Sätze formuliert sind (Beispiel: Wenn das Auto *zu schnell* fährt, dann *langsam* werden, d.h. das Gaspedal *etwas loslassen*; Kosko 1993: 153). Über derartige Wenn-dann-Regeln, die verschiedene Klassen eines Kontinuums zueinander in Bezug setzen, läßt es sich umgehen, Ausprägungen und Beziehungen in feste Werte und Formeln (z.B. definierte Grenz- oder Schwellenwerte) zu zwängen. Komplizierte Funktionsweisen von Systemen werden durch einfache Begriffe beschrieben, denen oft alltägliche Erfahrung zugrunde liegt, wobei es nicht notwendig ist, die exakten Ausprägungen und das Zusammenwirken der Parameter genau zu kennen: Die Steuerungsanweisungen, auf die das System reagiert, sind keine numerischen Sollwerte, sondern der Erfahrung entstammende verbal formulierte Vorgaben.
Weil die einzelnen Fuzzy-Mengen sich überschneiden, kann es sein, daß ein und derselbe Zustand mehrere Regeln gleichzeitig, aber in verschiedenem Maß aktiviert

(DRÖSSER 1994: 12). Auf diese Weise kommen in derartigen Steuerungssystemen meist mehrere Regeln parallel zur Anwendung, wobei gleichsam aus den Wirksamkeitsbereichen aller aktivierten Regeln ein gemeinsamer „Schwerpunkt“ gebildet wird, der dann die Ausführung bestimmt (DRÖSSER 1994: 103; KOSKO 1993: 209). Dabei sind in Fuzzy-Steuerungen meist weniger Regeln notwendig als in herkömmlichen Systemen und können auch scheinbar widersprüchliche Angaben integriert werden (DRÖSSER 1994: 107).

Daß derartige auf „Grauwerten“ und Kombinationen von Regeln beruhende Entscheidungen in verschiedenen Lebensbereichen anzutreffen sind, verdeutlicht exemplarisch die Rechtsprechung: Neben feste Angaben mit definiertem Anfangs- und Endpunkt (z.B.: „Auf Diebstahl stehen x-y Jahre Gefängnis“), die oft bereits einen Ermessensspielraum enthalten, treten bei der Urteilsfindung oft Merkmale der Persönlichkeit des Täters, seiner Motivation zu der verübten Tat sowie des sozialen Hintergrundes, die nicht genau faßbar sind, vom Richter aber durch Kombination von Entscheidungsregeln zu einem resultierenden genauen Urteil (nämlich „z Jahre Gefängnis“) zusammengefaßt werden.

Der Ablauf einer „unscharfen“ Steuerung stellt sich also wie folgt dar (vgl. Abb. E\3): Es werden die relevanten, das dynamische Verhalten eines Systems kennzeichnenden Variablen ausgewählt (z.B. Änderung der Geschwindigkeit eines Motors in Abhängigkeit von der Temperatur), in sich wechselseitig überlappende Kategorien aufgelöst („fuzzifiziert“) und mit Hilfe von Wenn-dann-Regeln miteinander kombiniert (z.B.: „Wenn es warm ist, dreht sich der Motor schnell“). Die Gültigkeitsbereiche der kombinierten Regeln können als eine Reihe von Flächen dargestellt werden, die sich wechselseitig überschneiden (vgl. Abb. E\3). Bei technischen Anwendungen muß das Ergebnis meist wieder in eine präzise Anweisung (z.B. die genaue Geschwindigkeit des Antriebsmotors) umgewandelt, „defuzzifiziert“ werden. Dazu werden die relevanten, sich überlappenden Regelbereiche entweder im Sinne einer Schwerpunktbildung graphisch überlagert oder es wird der Maximalwert herangezogen. Die Wahl der Entscheidungsregel hängt von der Fragestellung und der Struktur des zu bewältigenden Problems ab (DRÖSSER 1994: 105; KOSKO 1993: 210). Einsichtigerweise ist dieses Prinzip stark vereinfacht dargestellt, weil tatsächlich eine viel größere Zahl von Regeln kombiniert werden kann.

Der wesentliche Unterschied dieser Steuerungssysteme zu kybernetischen Modellen liegt darin, daß sie nicht aufgrund starrer Regelgrößen funktionieren, sondern sich durch Kombination unterschiedlicher Wenn-dann-Regeln dem Systemverhalten anpassen, weiterhin darin, daß ihnen als Bausteine unscharfe, verbal formulierte Mengen („Fuzzy Sets“) zugrunde liegen. Der Hauptvorteil ist darin zu sehen, daß kein exaktes Modell des Gesamtprozesses benötigt wird (KOSKO 1993: 206), sondern bestehende Informationen über Faustregeln, Erfahrungen und Heuristik ergänzt werden. Bedeutsam ist allerdings, daß diese Regeln den zu modellierenden Prozeß hinreichend präzise kennzeichnen, denn auch durch Einsatz von Fuzzy Sets gesteu-

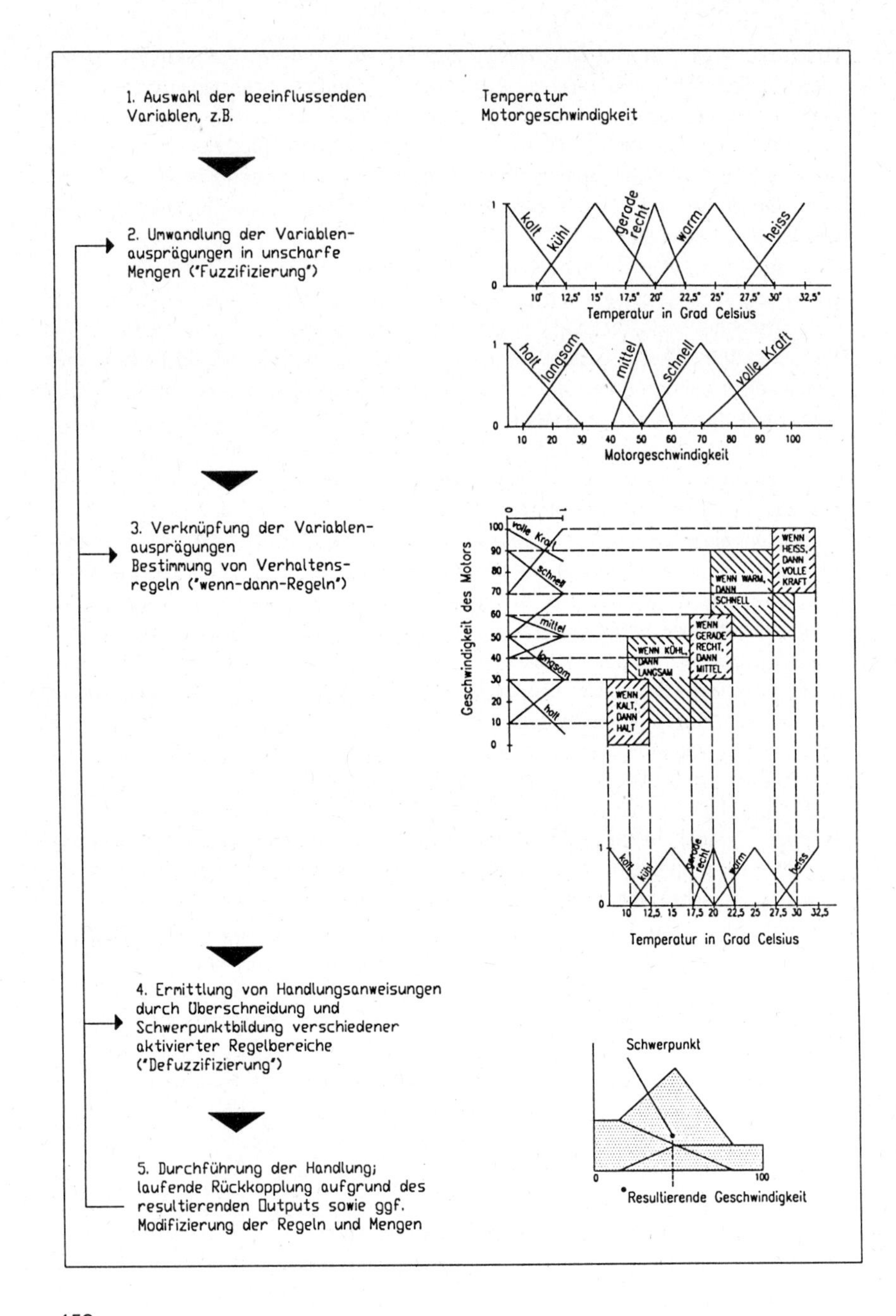
1. Auswahl der beeinflussenden Variablen, z.B.
Temperatur
Motorgeschwindigkeit
2. Umwandlung der Variablenausprägungen in unscharfe Mengen ("Fuzzifizierung")
kalt
kühl
gerade recht
warm
heiss
Temperatur in Grad Celsius
halt
langsam
mittel
schnell
volle Kraft
Motorgeschwindigkeit
3. Verknüpfung der Variablenausprägungen
Bestimmung von Verhaltensregeln ("wenn-dann-Regeln")
Geschwindigkeit des Motors
WENN KALT, DANN HALT
WENN KÜHL, DANN LANGSAM
WENN GERADE RECHT, DANN MITTEL
WENN WARM, DANN SCHNELL
WENN HEISS, DANN VOLLE KRAFT
Temperatur in Grad Celsius
4. Ermittlung von Handlungsanweisungen durch Überschneidung und Schwerpunktbildung verschiedener aktivierter Regelbereiche ("Defuzzifizierung")
Schwerpunkt
Resultierende Geschwindigkeit
5. Durchführung der Handlung; laufende Rückkopplung aufgrund des resultierenden Outputs sowie ggf. Modifizierung der Regeln und Mengen

erte Systeme können letztlich nur so gut sein wie die Regeln, die ihnen eingegeben werden (DRÖSSER 1994: 131). Auch durch Fuzzy Sets koordinierte Systeme sind interaktiv, d.h. sie optimieren sich laufend anhand der aktuellen Situation (DRÖSSER 1994: 108) und entsprechen damit dem Prinzip des Vorgehens in kleinen Schritten bei laufender Rückkopplung.

Diskussion einer Übertragbarkeit von Elementen der Fuzzy-Set-Theorie auf Planungsprozesse

Den Verfechtern zufolge (z.B. KOSKO 1993: 192) läßt sich mit dem dargestellten Vorgehen prinzipiell jedes System modellieren, näherungsweise erfassen sowie letztlich steuern und damit planen. Daß damit ein zu hohes Maß an Euphorie herrscht, scheint auf der Hand zu liegen. So besteht ein wesentlicher Unterschied von über Fuzzy Sets modellierten zu natürlichen Systemen darin, daß bei ersteren die wesentlichen beeinflussenden Variablen - auch wenn es sich um viele komplex zusammenhängende handelt - identifizierbar sein müssen und daß als Ergebnis ein exakter Ausgabewert zur Steuerung solch technischer Systeme, beispielsweise eine einzuhaltende Geschwindigkeit, resultiert. Eine direkte Übertragbarkeit auf ökologische Systeme ist auch deshalb nicht möglich, weil Voraussetzung technischer, auf fuzzy-logischen Regeln beruhender Steuerungen permanente Rückkoppelung ist, wobei pro Sekunde durch elektrische Impulse u.U. Tausende von Befehlen ausgegeben und Rückkopplungen empfangen werden (MCNEILL & FREIBERGER 1994: 164). Während bei technischen Systemen sofort eine Rückkopplung erfolgt, reagieren natürliche Systeme auf Einflüsse meist mit Verzögerung.
Allerdings kommen Fuzzy-Modellierungen in der Ökosystemforschung bereits zum Einsatz, um z.B. das Verhalten von Populationen abzubilden[5)]; auch bestehen Überlegungen zu ihrem Einsatz in der Landschaftsbewertung (SYRBE 1997). Es bleibt weiterhin zu überlegen, ob *einzelne Elemente und Denkweisen* der Fuzzy-Logik in Planungsabläufe eingebaut werden können. Hier ist sicherlich noch wesentlicher Forschungsbedarf gegeben, wobei, ausgehend vom herkömmlichen kybernetischen Modell (Abb. E\1 auf S. 144) dessen Bausteine in folgender Weise Ansatzpunkte bie-

Abbildung E\3 (gegenüber)

Aufbau einer Steuerung aus „fuzzy-logischen" Elementen (nach DRÖSSER 1994: 95f.; KOSKO 1993: 196f.).

[5)] Ein entsprechender Hinweis, daß im „Projektzentrum Ökosystemforschung" der Universität Kiel die unscharfe Logik verwendet wird, um Ökosysteme zu modellieren und hierbei ein fuzzy-logic-gestütztes Programm zum Einsatz kommt, um den Bruterfolg von Feldlerchen in einem bestimmten Gebiet abzuschätzen, fand sich in einer Computerzeitschrift (COMPUTER & CO 6/96, Beilage zur Süddeutschen Zeitung: 36).

ten könnten, um durch Elemente der Fuzzy-Set-Theorie erweitert zu werden (vgl. Abb. E\4):

- *Zu 1. Datenmodell:*
  So kann überlegt werden, inwieweit man den Kontinua natürlicher Ausprägungen und „Grauwerte" gerecht werden kann, indem man anstelle von exakten Abgrenzungen und kardinalen Klassifizierungen einzelner Parameter wie „Vielfalt", „Seltenheit" oder „Wiederherstellbarkeit" sich überschneidende begriffliche Kategorien zuläßt. Gleichermaßen sind Wirkfaktoren und deren Folgen (z.B. eine angenommene hohe, mittlere oder geringe Beeinträchtigung von Artvorkommen durch Veränderung eines Standortfaktors) oft nicht exakt bekannt, sondern nur über Faustregeln in ihrem Ausmaß und möglichen Konsequenzen beschreibbar; zudem stehen sie unter der Unsicherheit, ob und mit welcher Intensität sie tatsächlich eintreten. Auch hier kann es sinnvoll sein, das Spektrum eines Wirkfaktors oder einer ökologischen Meßgröße mit sich überschneidenden Begriffen abzudecken.
  Eine Annäherung an derartige „unscharfe" Klassifikationen können ordinale Rangfolgen wie die beispielhaft wiedergegebene Beschreibung der Eigenart des Landschaftsbildes (vgl. Abb. E\5) darstellen, denen keine kardinalen, sondern verbal beschriebene Klassen von Ausprägungen zugrunde liegen, die an ihre Rändern gleichfalls „unscharf" sind und in ihrer Gesamtheit versuchen, das Kontinuum widerzuspiegeln, in dem die Eigenart des Landschaftsbildes sich darstellt. Daneben aber gewinnen unter dem Aspekt der „unscharfen Mengen" Beschreibungen, Wortmodelle also, über die mit dem gleichfalls unscharfen System „Sprache" (s.o.) die Ausprägung natürlicher Kontinua am ehesten treffend und ganzheitlich wiedergegeben werden kann, neue Bedeutung. Ein weiterer Anwendungsbereich von unscharfen Mengen und Zugehörigkeitsgraden ist bei der Festlegung von Raumeinheiten als Grundlage für Planungsaussagen denkbar: Aufgrund mehr oder minder fließender Übergänge im Gelände stellt die Abgrenzung von „Ökosystemen", „Biotopen" oder „landschaftsökologischen Raumeinheiten" eine abstrahierende Modellbildung dar, die man auch durch sich wechselseitig überlappende Zugehörigkeitsklassen darstellen könnte.
- *Zu 2. Theoriebildung:*
  Bei der Theoriebildung und Bestimmung von Anwendungsregeln kann versucht werden, die Ausprägungen verschiedener untereinander in Beziehung stehender Sachverhalte aufgrund von Wenn-dann-Regeln zu kombinieren, die das Systemverhalten beschreiben. Beispielsweise ist es vorstellbar, daß das Verhalten von Populationen oder von Lebensgemeinschaften gegenüber Umwelteinflüssen oder durch Eingriffe hervorgerufenen Auswirkungen auf diese Weise in der Spannweite

Abbildung E\4 (gegenüber)

Erweiterung des kybernetischen Modells um Aspekte der Fuzzy Set-Theorie.

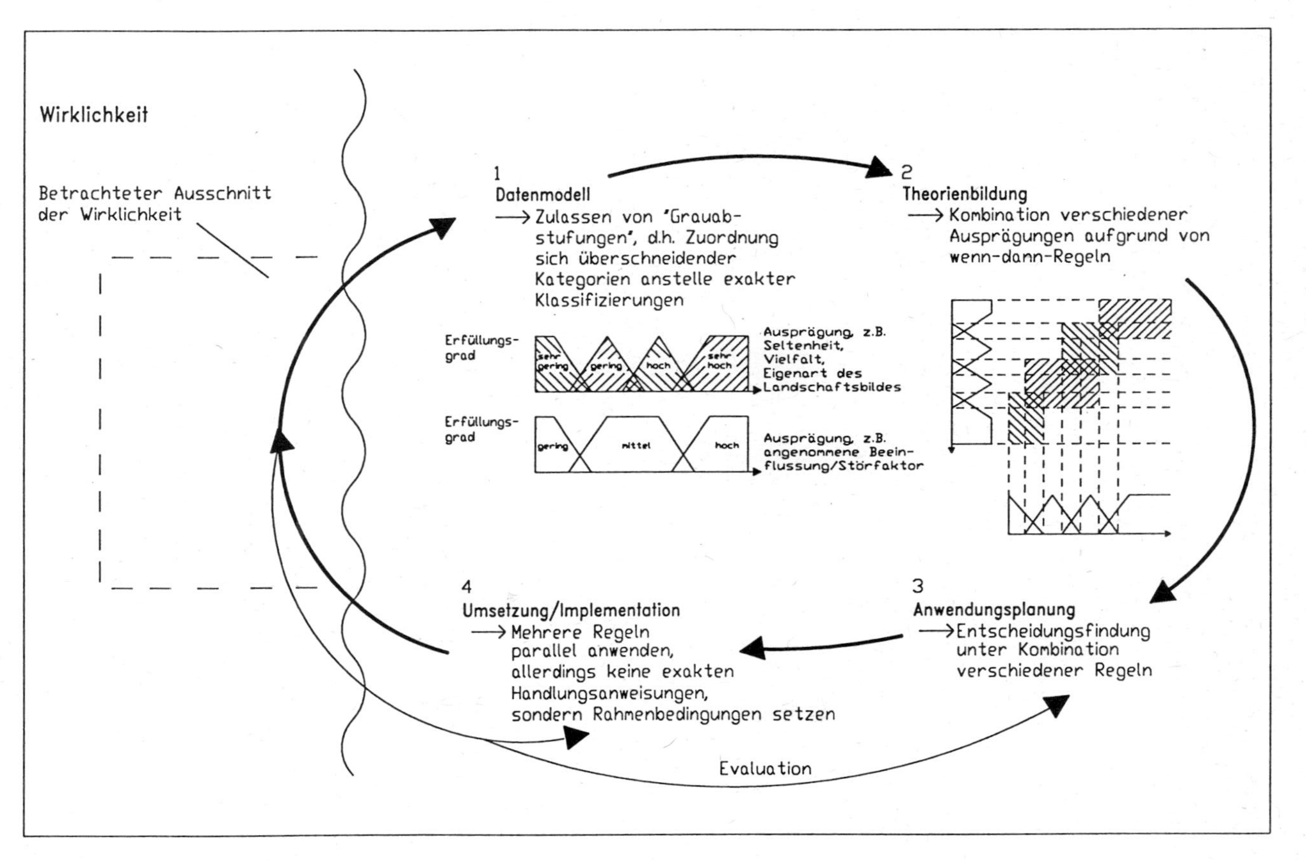
Wirklichkeit
Betrachteter Ausschnitt der Wirklichkeit
1
Datenmodell
→ Zulassen von 'Grauabstufungen', d.h. Zuordnung sich überschneidender Kategorien anstelle exakter Klassifizierungen
Erfüllungsgrad
sehr gering
gering
hoch
sehr hoch
Ausprägung, z.B. Seltenheit, Vielfalt, Eigenart des Landschaftsbildes
Erfüllungsgrad
gering
mittel
hoch
Ausprägung, z.B. angenommene Beeinflussung/Störfaktor
2
Theorienbildung
→ Kombination verschiedener Ausprägungen aufgrund von wenn-dann-Regeln
3
Anwendungsplanung
→ Entscheidungsfindung unter Kombination verschiedener Regeln
4
Umsetzung/Implementation
→ Mehrere Regeln parallel anwenden, allerdings keine exakten Handlungsanweisungen, sondern Rahmenbedingungen setzen
Evaluation

Rangstufe	Ausprägung der Eigenart	Erläuterung
1	sehr gering	Im visuellen Eindruck der Landschaftsbildeinheit dominieren künstliche, anthropogen-technisch geformte Elemente und Nutzungsformen. Kulturhistorisch bedeutsame Elemente oder prägnante, über einen gewissen Zeitraum hinweg entwickelte Nutzungsformen/-elemente fehlen. Beispiel in der Planungsregion: Industrie- und Raffinerieflächen.
2	gering	Im visuellen Eindurck der Landschaftsbildeinheit dominieren Bau- und Nutzungsformen, an denen keine längere, für den Landschaftsraum typische Entwicklung ablesbar ist. Kulturhistorisch wertvolle und/oder prägnante, über längere Zeiträume entwickelte Nutzungsformen/-elemente sind kaum vorhanden. Beispiele in der Planungsregion: Ausgeräumte, intensiv genutzte Agrarlandschaft, großflächige forstliche Monokulturen (Nadelforste).
3	durchschnittlich	Der visuelle Eindruck der Landschaftsbildeinheit enthält das „Normalbild" einer über längere Zeit gewachsenen, gut strukturierten, i.d.R. agrarisch oder forstlich genutzten Landschaft mit einzelnen bäuerlichen Siedlungselementen. Beispiele in der Planungsregion: Gut strukturierte Agrarlandschaften mit etwa gleichen Anteilen an Acker, Grünland, Wald sowie kleineren Ansiedlungen; Forstbereiche, in denen ein ablesbarer Wechsel von Flächen verschiedener Altersklassen und/oder von Laub-, Misch-, Nadelwaldbeständen auftritt.
4	hoch	Im visuellen Eindruck der Landschaftsbildeinheit dominieren charakteristische Abfolgen/Konstellationen i.d.R. über längere historische Zeiträume entwickelter Bau- und Nutzungsformen/-elemente, ggf. zusammen mit erhaltenen naturbetonten Bereichen und Elementen. Diese weisen ein hohes Maß an Prägnanz und Kontinuität auf und sind in ihrem Auftreten weitgehend an den Landschaftsraum gebunden. Beispiele in der Planungsregion: Flußauen und Wiesentäler mit charakteristischer Abfolge von Fließgewässern mit begleitenden Gehölzstrukturen, Grünlandbereichen, angrenzenden Hangkanten; durch typische Straßendörfer gegliederte Mooslandschaften, gut strukturierte Agrarlandschaften mit hohem Anteil gebietstypischer Sonderkulturen (z.B. Hopfenanbaugebiete, Grünlandgebiete), sehr reich und kleinteilig strukturierte Forstbereiche (z.B. großflächige Hudewälder).
5	sehr hoch	Im visuellen Eindruck der Landschaftsbildeinheit dominieren charakteristische Abfolgen/Konstellationen prägnanter, historisch entwickelter Bau- und Nutzungsformen/-elemente, die in ihrem Auftreten an den Landschaftsraum gebunden sind. Es sind i.d.R. kultur- und naturhistorische Elemente von hohem Bekanntheitsgrad und Symbolgehalt sowie hoher Fernwirkung vorhanden. Beispiele in der Planungsregion: Bereiche des Altmühltals mit charakteristischer Kombination von Felsstandorten, Wacholderheiden und Trockenrasen, ggf. mit zusätzlich hineinspielender Fernwirkung (z.B. Eichstätter Burg).

möglicher Veränderungen adäquater abgebildet werden kann als durch mathematisch-quantitative Modellierungen. Abb. E\6 zeigt einen Ansatz, wie versucht werden kann, eine Schar möglicher Toleranzkurven, Überlebenskurven oder Individuenzahlen im Hinblick auf das mögliche Verhalten gegenüber einem Störfaktor mit Hilfe der Theorie unscharfer Mengen darzustellen.

- *zu 3. Anwendungsplanung:*
  Das Prinzip der gleichzeitigen Anwendung verschiedener Regeln sollte auch bei Entscheidungen in der Umweltplanung beachtet werden. In der Anwendungsplanung ist daher zu überlegen, wie man aus der Überlappung der Gültigkeitsbereiche mehrerer Regeln zu situationsangemessenen Entscheidungen gelangt.
- *zu 4. Umsetzung/Implementation:*
  Bei der Umsetzung wird ein wesentlicher Unterschied im Vergleich zur Steuerung komplexer technischer Systeme gesehen, die auf beeinflußbare, quantifizierbare Einzelgrößen (z.B. Geschwindigkeit, Schubkraft, Masse) reagieren. Landschaften sind im Vergleich zu diesen großteils „black boxes", deren komplexes Gefüge nicht vollständig erkannt und bei dem exakte Beeinflußbarkeit im Sinne genau definierter Regelgrößen nicht gegeben ist.
  Vielmehr sollte der Gedanke der unscharfen Mengen bei der Formulierung planerischer Ziele dergestalt aufgegriffen werden, daß nicht alles bis ins letzte vorbestimmt wird, sondern auch für künftige Entwicklungen „Grauzonen" belassen werden. Beispielsweise bedeutet dies für das Landschaftsbild, das in seiner aktuellen Form selbst Ergebnis eines vielgestaltigen, dynamischen Prozesses ist, für die Zukunft gerade kein festes Leit-"Bild" zu formulieren, sondern einen Rahmen zu beschreiben, in den Bauwerke und Veränderungen sich so einfügen können, daß die bestehenden Maßstäbe zwar weiterentwickelt, aber nicht gesprengt werden: Es darf und soll zwar Neues hinzukommen, jedoch in einer Weise, daß in der Kontinuität einer fortschreitenden Entwicklung von Landschaften kein Bruch auftritt (JESSEL 1993: 28). Wird im Rahmen der Landschaftspflege eine seit längerer Zeit brach gefallene Magerfläche wieder entbuscht und unter Beweidung genommen, bleibt zu überlegen, ob nicht in vielen Fällen das Grobziel „Halbtrockenrasen" ausreicht, anstatt möglichst exakt die erwünschten Arten und Lebensgemeinschaften bis auf Subassoziationsebene festzuschreiben und - wie oft der Fall - mit detaillierten Pflegemaßnahmen gegenzusteuern, falls die Fläche sich anders ent-

Abbildung E\5 (gegenüber)

Beschreibung eines Kontinuums mit Hilfe ordinaler Klassen. Beispiel: Eigenart des Landschaftsbildes (Beschreibung der Ausprägungen und Zuordnung der Klassen zu einzelnen im Untersuchungsraum abgegrenzten Landschaftsbildeinheiten; JESSEL in SCHILD ET AL. 1992: 56f., ergänzt.)

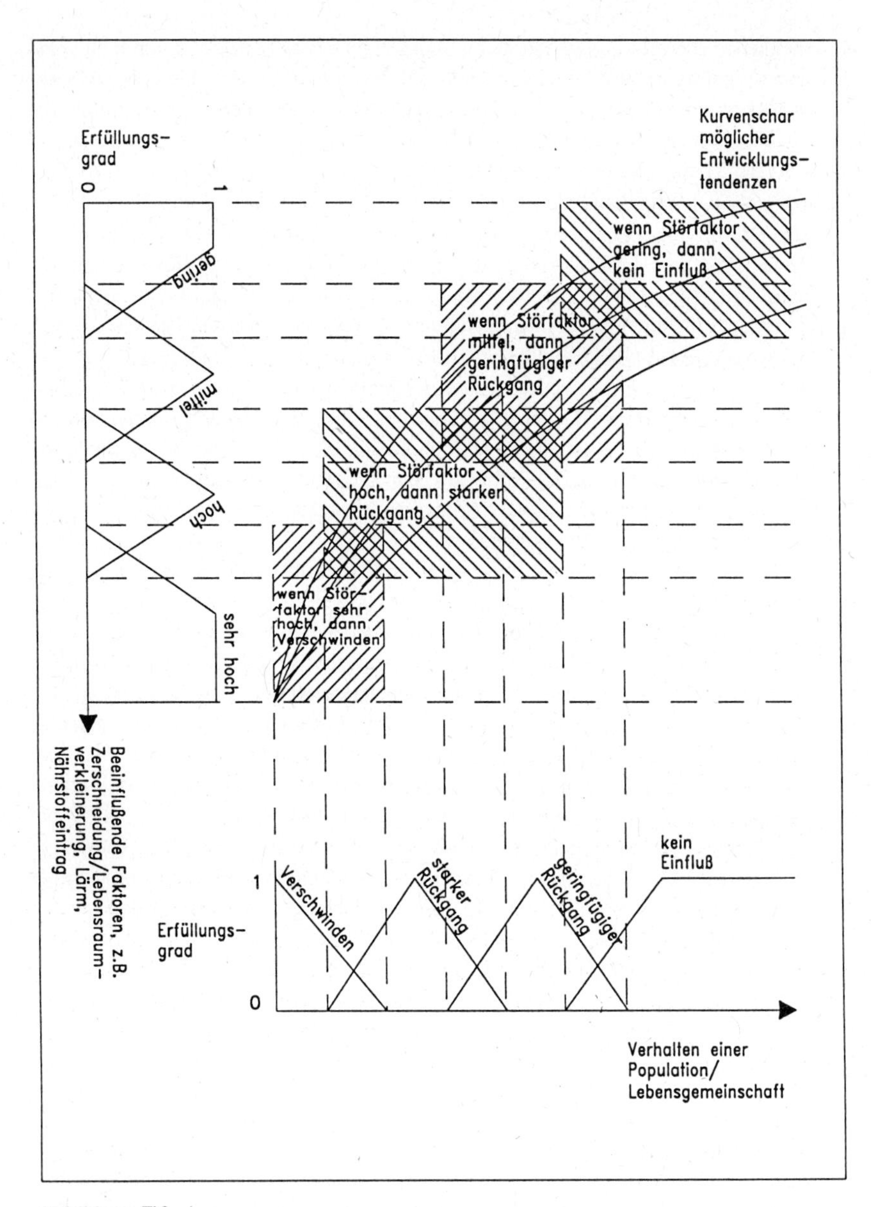

Abbildung E\6

Mögliche Anwendung der Unschärfetheorie zur Abbildung des Verhaltens von Populationen gegenüber Umwelteinflüssen.

wickelt. Auch in der gemeindlichen Landschaftsplanung sollten die neben den Einzelfestsetzungen getroffenen, für Privatpersonen nicht unmittelbar verbindlichen, flächigen (aber nicht flächenscharfen) Zielzuweisungen, wie z.B. die Extensivierung landwirtschaftlicher Nutzung oder Flurdurchgrünung, als Rahmen aufgefaßt werden, der beim Auftreten neuer Bedingungen, z.B. der jeweiligen Verfügbarkeit von Fördermitteln, in unterschiedlicher Intensität ausgeschöpft werden kann.

Diese Sichtweise entspricht der von verschiedener Seite (CASTELLS 1992: 177; DÖRNER 1995: 275ff.; EBENHÖH 1991: 1; HABER 1993c: 105; OZBEKHAN 1971: 192f.) vorgebrachten Forderung nach „strategischer" bzw. „strategieorientierter" Planung, die keine festen Zielzuweisungen trifft, sondern einen Rahmen absteckt, der anhand der konkreten Gegebenheiten flexibel ausgefüllt und zudem einer laufenden Kontrolle, Rückkopplung und Modifikation unterworfen ist. Gerade bei den aktiven planerischen Entwicklungsinstrumenten sollten getroffene Zielvorgaben von festen Steuerungsgrößen absehen, sondern genügend Raum auch für unverhofft eintretende Entwicklungen lassen. Hingegen wird es im Zuge der reaktiven Planungsaufgaben, z.B. für Ausgleichs- und Ersatzmaßnahmen, sinnvoll sein, Zielgrößen (beispielsweise in Form von Entwicklungszeiträumen oder Zielarten) zu benennen, um damit Ansatzpunkte für eine Evaluation, für Erfolgskontrollen also, zu geben und so eine bessere Durchsetzbarkeit zu gewährleisten.

Die Fuzzy-Set-Theorie kann auch für die Diskussion um Grenz- und Schwellenwerte von Bedeutung sein: Herkömmliche Grenzwerte (z.B. Belastungswerte, die zulässige Stoffkonzentrationen angeben; Beispiel: zulässiger Nitratgrenzwert vom 50 mg/l nach Trinkwasserverordnung) definieren eine exakte Schwelle, an der eine Ja-nein-Entscheidung angesiedelt ist, die z.B. für die Zulässigkeit eines Stoffeintrages oder einer Nutzung maßgebend ist; sie können dabei jedoch auftretende Wechselwirkungen, Synergismen und Antagonismen mit anderen Stoffen, kaum berücksichtigen. Auch hier kann versucht werden, das Kontinuum stofflicher Konzentrationen, Nutzungsintensitäten u.a.m. in „unscharfe Mengen" aufzulösen mit der Konsequenz,

- daß z.B. anstelle exakter Grenzwerte zulässige Belastungs*spannen* definiert werden;
- daß man auch hier in der *Überlagerung* und *Kombination* verschiedener Parameterausprägungen im Zusammenhang mit den jeweils wirksamen Rahmenbedingungen zu Entscheidungen gelangt.

E.1.2 Ineinandergreifen verschiedener Betrachtungsweisen

Auch Modelle können nur eine Annäherung an den Ablauf von Planungsprozessen mit heuristischem Nutzen bedeuten; sie enthalten - wie es Kennzeichen eines jeden Modells ist - eine zielgerichtete Abstraktion im Hinblick auf die Frage, wie einzelne Teile von Planungsprozessen durch „Grauwerte" angereichert werden können. Wie die folgende Beschreibung ergänzend zeigen soll, sind in Planungsabläufen diese Bestandteile oft nicht klar trennbar, sondern infolge eines vielfältigen Ineinandergreifens verschiedener Betrachtungsformen und Herangehensweisen zusätzlich untereinander verwoben.

So wird zu Beginn von Planungsprozessen die vorgegebene oder erst noch auszuformulierende Fragestellung (Beispiel: Erstellung eines parzellengenauen Pflege- und Entwicklungsplanes für ein Schutzgebiet; Ausarbeitung von Grobzielen und -maßnahmen zu Schutz, Pflege und Entwicklung von Natur und Landschaft auf überörtlicher Ebene im Zuge eines Landschaftsrahmenplans u.a.m.) zusammen mit vorhandenen Informationen (z.B. Gutachten und Vorarbeiten) und eigener überschlägiger Geländekenntnis zur Entwicklung eines ersten Arbeitsmodells, einer Grobstrukturierung des Vorgehens, führen. Bereits hier spielen durch die Fragestellung, von der ausgehend Ableitungen und Annahmen getroffen werden zum einen, über vorhandene Daten und Erfahrungen zum anderen, sowohl deduktive als auch induktive Aspekte hinein. Da man Landschaften als solche nicht messen kann, muß für die notwendige Datenbeschaffung die Komplexität von Naturhaushalt und Landschaftsbild reduziert, d.h. im Hinblick auf die zu bearbeitende Fragestellung in erhebbare und darstellbare Bestandteile zerlegt werden, womit sich zunächst zwangsläufig ein reduktionistisches Vorgehen verbindet: Einzelne Parameter, z.B. Bodenkennwerte, aber auch Artenvorkommen können oft zunächst nur punktweise erhoben werden und sind darauf aufbauend wieder zu flächendeckend darstellbaren Ausprägungen beispielsweise der Bodenarten zu interpolieren bzw. in ihrem Zusammenwirken mit anderen Standorteigenschaften zu übergeordneten räumlichen Einheiten (etwa landschaftsökologischen Raumeinheiten) zusammenzufassen.

Im Anschluß an die Grunddatenerhebung sowie eine (induktiv) daraus erfolgte Hypothesenbildung und genauere Problemstrukturierung ergeben sich auf dem Wege der Analyse von Detailproblemen Aussagen über z.B. Konfliktbereiche und zeichnen sich unter Umständen erste Sollvorstellungen ab. Diese vor allem induktiv gewonnenen Erkenntnisse müssen sich dem Arbeitsmodell einfügen, das auf der Basis der Planungsziele und der Kenntnis der Gesamtzusammenhänge deduziert wurde. Ggf. wird man aber auch iterativ zurückschreiten und dieses Arbeitsmodell aufgrund bei den Erhebungen zusätzlich gewonnener Erkenntnisse oder neu aufgetretener Problemstellungen abändern.

Auch bei der Erstellung der Wirkungsprognosen spielen unterschiedliche Vorgehensweisen eine Rolle: Kennt man den Zustand und die Gesetzmäßigkeiten eines Sy-

stems bzw. seiner Bestandteile genau, liegen also beispielsweise für einzelne Wirkfaktoren hinreichend genaue und abgesicherte Ausbreitungsmodelle vor, so kann man daraus deduktiv Annahmen für die weitere Entwicklung des Systems treffen. Dies wird für den Bereich ökologisch orientierter Planungen jedoch eher die Ausnahme darstellen bzw. dürfte bestenfalls auf isolierte Teilbereiche im Landschaftshaushalt anwendbar sein. Meist wird man gezwungen sein, aus den vorliegenden, mehr oder weniger vollständigen Daten über die Entwicklung einzelner Variablen in der Vergangenheit sowie mit Hilfe von Analogieschlüssen aus vergleichbaren Entwicklungen induktiv Prognosen zu erstellen.
Erhobene und prognostizierte Einzelinformationen müssen zu einer Beurteilung des jetzigen und künftigen Zustandes von Naturhaushalt und Landschaftsbild zusammengeführt werden, wobei wieder eine ganzheitliche Einordnung in ein übergreifendes Gedankengebäude bzw. im Hinblick auf die definierten Planungsziele notwendig ist, die durch bloßes Aufaddieren von Einzelzuständen oder Einzelwertungen nicht erreicht werden kann. Daraus abgeleitete Maßnahmen können wieder nur gleichsam reduktionistisch an einzelnen Bestandteilen von Landschaften anknüpfen, da man nicht alle Zustände und Wechselwirkungen der Komponenten gleichzeitig kennen kann; sie müssen allerdings ihrerseits wieder im Hinblick auf ihre zu erwartende Wirkung auf das Gesamtsystem interpretiert werden. Mit der Verknüpfung und Auswertung von Daten, bei der z.B. zwischen einzelnen vorgefundenen Ausprägungen neue Bezüge hergestellt werden, wie auch mit der Konzeption alternativer Handlungsfolgen verbinden sich Kreativität und Phantasie, die wiederum zu einer Vermehrung von Komplexität und Information führen (WILLKE 1991: 27), dann aber unter dem Gesichtspunkt der Handlungsfähigkeit des Systems sowie des Erreichens des Planungsziels wieder auf die am ehesten realisierbar erscheinende Option reduziert werden müssen. Auch solche kreativen Einfälle können es erforderlich manchen, daß rückschreitend nochmals ergänzende Untersuchungen durchgeführt werden; u.U. lassen sie es sogar geraten erscheinen, weitere Anpassungen am Arbeitsmodell vorzunehmen.
Deutlich werden soll durch diese stark verkürzte Beschreibung, daß bei Planungsprozessen induktive und deduktive Vorgehensweisen, ganzheitliche und reduktionistische Betrachtungsformen, Analyse und Synthese (STACHOWIAK 1970: 10), sowie Erzeugung und Reduktion von Komplexität (RITTEL 1992: 68) wechselseitig aufeinander bezogen sind. Daß Planung im Sinne eines iterativen Prozesses zwischen den unterschiedlichen Betrachtungsformen hin- und herpendelt, macht es so schwer bzw. - gemessen am *tatsächlichen* Vorgehen - eigentlich meist unmöglich, Planungsabläufe, in denen ein Schritt auf den anderen folgt, zu konstruieren. Nichtsdestoweniger können solche modellhaften Darstellungen jedoch notwendig sein, um im Nachhinein Planungsziele, erhobenes Datenmaterial und die Ergebnisse in einen plausiblen Zusammenhang zu stellen.

Zur Möglichkeit „holistischen" Planens

Reduktionistische Vorgehensweisen, z.B. zwangsläufig an konkreten Meßpunkten ansetzende Untersuchungsmethoden und Datenerhebungen, und ganzheitliches Interpretieren sind keine unversöhnlichen Gegensätze. Mit letzterem verbindet sich der von SMUTS (dt. Ausgabe von 1938) geprägte Begriff des „Holismus", unter dem er eine der Welt innewohnende schöpferische Kraft und Richtung einer aufsteigenden Evolution von einfachen zu immer komplexeren Gebilden versteht. Dabei weist jede neue Komplexitätsstufe emergente, d.h. zusätzliche Eigenschaften auf, die sich nicht allein aus den Eigenschaften ihrer Teilkomponenten ergeben.

Der Begriff „Holismus" ist in der Wissenschaftstheorie umstritten, weil Gefahren vor allem in einer Mystifizierung letztlich nicht mehr faßbarer Ganzheiten gesehen werden, die sich in nicht mehr problematisierten Ideologien niederschlagen können (KLAUS & BUHR 1975: 523). Bei der Verwendung gilt es jedoch, zwischen „holistischem" Handeln bzw. Planen (das z.B. Popper mit seiner Auffassung von Gesellschaftsplanung als „Stückwerk-Technik" zu Recht ablehnt) und notwendigem „holistischem" Interpretieren, d.h. dem Einordnen einzelner Daten und Informationen in Zusammenhänge, zu unterscheiden. Das Auftreten von emergenten Eigenschaften bei übergeordneten Einheiten (z.B. des Sachverhalts, daß Lebewesen nicht allein aus dem Zusammenwirken ihrer Moleküle, Zellen oder auch Organe erklärt werden können) wird dabei weder von POPPER (1987: 61f.) noch von BUNGE (1983: 99), der dem Holismus gleichfalls skeptisch gegenübersteht, geleugnet. Dem entsprechen auch Ergebnisse der Gestaltpsychologie, die sich wesentlich als Reaktion auf das vom frühen Behaviorismus verfochtene Reiz-Reaktions-Schema von Lebensvorgängen entwickelt hatte: Die Gestalttheoretiker können zeigen, daß gewisse mit Wahrnehmung verbundene Tatsachen mittels des Zusammenwirkens von Reiz und Reaktion allein nicht erklärt werden können und nehmen darauf aufbauend an, daß der Organismus auf die Gesamtkonstellation der Umwelt sozusagen mit einem Gesamtprozeß reagiert (KATZ 1961: 55).

Die Unmöglichkeit, komplexe Gebilde wie Landschaften im Zusammenwirken ihrer belebten und unbelebten Bestandteile holistisch durch Untersuchungen zu erfassen bzw. durch einzelne Maßnahmen auf diese Ganzheiten umfassend und in Kenntnis aller Folgen einzuwirken, muß demnach unterschieden werden von der Notwendigkeit, einzelne Ausprägungen und erwartete Maßnahmenwirkungen in Zusammenhänge einzuordnen: *Wir können die Umwelt nicht holistisch planen, müssen aber versuchen, sie holistisch zu interpretieren* (JESSEL 1995: 95), zumal sie auch über die Wahrnehmung ganzheitlich erfahren wird.

Planung kann dabei nie vollständig sein, außer in eng umrissenen Teilbereichen (DÖRNER 1995: 239): Eine holistische, großräumig oder gar global ansetzende Planung, wie z.B. LESER (1991: 293) sie fordert, hätte zur Bedingung, daß alle Zustandsformen, Zusammenhänge und Wechselwirkungen der Bestandteile der belebten und unbelebten Umwelt zu einem definierten Zeitpunkt exakt bekannt sein müßten, um die künftige Entwicklung mit Sicherheit prognostizieren zu können. Sie würde weiterhin unmittelbare Kenntnis von und damit direkten Zugriff auf die Realität (vgl. Kapitel D.4) voraussetzen. Auch müßte eine dem Anspruch nach „holistische" Planung sich selber ad absurdum führen, weil der Versuch, ein komplexes System als Ganzes vollständig umzugestalten keine Rückkopplung darüber mehr erlaubt, welche Veränderungen mit genau welcher Einzelmaßnahme zusammenhängen. Dies führt offensichtlich zu einer Entwicklung, die gerade *keine* weitere Einflußnahme im Sinne kontrollierten Handelns mehr zuläßt. Auch dieses Vorgehen würde demnach zu der in der Einleitung erwähnten „geplanten Planlosigkeit" führen, also der aus dem bewußten und umfassenden Eingriff resultierenden Nichtsteuerbarkeit des Systems.

Aus dieser Betrachtung folgt weiterhin, daß die zentralen Begriffe des Bundesnaturschutzgesetzes, der Naturhaushalt und das Landschaftsbild, keine „Schutz"güter sein können, die als solche durch konkrete Maßnahmen geschützt und entwickelt werden können. Es handelt sich vielmehr um komplexe, ganzheitliche Interpretationsgrößen, die sich aus einzelnen Schutzgütern oder - im Falle des Landschaftsbildes - Wahrnehmungsebenen zusammensetzen. Angemessener erscheint es, hier von „Schutzgutkomplexen" (so ARBEITSGRUPPE EINGRIFFSREGELUNG DER LANDESANSTALTEN/-ÄMTER 1993) zu sprechen, die für planerisches Handeln z.B. ressourcenbezogen weiter aufgeschlüsselt - „operationalisiert" - werden müssen. Auch bei einzelnen Ressourcen handelt es sich zwar um Komplexe mit zahlreichen unterschiedlichen Funktionen - man denke an den Boden, dem u.a. eine natürliche Ertragsfunktion, eine Absorptions- und Pufferfunktion des Grundwassers gegenüber Stoffeinträgen sowie, im gegenläufigen Sinne, eine Durchlaßfunktion für nachsickerndes Grundwasser zukommt, - die jedoch als Ansatz für Schutz- und Entwicklungsmaßnahmen besser greifbar sind.
Auch das Landschaftsbild wird zwar als Ganzes erfahren, einer unmittelbaren Erfassung sind jedoch nur die einzelnen Strukturen und Elemente (in ihrer Vielfalt) sowie deren typische, historisch gewordene Kombinationen und Abfolgen (in ihrer Eigenart) zugänglich. Man darf daher davon ausgehen, daß der Gesetzgeber neben der Vielfalt und der Eigenart des Landschaftsbildes bewußt auch die Schönheit als dritten Begriff in die Naturschutzgesetzgebung aufgenommen hat, um damit die Qualität des Gesamteindrucks zu kennzeichnen und der Notwendigkeit zu ganzheitlicher Interpretation des Zusammenwirkens der Landschaftsbildbestandteile Ausdruck zu verleihen (JESSEL 1994: 80).
Eine weitere planerische Interpretationsgröße stellt die „Belastbarkeit" von Ökosystemen dar, die sich in der Regel aus dem gleichzeitigen Einwirken mehrerer zusammenhängender Einflußfaktoren ergibt: Kombinationen von Schadstoffen oder Störfaktoren zeigen vielfach andere, oft belastendere Wirkungen als einzelne Stoffe oder Eingriffe. Dies erschwert die Festlegung von Grenzwerten und zulässigen Nutzungseinwirkungen, die als einzelne Festlegungen bislang gleichfalls nur reduktionistisch, d.h. im Hinblick auf stoffbezogene Schwellenwerte oder einzelne Nutzungsintensitäten, getroffen werden.

E.1.3 Bedeutung heuristischer Prinzipien der Systemtheorie für Planungsprozesse

„Wenn die Komplexität zunimmt, müssen wir etwas aufgeben.
Und das ist die Gewißheit."
(George Klir, zit. aus McNeill & Freiberger 1994: 250)

Diskussion des Systembegriffs in seiner Relevanz für Planungsvorgänge

Die Systemtheorie befaßt sich mit den Eigenschaften von Systemen, den Möglichkeiten zu ihrer Beeinflussung sowie der zielgerichteten Reduktion und Verarbeitung von Komplexität. Um 1930 wurde von Ludwig von Bertalanffy zunächst der Begriff „allgemeine Systemlehre" (vgl. auch v. BERTALANFFY 1949: 114) geprägt, der durch die englische Übersetzung und Rückübersetzung dann zur „allgemeinen Systemtheorie" wurde. Es handelt sich jedoch weniger um eine spezielle Theorie, sondern vielmehr um eine Metasprache (so WASCHKUHN 1987: 24) bzw. Metatheorie, die auf verschiedene Wissenschaftsbereiche mit jeweils gemeinsamen Vorgängen und Prinzipien anwendbar ist, für die von einer inneren Wesensverwandtschaft, von Homologie, gesprochen wird (v. BERTALANFFY 1949: 115; JANTSCH 1988: 55; KRATKY 1991b: 16f.). Beispielsweise wurden in der Ökosystemforschung (DEUTSCHES NATIONALKOMITEE MAB 1983; MESSERLI 1986: 25ff.) Elemente der Systemtheorie angewandt, um den beteiligten Fachdisziplinen eine einheitliche Sprache abzuverlangen und einen einheitlichen Forschungsansatz zugrundezulegen. Daneben wird die Auffassung geäußert, daß sich streng genommen das gesamte ökologische Denken auf Begriffe und Methoden einer allgemeinen Systemlehre zurückführen läßt (KATTMANN 1978: 543f.); zumindest bestehen enge Bezüge zu einer „systemar" arbeitenden Ökologie, die Ökosysteme bzw. Landschaften als ihre hauptsächliche Betrachtungsebene begreift. Systemtheorien und -methoden existieren heute in unterschiedlichen Bereichen von der Biologie bis zur Nachrichten- und Regelungstechnik, der Theorie sozialer Gefüge bis zur allgemeinen Wissenschaftstheorie. Allerdings wird von verschiedener Seite kritisiert, daß die Vielfalt der verschiedenen Systembeschreibungen entgegen dem von der Systemtheorie vertretenen Anspruch eine übergreifende Systematik, einen „gemeinsamen Fluchtpunkt", noch vermissen läßt (JAEGER 1989: 149; LENK 1986: 30) und systemtheoretische Konzepte bislang lediglich abstrakten Charakter haben (KLAUS & BUHR 1994: 1201).

Ein Grund hierfür liegt wohl in der Vagheit des Systembegriffs: Nach gängiger Lesart kennzeichnet Systeme, daß

- Beziehungen (Relationen) zwischen den Systembestandteilen, bei denen es sich um Elemente, Handlungsweisen oder Ereignisse handeln kann, bestehen;
- das Gefüge Ganzheitscharakter aufweist, d.h. es wenigstens eine Eigenschaft der - dann System genannten - Einheit gibt, die nicht durch die Summe ihrer Attribute bedingt ist

(BUNGE 1983: 84; GEHMACHER 1971: 17; STACHOWIAK 1983: 120).
Damit verbindet sich mit dem Systemcharakter eines Gefüges in aller Regel der Begriff der „Emergenz", d.h., daß aus den akausalen und quasi-deterministischen[6] Wechselwirkungen der Systembestandteile gegenüber der Umgebung neue Eigenschaften entstehen (EISENHARDT, KURTH & STIEHL 1988: 155). Weiterhin hängt der Systembegriff mit dem Begriff der „Selbstorganisation" zusammen, die als das dynamische Prinzip beschrieben wird, „das der Entstehung der reichen Formenwelt biologischer, ökologischer, gesellschaftlicher und kultureller Strukturen zugrundeliegt" (JANTSCH 1988: 149), die jeweils als Systeme begreifbar sind. Als Beispiel für ein System im ökologischen Bereich kann eine Population gelten, die durch die innerartlichen Beziehungen der Individuen gekennzeichnet ist (AN DER HEIDEN 1992: 58).

Entsprechend seiner sehr weit gefaßten Definition wird der Ausdruck „System" für recht unterschiedliche Zusammenhänge sowie in unterschiedlichen Bedeutungsnuancen gebraucht; z.T. steht auch seine Übertragbarkeit auf „Ökosysteme" zur Diskussion. So weist LUHMANN (1988: 21, Fn. 17) darauf hin, daß der in der Ökologie gebrauchte Systembegriff das als System bezeichnet, was offen, d.h. von außen beeinflußbar und damit ohne scharfe Grenzen ist, während von Systemen in der Systemtheorie nur zu sprechen sei, wenn ein Gebilde sich selber gegen seine Umwelt abgrenzt (LUHMANN 1988: 162). Die Ökologie untersuche offene Einheiten, die trotz Differenz bestehen, womit die ökologische Fragestellung eigentlich quer zur systemtheoretischen läge, die sich mit der Differenz von System und Umwelt befaßt. Diese Sichtweise dürfte jedoch mit der aus der Sozialwissenschaft entstammenden Auffassung Luhmanns zusammenhängen, die sich auf soziale Systeme bezieht und diese als auf Kommunikation aufgebaute Gebilde betrachtet, die physisch eigentlich gar nicht existieren (LUHMANN 1991: 6, 1988: 24; ähnlich auch WATZLAWICK 1994) und sich aufgrund ihrer kommunikativen Geschlossenheit hinsichtlich ihrer Wahrnehmungen und Handlungen nur auf sich selbst beziehen können. Im Gegensatz hierzu steht u.a. die konstruktivistische Systemdefinition, der zufolge Systeme sowohl aus Objekten, Individuen wie auch aus den funktionalen Aspekten des Handelns bestehen (HEJL 1995: 65).
Bei der Diskussion des Systembegriffs muß demnach unterschieden werden zwischen

- einer Offenheit der Systeme für Stoff- und Energieflüsse aus der Umwelt einerseits. Durch dieses von v. Bertalanffy als Charakteristikum von Systemen eingeführte Kriterium wurde seinerzeit die Entropieproblematik erst bewältigbar: Die Annahme eines offenen Systems verhindert, daß dieses den Zustand thermodynamischen Gleichgewichts erreicht, während die Hauptsätze der Thermodynamik

[6] Quasi-deterministisch heißt hier: Das Zufallsverhalten der einzelnen Objekte ergibt zusammen ein neues gesetzhaftes Verhalten (vgl. EISENHARDT, KURTH & STIEHL 1988: 155).

nur für geschlossene Systeme gelten (vgl. hierzu v. BERTALANFFY 1949: 121ff.);

- sowie einer operativen Geschlossenheit von Systemen andererseits. Diese enthält rekursive Funktionen der Systembestandteile, die - oft ohne eindeutig identifizierbare Ursache und Wirkung - in Wechselbeziehung stehen und sich dabei intern erneuern; sie umfaßt weiterhin eine kommunikative Geschlossenheit nach Luhmann: Hiermit verbinden sich die Begriffe der „Autopoiese" und der „Selbstreferenz".

Folgt man diesem Systembegriff, so wird er sowohl auf gegenständliche Systeme als auch auf z.B. aus Begriffen oder Aussagen bestehende gedankliche oder kommunikative Systeme anwendbar. In jedem Falle gilt, daß das, was jeweils als System angenommen wird, das Ergebnis einer Abgrenzung durch einen Beobachter ist, der festlegt, welche Komponenten und Beziehungen im Hinblick auf eine bestimmte Fragestellung für relevant erachtet werden (AN DER HEIDEN 1992: 57ff.; SCHWEGLER 1992: 27ff.) und daß den so bestimmten Systemen vor allem heuristische Bedeutung zukommt, um Verfahren, Modelle und Annahmen zur Interpretation von Abläufen, so auch von Planungsabläufen, bereitzustellen (SCHURZ 1991; WASCHKUHN 1987: 172; WILLKE 1991: 153).

Unter diesen Prämissen kann der Systembegriff als heuristisches Hilfsmittel im Zusammenhang mit einer Erklärung von Planungsvorgängen für folgende Bereiche nutzbar gemacht werden:

- Die menschliche Umwelt kann als komplexes System aufgefaßt werden, aus dem durch die Wahrnehmung eine sinnvolle Reduktion von Komplexität erfolgt, indem Betrachtungsebenen verschiedener Komplexitätsstufen (vgl. Kapitel A.3) gebildet werden. Landschaften, aufgefaßt als Subsysteme, stellen eine dieser Betrachtungsebenen dar, die insbesondere durch die Beziehungen der abiotischen und biotischen Bestandteile sowie durch Stoff- und Energieflüsse gekennzeichnet ist und ihrerseits aus weiteren Teilsystemen, den Ökosystemen, besteht (HABER 1992: 8; LESER 1991: 125ff. u. 1982: 89f.; ablehnend zur Übertragung des Systembegriffs auf Landschaft dagegen HARD 1972: 81). Für Landschaft als System können die Aussagen, die die Systemtheorie zur Prozeßsteuerung sowie zur Komplexitätsbewältigung auf verschiedenen Hierarchieebenen trifft, herangezogen werden. So bezeichnet KLAGES (1971: 87) in diesem Zusammenhang die Systemtheorie als „Leitinstanz" bei der notwendigen Vereinfachung und Reduktion von Komplexität im Zuge von Planung.
- Daneben können Planungsprozesse als Steuerungshandlungen beschrieben werden, die sich in Beziehungen zwischen Planungssubjekt und beplantem Objekt bzw. zwischen Planer und Adressaten niederschlagen (BRITSCH 1979: 15; LUHMANN 1971). Indem bestimmte Elemente in Verbindung gebracht und einem zu lösenden Problem zugeordnet werden, andere dagegen ausgeklammert bleiben, wird ein Systemzusammenhang geschaffen (JENSEN 1970: 122). Die Anwendung

des Systembegriffs auf Planungsvorgänge bringt es mit sich, daß den beteiligten Handlungs- und Kommunikationssystemen stärkere Beachtung zu schenken ist; so ist nach JENSEN (1970: 118) eine Theorie der Planung nur dann fruchtbar, wenn man sie auch auf gesellschaftliche Systeme bezieht.

Im folgenden soll daher der heuristische Nutzen diskutiert werden, den die Anwendung von Ansätzen der Systemtheorie auf diese Bereiche bringen kann.

Grundaussagen der Systemtheorie zur Prozeßsteuerung

Einig sind sich die Vertreter der verschiedenen Richtungen der Systemtheorie in der Ablehnung einfacher Kausalitäten (z.B. SCHURZ 1991: 65; WASCHKUHN 1986: 26), d.h. darin, daß auch natürliche Systeme vielfältigen internen Rückkopplungen unterliegen, durch die Ursache und Wirkung nicht immer genau zu bestimmen sind. Werden Landschaften als Systeme begriffen, so treffen auf sie die von DÖRNER ET AL. (1983: 28ff.) beschriebenen Systemkriterien zu:

- das System ist für den Akteur teilweise intransparent, d.h. er kann die Zustände mancher Elemente des Systems nicht direkt feststellen;
- das System ist für den Akteur partiell unzugänglich, d.h. er kann nur bestimmte Variablen direkt beeinflussen, andere dagegen nicht;
- über Teile der Wirklichkeit herrscht beim Akteur Unkenntnis, d.h. im Gegensatz zur Intransparenz weiß er zusätzlich nicht, daß bestimmte Variablen überhaupt vorhanden sind.

Die Systemtheorie macht auf diese Weise die Schwierigkeiten deutlich, denen Planung unterliegt: zwangsläufig unvollständige Modellierung, unvorhergesehene nichtlineare Effekte und Rückkopplungen in den Modellen sowie paradoxaler Selbstbezug (Selbstreferenz). Sie zeigt somit deutlich, daß komplexe Systeme nicht direkt und umfassend beeinflußbar sind. So führen Eingriffe in landschaftliche Systeme häufig zu unvorhergesehenen Nebenwirkungen, die sich gleichsam potenzieren, weil sie sich über verschiedene Ursache-Wirkungs-Ketten fortpflanzen und so immer neue planerische Eingriffe nach sich ziehen. Daß somit das systematische „Durchplanen" ganzer Landschaftsräume meist scheitern dürfte, zeigt sich am Beispiel des oberbayerischen Donaumooses: Dieses Niedermoorgebiet blieb bis Ende des 18. Jahrhunderts von jeglicher Bewirtschaftung ausgenommen. Erst ab 1778 erfolgte auf kurfürstliches Betreiben die ingenieurmäßige Entwässerung und Kultivierung. In der Folge stellten sich eine Reihe von Problemen ein, angefangen von der Spätfrostgefährdung der Kulturen, der Anfälligkeit des Moorbodens gegen Winderosion und des massiven Nematodenbefalls der dort überwiegend angebauten Kartoffeln bis hin zum nunmehr erfolgten, in Teilbereichen fast vollkommenen Abbaus des Niedermoorkörpers und des dadurch verschwindenden Gefälles der Entwässerungsgräben (MAXHOFER 1978). Dies mündete in verschiedene Sanierungskonzepte mit Vorschlägen zur Austiefung der Gräben und Vorfluter einerseits bis zu systematischer Wiedervernässung andererseits. Einmal angefangen, bedurfte es fortlaufend neuer

menschlicher Steuerung; der Landschaftsraum hing seit dem Eingreifen des Menschen gewissermaßen am Tropf der Planung (JESSEL 1995: 98).
Ein weiteres Beispiel, daß erste Eingriffe weitere Handlungsketten nach sich ziehen, stellen Regulierungen von Fließgewässern dar: So erfolgten im Unterlauf der Salzach, einem Grenzfluß zwischen Deutschland und Österreich, ab 1820 aus Gründen der Grenzfixierung, des Hochwasserschutzes sowie der Verbesserung der Schiffahrt umfangreiche Begradigungsmaßnahmen. Weil sich nicht zuletzt aufgrund der starken Einengung des Flußbettes, der Verkürzung der Uferlängen und der Erhöhung des Gefälles die Abflußgeschwindigkeit stark beschleunigte, kamen zwischen 1926 und 1971 im Mittellauf vier Staustufen hinzu. Dadurch verringerte sich die Geschiebezufuhr stark, was im verkürzten Unterlauf aufgrund der gleichzeitig hohen Fließgeschwindigkeit zu einer starken Eintiefung des Flußbettes führte, die sich heute mit der Gefahr eines Sohldurchschlages mit zugleich tiefgreifenden Auswirkungen auf den Wasserhaushalt der verbliebenen Auwaldbereiche verbindet (AD HOC ARBEITSGRUPPE DER STÄNDIGEN GEWÄSSERKOMMISSION 1995: 6ff.). In der Konsequenz müssen wiederum Gegenmaßnahmen getroffen werden. Derzeit werden verschiedene Renaturierungs- und Rückbaumaßnahmen diskutiert, die beispielsweise mit einer seitlichen Aufweitung des Abflußquerschnitts verbunden sein könnten.
Das System „Landschaft“ führt zu einer Betrachtungsweise, die seine Teilbereiche und damit verbundenen Fragestellungen eng miteinander verknüpft zeigt, so daß die Bewältigung eines Problems u.U. mehrere andere entstehen läßt. Es lassen sich kaum einzelne Problembereiche isolieren, sondern sie sind durch die Art und Intensität ihrer Auswirkungen miteinander verbunden. Da Handeln und Planen aber immer nur an Teilbereichen ansetzen kann, unterstreicht die Systemtheorie die Notwendigkeit, diese in einem größeren Zusammenhang einzuordnen und dabei nicht nur in Wirkungsketten, sondern in Wirkungsnetzen (DÖRNER et al. 1983: 23) zu denken.
Gerade unter dem Aspekt einer die mangelnde Beeinflußbarkeit von komplexen Abläufen aufzeigenden Systemtheorie kann es damit *keine* bewußte „Planung von qualitativ hochstehenden und ökologisch ausgewogenen Landschaftsräumen“ geben, wie LESER (1991: 312) sie - einmal ganz von den in dieser Begriffswahl enthaltenen Wertdimensionen abgesehen - fordert. Computersimulationen mögen zwar zu einem Lerneffekt bei der Beeinflussung von Abläufen führen: So waren Versuchspersonen erfolgreicher, wenn sie ihre Handlungsziele genau formulierten, dabei verschiedene Ziele gleichzeitig hinsichtlich ihrer wechselseitigen Abhängigkeiten betrachteten, erfaßte Zustände und eigenes Handeln in prozessuale Abläufe einordneten, ein ausgewogenes Verhältnis von Informationsbeschaffung und steuernder Einflußnahme suchten sowie sich durch Rückkopplungen regelmäßig über den Zustand des Systems informierten (DÖRNER 1995; DÖRNER ET AL. 1983). Jedoch muß die sich daran knüpfende Hoffnung, daß die Regelung komplexer Systeme über derartige Simulationen erlernbar ist (so DÖRNER 1995: 398f.) skeptisch beurteilt werden, weil auch hier Voraussetzung wäre, alle Systemeigenschaften und -bestandteile so

genau zu kennen, daß sie auf EDV-Basis installierbar wären.

Die Systemtheorie kann demnach nicht zu Vorhersage und Manipulation, aber zu einem besseren Verständnis von Prozeßabläufen führen (JANTSCH 1988: 95; KRATKY 1991b: 17). Sie zeigt auf, wo unser Alltagshandeln im Umgang mit Landschaften überfordert ist und versagen muß (SCHURZ 1991: 66). Es wäre jedoch zu einfach, vor dem Hintergrund des universalen Vertretungsanspruchs der Systemtheorie nun alle Konflikte und Schwierigkeiten auf ungelöste Probleme der Steuerung selbstregelnder und damit keiner Beeinflussung zugänglicher Systeme zurückzuführen (hiervor warnt z.B. HABERMAS 1993: 19) und damit unter der Maxime einer prinzipiellen Nichtplanbarkeit den Dingen sozusagen ihren Lauf zu lassen. Unter der in den Eingangskapiteln dargestellten Prämisse, daß vorausschauendes Handeln in gewissem Umfang notwendig ist und der in Landschaften lebende Mensch um Einwirkung nicht herumkommt, soll nun diskutiert werden, welche konstruktiven Hinweise die Systemtheorie darüber hinaus für den Umgang mit Komplexität liefern kann.

Handeln mit Bezug auf unterschiedliche Komplexitätsniveaus

Als notwendige, wenn auch nicht hinreichende Eigenschaft von Systemen wie auch als Bedingung für Selbstorganisation wird oft Emergenz genannt, d.h. das Hervorbringen neuer Eigenschaften aus den Wechselwirkungen der Einzelbestandteile (EISENHARDT, KURTH & STIEHL 1988: 155; KROHN & KÜPPERS: 1992: 7f.). Damit verbindet sich der Gedanke der Ausdifferenzierung der Wirklichkeit in eine Hierarchie von Betrachtungsebenen unterschiedlicher Komplexität (z.B. HABER 1993c: 99; JANTSCH 1988), die auch einer Untergliederung ökologischer Arbeitsbereiche zugrunde gelegt werden kann (vgl. Kapitel A.3). Die Frage, ob emergente reale Eigenschaften auf einer Betrachtungsebene über den einzelnen Lebewesen tatsächlich bestehen (dies bejahend insbesondere ODUM 1980: XIVf., 1977: 1290), ist umstritten. So weist TREPL (1988: 183) darauf hin, daß es sich bei vielen als „emergent" deklarierten Eigenschaften (wie etwa Diversität oder Produktivität, die oft als Eigenschaften höherer Ebenen dargestellt werden) lediglich um kollektive Eigenschaften handele. In ähnlicher Form plädiert BUNGE (1983: 99) für einen „rationalen Emergentismus", der davon ausgeht, daß allen emergenten Eigenschaften sich aufaddierende, einander ergänzende Eigenschaften ihrer Komponenten vorausgehen. Hingegen sind für JANTSCH (1988: 36, 39) und EILENBERGER (1986: 540f.) verschiedene Betrachtungsebenen sowie das Prinzip einer hierarchischen Schichtung vom Mikrokosmos bis zum Makrokosmos durchgängig real existent. Sie weisen zwar unterschiedliche strukturelle Eigenschaften, aber - da es sich um Aspekte derselben integral wirkenden Evolution handelt - zugleich hinsichtlich ihres Systemcharakters innere Verwandtheit (Homologie) auf. Treffend stellt dazu LUHMANN (1994: 64ff.) fest, daß das Problem, was als „System" und was als Element dieses Systems gesehen wird, mit dem Beobachtungsstandpunkt zusammenhängt. Dieser enthält eine bewußte Ent-

scheidung und hat zur Konstitution verschiedener Disziplinen wie der Biologie, Psychologie oder Soziologie sowie innerhalb von Disziplinen wie der Ökologie zur Herausbildung einzelner Arbeitsbereiche geführt.
Unbenommen ob es nun eigenständige reale Entitäten auf höherer Organisationsebene und damit verbundene zusätzliche Eigenschaften geben mag oder nicht, kann angesichts der dargelegten Sichtweise von „Realität" und „Wirklichkeit" (vgl. Kapitel D.4) sowie der Definition von Systemen als gedanklichen Abgrenzungen, davon ausgegangen werden, daß eine Hierarchisierung in Form von Systemdenken ein legitimes Vorgehen und Hilfsmittel darstellt, um die Komplexität der Wirklichkeit zu bewältigen. Erst die Betrachtungsweise, daß komplexe Systeme sich nicht nur aus Aggregation ihrer einzelnen Bestandteile und Vorgänge bilden, kann zudem zu der Einsicht führen, daß man zusammenhängende Gebilde wie Landschaften nicht allein durch die Summe von Einwirkungen auf ihre einzelnen Teile steuern kann.
Einzelne Systemebenen sind dieser Annahme zufolge zwar durch etwas Zusätzliches gekennzeichnet, das auf die Elemente des Systems nicht reduzierbar ist. So kann beispielsweise eine Flußlandschaft nicht additiv über einzelne Standortmerkmale und Individuen der Pflanzen- und Tierwelt allein erklärt werden, sondern entsteht erst über deren sich wechselseitig überlagerndes Zusammenwirken als dynamisches, komplexes Gebilde (zu landschaftlichen Zusammenhängen, die als mehr verstanden werden als die Summe ihrer Teile vgl. auch NEEF 1967: 42; PAFFEN 1973: 81). Dieses Zusätzliche ist jedoch nur möglich durch ergänzende Restriktionen, also Einschränkungen der Spielräume der Elemente (WILLKE 1991: 107): Das Ganze ist damit zugleich mehr und weniger als die Summe seiner Teile, Emergenz hängt immer auch mit „Imergenz" zusammen (HEJL 1992: 289), weil im Zusammenwirken der Teile nicht nur neue Zusammenhänge entstehen, sondern auch Freiheitsgrade der einzelnen Bestandteile verlorengehen. In dieser Vorstellung abnehmender Freiheitsgrade wird ein wesentlicher Grund gesehen, weshalb man mit elementaren Handlungen nicht auf hochgeneralisierte Systeme einwirken kann (WILLKE 1991: 119). Die Auswirkungen von Handlungen würden vielmehr bei jedem Übergang von einer Systemebene zur nächsten gebrochen, so daß sich das Verhältnis von Handlung und System nicht als das einer kontinuierlichen Aggregation darstellen kann (Beispiel: Um dem steigenden Energieverbrauch entgegenzuwirken, nutzt es kaum etwas, wenn jemand allein Energie spart oder nicht mehr Auto fährt, sondern es müssen rahmengebende Entscheidungen auf höherer, z.B. politischer Organisationsebene getroffen werden, die das Verhalten möglichst vieler Individuen beeinflussen). Dies führt zur Folgerung, daß Handlungen jeweils auf dem Komplexitätsniveau ansetzen müssen, auf das man einwirken will (WILLKE 1991: 119) und es notwendig ist, jeweils einen der Fragestellung angemessenen Komplexitätsgrad bzw. Auflösungsgrad eines Systems zu betrachten (DÖRNER ET AL. 1983: 41ff., 368).

Für planerische Fragestellungen kann entsprechend gefordert werden, daß bei

Maßnahmen oder Eingriffen in Natur und Landschaft sich Erfassungen, Bewertungen und resultierende Handlungen nicht nur auf Arten und Lebensgemeinschaften als unterste Entitäten beziehen, sondern je nach Art der Veränderungen auch andere Systemebenen (Biotope/Ökosysteme, landschaftliche Komplexe) einzubeziehen sind oder man die komplexe Interpretationsgröße „Naturhaushalt" untergliedert und nach Merkmalen sucht, die sich zur Abbildung verschiedener Komplexitätsniveaus eignen (vgl. HABER ET AL. 1993: 84ff.; JESSEL & KÖPPEL 1991a: Anlage A.4.II; für Wälder auch KIRBY 1994: 171f.; ULRICH 1993):

- So stehen auf Ebene der *Arten und Populationen* das Vorkommen und die Ansprüche einzelner Leit- bzw. Zielarten im Vordergrund, weiterhin Kriterien, die die Komplexität und Intensität der zwischen ihnen bestehenden Interaktionen, Symbiosen, Konkurrenzverhältnisse und Arten-(Alpha-)Diversität kennzeichnen. Für Kompensationsmaßnahmen bei Eingriffen stehen Fragen der Besiedelbarkeit für einzelne Species im Vordergrund, etwa ob die benötigten Standortvoraussetzungen und Mindestlebensraumgrößen gegeben sind.
- Auf Ebene der *Lebensräume* (Biotope bzw. Ökosysteme) spielen Erfassungs- und Darstellungskriterien wie Natürlichkeit, Hemerobiegrad, Seltenheit, Repräsentanz oder strukturelle (Beta-)Diversität eines Ökosystems eine wesentliche Rolle. Bei Kompensationsmaßnahmen sind z.B. Fragen der standörtlichen und zeitlichen Wiederherstellbarkeit von Ökosystemem im Zusammenspiel ihrer abiotischen und biotischen Bestandteile zu behandeln.
- Auf Ebene der *Lebensraumkomplexe bzw. Landschaften* ist die möglichst weitgehende Wiederherstellung des sie konstituierenden Komplexgefüges Ziel der Kompensation. Neben der Lebensraum-(Gamma-)Diversität schließt dies die Betrachtung der zwischen einzelnen Ökosystemen wirksamen Gradienten (z.B. bezüglich Nährstoff- und Wasserhaushalt, Kleinklima), stofflichen Transportvorgänge (z.B. Sedimentationsvorgänge in Überflutungsauen), energetischen Austauschbeziehungen oder Wanderbeziehungen (z.B. von Arten mit Mehrfach-Biotopbindung) ein. Demnach wäre bei der Kompensation einer beeinträchtigten Feuchtwiese, die Bestandteil einer Abfolge von feuchteren hin zu trockeneren Standorten ist, diese nicht nur als Lebensraum für sich zu betrachten, sondern zu versuchen, die Kompensationsflächen wieder in eine derartige Abfolge einzubinden und den beeinträchtigten Gradienten wiederherzustellen. Eine beseitigte Hecke darf nicht isoliert, sondern muß als Bestandteil eines größeren Heckenkomplexes mit vorgelagerten Magerstandorten und Säumen gesehen werden, in den eine Neupflanzung wieder sinnvoll einzubinden ist.
- Auf Ebene des *Gesellschaft-Umwelt-Systems* schließlich stehen Erhebungsmethoden wie Befragungen oder Bereitschaftsanalysen der Bevölkerung im Hinblick auf die Durchführung bestimmter Handlungen, weiterhin kooperative Beteiligungsverfahren, um akzeptierte Planungsziele zu erhalten. In der Konzeption von Kompensationsmaßnahmen wäre beispielsweise der Frage nachzugehen, inwieweit es

aufgrund der im betreffenden Gebiet bestehenden Agrarstruktur auf den Restflächen zu einer weiteren Intensivierung der Nutzung kommen könnte, die u.U. gegenläufig zu den beabsichtigten positiven Effekten steht.

Dabei werden nicht in jedem Fall alle Betrachtungsebenen im Vordergrund stehen. So können bei kleineren, eher punktuellen Eingriffen (z.B. Abgrabungen, Auffüllungen kleineren Umfangs) Kompensationsmaßnahmen noch auf Ebene einzelner Arten, Lebensgemeinschaften und Biotope zugeordnet werden. Handelt es sich jedoch um Eingriffe, die über großflächige Raumbeanspruchung, Zerschneidungseffekte oder Beeinträchtigung von Arten mit großem Aktionsraum oder Mehrfachbiotopbindung einen großen Umgriff potentiell beeinträchtigen, ist darüber hinaus der Einbezug eines größeren Landschaftsraumes notwendig.
Eine reduktionistische Konzentration auf die unterste Betrachtungsebene führt zudem oft dazu, daß einzelne hochspezialisierte, sich u.U. widersprechende Geltungsansprüche miteinander konfligieren (BECK 1986: 257). Im Bereich zoologischer Erhebungen lassen sich hier unterschiedliche, des öfteren konträre Ansprüche einzelner Arten anführen, die durch Erhebungen von Spezialisten dokumentiert und aus denen je für sich u.U. gegenläufige Maßnahmen abgeleitet werden. So stehen bei Halbtrockenrasen in der Rhön beispielsweise die Ansprüche einzelner hochspezialisierter Bläulingsarten gegen gewisse herkömmliche Formen der Schafbeweidung, weil bei zu intensiver Beweidung die Schmetterlingsraupen zertreten werden (vgl. KUDRNA 1993: z.B. 71, 84, 86, 107). Des weiteren ließen sich bei sektoraler Betrachtung bspw. der Orchideen, Heuschrecken, Tagfalter oder Vögel jeweils weitere, einander teils widersprechende Pflegemaßnahmen konzipieren. Auch diese Beispiele verdeutlichen, daß zusätzlich die jeweils höheren Integrationsebenen zu betrachten und mit ihrer Hilfe über die Formulierung landschaftsbezogener Leitbilder die Einzelresultate interpretierend zu einem Gesamtbild zu kombinieren sind.

Auch das wahrgenommene Landschaftsbild kann hinsichtlich verschiedener Komplexitätsniveaus unterteilt werden, zumal nach Untersuchungen, die vor dem Hintergrund der Gestalttheorie und Informationstheorie erfolgten, auch die menschliche Wahrnehmung zwischen einzelnen Komplexitätsebenen oszilliert (KIEMLE 1967: 49ff., 99ff.; MASER 1971: 91ff.): Einzelne Elemente und Strukturen (z.B. Bäume, flächige Nutzungsformen, geologische Ausprägungen) werden vom Auge zu übergeordneten „Superzeichen" (wie Wäldchen, Hangleiten oder Talräume) bis hin zum bildhaft-typisierenden Gesamteindruck einer Landschaft als beispielsweise „Gäulandschaft" oder „voralpine Heckenlandschaft" zusammengeschlossen, wobei das Auge sich abwechselnd den Teilen und dem Ganzen zuwendet. Um verschiedene Wahrnehmungs- bzw. Komplexitätsebenen des Landschaftsbildes zu kennzeichnen, bieten sich die vom Gesetzgeber vorgesehenen Kriterien der Vielfalt, Eigenart und Schönheit nach § 1 Abs. 1 Pkt. 4 des Bundesnaturschutzgesetzes an (JESSEL: 1994b: 89, 1993: 25f.):

- So kann auf unterster, struktureller Ebene *Vielfalt* das Repertoire der auftretenden Nutzungsformen, linearen und punktuellen Strukturelemente, besonders erlebniswirksamen Randstrukturen wie Wald- oder Gewässerränder sowie der auftretenden geologischen Formen und Reliefausprägungen kennzeichnen.
- Über den Begriff der landschaftlichen *Eigenart* können die vorzufindenden Abfolgen von Nutzungsformen und Kombinationen von Landschaftselementen beschrieben werden.
- Der Begriff *Schönheit* schließlich steht neben der Inwertsetzung der jeweiligen Ausprägungen für die ästhetische Qualität des Gesamteindrucks von Landschaften.

Zur im Rahmen verschiedener Planungsaufgaben notwendigen Aufschlüsselung von Landschaftsbildern in einzelne Merkmale und Kriterien muß die Sicht des Ganzen treten, auch wenn dieses nur unvollständig und verbal wiedergegeben werden kann (JESSEL 1993: 26). Die Aufgabe planerischen Umganges mit dem Landschaftsbild im Zuge etwa von Eingriffsbeurteilungen kann darin gesehen werden, Veränderungen auf den einzelnen Komplexitätsniveaus zu beschreiben und nachvollziehbar zu machen. Einen vom Prinzip her ähnlichen Ansatz verfolgen KRAUSE & KLÖPPEL (1996), die von einer zu betrachtenden Mikro-, Meso- und Makrostrukturebene des Landschaftsbildes sprechen.

Autopoiese und Selbstreferentialität als Erklärungsmuster

Mit der operationellen Geschlossenheit von Systemen verbinden sich die Begriffe Autopoiese und Selbstreferenz: Das von MATURANA & VARELA (1990) zunächst in der Biologie geprägte Autopoiese-Konzept bezieht sich auf die Beobachtung, daß lebende Systeme sich ständig selbst erneuern, indem sie in einer bestimmten Einheit die Elemente, aus denen sie bestehen, mit Hilfe der Elemente, aus denen sie bestehen, zirkulär reproduzieren. Maturana und Varela schlossen daraus auf eine Geschlossenheit der Tiefensteuerung („basale Zirkularität") lebender Systeme, die ihnen zugleich Offenheit für den notwendigen Stoff- und Energiedurchsatz ermöglicht. Die zirkuläre Struktur bewirkt zugleich die Selbstreferentialität des Systems: Es bezieht sich in seinen Interaktionen auf sich selbst, indem es nur in seinem eigenen Code kommunizieren und innerhalb seiner eigenen Strukturen reagieren kann. Daneben kann kommunikativer Selbstbezug (Selbstreferenz) auch ohne die Voraussetzung von Autopoiese bestehen, wie etwa das Beispiel des Gehirns zeigt. Wird die selbstreferentielle, interne Steuerungsstruktur autopoietischer Systeme durchbrochen, so führt dies zur „Zerstörung der autopoietischen Qualität und Identität des Systems" (WILLKE 1984: 196).[7)]

[7)] Kommunikativer Selbstbezug (Selbstreferenz) und Selbstproduktion (Autopoiese) werden häufig verwechselt und im Sprachgebrauch vermischt, müssen aber deutlich unterschieden werden: Der Begriff Autopoiese bezieht sich ursprünglich (vgl. z.B. MATURANA 1996: 75) nur auf eigenständige, lebende, sich selbst reproduzierende Systeme; das Gehirn

Diese Betrachtungsweise kann in einer ersten Annäherung auch auf natürliche Systeme übertragen werden: So verfügen noch weitgehend natürliche Ökosysteme wie der tropische Regenwald über interne, weitgehend geschlossene Stoffkreisläufe und nur geringe Außenbeziehungen zu benachbarten Ökosystemen (HABER 1986: 14ff.). Bei der Unterbrechung dieser Systembeziehungen durch Stoffentnahme (z.B. Rodung) oder Stoffzufuhr (z.B. Düngung) geht die Identität des Systems verloren. Dabei ist oft keine Rückkehr zum früheren Zustand mehr möglich (so kann an der Stelle aufgelassener Rodungsflächen im tropischen Regenwald nur noch Sekundärwald aufkommen); das neue System wird - wie im Falle von Agrarökosystemen - abhängig von Außensteuerung.

Die Theorie autopoietischer, selbstreferentieller Systeme stellt ansonsten einen eigenen Bereich innerhalb der Systemtheorie dar, der hinsichtlich Planung weiterhin für Fragen der „Steuerung" bzw. Beeinflussung der Planungsakteure und -adressaten von Bedeutung ist. Eine ausführliche Diskussion damit verbundener Ansätze und möglicher Konsequenzen für das Agieren des Naturschutzes findet sich bei HEILAND (1997). Im Rahmen der Themenstellung dieser Arbeit und als Voraussetzung für die Schlußfolgerungen am Ende des Kapitels ist auf die Bedeutung von Autopoiese und Selbstreferenz für die Deutung von Planungsprozessen als Handlungs- und Kommunikationssystemen einzugehen. Dabei wird schwerpunktmäßig auf das Theoriegebäude Niklas Luhmanns Bezug genommen.
LUHMANN (1988, 1991, 1994) zufolge ist die Gesellschaft in Teilsysteme wie Recht, Wirtschaft, Politik, Wissenschaft und Religion aufgegliedert, die aufgrund eigener Kommunikationsstrukturen jeweils eigene Codes entwickelt haben und dadurch selbstreferentiell geschlossene Systeme bilden, die nur innerhalb ihrer eigenen Gesetzmäßigkeiten agieren und kommunizieren können. Systeme sind also nur innerhalb ihres eigenen Codes „resonanzfähig" (LUHMANN 1988: 175). Die einzelnen Subsysteme produzieren und reproduzieren sich zugleich autopoietisch durch Kommunikation. In der Fortsetzung dieses Selbsterhalts liegt ihre primäre Zielsetzung, die sie ohne Rücksicht auf die Umgebung verfolgen (LUHMANN 1988: 37f.). Auf diese Weise kann der Selbsterhalt bestimmter gesellschaftlicher Strukturen, z.B. einmal etablierter Verwaltungsstrukturen, mächtiger Industriezweige oder auch die im Vergleich zu ihrem Anteil an der Gesamtzahl der Beschäftigten überproportional hohe Subventionierung der Landwirtschaft gedeutet werden. Zudem entstehen aus den verschiedenen Codes Kommunikationsprobleme, die einer Lösung von Umweltproblemen sowie einem koordinierten Umgang mit Risiken, also Folgen von Entscheidungen, ent-

hingegen kann demzufolge kein autopoietisches System sein, ist aber selbstreferentiell, weil es seine Zustände zirkulär organisiert. Davon ist die mit der Gesellschaftstheorie Luhmanns verbundene Systemauffassung zu unterscheiden, die den Begriff der Autopoiese bewußt auch auf psychologische Systeme (Bewußtsein) und soziale Systeme (Kommunikation) überträgt (vgl. hierzu LUHMANN 1994: 132).

gegenstehen. Einen solch eigenen Code hat beispielsweise die Rechtsprechung entwickelt, für die LUHMANN (1988: 146) feststellt, daß die hier vorgenommene Kategorisierung von Geboten der Rücksicht auf die Umwelt ebenso abstrakt wie folgenlos bleiben wird. Als Beispiel können sogenannte unbestimmte Rechtsbegriffe wie „Eingriff", „Ausgleich", „erhebliche" oder „nachhaltige Beeinträchtigung" angeführt werden, die keine Entsprechung in der natürlichen Umwelt haben und deshalb auch als „juristische Fiktionen" bezeichnet werden (ENGELHARDT & BRENNER 1993: Art. 6a, 6). Sie bedürfen der normativen Ausfüllung durch von naturschutzfachlicher Seite zu treffende Konventionen, durch die sie für die Umsetzung von Naturschutzzielen erst handhabbar werden.
Auch können die einzelnen Teilsysteme, da sie autopoietisch in operativer Geschlossenheit auf Selbsterneuerung und Erhalt ihrer Strukturen gerichtet sind, nur von ihrem eigenen Zustand ausgehen und nur diejenigen Strukturen (z.B. Theorien, Methoden, Vorgehensweisen) verwenden, die sie selber produziert haben. Eine Reaktion auf externe Probleme ist damit kaum möglich (LUHMANN 1988: 175, 1994: 277). Hinsichtlich des autopoietischen und selbstreferentiellen Teilsystems (Umwelt-) "Recht" heißt dies, daß es ökologische Strukturen nur nach seinem systeminternen Code behandeln kann. Bei diesem nach den Kategorien von Recht und Unrecht arbeitenden Code handelt es sich, wie im übrigen in vielen anderen gesellschaftlichen Teilbereichen auch, um einen binären Code, mit dem das Recht (in diesem Fall insbesondere das Umweltplanungs- und Umweltverwaltungsrecht) auf Veränderungen im System „Landschaft" nur eingeschränkt in gezielter Form reagieren kann, also nur eingeschränkte Resonanzfähigkeit besitzt. Hinzuweisen ist auch auf das Problem, daß in bezug auf manche Fragestellungen ökologisch orientierten Planens die Forschung an den Hochschulen sowie die von pragmatischen Sachzwängen bestimmte Arbeit in den Planungsbüros oft aneinander vorbeilaufen: Es fehlt an der Umsetzbarkeit von Forschungsergebnissen für die Arbeit der Büros, die sich ihrerseits oft zu wenig Mühe machen, sich mit wissenschaftlichen Anforderungen auseinanderzusetzen. Die oft beklagte mangelnde Praxisbezogenheit von Forschung und die mangelnde Berücksichtigung wissenschaftlicher Erkenntnisse durch Planung kann unter Anwendung der Luhmannschen Terminologie wohl zu einem guten Teil auf Kommunikationsprobleme und Selbstreferentialität der beteiligten Teilsysteme zurückgeführt werden.
Aus dieser Sichtweise heraus kann die Gesellschaft als kommunikativ in sich geschlossenes System bedrohliche Umweltveränderungen nicht durch ihr reales Auftreten an sich erkennen, sondern nur, wenn sie über Kommunikation erfaßt werden: „Die Umwelt kann sich nur über Störungen oder Irritationen der Kommunikation bemerkbar machen" (LUHMANN 1988: 63). Ein latentes Umweltbewußtsein oder auf dem Papier bestehender Plan reichen demzufolge nicht aus, um etwas zu verändern, sondern Voraussetzung ist, daß einschlägige Kommunikationsprozesse in Gang kommen. Ein Beispiel liegt im allmählichen Schwinden der Ozonschicht über der

südlichen Halbkugel, das unter Wissenschaftlern bereits seit längerem bekannt war, jedoch erst intensiv öffentlich erörtert wurde, als von Crutzen der bildhafte Begriff „Ozonloch“ geprägt war und in die Diskussion Eingang fand (CRAMER 1994).

Luhmanns Betrachtungsweise von sozialen Systemen als kommunikativ auf sich selbst bezogenen sowie auf Selbsterhalt gerichteten Gebilden liefert somit Muster zur Erklärung von Handlungsformen und hilft, Kommunikationsprobleme zu verstehen. Zugleich wird der Selbstbezug von Planung deutlich, indem man glaubt, in andere Systeme einzugreifen, aber doch nur aus der eigenen Systemperspektive heraus handelt und dabei - oft unbewußt - den eigenen Code („Planerjargon“) verwendet, der von den Adressaten nicht verstanden wird. Die in der Literatur sich niederschlagende Diskussion um Fragen einer ökologisch orientierten Planung, die ihre Aufmerksamkeit vor allem „Methodenfragen“, d.h. der formalen Strukturierung ihres Vorgehens zuwendet, kann z.B. als eine bereits eingetretene autopoietische Verselbständigung interpretiert werden (vgl. hierzu auch LUHMANN 1994: 579).
Luhmann selbst bleibt jedoch bei der Analyse stehen und zeigt bewußt keine Wege zum Handeln auf (hierzu LUHMANN 1988: 249). Seine Ausführungen lassen jedoch schließen, daß neben die Beobachtung der Umwelt durch ein System jeweils eine kritische Selbstbeobachtung der eigenen Wahrnehmungs-, Ausdrucks- und Handlungsweisen treten soll (LUHMANN 1988: 60f., 1994: 646), und soziale Systeme sich nur von innen heraus wandeln und nicht durch externe Faktoren in ihrer Entwicklung wesentlich beeinflußt werden können (hierzu auch MATURANA 1996: 74). Ansätze für weitere Betrachtungen bietet weiterhin die aus der Analyse von Handlungssystemen entspringende Aussage HIRSCHS (1993: 141), daß Konzepte für die Umsetzung ökologischen Wissens in „ökologisches Handeln“[8], sollen sie Chancen auf Verwirklichung haben, ausgehend von menschlichen Handlungssystemen und nicht von den natürlichen Bestandteilen von Ökosystemen her zu entwerfen sind.
Diese Aussagen bieten zunächst ein weiteres Argument für eine Kopplung von Bürgerbeteiligung, Planung und deren möglichst paralleler Umsetzung in Handlungen und Maßnahmen (vgl. Kapitel D.4): Hierdurch kann einerseits bewirkt werden, daß die von einer Planung „Betroffenen“ durch ihr Handeln und das Einbringen eigener Vorschläge selbst zu Bestandteilen des planenden Systems werden. Geht man davon aus, daß - in Luhmannscher Terminologie formuliert - operativ geschlossene Systeme Annahmen über die Umwelt nicht durch äußere Wahrnehmung, sondern

[8] Das Begriffspaar steht in Anführungszeichen, weil es von der Autorin so gebraucht wird. Es ist auch sonst häufig zu finden, meist ohne präzisiert zu werden. Auf die Wertungsproblematik bei der Umsetzung ökologischen Wissens in Handeln wurde bereits eingegangen (vgl. Kapitel C.3). Geht man zudem davon aus, daß damit - in Übertragung des Begriffes „Ökologie“ als (extern wertungsfreier) Betrachtung der Wechselbeziehungen von Lebewesen und ihrer Umwelt - ein Handeln gemeint ist, das auf Bestandteile menschlicher Umwelt Bezug nimmt, wäre schlechthin jedes Handeln „ökologisch“, der Begriff damit sinnleer.

durch eigene Operationen bilden und nur diese internen Vorgänge als Ansatz für die Änderung eigener Zustände anerkennen (LUHMANN 1994: 277), wird die Bedeutung ersichtlich, die eigener, unmittelbarer Umwelterfahrung und dem eigenen Handeln in der Umwelt als Anstößen für Veränderung zukommt. Umgekehrt sollten Planer versuchen, insoweit Teil des von ihnen beplanten Systems zu werden, als daß sie Kontakte und Abstimmung suchen sowie Informationen nicht nur über die natürlichen Grundlagen, sondern auch über den spezifischen Code, die Zielstruktur und die Präferenzen des sozialen Systems ermitteln. Aufgrund der Selbstreferenz sozialer Systeme ist dabei die Beteiligung der Adressaten bereits bei der Problemdefinition notwendig; sonst besteht - etwa im Rahmen der Landschaftsplanung - die Gefahr, daß der Experte sich nicht mit den tatsächlichen Problemen einer Gemeinde, sondern mit selbstdefinierten Fragen beschäftigt. Auch die Handlungs- und Planungsmaßstäbe der Verwaltung können sich ohne ausreichende Kommunikation mit Politikern und betroffenen Bürgern leicht verselbständigen, so daß nur mehr die selbstdefinierten Probleme der Verwaltung, nicht aber diejenigen der Bürger behandelt werden (MÜNCH 1984: 475). Die Sicht LUHMANNS (1994: 651), wonach eine „Therapie", ein Beseitigen von Systemstörungen, nur möglich ist, indem durch das Einbringen von Informationen systemeigene Information erzeugt wird, führt letztlich zum Selbstverständnis des Planers als einer Art „Katalysator", der Anregungen einbringt, dadurch einen „Anstoß-durch-Anstoß-Prozeß" (EBD.) in Gang setzt, bei dem aber das Ergebnis der systemeigenen Entwicklung überlassen und dadurch in seiner genauen Ausformung offen bleibt.

Daß solche Kommunikation angesichts der selbstreferentiellen Geschlossenheit sozialer Systeme dabei *aktiv* gesucht und aufgebaut werden muß, macht das Beispiel von Gemeinden deutlich, in denen trotz gegebener Fördermöglichkeiten und eines bestehenden (passiven) Beratungsangebotes durch die Ämter für Landwirtschaft zunächst kaum Interesse der Landwirte an Förderprogrammen des Naturschutzes und der Landwirtschaft sowie einer damit verbundenen Umstellung der Bewirtschaftung bestand. Als ein von der Gemeinde eingestellter Umsetzungsberater jedoch gezielt auf die einzelnen Landwirte zuging und sie unter Berücksichtigung ihrer individuellen betrieblichen Situation im Hinblick auf Finanzhilfen und Förderprogramme beriet, stieg die Bereitschaft sprunghaft, dieses Angebot wahrzunehmen. Vorher lag wohl buchstäblich viel an Interesse brach. So konnte in einer Gemeinde im Bayerischen Wald, in der zunächst kaum Beteiligung der Landwirte an Förderprogrammen gegeben war, der Umsetzungsberater belegen, daß aufgrund seiner aktiven, einzelbetrieblichen Beratung innerhalb von zwei Monaten 87% der in Frage kommenden Betriebe Interesse für Extensivierungsprogramme bekundet und 50% sich zu Pflanzmaßnahmen entschlossen hatten (FALTER 1996: 101).

Einen weiteren durch die Systemtheorie begründbaren Aspekt im Umgang mit sozialen Systemen beschreibt das, was WILLKE (1994: 184) als „Institutionalisierung gesellschaftlicher Verantwortung" bezeichnet: Um die Chancen der Realisierung und das Bewußtsein für Handlungsfolgen zu erhöhen, sollten die Entscheidungen so weit als möglich in dem System angesiedelt sein, das von der Planung betroffen ist. Aus diesem Grund wurde beispielsweise in einem Leitfaden zur gemeindlichen Landschaftsplanung (STMLU 1996: 117) bei der Beschreibung der Arbeitsteilung der Akteure die Verantwortung für die Qualität der über den Gemeinderat zu beschließenden Planung bewußt den gewählten Gemeindevertretern zugewiesen und nicht dem Landschaftsarchitekten. Diesem soll vor allem die Rolle eines Moderators sowie die Aufgabe zukommen, neue Ideen, insbesondere Alternativvorschläge, einzubringen, während es die Kommunalvertreter sind, die „sehenden Auges" und im Bewußtsein über die möglichen Folgen für ihre Gemeinde entscheiden.

Zusammenfassung:
Kombination von Selbst- und Fremdorganisation

Die Heuristik der Systemtheorie hilft bei der Analyse und Interpretation komplexer Systeme und macht Grenzen zweckrationalen Handelns deutlich: Es ist unmöglich, auf komplexe selbstorganisierende Systeme so einzuwirken, daß sie sich in gewünschter Weise verhalten und dabei alle Nebenwirkungen abschätzbar sind. Daraus jedoch die Folgerung zu ziehen, komplexe Systeme wie kulturbetonte Landschaften einer reinen Selbstorganisation zu über-, und jegliche bewußte Einwirkung zu unterlassen, würde einen gleichermaßen idealisierten Grenzfall darstellen wie die Vorstellung einer möglichen umfassenden Einwirkung von außen, sprich reinen Fremdorganisation von Systemen. Das tatsächliche Geschehen und die Abläufe von Systemen spielen sich vielmehr zwischen diesen beiden Polen ab (BUNGE 1987: 221; SCHUMACHER 1995: 59; SCHWEGLER 1992: 51). Auch unter der Prämisse, daß der in Mitteleuropa nicht nur in, sondern zumindest zum Teil immer noch von den genutzten Landschaften lebende Mensch zu effizienten Handlungsformen finden muß, sollten kausalanalytisch, also spezifisch auf die Verbindung von Einzelfaktoren angelegte Betrachtungsweisen durch übergreifende systemwissenschaftliche Betrachtungen nicht abgelöst, sondern ergänzt und angereichert werden (LENK 1986: 29): Landschaft kann zum einen nicht ganzheitlich erfaßt werden, weil die einsetzbaren Methoden immer nur Ausschnitte aus der Wirklichkeit wiedergeben können und Daten abstrahierenden Modellcharakter haben (vgl. Kapitel E.2.1). Andererseits sind Kausalanalysen zwar in manchen Fällen als Arbeitshypothesen und grobe Näherungen brauchbar (BUNGE 1987: 191, 375), z.B. wenn es darum geht, wichtige Einflußfaktoren (wie Nutzungseinflüsse) zu identifizieren; sie bleiben jedoch zwangsläufig unvollständig.
Auch im Umgang mit komplexen Problemen sind damit weder die Extreme einer zentralen Steuerung durch Plan und Organisation noch ein vollkommenes Laissez-faire anzustreben. Vielmehr bedarf es einer Kombination beider Vorgehensweisen, indem versucht werden sollte, den Teilsystemen in bestimmten Handlungsfeldern Autonomie und Selbstorganisation zuzugestehen, gleichzeitig aber nach einem Rah-

Aufgaben des Planers	System-Paradigma	Beschreibungs-ebenen	Gegenstände, z.B.	Methoden, z.B.
Katalysator	Evolutive Weiterentwicklung, Ordnung durch Fluktuation	**Struktur ⟷ Funktion** ↖↘ ↗↙ **Fluktuation**	Sukzession, raum-zeitliche Veränderung, Regelungsfunktion von Ökosystemen	Langzeitbeobachtung, Studium von Regenerationsprozessen, Anstoß zu eigenem Handeln in sich selbst organisierenden Subsystemen
Koordinator	Autopoiese	**Struktur ⟷ Funktion**	Förderung von Prozessen/ Funktionen (z.B. Stoffkreisläufe und Energieflüsse), Produktions-, Träger-, Informationsfunktion von Ökosystemen	Probenahme zeitlicher Meßreihen, räumlich flächendeckende Erhebungen, kollektive Beteiligungsformen (wie Runde Tische, Mediationsprozesse)
Informationsempfänger, Enwicklung struktureller Lösungsmöglichkeiten und Alternativen	Gleichgewicht	**Struktur**	Artenschutz, konservierender Naturschutz	Zählen, Bestimmen, Kartieren (im wesentlichen punktuell ansetzend), Befragungen, Bereitschaftsanalysen

Abbildung E\7

Vielschichtigkeit von Planung in einer vielschichtigen Wirklichkeit (unter Verwendung von JANTSCH 1988: 363 und HÖPNER, schriftl. Manuskript, o.J.).

men zu suchen, der die heterogenen Einzelbereiche zusammenführt. So ist es in der Wirtschaft bei Großunternehmen aus der Erfahrung heraus, daß nicht alles „von oben" geregelt werden kann, ein mittlerweile gängiges Managementprinzip geworden, einzelne autonome Geschäftseinheiten als selbstregelnde Untersysteme einzurichten und diese mit eigener Kompetenz und Verantwortung auszustatten (vgl. z.B. SCHUMACHER 1995: 59; STUDER 1991: 157). Damit weist auch die anzustrebende Kombination von Selbst- und Fremdorganisation für den planerischen Umgang mit Landschaften in Richtung einer strategischen Planung, die Rahmenbedingungen absteckt, dabei aber die Subsysteme (z.B. die Landwirte, die Bürger oder die Grundstückseigentümer) autonom handeln läßt.

Die vorangehenden Ausführungen haben deutlich werden lassen, daß in Systemen Struktur (Gliederung und Anordnung der Elemente), Funktion (Aufgabe und Leistung eines Teils im Rahmen des Ganzen) und Prozeß (Geschehniszusammenhang interaktiver Vorgänge) untrennbar aufeinander bezogen sind (WASCHKUHN 1987: 24). Ausgehend von der Betrachtung verschiedener Komplexitätsebenen, deren Aufgabe in der Ordnung und Reduktion von Komplexität liegt, der kommunikativen Geschlossenheit sozialer Gebilde und der kontinuierlichen, evolutiven Weiterentwicklung von Systemen in steter Wechselwirkung zu ihrer Umwelt macht der Systemansatz deutlich, daß Planen und Handeln in der Umwelt *vielschichtig* sein muß (vgl. auch JANTSCH 1988: 360ff.): Verschiedene Ebenen, Zeithorizonte und Einstellungen sind im Zusammenwirken von Struktur, Funktion und raum-zeitlicher Fluktuation untereinander zu verbinden (vgl. Abb. E\7). *Das bloße Ansetzen an der Struktur kann dieser Betrachtung zufolge nur die unterste Ebene von Planung sein.* Es müssen die Beachtung des Wechselspiels von Struktur und Funktion, auch im Sinne ihrer koevolutiven Weiterentwicklung, weiterhin das Zulassen von Veränderungen in Form von Fluktuationen, Energie- und Materialdurchsätzen, Stoff- und Energieflüssen sowie des eigenständigen Handelns sozialer Einheiten hinzukommen, wobei Planung bzw. die Person des Planers Katalysatorfunktion beim Anstoßen von letztlich ergebnisoffenen Prozessen haben.
Die angesprochenen strategischen Planungsziele stellen in diesem Zusammenhang den Versuch dar, einen Rahmen zu beschreiben, in dem sich diese Vielschichtigkeit organisiert. Das Konzept einer differenzierten Bodennutzung nach HABER (1971) beispielsweise, das sich als ein derartiges Steuerungs- und Korrekturkonzept versteht (HABER 1979: 28), trifft auf strategischer Ebene Aussagen über anzustrebende Anteile einzelner Nutzungen bzw. Ökosystemtypen, ohne dabei das Nutzungsmuster, also die Struktur, bis ins einzelne festzuschreiben, und argumentiert gleichzeitig mit der durch Nutzungsdurchmischung zu erzielenden Aufrechterhaltung der verschiedenen Ökosystemfunktionen, insbesondere der Regelungsfunktion.
Zu diskutieren wäre auch, ob ein strategischer Rahmen für die Komplexebene Landschaft nicht vor allem in Form übergreifend anzustrebender Qualitäten zu formulieren

wäre (etwa weitreichender Geschlossenheit regionaler Stoff- und Produktionskreisläufe, möglichst sparsamem Gebrauch bzw. hinreichender Regeneration der natürlichen Ressourcen, vgl. BÄTZING 1988: 9; weiterhin gedanklicher Grundsätze der Ethik, hierzu SCHUMACHER 1995: 59). Ein solcher Ansatz braucht der unter E.1.2 kritisierten „holistischen" Planung nicht zu widersprechen, sondern würde bedeuten, daß man eine Orientierung an qualitativen Leitzielen anstrebt, denen man sich angesichts der Unmöglichkeit ganzheitlicher Planung sowie der Unmöglichkeit, Planungsfolgen in komplexen Systemen exakt zu bestimmen, über ein Vorgehen in kleinen Schritten unter ständiger Rückkopplung im Sinne einer Stückwerk-Technik anzunähern versucht.

E.2 Spezielle Fragen des Planungsprozesses

Es ist wie gesagt zwar nicht möglich, wissenschaftlich zu planen, wohl aber können Ansätze und das Instrumentarium der Erkenntnis- und Wissenschaftstheorie herangezogen werden, um planerische Vorgehensweisen zu kritisieren und abzusichern. Vor diesem Hintergrund sollen nun mit Informationsgewinnung und -verarbeitung, Prognosen sowie normativen Aspekten Probleme des Planungsgeschehens erörtert werden, die zugleich eingangs als Dimensionen des Planungsbegriffs bestimmt wurden.[1)]

E.2.1 Informationsgewinn und Analyse

„Die Theorie bestimmt, was wir beobachten können."
(Albert Einstein, zit. aus Paul Watzlawick 1994: 57)

„So sind alle empirisch ermittelten Daten
und die damit ausgeführten Auswertungen (...) Modelle, (...)."
(Kai Tobias: Konzeptionelle Grundlagen der angewandten Ökosystemforschung, 1991: 34)

E.2.1.1 Erkenntnis- und wissenschaftstheoretische Grundlagen

Bei Planungsaufgaben steht nicht ein Erkenntnisprozeß, sondern ein Entscheidungsprozeß im Vordergrund, wobei die Gewinnung von Daten und ihre Auswertung zu „Informationen" weniger der wissenschaftlich korrekten Bewährung bzw. Falsifikation von möglichst deduktiv abgeleiteten Hypothesen dienen, sondern zur pragmatischen Erreichung von Handlungszielen eingesetzt werden. Jedoch erfordern auch Planungsprozesse, daß sich der Planende Wissen sowohl über das zu beplanende Objekt als auch über Ziele, Erwartungen, Werthaltungen und Interessen der am Prozeß Beteiligten verschafft.

Prinzipielle Fehlbarkeit und Hypothesencharakter von Erkenntnis

Dem Kritischen Rationalismus, der zwar eine Methodologie geschaffen hat, die hinsichtlich ihres Ausschließlichkeitsanspruches zu streng ist, als daß wissenschaftliche Praxis konsequent danach arbeiten könnte, ist jedoch die Einsicht zu verdanken, daß sich Erkenntnisse logisch gesehen nicht verifizieren lassen, sondern sich nur

---

[1)] Einige Wiederholungen zu vorangehenden Kapiteln werden in der Folge bewußt in Kauf genommen, da die Ausführungen zu jedem Punkt in sich verständlich sein sollten. Auch gilt es, einige im Hinblick auf die Praxis der Wissenschaften bereits diskutierte Aspekte nunmehr in ihrer Relevanz für Planung zu beleuchten.

bewähren können (z.B. POPPER 1984a, b) und daß darauf aufbauend kein festes Wissen möglich, sondern jede Erkenntnis vorläufig ist (POPPER 1984a: 211). Die Auffassung von der Vorläufigkeit und damit letztendlichen Unsicherheit von Wissen, verbunden mit der Einsicht, daß jede Erkenntnis Hypothesencharakter aufweist und als jederzeit revidierbar gelten muß, dürfte heute weithin anerkannt sein, auch wenn sie innerhalb der Erkenntnis- und Wissenschaftstheorie auf sehr unterschiedliche Weise dargestellt wird. Die Modelle reichen vom Kritischen Rationalismus, der die Bezweifelbarkeit von Erkenntnis zum Ausgangspunkt seiner Methodologie macht und annimmt, daß durch sie eine allmähliche Annäherung an die Realität möglich ist (POPPER 1974: 57), hin zum erkenntnistheoretischen Relativismus, der von der Ablösung herrschender, wissenschaftliches Vorgehen und die Interpretation von Daten bestimmender Paradigmen durch „Revolutionen" ausgeht (KUHN 1988a, b), ohne daß dabei Angaben über die Realitätsnähe der jeweils bestehenden Erkenntnisse möglich sind. Zweifel an der unbeschränkten Gültigkeit von Wissen besteht auch, ob man nun im Sinne des Konstruktivismus jede dadurch vermittelte Wirklichkeit als konstruierte begreift (V. GLASERSFELD 1992: 19ff.) oder, wie die Neopragmatiker, aus der Sicht von letztlich nicht absolut und wertfrei begründbaren Sätzen heraus Ziel- und Anwendungsorientierung von Erkenntnis von vornherein zu Prämissen auch für das wissenschaftliche Vorgehen macht (STACHOWIAK 1983: 129ff.). Hinzu treten nicht nur von Erkenntnistheoretikern, sondern auch von der neueren Hirnforschung (EDELMAN 1995) vertretene Auffassungen, daß Werte und abstrahierende Kategorisierungen bereits die Grundlage jeder Wahrnehmung bilden, da sich im Gehirn im Lauf der evolutiven Entwicklung durch neuronale Verknüpfungen eigene Wertstrukturen herausgebildet haben. Auch aus der Sicht einer biologisch orientierten Epistemologie, die zwar von einem bedingten Realismus im Sinne des Vorhandenseins einer realen Welt ausgeht, an die sich menschliche Wahrnehmungs- und Denkstrukturen schrittweise anpassen, muß Wissen dabei bruchstückhaft und korrigierbar bleiben (EDELMAN 1995: 231).

Die Unvollständigkeit und Vorläufigkeit von Wissen sowie von gewonnenen Informationen hat Konsequenzen, die auch bei planerischem Vorgehen berücksichtigt werden sollen. So spricht die Fehlbarkeit der Vernunft und Vorläufigkeit der Erkenntnisse gleichfalls gegen eine umfassende Planung, d.h. gegen „holistische" und dabei bis ins Detail durchstrukturierte Entwürfe. Auch sie regt vielmehr im Handeln, in der Umsetzung von Planungen, an zu der erwähnten jederzeit revidierbaren Technik der kleinen Schritte („Stückwerk-Technik"), die einer „laufenden Fehlerkorrektur" (POPPER 1987: IX) unterliegt.[2)]

[2)] Um Mißverständnisse zu vermeiden, muß hinzugefügt werden, daß diese von Popper geprägten und die Möglichkeiten von Planung zunächst treffend charakterisierenden Begriffe sich letztlich jedoch auf das forschungslogische Prinzip Poppers gründen, immer nur in experimentell nachprüfbaren, reproduzierbaren Schritten zu handeln. Auf diese Weise wird die Möglichkeit umfassender, für Planung aber unabdingbarer Prognose verneint, weil auch Prognosen nur auf Gesetzesbasis abgegeben werden dürften, weshalb es im

Wechselseitige Beeinflussung von Theorien und Daten

Bereits die Ausführungen zu den Wertbezügen von Wissenschaft unter Kapitel C.3 haben deutlich werden lassen, daß es keine objektive Erfassung und Beschreibung eines Gegenstandes geben kann, da stets wertbehaftete Gesichtspunkte wirksam sind, nach denen das Betrachtungsobjekt ausgewählt, aufgegliedert und analysiert wird. Daneben ist jegliche Wahrnehmung, über die z.B. die Erhebung von Daten erfolgt, bereits als eine bewußt ordnende und Sinneseindrücke strukturierende Tätigkeit des Bewußtseins zu verstehen, die eine eigene konstruktive Leistung darstellt (SCHEIDT 1986: 70). Auch aus logischer Sicht läßt sich dabei zeigen, daß am Anfang jeder Erkenntnis eine „Theorie" im Sinne einer Erwartung stehen muß, die prinzipiell nicht verifizierbar ist, sich aber bewähren kann. Auch dieser Grundsatz, wonach es keine reinen Beobachtungen gibt, sondern jede Wahrnehmung bereits „theoriegetränkt" (POPPER 1984a: 76, 1984b: 72) bzw. „interpretationsimprägniert" (LENK 1992: 76) ist, findet in vielen Richtungen der Erkenntnis- und Wissenschaftstheorie seinen Niederschlag: Dem Neopragmatiker STACHOWIAK (1973: 288; ähnlich SCHEIDT 1986: 70) zufolge gibt es keine „reinen Daten", ähnlich für den Relativisten FEYERABEND (1986: 15f.) keine „nackten Tatsachen". HABERMAS (1993: 15ff.) als Vertreter der Frankfurter Schule spricht von einem „erkenntnisleitenden Interesse", das überindividuell vermittelt ist und die Perspektive bestimmt, aus der die Wirklichkeit der Wahrnehmung zugänglich gemacht wird. Einen eigenen umfassenden Beschreibungs- und Erklärungszusammenhang für die wechselseitige Bezogenheit von Beobachtungen und Erwartungen haben zudem die Systemtheorien mit dem Begriff der „Selbstreferenz von Beobachtungen" (z.B. WILLKE 1991: 122) formuliert: Auch dieser drückt aus, daß sich ein Beobachter seinen Gegenstand durch seine Erhebungen und Analysen konstruiert, wobei ihm nur das zugänglich ist, was er aufgrund seiner systemeigenen Strukturen und Operationen begreifen kann (LUHMANN 1994: 385). Beispiele, wie sehr Erwartungen die Ergebnisse beeinflussen können, liefert zudem die psychologische Forschung mit der Untersuchung sogenannter „self-fulfilling prophecies", d.h. Vorgängen, bei denen die Prophezeiung eines Ereignisses aufgrund der sich damit verbindenden Erwartungen zum Eintreten genau dieses Ereignisses führt (WATZLAWICK 1985: 91ff.).

Für Planungsvorgänge kann daraus zunächst festgehalten werden, daß es aufgrund vorgängiger Erfahrungen und Erwartungen logisch gesehen auch hier keine „reinen Daten" und auch keine reine, d.h. wertneutrale Analyse geben kann, zumal Daten häufig bereits deshalb für eine bestimmte - vorgeblich erst im Nachhinein auf sie projizierte - Theorie sprechen, weil sie bereits aus der Perspektive dieser Theorie formuliert sind. Jede „Tatsache" läßt sich als Tatsache damit nur im Rahmen akzeptierter theoretischer Voraussetzungen bestimmen (STRÖKER 1977a: 82).

Prinzip sogar unmöglich sei, die Entwicklung eines Schmetterlings aus einer Raupe vorherzusagen (POPPER 1987: 86; vgl. auch Kapitel E.2.2.1). Diese Auffassung ist zum Umgang mit komplexen Planungsproblemen nicht geeignet.

Es bleibt zu erwähnen, daß auch aus diesem Grundsatz in der Erkenntnis- und Wissenschaftstheorie wieder unterschiedliche Konsequenzen gezogen werden: Während der Poppersche Rationalismus die Subjektanteile der Erkenntnis weitgehend auszublenden versucht (POPPER 1974: 57), um eine strikt rationale Methodologie zu gründen, macht das Kuhnsche Modell einer Wissenschaft, die auf Paradigmen beruht, damit genau diese Einflüsse zum Gegenstand seiner Darlegung von Wissenschaftsentwicklung. Die Frankfurter Schule hingegen nimmt, ähnlich wie später die Neopragmatiker, den engen Zusammenhang von Erkenntnis und Interesse zum Anlaß, eine Orientierung des Forschungsprozesses an gesellschaftspolitisch relevanten Zielen zu fordern.

Da es demnach keinen „reinen" Beobachter gibt, dessen Wahrnehmungsgabe „noch von keines theoretischen Gedankens Blässe angekränkelt ist" (STEGMÜLLER 1973: 70), wird bei aller Unterschiedlichkeit der Auffassungen angenommen, daß auch die reine Induktion, das logisch einwandfreie Schließen von einzelnen Beobachtungen auf gültige Gesetze, unmöglich ist. Auch für Fragen der Planung ist es in einer ersten Folgerung sinnvoll, sich zu vergegenwärtigen, daß durch Datenerhebungen und Beobachtungen, z.B. infolge dabei auftretender Regelmäßigkeiten und Wiederholungen, kein logisch gesichertes Wissen gewonnen werden kann, sondern im besten Fall Wahrscheinlichkeitsaussagen möglich sind (CARNAP 1969: 28f., 31; STEGMÜLLER 1971, 1973: 35). Es ist wichtig, sich diese Kritik der Induktion zu vergegenwärtigen, denn ihr folgen vom Prinzip her sowohl in der Planung wie auch in den Anfängen der Ökosystemforschung oft als Selbstzweck durchgeführte Datensammlungen, aus denen man Gesetzmäßigkeiten glaubte ableiten zu können. Die Orientierung[3] an einem logisch stärker abgesicherten deduktiven Ansatz, der von eingangs formulierten Hypothesen ausgeht, wie auch die Anerkennung des Grundsatzes, daß Daten nicht nur Sachverhalte beschreiben, sondern auch Auffassungen über diese Sachverhalte ausdrücken, führen hingegen

zu der Forderung, daß bereits zu Beginn und als Grundlage von Datenerhebungen die zugrundeliegenden Hypothesen und Erwartungen möglichst genau auszuformulieren und explizit darzulegen sind.

Anstatt eine beobachter- und kontextunabhängige „Objektivität" vorzuspiegeln, sollte man sich auch in Planungsvorgängen zu Erwartungen und zugrundeliegenden Theorien bekennen und akzeptieren, daß jede Erkenntnis „aspektiv" (HONNEFELDER 1993: 255), d.h. von einer bereits vorgängigen Theorie abhängig ist, die schon in der gewählten Methode und der damit verbundenen Begriffssprache steckt. Aufgabe eines als Grundlage für das weitere Vorgehen im Planungsprozeß zu entwickelnden

[3] Es dürfte klar sein, daß es sich bei Planungsaufgaben nur um eine Orientierung handeln kann, da - wie auch unter E.1.2 dargelegt - durch das Einfließen vorgängiger Kenntnisse und Anschauungen über den Planungsraum unvermeidbar immer auch induktive Aspekte eine Rolle spielen und beide Prinzipien letztlich zirkulär aufeinander bezogen sind.

und darzulegenden Arbeitsmodells ist es zugleich, verschiedene Grundannahmen zu einem in sich plausiblen Zusammenhang zu integrieren, um eine in sich stimmige Datenbasis zu erhalten.

Eines der wenigen, in diesem Zusammenhang im Bereich ökologisch orientierter Planungen systematisch dokumentierten Beispiele konnte HERMANN (1996) anhand von Erhebungen der Heuschreckenfauna belegen: Je nach dem Erfahrungsniveau einzelner Bearbeiter und der damit sich verbindenden Erwartungen an den Artenbestand eines Lebensraums, in diesem Fall eines Kalkmagerrasenkomplexes auf der Schwäbischen Alb, wurde eine unterschiedliche Zahl von Heuschreckenarten nachgewiesen, während andere Arten u.U. übersehen wurden. Da es sich bei letzteren oft gerade um die selteneren und weniger verbreiteten Species handelte, zu deren Nachweis genaue Kenntnis über die jeweiligen Lebensraumansprüche und Verbreitungsgebiete gehörte, resultierten daraus zum Teil unterschiedliche wertende Einstufungen des betreffenden Gebietes. Ähnliches stellt KIRBY (1994: 181) für die Erhebung von Pflanzenarten in einem Waldgebiet fest. Auch HERMANN (1996: 151) betont daraus die Notwendigkeit der Formulierung eines „Erwartungshorizontes"[4] vor Beginn einer Bestandsaufnahme. Aufgrund vorhandener Kenntnisse über die betreffenden Arten, den Landschaftsraum, sowie aufgrund von aus der Literatur bekannten Verbreitungen wird ein „Erwartungsprofil" benannt, auf dessen Grundlage dann gezielt nach bestimmten Species gesucht wird. Angesichts der „Unentrinnbarkeit" des Sachverhalts, daß Erklärungen bereits Erwartungen und theoretische Annahmen zugrundeliegen, muß man sich jedoch auch im klaren sein, daß Beobachtungen, die derart auf einen definierten Erwartungshorizont hin ausgerichtet sind, u.U. für keinen anderen Zweck mehr geeignet sind (hierzu TAYLOR 1989: 125). Nicht umsonst ist bei der Zusammenführung von aus unterschiedlichen Quellen stammenden und aus verschiedenen Fragestellungen heraus entstandenen Erhebungen, wie etwa Artenkartierungen, oft keine Vergleichbarkeit mehr gegeben.

Mit solchen Erwartungen und den Theorien, auf die sie sich beziehen, verbinden sich oft bereits bestimmte Begrifflichkeiten, etwa wenn man bei Erhebungen davon ausgeht, daß räumlich abgegrenzte „Ökosysteme" oder „Biotope" dargestellt werden sollen. Aber Begriffe können niemals frei vom Kontext wissenschaftlicher Theorien konstruiert werden (STRÖKER 1977a: 59); sie stellen durch ihre Bedeutungen und Bezüge im Sprachgebrauch gleichfalls ein an einen Kontext gebundenes A priori dar (LAUENER 1995: 230). Da Aussagen über Daten wie auch die Erwartungen, die man in Untersuchungen setzt, sich nicht anders als in der Sprache einer bestimmten Theorie formulieren lassen (KONDYLIS 1995: 91), wird deutlich, wie wichtig es ist, daß bereits vor Beginn von Datenerhebungen über die fraglichen, für die Formulierung von Erwartungshorizonten verwendeten Begriffe Klarheit besteht. Im Falle des Ökosystembegriffs beispielsweise bedeutet dies, ob man darunter einen Funktionszu-

---

[4] Dieser Begriff findet sich im Zusammenhang mit der Theorie- und Erwartungsabhängigkeit von Erhebungen im übrigen auch bei POPPER (1972b: 46; 1984b: 360).

sammenhang aus Stoffkreisläufen und Energieflüssen versteht, der für sich genommen u.U. zu einer anderen räumlichen Vorstellung führt als ein durch das Vorkommen von bestimmten Arten oder Lebensgemeinschaften konkret gekennzeichneter Raum (vgl. JAX 1994: 92f.)[5], oder aber, ob man beide Aspekte, Struktur und Funktion, gemeinsam in ihrer räumlichen Verzahnung begreift.

Um jedoch nicht bei einem starren Erhebungsprogramm stehen zu bleiben, das durch die einmal formulierten Ziele bestimmt wird und keinen Raum mehr läßt, um auf Unerwartetes flexibel reagieren zu können, kommt sozusagen als gegenläufiges Korrekturprinzip der im vorangegangenen Abschnitt erwähnte Grundsatz der „laufenden Fehlerkorrektur" zum Tragen: D.h. genauso wichtig wie die Formulierung von zugrundegelegten Erhebungszielen und Erwartungen ist, daß die Arbeitshypothesen z.B. aufgrund überraschender Artenfunde iterativ revidiert werden können. So trägt bei der UVP der im Gesetz (§ 5 UVP-Gesetz) festgelegte Verfahrensschritt des sogenannten „Scoping", in dem zu Anfang des Verfahrens möglichst gemeinsam von den Beteiligten der Untersuchungsrahmen abgesteckt wird, ausdrücklich die Bezeichnung „vorläufiger Untersuchungsrahmen", da aufgrund von neuen Aspekten rückwirkend Veränderungen etwa des Erhebungsumfanges oder der Abgrenzung des Untersuchungsgebietes möglich sein müssen. Auch tendiert die Praxis von UVP-Verfahren zunehmend dazu, daß neben dem offiziellen Scoping-Gespräch gleichsam als verfahrensbegleitender Prozeß mehrere derartige Zusammenkünfte abgehalten werden, so daß eine Rückkopplung zum Untersuchungsprogramm wie auch den weiteren darauf aufbauenden Schritten möglich ist.

Ernst genommen werden muß in diesem Zusammenhang auch der Einwand FEYERABENDS (z.B. 1978: 23), daß man sich durch einmal verfestigte Theorien und Auffassungen so stark einengen kann, daß man sich bei der Untersuchung der Umwelt im Grunde nur noch darauf beschränkt, bestehende Modelle zu überprüfen (CHARGAFF 1995a: 123). Daraus wird gefordert, daß es auch einmal bewußt von den herrschenden Theorien und Erwartungen abweichende Vorgehensweisen zu wählen gilt (FEYERABEND 1978: 23). Die Konsequenz aus der Einsicht, daß die Art der Erkenntnis bereits durch die Fragestellung mitbestimmt wird, ist ja, daß man - wenn man nach neuer Erkenntnis trachtet - zu neuen Fragestellungen kommen muß (LANGER 1979: 11, 21).
Auch für Planung gibt es genügend Ansatzpunkte, um im Umgang mit Daten, im Ausprobieren kreativer Formen bspw. der Bürger- und Öffentlichkeitsbeteiligung neues Vorgehen zu erproben. Ein zunächst breit und unspezifisch aufgefächertes, spekulativ angelegtes Erhebungsprogramm wird jedoch im Sinne der geschilderten Ziel-Mittel-Effizienz meist nicht ihre Aufgabe sein können. Denkbar ist ein solcher

[5] Vgl. hierzu HABER (in ARL 1995: 600), der - wohl als Ausweg aus diesem Dilemma - vorschlägt, „Landschaft" als strukturellen, „Ökosystem" als funktionalen Begriff aufzufassen.

Ansatz bei Großprojekten mit noch weitgehend unbekannten Auswirkungen sowie nicht zuletzt umfangreicherem Zeit- und Finanzbudget, nicht hingegen bei den zahlreichen kleineren „Standardvorhaben" wie etwa im Rahmen der naturschutzrechtlichen Eingriffsregelung, die häufig, weil externe Gutachten nicht vergeben werden können, behördenintern bearbeitet werden müssen. Hier sollte vielmehr eine breit angelegte Grundlagenforschung zum Tragen kommen, die eine entsprechende Datenbasis, z.B. an flächendeckenden Arten- und Standortkartierungen, zur Verfügung stellt sowie nicht von vornherein auf spezielle Fragestellungen eingeengt ist. Bei der ihr zugrundezulegenden Hypothesenbildung wäre dann wiederum bezüglich bestehender Kenntnislücken eine Rückkopplung zwischen ökologischer Forschung und den planerischen Fragestellungen sinnvoll, die durchaus auch in dem Sinne erfolgen kann, daß bewußt dem gängigen Vorgehen widersprechende Hypothesen formuliert und geprüft werden.

Die Erhebung von Daten und ihre Interpretation zu planungsrelevanter Information ist nicht nur theorieabhängig, sondern es können umgekehrt durch die Anwendung verschiedener Theorien unterschiedliche Informationen zustande kommen (FEYERABEND 1978: 4ff.; KNAPP 1978: 287): Auf eine gegebene, wenn auch ihrerseits bereits zwangsläufig durch vorgängige Erwartungen bestimmte Datenmenge läßt sich oft mehr als nur ein theoretisches Konzept anwenden (KUHN 1988a: 89). In Kuhnscher Terminologie ist es das wissenschaftliche Paradigma (bzw. das planerische Pragma), das die Art und Weise bestimmt, wie Daten interpretiert werden.[6)]
Als Beispiel für zwei unterschiedliche (Interpretations-)Modelle, die man an eine Datenmenge anlegen kann, können das sogenannte individualistische Konzept sowie das eher ganzheitliche, auf organismischen Vorstellungen aufbauende und mittlerweile weitgehend in der Ökosystemforschung aufgegangene, systemare Konzept der Ökologie (TREPL 1987: 175, 202, 1988: 179) gelten. Ersteres geht davon aus, daß es keine ontologischen Einheiten oberhalb des Niveaus der Arten bzw. Populationen mehr gibt, die als grundlegende Betrachtungseinheiten der Ökologie gesehen werden. Zwar werden dabei z.T. durchaus auch oberhalb der Organismen weitere Integrationsebenen angenommen, denen jedoch nur heuristischer Charakter zukommt (BRÖRING & WIEGLEB 1990: 285, 288). Der zweiten Auffassung zufolge stehen die

---

[6)] Aus einer ganzen Reihe möglicher Beispiele sei eine Studie von GILBERT & MULKAY (1985) zitiert, die anhand biochemischer Forschungsergebnisse zeigen konnten, daß Wissenschaftler dazu neigten, eigene wie fremde Forschungsergebnisse zuvorderst im Licht der eigenen vorgefestigten Theorien und Sichtweisen zu interpretieren: „Anders gesagt, die Wissenschaftler organisieren ihre Darstellungen dieses Handelns und dieser Meinungen auf systematische Weise so, daß sie die eigenen Handlungen erklären und rechtfertigen, die Handlungen der Gegner jedoch erklären und verurteilen" (GILBERT & MULKAY 1985: 224f.). Auch die Beobachtung, daß Wissenschaftler dazu neigen, Forschungsergebnisse im Sinne der eigenen Theorien zu interpretieren, spricht für die Kuhnsche Aussage, wonach auf eine gegebene Menge von Daten oft mehr als nur ein theoretisches Konzept „paßt" (KUHN 1988a: 89).

Organismen untereinander und mit den unbelebten Bedingungen ihres Lebensraumes in so enger Verbindung, daß ein übergeordnetes Ganzes, eben ein Ökosystem, entsteht (BICK 1993: 5), das als die grundlegende Funktionseinheit der Ökologie gesehen wird (ODUM 1980: 11). Der Zusammenhang zwischen Lebewesen und ihrer Umwelt wird dabei als systemares Ganzes gedacht, in dem nichts geschehen kann, ohne daß dies sich nicht auf das Ganze auswirkte (TREPL 1988: 177). Für die Auffassung, daß es eigenständige, über den einzelnen Arten angesiedelte Zusammenhänge und damit Entitäten gibt, werden beispielsweise zwischen verschiedenen Arten bestehende Beziehungen wie Symbiosen oder Parasitismus und die damit oft verbundene Ko-Evolution zwischen Arten (bspw. zwischen Blütenpflanzen und Insekten; vgl. auch ZWÖLFER 1986) angeführt. Für sie spreche auch, daß in stofflichen Beziehungen wie der Verteilung von Insektiziden u.a. Stoffen über die Nahrungskette tatsächliche Bezüge existierten, die über ein bloßes Konstrukt hinausgingen (JORDAN 1981: 284ff.).
Wenn im Für und Wider zahlreiche Autoren (z.B. JAX, VARESCHI & ZAUKE 1991: 19; RECK 1996: 39; WIEGLEB 1989: 15f.) feststellen, daß die überwiegende empirische Evidenz beim individualistischen Konzept angesiedelt ist, so liegt dies vor allem daran, daß die Erforschung komplexer Gegebenheiten zunächst nur reduktionistisch ansetzen kann, indem über einzelne Muster und Prozesse Daten gewonnen werden. Daneben ist jedoch die Entscheidung, welche Art von Daten erhoben wird wie auch ihre Einordnung in beide Vorstellungen bereits von der theoretischen Fragestellung abhängig, die als Ausgangspunkt der Untersuchung die spätere Einordnung der Daten mitbestimmt (LANGER 1979: 12). So entstammt der ursprüngliche organismische Ansatz insbesondere der Sukzessionsforschung, die eine Regelhaftigkeit von Sukzessionsabläufen betonte und in die Vorstellung der Klimaxgesellschaft als eines in sich zusammenhängenden „Superorganismus" mündete (JAX, VARESCHI & ZAUKE 1991: 119f.; TREPL 1987: 115). „Systemar" arbeitende Ökologen kommen zudem seltener aus einer „biologischen" Ökologie, sondern aus einer Landschaftsökologie, die ihrerseits in „Landschaft" als einer ganzheitlich-zusammenhängend begriffenen axiomatischen Grundvorstellung der Geographie ihre Wurzeln hat (hierfür exemplarisch ZONNEVELD 1990: 9f.). Individualistische Vorstellungen hingegen gehen von der Individualität und Einzigartigkeit jeweils historisch entstandener Gebilde aus (WIEGLEB 1989: 15) und betonen vor allem die historische Genese von einzigartigen Prozessen. Diese Betrachtungsweise ist ihrerseits stark mit der Populationsökologie verbunden und wurde seinerzeit aus der Tierökologie heraus entwickelt (TREPL 1987: 171).

In beiden Ansätzen dürften sich damit nicht zuletzt auch die Grundsätze einer mehr gesetzhaft-nomothetischen und einer mehr historisch-idiographischen Ökologie (vgl. Kapitel C.2) widerspiegeln. Sie sind auch für Planungen von Bedeutung, da sich auf

ihnen unterschiedliche, jeweils in sich kohärente Begründungszusammenhänge[7] aufbauen lassen, etwa Schutzkonzepte, die entweder mehr auf den Schutz einzelner Arten abstellen oder mehr auf den Erhalt räumlicher Einheiten, deren funktionaler Zusammenhang angenommen wird.
Betont wird auch, daß die Vorkommen von Arten und deren Lebensraumansprüche die einzig objektivierbaren Maßeinheiten bzw. Bewertungskategorien für den Arten- und Biotopschutz darstellten (RECK 1996: 39). Es wird jedoch kaum jemals möglich sein, alle in einem Raum auftretenden Arten zu erheben. Vielmehr sind bei der Bestimmung von Indikatorarten sowie von Zielarten und -artenkollektiven aufgrund des unzureichenden wissenschaftlichen Kenntnisstandes jeweils Entscheidungen zu treffen (hierzu EKSCHMITT, MATHES & BRECKLING 1994: 418), die sich neben naturschutzfachlichen Leitbildern an übergeordneten Zusammenhängen (z.B. dem vermuteten Abdecken von Ansprüchen weiterer Arten über Nahrungs- und Konkurrenzbeziehungen, der Repräsentanz für bestimmte Standortausprägungen u.a.m.) orientieren werden. Auch muß eingestanden werden, daß schon die Abgrenzung von Flächeneinheiten, um das räumliche Vorkommen von Arten zu bewerten, mangels direkter Erfaßbarkeit eine Abstraktion von tatsächlichen räumlichen Beziehungen erfordert (RECK 1996: 46).
Bereits KUHN (1988a) hat in diesem Zusammenhang deutlich gemacht, wie das wissenschaftliche Paradigma (bzw. das planerische Pragma) die Art, in der Daten interpretiert werden, bestimmen kann und darauf aufbauend auf die Gefahr hingewiesen, die bei Interpretationen in der Verselbständigung und nicht mehr erfolgten Hinterfragung einmal etablierter Vorgehensweisen liegt. Auch aus diesem Grund dürfte sich daher für Fragen der planerischen Anwendung in vielen Fällen eine Kombination verschiedener theoretischer Konzepte und Betrachtungsweisen anbieten, wie dies für die Eingriffsregelung mit dem Vorschlag, verschiedene Integrationsebenen im Hinblick auf ihre Betroffenheit durch ein Vorhaben und die zu erwartenden Wirkungen von Kompensationsmaßnahmen zu beleuchten, bereits dargelegt wurde.

Theorien und Daten erweisen sich als eng und wechselseitig aufeinander bezogen. Es kann „weder theoriefreie Daten noch eine beobachtungsfreie Theorie“ geben (KNAPP 1978: 187). Durch vorgängige, zum Teil unbewußte Erwartungen, die mit jeder Beobachtung einhergehen, sowie durch den Theorierahmen, der dann bewußt an die Interpretation der Daten angelegt wird, entsteht gewissermaßen ein doppelter Filter, dem Daten sowie die von ihnen möglicherweise abgeleiteten Erkenntnisse unterliegen. Dabei sind Zirkelschlüsse möglich, indem Daten zur Bestätigung einer ihnen vorgängig bereits zugrundeliegenden Theorie herangezogen werden und also diese gar nicht mehr widerlegen können, weil sie bereits in ihrer konzeptionellen

[7] Gemeint ist damit nicht eine logische Ableitung von Soll-Aussagen aus Ist-Aussagen, sondern ein argumentativer Bezug, in dem im Gegensatz zu einer logischen Ableitung Freiheitsgrade möglich sind (vgl. Kapitel E.2.3.1, S. 252).

Struktur an die zugrundeliegende Hypothese geknüpft sind. Dies muß auch im Rahmen ökologisch orientierten Planens ernst genommen werden, nicht zuletzt deshalb, weil die Gefahr einer zirkulären Absicherung u.U. unrealistischer Planungsziele besteht.
Durch den oft zirkulären Bezug ist es schwer, daß ein verfestigtes Paradigma wie auch planerisches Pragma abgelöst wird. Aus dem Theorie-Daten-Wechselbezug resultiert die Forderung nach Transparenz in Form von Formulierung und Offenlegung der Erwartungen. Für eine oft qualitativ arbeitende Ökologie ergibt sich aus ihm ein weiteres „Trostpflaster" im Hinblick auf ihre Wissenschaftlichkeit gegenüber anderen Disziplinen: Es bleibt nämlich, wie TAYLOR (1989: 121) anregt, zu diskutieren, inwieweit Daten jedweder Art „hart" sein können, da sie uns stets durch Meßinstrumente und Wahrnehmungsorgane wie auch durch hinter ihnen stehende Theorien letztlich stets nur „gebrochen" erreichen.

E.2.1.2 „Daten sind Modelle" - Modellcharakter von Daten und Folgerungen für die Anwendung in der Planungspraxis

Aufgrund der Selektivität der Wahrnehmung, der für Erhebungen eingesetzten Hilfsmittel (z.B. Meßinstrumente) sowie aufgrund des beschriebenen Charakters von Erhebungsmethoden (vgl. Kapitel D.3), *sind nicht nur Analysen und Interpretationen, sondern bereits die erhobenen Daten als Modelle aufzufassen* (TOBIAS 1991: 34). Der überwiegende Teil der Erkenntnis- und Wissenschaftstheorie macht deutlich, daß nicht von einem naiven Positivismus ausgegangen werden kann, der sich auf reine Beobachtungen stützt und dabei auf die unmittelbare Glaubwürdigkeit der Sinne und der Erfahrung setzt. In ähnlicher Konsequenz wie sie der Begriff „Modelle" enthält, hat daher die Philosophin Susanne Langer (Sinnes-) Daten als „Symbole" bezeichnet, die dazu dienen, die hinter ihnen stehenden Fragestellungen und Erwartungen auszufüllen (LANGER 1979: 29).

In Planungen verwendete Modelle weisen zugleich die dem Modellbegriff zugeschriebene Eigenschaft der Reduktion von Komplexität auf, also der in Abhängigkeit von leistbarer Datenlage und Erwartungshorizont zielgerichteten, sinnvollen Vereinfachung (vgl. z.B. GEHMACHER 1971: 80; LEE 1973: 176; MILLER 1985: 180f.). Sie dienen dazu, wesentliche Bezüge zu verdeutlichen, womit sich neben einer heuristischen, *nach innen* auf den Planungsablauf selbst gerichteten Funktion zugleich eine pädagogische Funktion *nach außen* verbindet, indem für die Beteiligten Zusammenhänge veranschaulicht werden. Es sind dabei gerade die Vertreter umfassender Globalmodelle (z.B. BUND & MISEREOR 1996: 42; MEADOWS zit. nach MESSERLI 1986: 7), die betonen, daß ihren Modellen weniger die Funktion präziser Voraussagen zukommt, sondern deren pädagogische Aufgabe und damit die Notwendigkeit von An-

schaulichkeit und Handhabbarkeit herausheben. Mit (Daten-)Modellen, die versuchen, in möglichst hoher Detailgenauigkeit die gesamte faßbare Wirklichkeit der Lebenswelt lediglich abbildhaft darzustellen, verbindet sich gewöhnlich kein besseres Verständnis dieser Wirklichkeit (MÜLLER 1983: 71f.) und können meist auch keine gezielten Anknüpfungspunkte für planerisch abzuleitende Maßnahmen bestimmt werden. Infolge ihrer gerichteten Vereinfachung haben (Daten-)Modelle auch stets bereits normativen Charakter (WARTOFSKY 1971: 244).
Ausgehend von diesem normativen Charakter, ihrer heuristischen sowie gerade in Planungsvorgängen notwendigen pädagogischen Funktion können im folgenden einige grundsätzliche Überlegungen zur Ausformung der bei ökologisch orientierten Planungen verwendeten Datenmodelle getroffen werden.

Grundsätzliche Überlegungen zur Ausformung von Datenmodellen für Planungsaufgaben

Verschiedene Autoren (u.a. ALONSO 1969; LEE 1973; MÜLLER 1983; SUMMERER 1988a: Sp. 639f.) haben deutlich gemacht, daß es bei Modellbildungen den Zusammenhang von (1) leistbarer Datengenauigkeit und (2) Spezifizierung (d.h. der Art der Absicherung der zwischen den Daten bestehenden Bezüge) mit der (3) Modellkomplexität (d.h. dem Umfang des Modells, verbunden mit der Zahl der Verarbeitungs- und Rechenoperationen) zu beachten gilt. Mit einer vereinfachten Darstellung (vgl. Abb. E\8) lassen sich die Zusammenhänge wie folgt ausdrücken (vgl. auch ALONSO 1969: 31f.): Man wird ein Modell vernünftigerweise nur dann komplexer gestalten, wenn damit eine Verbesserung der Spezifikation erreicht werden kann, d.h. die neu eingeführten Zusammenhänge und Arbeitsschritte auch abgesichert sind und sich dadurch der Spezifizierungsfehler e_s verringern läßt. Mit zunehmender Komplexität des Modells nimmt jedoch auch zwangsläufig der Meßfehler e_m bei den Eingabevariablen zu. Diese Zunahme ist zu Beginn sehr groß, nimmt dann aber meistens - nicht zuletzt aufgrund zunehmender Redundanzen der Daten - allmählich ab. Aus einer (nicht allein additiv vorzunehmenden) Überlagerung beider Fehlerarten, von Spezifizierungsfehlern e_s und Meßfehlern e_m, läßt sich der Gesamtfehler E ermitteln, dessen Tiefpunkt das Optimum für eine effiziente Gestaltung des Modells darstellt.
Dieser Zusammenhang macht nicht nur deutlich, daß man sich bei einer Verbesserung des Modellen zugrundegelegten Datenmaterials auf die „wichtigen", d.h. viele abhängige Variablen beeinflussenden und somit für Spezifizierungszusammenhänge wesentlichen Variablen konzentrieren sollte. Er verdeutlicht auch, daß die Wahl eines Modells von der Qualität der Daten wie auch von der Spezifizierbarkeit ihrer Zusammenhänge abhängt: Je komplexer sich das Modell gestaltet, desto rascher häufen sich Meßfehler an, zumal, wenn über Rechen- und Verarbeitungsschritte Daten miteinander verknüpft werden. „Der höhere Genauigkeitsgrad, der mit exakten Spezifizierungen in komplizierten Modellen erreicht wird, kann durch Anhäufung von Meßfehlern völlig zunichte gemacht werden" (ALONSO 1969: 31; ähnlich LEE 1973:

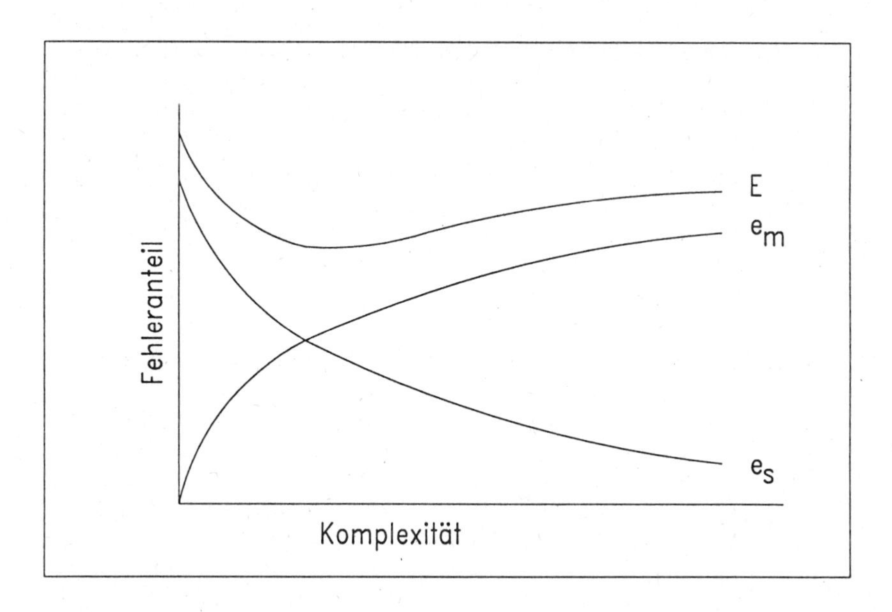

Abbildung E\8

Zusammenhang von Meßfehlern (e_m), Spezifizierungsfehlern (e_s) und Modellkomplexität (E: Gesamtfehler) bei der Ausgestaltung von Modellen (aus ALONSO 1969: 32).

164; SUMMERER 1988a: Sp. 640). Darüber hinaus muß man sich im klaren sein, daß mit der Einführung neuer Modellvariabler zugleich neue Beziehungen zu anderen Variablen eingeführt werden, die aber oft nur unzureichend bekannt sind, wodurch der Spezifizierungsgrad wieder abnehmen kann. Bei steigendem Komplexitätsgrad von Wirkungsmodellen gilt es daher zu überlegen, ob durch die Ausweitung und Einbeziehung neuer Einflußgrößen nicht gerade die Unsicherheit erhöht wird (LEE 1973: 164). Um den Gesamtfehler E möglichst gering zu halten, ist es bei unvollständiger Datenbasis oder bei mit hohen Fehlerwahrscheinlichkeiten versehenen Daten besser, einfache Modelle zu wählen, die z.B. keine arithmetischen Verknüpfungen sowie weniger Beziehungen der Variablen untereinander aufweisen und sich auf wenige Sachverhalte konzentrieren. So lassen die angeführten Spezifizierungsprobleme bei der Einführung zusätzlicher Variabler LEE (1973: 175f.) aus den Erfahrungen mit großräumigen städtischen Landnutzungsmodellen eine weitreichende Problemeingrenzung sowie strikt an dieser ausgerichtete, so einfach wie möglich gestaltete Modelle fordern.

Die aufgezeigten Zusammenhänge sind auch auf Erhebungs- und resultierende Datenmodelle in ökologisch orientierten Planungen anwendbar: EKSCHMITT, BRECKLING

& MATHES (1996: 496; vgl. weiterhin Kapitel C.2) etwa vertreten die Auffassung, daß bei der Erhebung ökologischer Kenngrößen im allgemeinen eine im Vergleich zu anderen, „exakten" Wissenschaften geringere Datensicherheit anzunehmen ist und legen beispielhafte Schwankungsbreiten und Korrelationskoeffizienten dar (EBD.: 498). In vielen Fällen (z.B. bei kleineren Eingriffsvorhaben) sind zudem nicht für alle potentiell betroffenen Naturhaushaltsbereiche derartige vertiefende Untersuchungen möglich. Hinzu kommt die oft unzureichende Kenntnis über die für die Spezifizierung notwendige Art und Intensität der Bezüge. So stehen oft keine auf den Einzelfall zugeschnittenen exakten Wirkungs- und Ausbreitungsmodelle zur Verfügung, sondern man ist für die Darstellung von Empfindlichkeiten und Beeinträchtigungen auf Schätzungen sowie hinsichtlich ihrer Zusammenhänge auf begründete Annahmen angewiesen.
Ein in Art und Intensität auf die möglichen Wirkungen eines Vorhabens abgestimmter Erhebungsumfang ist zwar unabdingbar. Jedoch sollte er sich nicht nur im Sinne der im Regelfall notwendigen Ziel-Mittel-Effizienz, sondern auch aus dem dargestellten Zusammenhang von Meß- und Spezifizierungsproblemen heraus auf die wesentlichen, also voraussichtlich später beurteilungs- und maßnahmenrelevanten, Einflußgrößen konzentrieren. Der als Grundlage für Erhebungen zu formulierende Erwartungshorizont ist als ein solches konsequent an der Problemstellung zu orientierendes, auf Schlüsselbeziehungen abstellendes Modell zu sehen. In enger Rückkopplung zu planungspraktischen Fragestellungen kommt jedoch zugleich wieder die ökologische Forschung zum Einsatz: Deren Aufgaben sind demnach in der wissenschaftlichen Absicherung (Validierung) der Ausprägungen und Bezüge einzelner Modellkomponenten zu sehen, sowie darin, damit schrittweise die Erstellung komplexer Modelle voranzutreiben (vgl. auch ALONSO 1969: 34).[8)] Für praktische Anwendungen sind hingegen eher einfache Modelle vorzuziehen, da sie im Hinblick auf Datenfehler und Veränderungen einzelner Variabler, die in komplexen Modellen zu einer rascheren Fehlervergrößerung führen, robuster sind.

Die Zusammenhänge zwischen der Datenlage, den Beziehungen der Daten und dem Modell führen dazu, daß zwischen der Komplexität eines Modells und der erreichbaren Präzision daraus ableitbarer Aussagen ein gegenläufiger Zusammenhang angenommen werden kann. Der Mathematiker und Mitbegründer der Fuzzy-Set-Theorie ZADEH (1972, zit. nach KOSKO 1993: 176) hat diesen als das „Prinzip der In-

---

[8)] In diesen Bereich wäre dann auch die verschiedentlich in der Regionalplanung geforderte Erforschung komplexer Zusammenhänge in „komplexen Simulationsmodellen" bzw. „Makro-Modellen", die eine große Zahl an Suchprozessen und Beziehungen wiedergeben (so STIENS 1983: 462), einzuordnen. Die derzeitigen Grenzen solch regionaler Modelle werden u.a. in den Ausführungen von HOFMEISTER & HÜBLER (1991: 20f.) deutlich, die zwar gleichfalls deren Notwendigkeit betonen, dabei aber lediglich einfache, für einzelne überschaubare Teilräume zu erstellende stoffliche In- und Outputbilanzen als für absehbare Zeit machbar erachten.

kompatibilität" formuliert: Wenn die Komplexität eines modellierten Systems steigt, können immer weniger präzise Aussagen über sein Verhalten formuliert werden, bis eine Grenze erreicht ist, über die hinaus Präzision und Komplexität sich gegenseitig ausschließen (ZADEH 1972, zit. nach KOSKO 1993: 176, 180). In ähnlicher Form sieht das MESSERLI (1986: 26) für den Fall der Systemanalyse innerhalb der Ökosystemforschung: „Die Systemanalyse steht somit von ihrem 'ganzheitlichen' Erkenntnisanspruch her in dem Dilemma, entweder viel, aber unter Umständen wenig Relevantes zu erzeugen oder dem forschungslogischen Imperativ folgend ein zwar umfassendes Verständnis einer Beziehungsstruktur zu leisten, aber nur unter einem oder wenigen Gesichtspunkten."
Von diesem gegenläufigen Zusammenhang ausgehend wird von verschiedener Seite die Forderung abgeleitet, daß bei komplexen Sachverhalten nicht nur ein komplexes, umfassendes Modell konstruiert werden sollte, sondern mehrere einfache Modelle, die sich gegenseitig ergänzen, indem sie jeweils einzelne thematisch eingrenzbare Aspekte beleuchten (ALONSO 1969: 32; LEE 1973: 175f.; SCHUMACHER 1995: 31, 59; SUMMERER 1988a: Sp. 638). Der Physiker CAPRA (1988: 97f., 1990: 74) formuliert dies als die „bootstrap-Hypothese", d.h. als ein Nebeneinander von locker verbundenen Modellen der Wirklichkeit, die je für ihren definierten Bereich Gültigkeit besitzen und sich in ihrem Zusammenhang zu einem Systembild fügen lassen. Auch die theoretische Ökologie, die Ökosysteme mittels mathematischer Modelle zu beschreiben bestrebt ist, muß versuchen, das Gesamtsystem in weitgehend autonome Teilsysteme (z.B. die Kompartimente der Biosphäre, Lithosphäre, Hydrosphäre, Pedosphäre, Atmosphäre) aufzulösen, die zunächst einzeln untersucht werden (GNAUCK 1995: 15f.), dann aber auch hinsichtlich ihrer wesentlichen Zusammenhänge zu betrachten sind.

Hinweise in Richtung auf eine an Schlüsselgrößen orientierte Modellierung natürlicher Systeme ergeben sich auch aus der vom Physiker Hermann Haken vertretenen Auffassung der „Synergetik", der Lehre vom Zusammenwirken, die auf dem „Versklavungsprinzip" fußt. Dieses wurde bei der Erforschung von Laserstrahlen nachgewiesen, bei denen ab einer bestimmten Energiezufuhr die laseraktiven Atome in einem hochgradig geordneten gemeinsamen Takt mit einheitlicher Amplitude emittieren und dabei ein kohärentes Licht erzeugen (HAKEN & WUNDERLIN 1990: 20): Die Amplitude dieser Schwingung wird als „Ordnungsparameter" des Systems bezeichnet, der die laseraktiven Atome quasi „versklavt", indem er sie sie zwingt, gemäß seinen Vorgaben einheitlich zu schwingen (HAKEN 1990: 20; HAKEN & WUNDERLIN 1986: 51). Die Synergetik geht davon aus, daß auch andere hochkomplexe und sich selbst organisierende Systeme durch das Verhalten nur weniger ordnender Variabler geprägt werden und dies ein Prinzip darstellt, das Vorgänge in unterschiedlichen Bereichen (wie Prozesse der kollektiven Meinungsbildung in der Soziologie oder das Zusammenspiel verschiedener Parameter in den Wirtschaftswissenschaften; HAKEN & WUNDERLIN 1986: 54) bestimmt. Auch in der Populationsdynamik der durch die Gleichungen von Lotka und Volterra beschriebenen Räuber-Beute-Beziehungen wird ein Beispiel für synergetisches Verhalten gesehen (HAKEN & WUNDERLIN 1986: 54), weil sie charakteristische Oszillationen der beteiligten Populationen zeigen, ohne dabei gleichzeitig das genaue Verhalten einzelner Individuen zu kennen. Für Waldökosysteme führt ULRICH (1993: 326) die herrschende Baumschicht (die durch Aufforstungen planmäßig begründet werden kann) als Ordnungsparameter an, der das Bodenklima sowie die Zusammensetzung der Kraut- und Strauchschicht wesentlich beeinflußt.

Genauere empirische Untersuchungen und Belege, inwieweit diese zunächst in der Physik gewonnenen Erkenntnisse Analogien auch zum Verhalten anderer Systeme zulassen, fehlen noch weitgehend. Jedoch kann die Vorstellung von „Ordnungsparametern", die das Verhalten komplexer Systeme bestimmen, als weitere Hypothese herangezogen werden, die gleichfalls in Richtung auf eine Anwendung einfacher Modelle bei der Analyse komplexer Systeme weist. Demzufolge käme es darauf an, die dem Verhalten von Systemen zugrundeliegenden Ordnungsparameter zu identifizieren und sie - den Planvorstellungen entsprechend - zu beeinflussen.

Interpretationsmodelle und Indikatormodelle

Sowohl hochkomplexe Modelle, die viele Bezüge zu integrieren versuchen und dabei einen weiten Gültigkeitsbereich beanspruchen, als auch hochdetaillierte Modelle, die eine Vielzahl an Meßgrößen enthalten und untereinander in Verbindung setzen, scheinen gerade für planerische Fragen weniger robust, d.h. in höherem Maße fehleranfällig zu sein als einfache, zielgerichtete Modelle. Sie sind zudem anfälliger gegen Veränderungen einzelner Bestandteile, die über die Zeit hinweg besonders bei Prognosemodellen eintreten können (MATHES & WEIDEMANN 1991: 798f.). Um Meßfehler und Spezifizierungsfehler gering zu halten, sollten sich für Aufgaben ökologisch orientierter Planungen je für sich möglichst einfach gehaltene „Interpretationsmodelle" (die primär über einen größeren Bereich hinweg interpretierend Bezüge und Zusammenhänge herstellen) und „Indikatormodelle" (die primär auf Meßgrößen und deren Zusammenhang in einem begrenzten Ausschnitt der Wirklichkeit abstellen) wechselseitig ergänzen.[9] Nicht zuletzt können sie so ihre eingangs erwähnte pädagogische Funktion anschaulich erfüllen.

Beide Modelltypen werden in der Planung gängig praktiziert; sie sollten jedoch in ihrem Verhältnis zueinander reflektiert und entsprechend ihrer jeweiligen Leistungsfähigkeit eingesetzt werden:

- Als *„Interpretationsmodelle"* werden Modelle bezeichnet, die primär interpretieren-

[9] In ähnlicher Form unterscheidet EBENHÖH (1991) zwischen „taktischen" und „strategischen" Modellen: taktische Modelle sind komplexer und mathematisch differenzierter, dabei aber vom Ausschnitt, auf den sie sich beziehen, begrenzter. Strategische Modelle gehen dagegen meist von übergeordneten Ideen aus und sollen das Verständnis für Zusammenhänge vorantreiben. Dies entspricht unserer Differenzierung, wobei allerdings den Bezeichnungen „taktische" und „strategische" Modelle aufgrund semantischer Überschneidungen zwischen beiden Begriffen nicht gefolgt wird.

de Funktion haben, indem sie - auch spekulativ - Zusammenhänge und Wechselbezüge aufzeigen und über deren Verständnis der Strukturierung von Vorgehensweisen oder der Einordnung in übergreifende Zusammenhänge (z.B. auch Zielgerüste und Leitbilder) dienen. Sie sind oft auf einen zwar umfassenderen, aber in seinen Bezügen möglichst einfach zu gestaltenden Bereich der Wirklichkeit angelegt und dabei nicht unbedingt an tatsächliche Meßdaten gebunden. Vielmehr sollen sie das Verständnis für relevante Zusammenhänge vorantreiben - mit dem Ziel, gedankliche Klarheit z.B. für anstehende Untersuchungen zu schaffen.
Als Beispiel für Interpretationsmodelle lassen sich anführen:

- Räumliche Typenmodelle: Ökologisch orientierte Planungen bedürfen solcher Typenbildungen (z.B. Biotop-/Ökosystemtypen[10], landschaftsökologische Raumeinheiten, Landschaftsbildeinheiten), um räumliche Bezugseinheiten für zu treffende Aussagen zu definieren. Solche Typenbildungen dienen zur Reduzierung der vor Ort vorgefundenen Komplexität, die sich nicht zuletzt im Bestehen fließender Übergänge („Grautöne"), im Fehlen harter Grenzen, äußert. Auch Typisierungen stellen dabei modellhafte Abstraktionen aus der Wirklichkeit der Lebenswelt dar, die im Hinblick auf ein definiertes Planungsziel getroffen werden.
- Landschaftspotentiale: Solche Potentiale können als ressourcenbezogene Teilmodelle des Naturhaushaltes oder, bezogen auf die Erlebniswirksamkeit, des Landschaftsbildes stehen, um insbesondere deren Entwicklungsmöglichkeiten abzubilden. Nutzungsbezogen, etwa als Rohstoffpotential oder Entsorgungspotential, dienen sie dazu, Entwicklungsperspektiven und Restriktionen für Nutzungsansprüche zu formulieren (vgl. HAASE 1978; FINKE 1994: 114ff.; MARKS ET AL. 1992).
- Das von MESSERLI (1986: 21) entwickelte Modell eines regionalen Mensch-Umwelt-Systems (vgl. Abb. E\9): Es handelt sich um ein umfassendes, dabei aber großräumig stark vereinfachendes Modell, das das Untersuchungsobjekt als System darstellt und die Landnutzung als die wesentliche und in ihrer Ausprägung näher zu untersuchende Schnittstelle zwischen dem natürlichen und dem sozioökonomischen System herausstellt. Es diente - wie viele Interpretationsmodelle - dazu, in der Startphase eines größeren Ökosystemforschungsprojektes einen Bezugsrahmen für unterschiedliche beteiligte Disziplinen herzu-

[10] Die Frage, ob es sich bei „Ökosystemen" bzw. „Biotopen" um echte Entitäten oder bloß modellhafte Vorstellungen handelt, soll hier nicht diskutiert werden. Es läßt sich sicher nicht von der Hand weisen, daß z.B. die neben Beziehungen zwischen Arten ablaufenden stofflichen und energetischen Prozesse gleichfalls Bezüge schaffen (vgl. z.B. JORDAN 1981), die aber - da pauschal gesprochen „alles mit allem" in Verbindung steht - keine per se bestehende feste Grenze oder Kategorisierung vorgeben. Dies führt zu der Ansicht, daß zwar „Ökosysteme" und „Biotope" wie auch „Landschaft" im Sinne vielfältiger Beziehungsgefüge existieren, daß aber „Landschaftsräume" bzw. räumlich abgegrenzte Ökosysteme/Biotope in ihrer Ausdehnung vom zu definierenden Standpunkt des Betrachters abhängen und auf verschiedenen räumlichen Bezugsniveaus zwar nicht willkürlich, aber doch unterschiedlich begründet abgegrenzt werden können.

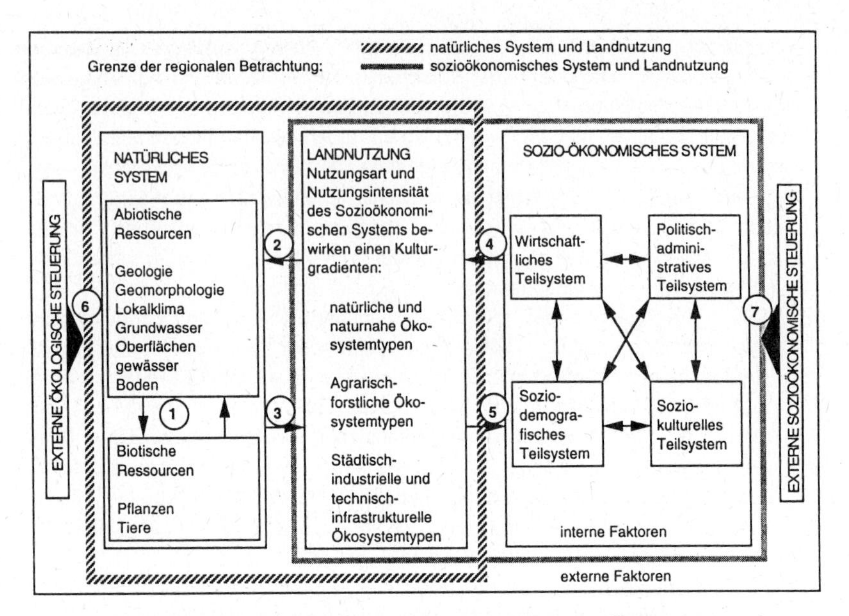

1 Ökosystemare Wechselwirkungen zwischen abiotischen und biotischen Ressourcen
2 Landnutzungsänderungen und menschlicher Einfluß auf das natürliche System
3 Rückwirkungen der Veränderungen im natürlichen Bereich auf die menschlichen Nutzungsmöglichkeiten
4 Sozioökonomische Entwicklung und damit verbundener Nutzungswandel
5 Rückwirkung von Nutzungsänderungen auf Bevölkerung, Wirtschaft und Gesellschaft
6 Externe sozioökonomische Einflüsse wie z.B. Schadstoffimporte und ihre Wirkung auf das natürliche System
7 Externe sozioökonomische Einflüsse und ihre Wirkung auf das Gesellschaftssystem

Abbildung E\9

Modell eines regionalen Mensch-Umwelt-Systems (MESSERLI 1986: 21, verändert nach TOBIAS 1991: 101).

len und die Untersuchungen zu strukturieren (vgl. MESSERLI 1986: 6, 24ff.). Die Landnutzung könnte dabei zugleich als Ordnungsparameter im Sinne synergetischer Auffassungen begriffen werden, der Muster und Prozesse des natürlichen Systems wesentlich beeinflußt und seinerseits stark von den eigentumsrechtlichen und ökonomischen Verhältnissen geprägt wird.

- *„Indikatormodelle"* fußen auf einfachen, direkt meßbaren Parametern (z.B. Temperatur oder pH-Wert eines Gewässers) oder - wenn solche schwer erfaßbar sind - auf Indikatoren als indirekten Hilfsgrößen (z.B. bestimmte Pflanzen- und Tierarten als Indikatoren für die Gewässergüte). Sie haben primär deskriptive Funktion, d.h. sie dienen vor allem der Beschreibung von Zuständen. Sie sind in ihren Aussagen i.d.R. auf einen begrenzten Objektbereich bezogen (z.B. wird der Objektbereich Gewässergüte über ein Zusammenwirken mehrerer Parameter und Indikatoren - des aus Einzelorganismen zusammengesetzten Saprobienindex, des Sauerstoffgehaltes, des Gehaltes an organischen Nährstoffen - bestimmt).

Beide Modellformen existieren nicht unabhängig voneinander, sondern müssen ineinandergreifen und sich ergänzen.[11] So stehen Interpretationsmodelle häufig als Arbeitsmodelle am Anfang von interdisziplinär angelegten, komplexen Forschungsvorhaben, um die Sichtweisen der beteiligten Disziplinen zusammenzuführen und Schlüsselgrößen für Datenerhebungen zu bestimmen. Sie müssen jedoch zumindest in Teilbereichen (z.B. einzelnen Modulen) durch Indikatormodelle ergänzt werden, um - soweit dies angesichts der wechselseitigen Beeinflussung von Theorien und Daten möglich ist - validiert zu werden. Auch gilt es durch die Verbindung von Interpretationsmodellen und fallbezogen auszugestaltenden Indikatormodellen der Versuchung zu widerstehen, Modelle verschiedener Art (Datenmodelle, aber auch als Handlungsmodelle zu begreifende Vorgehensweisen) über Analogieschlüsse von einem Planungsvorgang auf einen anderen zu übertragen, ohne sie der jeweiligen Sachlage anzupassen. Ein derartiges Vorgehen, das zudem dazu verführt, Informationslücken durch interpretierende Modellkonstruktionen zu schließen, für die die getroffenen Annahmen aber nicht zumindest in gezielten Teilbereichen über Indikatormodelle untersucht werden, hat Hans ALBERT (1967: 331f., 339) treffend als „Modellplatonismus“[12] kritisiert.
Um diesen Zusammenhang zu verdeutlichen, gibt Abbildung E\10 ein bei der Beurteilung eines Gewässerausbauvorhabens verwendetes Indikatormodell wieder (vgl. PLANUNGSBÜRO SCHALLER 1989: 3f.). Für die interpretierende Einordnung der Parameter und Indikatoren waren u.a. folgende Überlegungen maßgebend:

- Für einzelne Ressourcenbereiche wurden Kriterien herangezogen, die sowohl deren Schutzwürdigkeit, d.h. einen anhand von Zielen der offiziellen Programme und Pläne sowie der Gesetzgebung zu bestimmenden „Eigenwert“, als auch die Gefährdung, d.h. die Intensität einwirkender Belastungen, beschreiben sollten. Im Ressourcenbereich „Boden“ beispielsweise soll das Kriterium Seltenheit die Schutzwürdigkeit, das Kriterium Auespezifität (des Grades also, in dem die Böden hinsichtlich Bodenart und Wasserhaushalt noch nicht durch von außen einwirkende Beeinträchtigungen verändert sind) die Empfindlichkeit gegenüber Belastungen abbilden helfen.

---

[11] Ähnlich geht eine auf Öffentlichkeitswirkung und damit besagte „pädagogische“ Funktion hin angelegte Studie von BUND und Misereor zu den Anforderungen an ein „Zukunftsfähiges Deutschland“ davon aus, daß sich vorsorgeorientierte einfache Meßzahlen für die wesentlichen Umwelteinflüsse zum einen und ein differenziertes (interpretierendes) Bild von den Wechselwirkungen zwischen Emissionen und Umweltqualität zum anderen darin gegenseitig ergänzen (BUND & MISEREOR 1996: 43).

[12] Der Begriff „Modellplatonismus“ bezieht sich bei Albert auf in der kritisierten Form praktizierte Modellvorstellungen in der ökonomischen Preistheorie.

Fachbereich	Kriterium	Räumlicher Bezug
Hydrologie	Überflutungsfläche zwischen MW* und HNN*	Flußabschnitte (500 m Länge)
	Wechselwasserbereiche zwischen ENR* und MW	Flußabschnitte (500 m Länge)
	Fläche von Altwässern und Inseln	Flußabschnitte (500 m Länge)
	Uferverbauung	Flußabschnitte (500 m Länge)
	Fließgeschwindigkeit	Flußabschnitte (500 m Länge)
Hydrogeologie	Grundwasserflurabstand	Höhenflächen (Polygone)
	Schwankungsamplitude	Rasterflächen
	Pegelweg	Rasterflächen
Bodenkunde	Seltenheit	Standortseinheiten
	Auespezifität	Standortseinheiten
	Nutzungspotential	Standortseinheiten
Limnologie (Neben-gewässer)	Strukturvielfalt	Gewässerabschnitte
	Wasserqualität	Gewässerabschnitte
	Artenausstattung	Gewässerabschnitte
	Standortbindung	Gewässerabschnitte
Limnologie (Donau)	Mittlere Fließgeschwindigkeit	Flußabschnitte (500 m Länge)
	Mittlere Tiefe	Flußabschnitte (500 m Länge)
	Mittlere Temperatur	Flußabschnitte (500 m Länge)
	Chemischer Sauerstoffbedarf (CSB)	Flußabschnitte (500 m Länge)
	Biochemischer Sauerstoffbedarf (BSB_5)	Flußabschnitte (500 m Länge)
	Ammonium	Flußabschnitte (500 m Länge)
	O_2-Defizit	Flußabschnitte (500 m Länge)
	O_2-Übersättigung	Flußabschnitte (500 m Länge)
	O_2-Tag-/Nachtschwankungen	Flußabschnitte (500 m Länge)
	Anzahl der Nitrifikanten	Flußabschnitte (500 m Länge)
	Gehalt an Chlorophyll-a	Flußabschnitte (500 m Länge)
	Zooplankton	Flußabschnitte (500 m Länge)
	Rheo-Index	Flußabschnitte (500 m Länge)
Vegetation/ Zoologie	Organismenschutzwerte:	
	Organismenschutzwert Pflanzenarten (OSW_{PA})	Einzelflächen der Kartierung Rote-Liste-Arten
	Organismenschutzwert Pflanzengesellschaften (OSW_{PG})	Einzelflächen der Kartierung Pflanzengesellschaften
	Organismenschutzwert Mollusken (OSW_{MO}, OSW_{MODO})	Biotopflächen bzw. Flußabschnitte (500 m Länge)
	Organismenschutzwert Wasserinsekten ($OSWW_{IN}$)	Biotopflächen, kartierte Gewässerabschnitte
	Organismenschutzwert Amphibien (OSW_{AM})	Biotopflächen, kartierte Gewässerabschnitte

* MW: Mittelwasserstand; HNN: Höchster Schiffahrtswasserstand; ENR: Ausbauniedrigwasserstand

Abbildung E\10

Beispiel eines Indikatorsystems für ein flußbauliches Vorhaben (PLANUNGSBÜRO SCHALLER 1989: 3f.).

Fachbereich	Kriterium	Räumlicher Bezug
Vegetation/ Zoologie (Fortsetzung)	Organismenschutzwert Zugvögel (OSW_{VZU}, OSW_{VZNB}, OSW_{VZDO})	Biotopflächen, kartierte Überschwemmungsflächen oder Fußabschnitte (500 m Länge)
	Organismenschutzwert Brutvögel (OSW_{VB})	Biotopflächen (rasterbezogen)
	Biotopschutzwert:	Biotopflächen
	- Größe	
	- Trittsteinfunktion	
	- Natürlichkeitsgrad	
	- Seltenheit	
	- Wiederherstellbarkeit	
	- Ökologische Valenz	
Zoologie (Fischfauna)	Artenseltenheit	Flußabschnitte (500 m Länge) bzw. limnologische Gewässertypen der Nebengewässer
	Artenanzahl	Flußabschnitte (500 m Länge) bzw. limnologische Gewässertypen der Nebengewässer
	Verknüpfung der Lebensraumfunktionen	Flußabschnitte (500 m Länge) bzw. limnologische Gewässertypen der Nebengewässer
	Einfluß der Schiffahrt	Flußabschnitte (500 m Länge) bzw. limnologische Gewässertypen der Nebengewässer

- Da gerade für eine Flußaue das dynamische Geschehen prägend ist, wurden Kriterien herangezogen, um Formen der kurz- und der langfristigen Dynamik abzubilden. Dem entspricht in der Hydrologie das Ineinandergreifen der Kriterien Grundwasserflurabstand, Schwankungsamplitude (d.h. der Differenz zwischen mittlerem jährlichen Hoch- und Niedrigwasserstand) und Pegelweg (d.h. der Summe der Differenzen zwischen den Ablesungen einzelner Grundwassermeßstellen pro Jahr). Diese sollten sowohl die mittleren Grundwasserverhältnisse (Flurabstand), die langfristige (Schwankungsamplitude) wie auch die kurzfristige Dynamik des Grundwassers (Pegelweg) wiedergeben.
- Zu erfassen waren sowohl potentiell großräumige Eingriffsfolgen wie auch kleinräumige Standortveränderungen (z.B. der Bodenfeuchte). In die faunistischen Erhebungen wurden daher sowohl großräumig integrierende Tiergruppen, wie die Brutvögel einerseits als auch kleinräumige Standortunterschiede differenzierende Tiergruppen, wie die Mollusken, einbezogen.
- Weiterhin wurde darauf geachtet, verschiedenen Betrachtungssebenen zuordenbare Informationen zu erhalten, indem ausgewählte Einzelarten der Roten Liste, die Zusammensetzung von Pflanzengesellschaften wie auch Parameter und Indikatoren erhoben wurden, die (etwa durch Zusammenführen von Angaben über Größe, Lage und Entfernung von Flächen) Aussagen über räumliche Verknüpfungen der Lebensraumfunktionen (z.B. zur Trittsteinfunktion von Biotopen) erlauben.

E.2.2 Prognosen

„No matter how well established and technical the field of technical forecasting becomes in its development, it can never become a purely technical or scientific concern. There will always remain at the heart of forecasting a basic philosophical element which can never be completely removed."
(E.I. Mitroff & M. Turoff: Technical Forecasting and Assessment: Science and/or Mythology, 1973: 113f.)

Planung stützt sich auf Annahmen über die Zukunft und hat damit eine prognostische Dimension (KNAUER 1988: 60; RITTEL 1992: 291). Die Möglichkeit von Prognosen im Sinne von „Vorhersagen" wird zudem oft als zentrales Charakteristikum von Wissenschaft betrachtet.[1)] So formuliert Popper (1984a: 194): „Es ist die Aufgabe des Naturforschers nach Gesetzen zu suchen, die ihm die Deduktion von Prognosen ermöglichen". Ähnliches fordert PETERS (1991) für eine wissenschaftlich arbeitende Ökologie. Zugleich sind Prognosen, gerade wenn es um komplexe ökologische Zusammenhänge geht, eng an das Erstellen von Modellen geknüpft (MÜLLER 1983: 2). Eine Betrachtung von Prognosen ist vor allem von Interesse, weil von verschiedener Seite, auch aus der Erkenntnis- und Wissenschaftstheorie, immer wieder ihre prinzipielle Unsicherheit und damit Nichtanwendbarkeit im Planungsgeschehen betont wird. Insbesondere ökologisch orientierten Planungen wirft man aufgrund der Komplexität ihrer Gegenstände oft die mangelnde Absicherung und resultierend die Unsicherheit ihrer Prognoseaussagen vor. Dem steht jedoch die Prognosepraxis (z.B. bei Verkehrs-, Wirtschafts- und Sozialprognosen) gegenüber, die sich auf ähnlich komplexe Sachverhalte bezieht, aber - obwohl die Zuverlässigkeit ihrer Aussagen ebenfalls in Frage gestellt werden kann - im politischen Raum wie im Alltagshandeln durchaus Anerkennung genießt und als gängige Grundlage für die gesellschaftliche Bedarfsplanung und andere politische Entscheidungen herangezogen wird. Man denke hier beispielsweise an die Wirtschaftsprognosen der „fünf Weisen" oder auch an die Wettervorhersage. So soll keine Systematisierung und Abhandlung der gängigen Prognosetechniken erfolgen, für die auf die Fachliteratur verwiesen sei[2)]; viel-

---

1) Zu den Erfolgen, zu denen die klassischen Naturwissenschaften aufgrund der Anwendung von Gesetzen gelangten, gehören Prognosen, die u.a. die zunächst nur theoretische Berechnung der noch nicht beobachteten Planeten Neptun und Pluto aufgrund von Abweichungen in der Umlaufbahn des Uranus unter Anwendung der Newtonschen Gravitationsgesetze ermöglichten. In der Chemie führte die regelhafte Struktur des Periodensystems der Elemente zur gezielten Suche nach weiteren Elementen auf den noch nicht besetzten Plätzen und zur letztendlichen Auffindung der Elemente Gallium und Germanium. Diese Erfolge verstärkten den Glauben an Vorhersagbarkeit, also die Auffassung, daß diese Kriterium für Wissenschaftlichkeit sei.

2) Eine Auflistung und Beschreibung verschiedener Prognosetechniken findet sich z.B. in BECHMANN 1981: 174ff.; ECKEY 1988: 207; FREDERICHS & BLUME 1990: 24ff.; GEHMACHER 1971: 22ff.; GRUBB 1995: 41ff.

mehr geht es darum, das Selbstverständnis von Prognosen und ihre Leistungsfähigkeit für planerische Aufgaben zu behandeln.

Prinzipiell lassen sich zwei komplementäre Prognoseansätze unterscheiden (BAUDREXL 1983: 19; KNAPP 1978: 112ff.):
- *Explorative* Prognosen treffen ausgehend von der augenblicklichen Situation Aussagen für die Zukunft. Das ist der Fall, wenn ausgehend von einem über Bestandsaufnahmen erfaßten Zustand der Umwelt unter Heranziehung der unterschiedlichen, je nach Projektalternative geltenden Rahmenbedingungen Prognosen über die Auswirkungen von Eingriffen im Rahmen von UVP und naturschutzrechtlicher Eingriffsregelung getroffen werden oder wenn im Rahmen der Landschafts- und Regionalplanung ausgehend vom derzeitigen Zustand Aussagen über die zu erwartende Entwicklung eines Raumes getroffen werden.
- *Normative* Prognosen hingegen gehen von gesetzten Zielen aus und stellen von diesen zurückschreitend fest, wie die Gegenwart beeinflußt werden muß, um den angestrebten Zustand zu erreichen. Um solche Prognosen handelt es sich, wenn im Rahmen der Landschaftsplanung ausgehend von Leitbildern und Umweltqualitätszielen Maßnahmen zu deren Erreichung angegeben werden, oder wenn aufgrund von gesetzten Ausgleichs- und Ersatzzielen Entwicklungsmaßnahmen formuliert werden.

Bei vielen planerischen Fragen hat man es mit einem Ineinandergreifen von explorativen und normativen Prognoseansätzen zu tun (z.B. wenn Schutz-, Pflege- wie auch Entwicklungsmaßnahmen zu formulieren sind), wobei wesentlich ist, daß in beide Vorgehensweisen - sowohl über die Formulierung der anzunehmenden Rahmenbedingungen als auch über die gesetzten Ziele - wertbehaftete Aspekte hineinspielen.

E.2.2.1 Erkenntnis- und wissenschaftstheoretische Grundlagen

Einfache und komplexe Prognosepobleme

Nach POPPER (1984a: 32) sind es zwei Arten von Sätzen, die erst gemeinsam eine kausale Erklärung und damit Prognose liefern:
- allgemeine Sätze, also Naturgesetze (Beispiel: Ein Faden reißt ab einem bestimmten Gewicht, das man an ihn hängt),
- besondere Sätze, die durch die im jeweiligen besonderen Fall bestehenden Randbedingungen (d.h. das bestimmte Gewicht, das an den Faden gehängt wird) bestimmt sind.

Aus den allgemeinen Sätzen kann man mit Hilfe der Randbedingungen den besonderen Satz deduzieren. Also: Dieser Faden wird, wenn man ein Gewicht von x kg an ihn hängt, reißen. Nur solche Sätze werden im Verständnis des Kritischen Rationa-

lismus als Prognose bezeichnet. Prognosen sind demzufolge nur dann zulässig, wenn ihnen allgemeine Sätze zugrundegelegt werden können. Daneben ist jedoch nicht von der Hand zu weisen, daß oft nur Aussagen mit einer gewissen Wahrscheinlichkeit bestimmbar sind, die weder verifizierbar noch falsifizierbar sind, aber auch zu brauchbaren Vorhersagen führen können - so im Rahmen induktiver Schlüsse. Beispielsweise sagt uns die Erfahrung, daß mit einer hohen Wahrscheinlichkeit, aber eben nicht mit logischer Sicherheit, die Sonne morgen wieder aufgehen wird. Dazu stellt Popper fest, daß sich auch Aussagen, die im Sinne der Annäherung an einen bestimmten Grenzwert nur mit hinreichend großer Wahrscheinlichkeit bestimmbar sind, für Prognosen eignen; diese weisen jedoch nur eingeschränkte Gültigkeit auf und müssen sich bewähren (POPPER 1984a: 106ff.).
Die meisten Wechselwirkungen zwischen Lebewesen und ihrer Umwelt lassen sich allerdings hinsichtlich der Art ihres Zusammenwirkens nicht so genau bestimmen, daß ihnen angebbare Eintrittswahrscheinlichkeiten zuordenbar sind. Auf komplexe Vorgänge ist die Poppersche Sichtweise nicht anwendbar, weil sie nicht als deterministische oder statistische Gesetze, sondern nur als singuläre Sätze aufgefaßt werden können, aus denen sich keine weiteren Aussagen deduzieren lassen (POPPER 1987: 85f.). Dies gilt sogar für so evidente, sich wiederholende Prozesse wie die Entwicklung eines Schmetterlings aus einer Raupe, die aufgrund der Singularität der zahlreichen Rahmenbedingungen streng genommen als nicht wiederholbar und damit letztlich als nicht prognostizierbar angesehen werden (POPPER 1987: 86). Solche Vorgänge sind für POPPER (1987: 35) Prophezeiungen, die von echten Voraussagen streng zu trennen sind. Ein derart enges Verständnis der Zulässigkeit von in die Zukunft gerichteten Aussagen ist auf planerische Fragestellungen (wie im übrigen auch auf solche im sozialen Bereich) nicht anwendbar und würde, wenn man es befolgte, in der Konsequenz den Verzicht auf vorausschauend-bewußte Tätigkeit, also auf Planung, bedeuten.

Eine Aufweichung dieses Prognoseverständnisses findet sich bei Stegmüller, der sich von der Forderung nach strikt kausalen, gesetzmäßigen Regelhaftigkeiten löst und auch Vernunftaussagen als Gründe von Prognosen gelten läßt: STEGMÜLLER (1969: 153) geht dabei zunächst von der von Popper und Hempel formulierten „strukturellen Gleichheitsthese" von Erklärung und Prognose aus. Diese besagt, daß erklärende und prognostische Aussagen bezüglich ihrer logischen Struktur gleichartig sein können. Zum Beispiel kann der Satz „In München regnet es", je nach dem, ob der Bezugspunkt Vergangenheit, Gegenwart oder Zukunft ist, als Erklärung oder als Prognose stehen, was jedoch in seiner Bedeutung keine Identität zeitigt (vgl. auch BUNGE 1987: 342f.). Darauf aufbauend zeigt Stegmüller jedoch, daß diese Gleichartigkeit nur mit Einschränkung gilt, weil eine wissenschaftliche Erklärung in verschiedener Hinsicht von einer wissenschaftlichen Prognose abweichen kann. Insbesondere muß „ein erklärendes Argument Ursachen liefern, für ein Voraussagear-

gument ist dagegen die Angabe von Vernunftgründen maßgebend" (STEGMÜLLER 1969: 204, auch: 198). Beispielsweise würde jede ärztliche Prognose, die auf Grundlage von Lehrbuch- und Erfahrungswissen verschiedene Symptome zu einem Urteil über die ärztliche Behandlung kombiniert, auf diese Weise funktionieren, ohne dabei unbedingt auf nachgewiesene Kausalitäten zurückgreifen zu können.
Demzufolge können auch Wirkungen prognostiziert werden, denen keine nachweisbaren Naturgesetze zugrundeliegen, sondern deren Zusammenhang mit hinreichender Wahrscheinlichkeit und unter Angabe vernünftiger Gründe belegt werden kann. Wie für Popper bleiben jedoch auch für Stegmüller Prognosen weiterhin ein wahrscheinlichkeitstheoretisches Problem, das auf der Grundlage der Kategorien der Entscheidungstheorie[3)] weiterhin eine gewisse Exaktheit bei der Bestimmung von (beispielsweise über Prozentangaben zuordenbaren) Eintrittswahrscheinlichkeiten voraussetzt. Weil in den Arbeitsbereichen der Ökologie und übrigens auch in der Ökonomie die Ausprägung von Vorgängen wie auch Entscheidungen in aller Regel unter Unsicherheit stehen, für sie also keine Eintrittswahrscheinlichkeiten zuordenbar sind (KNAPP 1978: 127f.), bleibt das Problem komplexer Prognosen weiterhin unbewältigt.

Abbildung E\11 faßt Unterschiede zwischen hier wegen ihrer Überschaubarkeit und Isolierbarkeit als „einfach" bezeichneten Prognoseproblemen und „komplexen" Prognoseproblemen zusammen, wie sie uns in der Ökologie sowie in ökologisch orientierten Planungen entgegentreten: Die Poppersche und - wenn auch bereits in einem weiteren Sinne - die Stegmüllersche Auffassung von Prognosen können nur dort zum Einsatz kommen, wo die Rahmenbedingungen eingrenzbar (1), von der Anzahl her überschaubar (2) sowie mit hinreichender Wahrscheinlichkeit kontrollierbar und reproduzierbar sind (3). Die Ökologie kennt jedoch kaum reproduzierbare Gesetze mit einfachen Anwendungsregeln (5, 7), sondern es spielen vielmehr wechselnde Randbedingungen eine Rolle, aufgrund derer nur wenige Aussagen deduktiv aus Gesetzen ableitbar sind. Für ökologisch orientierte Planungen, die es - u.U. aufgrund ihrer eigenen Handlungen - mit sich ständig verändernden Rahmenbedingungen zu tun haben (9), gilt das in noch stärkerem Maß. Während bei der Anwendung von Naturgesetzen die Randbedingungen voneinander isoliert betrachtet werden können, sind sie bei ökologischen und planerischen Problemen in vielfältiger Weise systemisch miteinander verknüpft und abhängig (4), was hier als Gesamtinterdepen-

---

[3)] Der Entscheidungstheorie liegt eine Aufteilung in folgende Kategorien zugrunde (vgl. z.B. STEGMÜLLER 1973: 288):
a) Entscheidungen unter Sicherheit: Der Handelnde glaubt die Situation so genau zu kennen, daß er die Konsequenzen seiner Handlungen mit Sicherheit vorhersagen kann.
b) Entscheidungen unter Risiko: Der Handelnde hat die verschiedenen Konsequenzen des Tuns zwar nicht völlig unter Kontrolle, ist jedoch in der Lage, den möglichen Umständen sowie den Folgen seiner Handlungen Eintrittswahrscheinlichkeiten, die z.B. in Prozentzahlen angegeben werden, zuzuordnen.
c) Entscheidungen unter Unsicherheit: Den verschiedenen Konsequenzen der Handlung können keine Wahrscheinlichkeiten zugeordnet werden.

		Einfache Prognoseprobleme	Komplexe Prognoseprobleme
1	Abgrenzung/Definition der relevanten Anfangs- und Rahmenbedingungen	möglich	nicht exakt möglich
2	Zahl der Anfangs- und Rahmenbedingungen	klein, überschaubar	groß, nicht genau überschaubar
3	Feststellbarkeit, Meßbarkeit, Kontrollierbarkeit der Anfangs- u. Rahmenbedingungen	ja	nur zum kleinen Teil
4	Systemhafte Verknüpfung der Anfangs- und Rahmenbedingungen (Gesamtinterdependenz)	nein	ja
5	Zahl der anzuwendenden Gesetze und Regeln	klein bzw. Vorherrschen deduzierbarer Gesetzesaussagen	sehr groß bzw. Vorherrschen keiner anwendbaren Gesetzesaussagen
6	Relevante Neben- und Fernwirkungen	keine, bzw. so gering, daß vernachlässigbar	sehr viele
7	Bekannte Anwendungsbedingungen der Gesetze	ja	nein
8	Hypothesenkonkurrenz	nein	ja
9	Veränderbarkeit der Regelhaftigkeiten	nein	ja

Abbildung E\11

Eigenschaften einfacher und komplexer Prognoseprobleme (in Anlehnung an KLEINEWEFERS 1985: 292).

denz bezeichnet wird. Auch gibt es im Bereich ökologischer und planerischer Belange u.U. viele Hypothesen zur Erklärung von Ereignissen und Entwicklungen, die miteinander konkurrieren, ohne daß es allgemein anerkannte bzw. gültige Verfahren gibt, mit deren Hilfe man zwischen ihnen entscheiden könnte (8).
Zudem brauchen die wissenschaftlichen Kriterien an die Güte einer Prognose nicht unbedingt mit den Erfordernissen an planerische Prognosen übereinzustimmen. Die wissenschaftliche Voraussage einer isolierten Größe kann für den Planer bedeutungslos sein, solange Interdependenzen mit anderen vor Ort sich wechselseitig beeinflussenden Größen nicht aufgedeckt sind. Problematisch wären ausschließlich aus Gesetzesaussagen, also deduktiv, abgeleitete Prognosen nicht zuletzt, weil sich mit ihnen die Auffassung verbindet, Komplexität zunächst auf einzelne elementare Vorgänge zurückführen und sie dann ihrerseits als deren Summe darstellen zu können. Angesichts der Notwendigkeit wie der Gängigkeit auch komplexer Prognosen muß jedoch auch für sie ein angemessenes Selbstverständnis entwickelt und diskutiert werden.

Zur Relevanz der Chaostheorie für komplexe Prognoseprobleme und Fragen der Prozeßsteuerung

Mit der Abfolge von Verhaltensschritten komplexer Systeme befaßt sich die Chaosforschung. Sie beruht auf mathematischen Gleichungssystemen, die natürliche Prozesse beschreiben und dabei in ihrem Kern der Newtonschen Physik erwachsen, diese aber mit dem Aufkommen von Großrechenanlagen und der damit verbundenen Anzahl möglicher aufeinanderfolgender Rechenschritte in einen neuen Rahmen stellen. Somit setzen die Ergebnisse der Chaosforschung die Naturgesetze zwar nicht außer Kraft, machen aber deutlich, daß diese nur für isolierte Bestandteile und, wie bereits unter C.2 beschrieben, nur unter idealisierten Rahmenbedingungen gelten.

Zur Chaostheorie führte zunächst die Erkenntnis, daß Systeme gekoppelter nichtlinearer Differentialgleichungen (wie sie z.B. bei der Berechnung von Wettervorhersagen oder in der Biologie zur Abbildung von Wachstumsvorgängen von Populationen eingesetzt werden) bei kontinuierlicher Veränderung der sie bestimmenden Parameter (z.B. der Wachstumsrate) von einem regelhaften zu sprunghaftem, „chaotischem" Verhalten übergehen, plötzlich also z.B. starke Populationsschwankungen auftreten, die keinem Schema mehr folgen (KRATKY 1990: 11; SEIFRITZ 1987: 44). Bereits das einfachste nichtlineare Differentialgleichungssystem, das etwa das Verhalten einer Population abbilden soll, kann damit ein breites Spektrum dieses Verhaltens beschreiben, das je nach Wahl der Parameter von stabilem Gleichgewicht über regelmäßig ablaufende Zyklen bis hin zu völlig chaotischem Verhalten, das nicht mehr von einem Zufallsprozeß zu unterscheiden ist, reichen kann (MÜLLER 1983: 75f.). Daneben führen in solchen nichtlinearen Gleichungssystemen bereits kleinste, u.U. unterhalb der Meßgenauigkeit liegende Abweichungen nach einer hinreichenden Zahl von Rechenschritten zu völlig unterschiedlichen Systementwicklungen: Am Anfang eng benachbarte Zustände können schon nach kurzer Zeit weit voneinander entfernt sein. Da diese Entwicklung - bei völliger Offenheit der Ergebnisse - durch jederzeit reproduzierbare mathematische Gleichungen beschrieben werden kann, also determiniert ist, bezeichnet man sie auch als „deterministisches Chaos" (z.B. KROHN & KÜPPERS 1989: 79: MARKUS 1993: 67; SEIFRITZ 1987: 41ff.). Anschauliche Beispiele sind eine Roulettekugel, in Spielen verwendete Würfel oder die 49 Kugeln des Lottospiels, die je für sich den Gesetzen der Newtonschen Mechanik unterliegen, über kleinste Abweichungen in den Anfangsbedingungen sowie das Zusammenwirken verschiedener Einflüsse jedoch in ihrem Verhalten (z.B. der gewürfelten Augenzahl oder der Kombination der letztlich gezogenen Lottozahlen) nicht vorhersagbar sind (EKELAND 1989: 65ff.; MARKUS 1993: 73). Zugleich beruhen derartige Vorgänge auf dem Prinzip der „Rekursivität", da der Zustand des Systems zu einem bestimmten Zeitpunkt jeweils unmittelbar vom vorangehenden abhängt, d.h. jeder Systemzustand die Ausgangsbedingung für den jeweils unmittelbar darauf folgenden darstellt (KROHN & KÜPPERS 1989: 75f.). Für die Entwicklung und den Verlauf derartiger

Systeme können daher keine Funktionen (die einen regelhaften Verlauf beschreiben), sondern nur Algorithmen (d.h. Rechenschritte, die den nächsten Schritt angeben) formuliert werden (SCHURZ 1991: 70f.).[4]
Die beschriebenen Aspekte haben zur Folge, daß jedes natürliche System, das keine Periodizität aufweist, Vorhersagen seines Zustandes nicht gestattet (GLEICK 1991: 31) und entsprechend auch keine deterministische Planbarkeit seines Verhaltens erlaubt. Solche Systeme reagieren auf Änderungen ihrer Randbedingungen sehr empfindlich, da bereits eine kleine Änderung eines Parameters einen völligen Umschlag des Systemverhaltens hervorrufen kann (EILENBERGER 1986: 539). Eine Metapher, die dies zum Ausdruck bringt, ist der „Schmetterlingseffekt", wonach kleinste Ursachen wie der Flügelschlag eines Schmetterlings über Peking u.U. zu großen Wirkungen wie etwa einem Wirbelsturm über New York führen können (EKELAND 1989: 85; GLEICK 1990: 35). Die der Chaostheorie zugrundeliegenden Modelle und Rechenregeln sind bislang - gemessen an der Komplexität natürlicher Bedingungen - verhältnismäßig simpel, die darauf aufbauenden Strukturen und Verhaltensabläufe jedoch äußerst komplex (EILENBERGER 1986: 539). So ist zu fragen, wie sich erst komplexe natürliche Systeme verhalten mögen. Es wird dabei vermutet, daß auch die Vorstellung des deterministischen Chaos und der Rekursivität der damit verbundenen Prozesse zu den Prämissen gehören könnten, die für alle Bereiche der natürlichen und sozialen Wirklichkeit gelten und deren innere Homologie ausdrücken (z.B. EILENBERGER 1986: 539; PASLACK 1989: 138; V. WOLDECK 1989: 26). Festhalten läßt sich, daß über die Ergebnisse der Chaosforschung neben die quantenmechanische Ungewißheit im Teilchenbereich, die die Heisenbergsche Unschärferelation beschreibt, auch eine Unbestimmtheit im Makroskopischen hinzutritt (JANTSCH 1988: 26). Die aus dieser Unbestimmtheit sich herleitende generelle Nichtvorhersagbarkeit und damit Nichtplanbarkeit des Verhaltens selbst einfacher Systeme ist eine wichtige Erkenntnis. Sie bleibt jedoch trivial, wenn man sie in Anbetracht der Unabdingbarkeit eines gewissen Maßes an Planung nicht dazu einsetzt, um zu fragen, welche Konsequenzen sich daraus für Prognosen im speziellen wie für planerisches Vorgehen im allgemeinen ergeben.

Chaotische Einflüsse scheinen zunächst zur Aufrechterhaltung bestimmter natürlicher Zustände und Lebensprozesse unabdingbar zu sein; sie sind auf Ökosystemebene von Bedeutung für den historischen, letztlich individuell unverwechselbaren Charakter solcher Einheiten. So ermöglichen oft erst plötzliche und sprunghafte Än-

[4] Hiermit im Zusammenhang besteht die Vermutung, daß die Chaostheorie auch eine Grundlage für die Evolutionstheorie bietet: Die Entwicklung lebender Systeme könnte anhand solcher deterministischer Prozesse abgelaufen sein, wobei jeweils sprunghaft „Bifurkationen", Verzweigungen der Systemzustände, eingetreten sind. Diese chaotischen Sprünge könnten die für die Entwicklung des Lebens benötigte relativ kurze Zeitspanne erklären, die durch das reine Ablaufen von Zufallsprozessen nicht hinreichend gedeutet werden kann (V. WOLDECK 1989: 23).

derungen im Auftreten einer Art oder eines Parameters (also einer Rahmenbedingung) das Vorkommen mehrerer um die gleiche Ressource konkurrierender Arten, während bei gleichmäßig-stationärem Verhalten die in der intraspezifischen Konkurrenz stärkere Art die schwächere sonst irgendwann ausschalten würde. Ein Beispiel schildert REISE (1991: 59) anhand der Herzmuschelvorkommen im Wattenmeer, wo normalerweise deren zahlreiche Nachkommen durch Freßfeinde (vor allem Krebse) so stark dezimiert werden, daß nur wenige überleben. Nach einem strengen Winter können jedoch zahlreiche Jungmuscheln überdauern, weil niedrige Temperaturen die Entwicklung der Krebstiere so verzögern, daß sie erst auftauchen, wenn die Herzmuscheln für sie schon zu groß geworden sind. Gelegentliche zufällige Klimaschwankungen führen also zu einer Entkopplung dieses Räuber-Beute-Verhältnisses und tragen dazu bei, das Überleben der Herzmuschelpopulation im Wattenmeer zu sichern.
Auch für die Planung ist die Einsicht wesentlich, daß ein künstliches Aufrechterhalten von stationären Zuständen u.U. kontraproduktiv für den Systemerhalt sein kann. Dies zeigt sich in nordamerikanischen Kiefern-, sowie in Eichen- und Mammutbaumwäldern (z.B. im Yellowstone Nationalpark; vgl. auch REMMERT 1992: 75; THIELE 1985, 1986; TROMMER 1992: 91), zu deren regelmäßiger Regeneration großflächige Waldbrände nötig sind. Das künstliche Unterbinden solcher Feuer führte zu einer Überalterung und letztlich nicht mehr regenerationsfähigen Beständen bzw. zu tiefgreifenden Veränderungen der pflanzensoziologischen Zusammensetzung. Es wird daher aus Sicht der Chaosforschung die Vermutung geäußert, daß der Begriff des Gleichgewichts, auch des Fließgleichgewichts, zur Kennzeichnung natürlicher Systeme fragwürdig ist, weil das Zusammenwirken der wichtigsten Variablen nichtlinearer Natur ist (SCHURZ 1991: 66f.; SEIFRITZ 1987: 106f.). Vielmehr formulieren PRIGOGINE & STENGERS (1986: 170ff.) die These, daß Leben und die damit verbundene Ordnung eine Art Zwischenstadium zu sein scheint, das angesiedelt ist zwischen den Zuständen des thermischen Gleichgewichts nach den Gesetzen der Thermodynamik (in dem auf molekularer Ebene die Teilchen gleichfalls ein völlig ungeordnetes und somit - wenn auch aus anderen Gründen „chaotisches" Verhalten zeigen) und dem turbulenten Chaos des Nichtgleichgewichts, in dem zusätzlich makroskopische Strukturen auftreten.

Zahlreiche Gleichungssysteme der Chaostheorie führen zur Abbildung sogenannter „Attraktoren", z.B. des „Lorenz-Attraktors", den Abbildung E\12 wiedergibt. Dieser beruht auf einem System aus drei nichtlinearen Gleichungen, die die Stelle eines Punktes im dreidimensionalen Raum bestimmen. Eingegebene Zahlenfolgen erzeugen eine Reihung von Punkten, die einer kontinuierlichen Bahn folgen und den abgebildeten Verlauf erzeugen (vgl. auch GLEICK 1990: 48f.). Gemeinsames Kennzeichen solcher Figuren, die jeweils ein Systemverhalten beschreiben, ist, daß sie sich auf großräumiger Ebene im großen und ganzen stabil verhalten, indem - wie es die

Abbildung zeigt - ein bestimmter Bereich im Verhalten des Punktes nicht überschritten wird. Kleinräumig, d.h. im Detail, stellen sie sich jedoch als unberechenbar dar, weil der genaue Verlauf der Bewegung vollkommen unvorhersagbar und unwiederholbar ist. Ein erster Ansatzpunkt für den Umgang mit Prognosen in Planungsprozessen kann darin bestehen, anstelle deterministischer Vorhersagen solche für das Verhalten von Systemen relevanten und von ihnen im allgemeinen nicht überschrittenen Randbedingungen zu identifizieren. Es handelt sich um eine Hypothese, die aufgrund der für die Chaostheorie propagierten Homologie auf verschiedenen Ebenen (s.o.) sinnvoll erscheint, aber noch näher zu untersuchen wäre. Des weiteren legen auch solche „Attraktoren" einfache, an dem über sie beschriebenen Rahmen zu orientierende Modellbildungen nahe, wie sie unter E.2.1.2 erörtert wurden. Sie lassen außerdem Parallelen zu den von der Synergetik entdeckten „Ordnungsparametern" erkennen, über die gleichfalls solche Randbedingungen beschrieben und identifiziert werden können (HAKEN & WUNDERLIN 1990: 30).

Die Chaostheorie macht somit deutlich, daß sich das Verhalten von nichtlinearen Systemen nicht exakt vorhersagen und auch nicht detailgenau planen läßt. Aufgrund der Rekursivität der zugrundeliegenden Prozesse sind natürliche Gebilde wie Landschaften schrittweise „geworden" (SCHURZ 1991: 70), wobei jeder Schritt unmittelbare Voraussetzung für den nächsten war. Auf diese Weise kann die Chaostheorie selber keine Handlungsmaximen geben, jedoch zu einem besseren Verständnis des Systemverhaltens beitragen und so die Sensibilität im Umgang mit komplexen Gebilden steigern: Sie zeigt, daß - jedenfalls bei Gebilden, die keiner laborartigen, idealisierten Isolation unterworfen werden können - die Nichtvorhersagbarkeit des Verhaltens nicht durch einen Mangel an Wissen bedingt ist, sondern eine systemimmanente Eigenschaft darstellt.[5)] Es ist daher sinnlos, über Systeme mit nachgewiesenermaßen chaotischem Verhalten zum Zweck der Vorhersage immer mehr Daten mit dem Ziel vollkommener Information zu sammeln oder zu versuchen, immer ausgefeiltere Modelle zu konstruieren. Die Wettervorhersage beispielsweise macht anschaulich, daß der Aufwand für eine Prognose sehr viel schneller steigt als der Zeitraum und der Bereich, für den dabei einigermaßen gesicherte Aussagen getroffen werden können (MARKUS 1993: 72).
Deutlich wird auch, daß selbst kleinste Einflüsse auf die Entwicklung eines Systems Folgen haben können, so daß sie u.U. nicht vernachlässigt werden dürfen. Es ist daher vielfach eine Überlegung wert, ob nicht darauf verzichtet werden sollte, genau ein Ziel anzusteuern, dessen Erreichung aufgrund mangelnder Ermittelbarkeit, geschweige denn Kontrollierbarkeit der Rahmenbedingungen fraglich ist. Eher kann es

[5)] Skeptisch zu sehen ist aufgrund der Ergebnisse der Chaosforschung daher die Ansicht, daß es durch eine Weiterentwicklung der Gesetze der Physik prinzipiell und bald möglich sein werde, eine vollständige, vereinheitlichte Theorie zu entwickeln, die alles im Universum erklären und voraussagen kann (so der Physiker HAWKING 1993: 79).

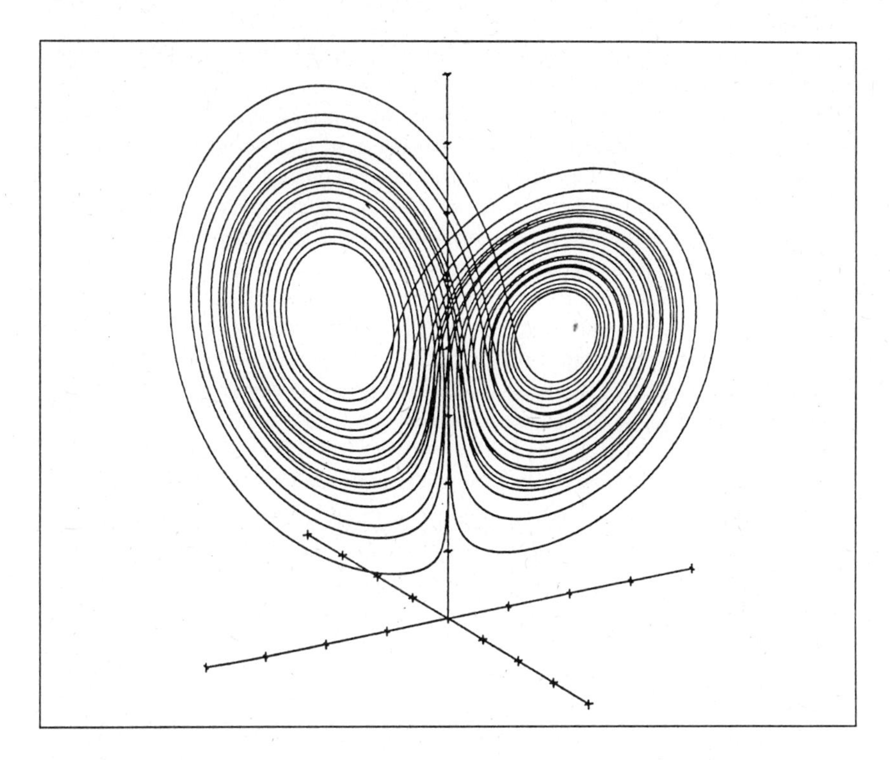

Abbildung E\12

Lorenz-Attraktor (aus Gleick 1990: 47).

angesagt sein, Alternativen möglicher Systemzustände zu entwerfen und sich darüber klar zu werden, was bei ihrem Auftreten zu tun ist. Der Mangel an exakter Vorhersagbarkeit wie auch das geschilderte Verhalten von „Attraktoren", das sich innerhalb eines bestimmten Rahmens bewegt, stützen schließlich gleichfalls die Forderung nach einem strategischen Umgang mit Planungsproblemen, der versucht, über das Setzen von Rahmenvorgaben Ausgangsbedingungen für darin sich entfaltende dynamische Prozesse zu initiieren.

Unter Heranziehung der Chaosforschung erweist sich zudem das Prinzip der Fehlerfreundlichkeit, das Planung einhalten sollte (Bätzing 1991: 233f.; Jessel 1995b: 96; Muhar 1995: 271) und das vorsieht, keine nicht mehr rückgängig zu machenden Eingriffe vorzunehmen, im strengen Sinne als Illusion: Die Tatsache, daß es nicht möglich ist, für ein System vollkommene Informationen über seinen Zustand zu erhalten (Prigogine & Stengers 1990: 9) führt zusammen mit den unvorhersehbaren Abweichungen, die bereits bei kleinsten Unterschieden in den Ausgangsbedingungen eintreten können, dazu, daß eine Rückkehr zu identischen Zuständen ausgeschlossen ist. KÜMMERER & HELD (1997: 173) stellen hierzu fest, daß eigentlich immer erst im nachhinein, nicht aber prognostisch im voraus bestimmt werden kann, ob und inwieweit eine Veränderung nun reversibel bzw. irreversibel ist. Wenn auch Fehlerfreundlichkeit durch ein Vorgehen in kleinen Schritten, das die Möglichkeiten gravierender Folgen so gering wie möglich hält, als Näherungsprinzip verfolgt werden sollte, so heißt dies doch, daß wir letztlich mit den erwünschten wie unerwünschten Folgen unseres Handelns leben müssen. Dies gilt in besonderem Maße für Landschaften bzw. Ökosysteme als historisch gewachsene Gebilde (WIEGLEB 1989: 6f.). Für sie erweist sich demzufolge die im Hinblick auf den „Ausgleich" von Beeinträchtigungen in der naturschutzrechtlichen Eingriffsregelung von KAULE & SCHOBER (1985: 19ff.) getroffene Feststellung, wonach Alter nicht herstellbar und damit streng genommen auch nicht ausgleichbar ist, im Licht der Chaostheorie als treffend.

Folgerungen für den weiteren Umgang mit komplexen Prognoseproblemen

Während die Deduktion von Prognosen aus Gesetzen und Randbedingungen, wie sie die „klassische" Wissenschaftstheorie vertritt, nur auf einfache Prognoseprobleme angewendet werden kann, zeigt die Chaostheorie die generelle Nichtvorhersagbarkeit der Entwicklung komplexer Systeme auf. Dennoch muß betont werden, daß in der Praxis vielfältige Vorstellungen über künftige Zustände entwickelt werden, ein Vorgang, der untrennbar mit Handeln im täglichen Leben wie auch mit jedweder Planung verbunden ist. Mag man verschiedenen Sozial- und Wirtschaftsprognosen in ihrer Relevanz und Aussagekraft unter Umständen auch ablehnend gegenüberstehen, so wird doch die Bedeutung von nicht auf rationale Gründe und Gesetze rückführbaren Prognosen im Bereich medizinischer Diagnosen ersichtlich (wenn etwa von Krankheitssymptomen auf den möglichen Verlauf einer Krankheit geschlossen wird und Behandlungsmaßnahmen eingeleitet werden), weiterhin, wenn im sozialen Bereich Bedarfsprognosen z.B. zum Bau von Schulen getroffen werden, die zudem einer rechtlichen Überprüfung zu unterliegen haben (LADEUR 1985).
Auch angesichts der in den „gesetzesarmen" Sozial- und Wirtschaftswissenschaften nicht nur notwendigen (KÜTTNER in SEIFFERT & RADNITZKY 1994: 279), sondern vielfältig praktizierten Prognosen sind daher Aufweichungen des „einfachen" und dabei zugleich streng abgegrenzten Prognosebegriffs notwendig: *Weil die Chaostheorie zeigt, daß Prognosen komplexer Sachverhalte im Sinne gesicherter oder auch nur mit zuordenbarer Wahrscheinlichkeit angebbarer Vorhersagen nicht möglich sind, muß für planerische Prognosen ein anderes Verständnis entwickelt werden*, zumal Aussagen über mögliche künftige Zustände beispielsweise in der Eingriffsregelung oder Umweltverträglichkeitsprüfung vielfältig gefordert sind.

E.2.2.2 Prognosen in Planungsprozessen

Das semantische Erklärungsmodell für Prognosen nach Knapp

Um zu einer befriedigenden Darstellung von Prognosen in der Planungspraxis zu gelangen, gilt es also, nicht von den Anforderungen auszugehen, die die „klassische“ Wissenschaftstheorie den Prognosen voranstellt, sondern umgekehrt von der Frage: Wo gibt es Modelle, die die Praxis von Prognosen in Planungsprozessen erklären und zugleich einen Rahmen für ihr Selbstverständnis liefern.
Hans Georg KNAPP (1978) hat auf Grundlage einer logisch-semantischen Analyse von Prognoseproblemen und -techniken ein Modell für die „Logik der Prognose“ insbesondere für technologische und sozialwissenschaftliche Fragen entwickelt.[6] Dieses bietet sich für Planungsbelange an, da es sich um ein Wortmodell handelt, das zudem Wege zu einer plausiblen Integration auch „weicher“ Informationen aufzeigt.

Wesentlich ist bei Knapp, daß er dem Prognoseproblem kein wahrscheinlichkeitstheoretisches, statistisches Verständnis zugrundelegt, sondern es als logische Fragestellung begreift (KNAPP 1978: 12). Prognosen werden demzufolge als Ausdruck einer Erwartung über möglicherweise eintretende Ereignisse verstanden (EBD.: 14, 21), die es plausibel zu begründen gilt, wobei die gewählte Begründung der vorliegenden Situation, d.h. dem gestellten Prognoseproblem entsprechen muß (EBD.: 19). Im Gegensatz zu wissenschaftlichen Erklärungen, die auf einer Deduktion von Prognosen aus Gesetzen und Randbedingungen beruhen, werden dabei auch hinreichend plausible Gründe für die Angabe einer Prognose akzeptiert, die jedoch als begründete Erwartung deutlich von einer unbegründeten Mutmaßung zu unterscheiden ist. Auf dieser Grundlage kann ein schrittweises semantisches Modell der „Erwartungslogik“ aufgebaut werden, das vor allem dazu dient, die vorliegenden Informationen klar zu strukturieren und ggf. zusätzlich erforderliche Angaben zu bestimmen:
Ausgangspunkt jeder Prognose hat eine Identifizierung der Problemstellung zu sein (KNAPP 1978: 12, 16). Dabei lassen sich „exakte“ und „inexakte“ Prognoseprobleme unterscheiden (EBD: 25, 186f.): Bei exakten Prognoseproblemen sind alle relevanten Parameter bekannt und durch deterministische oder statistische Gesetze, also durch Vorliegen definierter Wahrscheinlichkeiten, bestimmt. Dies entspricht den einfachen Prognoseproblemen. Inexakte Prognoseprobleme zeichnet dagegen aus, daß nicht alle den künftigen Ereignisgang bestimmenden Parameter bekannt bzw. unbestimmte Ausdrücke enthalten sind, deren wechselseitige Beeinflussung nicht genau ermittelbar ist oder deren Ausprägungen und Verhalten keine Wahrscheinlichkeiten zuordenbar sind. Während die Bewältigung exakter Prognoseprobleme unabhängig von

[6] Eine ausführliche Diskussion des Knappschen Modells der Erwartungslogik und seine Anwendung insbesondere auf die UVP findet sich bereits bei WÄCHTLER (1992).

der jeweiligen Fragestellung und eindeutig vorgezeichnet ist, muß für den Umgang mit inexakten Prognoseproblemen eine weitere Aufschlüsselung der Informationen vorgenommen werden.
Diese Aufschlüsselung erfolgt, indem die mit dem Prognoseproblem im Zusammenhang stehenden Informationen in „relevante Information" und „Zusatzinformation" unterschieden werden: Zunächst muß „relevante Information" gewonnen werden, die einen Zusammenhang zwischen den Ereignissen nachweist (KNAPP 1978: 49). Dabei braucht es sich nicht um Tatsachenwissen oder in ihren Kausalitäten abgesicherte Gesetzmäßigkeiten zu handeln, sondern es reichen begründete Vermutungen über Zusammenhänge oder auch begründetes Vorwissen aufgrund von Beobachtungen durchaus schon aus (EBD: 77), - Erwartungen also, die nicht mit wahrscheinlichkeitstheoretischen Vorstellungen zusammenhängen, sondern auf logisch-erkenntnistheoretischer Ebene anzusiedeln sind (EBD: 35). Bei der Prognose von Auswirkungen eines Eingriffs, etwa einer Straßenbaumaßnahme, können dies z.B. Erfahrungswissen über bei Vorhaben einer derartigen Größenordnung normalerweise eintretende Beeinträchtigungen, Literaturauswertungen über Zerschneidungseffekte und andere Auswirkungen, begründete Expertenmeinungen wie auch bestehende Trendentwicklungen der in einem Lebensraum auffindbaren Individuenzahlen einer Population sein. Herkömmlicherweise entspricht dieser Arbeitsschritt in Gutachten der Wirkungsanalyse (WÄCHTLER 1992: 105), wobei die Wirkketten „Verursacher - Folgewirkung - Betroffener" nur dann im Sinne relevanter Information in die Prognose aufgenommen werden dürfen, wenn sie begründet werden können. Entscheidend ist, daß das Auffinden von relevanter Information bei nicht exakten Prognoseproblemen Voraussetzung für deren Bearbeitung ist. Steht keine derartige Information zur Verfügung, kann keine Prognose durchgeführt werden (KNAPP 1978: 77) oder würde diese sich in der Tat nicht von einer irrationalen Prophezeiung unterscheiden.
Von der „relevanten Information" ist die „Zusatzinformation" zu trennen: Es handelt sich um außerlogische Information im Sinne zusätzlich angenommener Randbedingungen, die zu einer Veränderung von Ereignissen im Hinblick auf das gestellte Problem führen können (KNAPP 1978: 278). Im Falle der erwähnten Prognose der Auswirkungen eines Straßenbauvorhabens können dies die bei verschiedenen Varianten anzunehmenden unterschiedlichen Ausbaugrade, Trassenverläufe etc. sein. Da in diesen Zusatzinformationen Annahmen des Prognostikers über das Problem zum Tragen kommen, die seine Stellungnahme zur bereits vorliegenden relevanten Information bestimmen (EBD.: 281), sind sie strikt von dieser zu unterscheiden. Z.B. geht der in die Prognose einzustellende Ausbaugrad einer Straße meist auf eine politische oder administrative Entscheidung zurück und ist als solchermaßen gesetzte Rahmenbedingung logisch von den durch eine Straße verursachten Auswirkungen wie Lärm, Abgasen oder Zerschneidungseffekten zu trennen. Indem man beide Informationen auseinanderhält, wird ersichtlich, wo noch relevante Information im Sinn nachgewiesener Zusammenhänge fehlt und wo deshalb ggf. normativ weitere Zu-

satzannahmen eingeführt werden müssen.[7] Erst in einem zweiten Schritt werden dann beide Informationsarten zusammengeführt, indem Prognoseaussagen, bspw. über die bei einer Trasse bestimmten Ausbaugrades zu erwartende Verlärmung, formuliert werden.

Über diese Unterscheidung kann eine Strukturierung der komplexen, inexakten Prognoseproblemen zugrundeliegenden Fragestellungen erfolgen. Dies ist um so mehr notwendig, als selbst bei einfachen explorativen Prognosen - beispielsweise wenn vorliegende Kurvenverläufe in die Zukunft verlängert und dabei Trendanpassungen vorgenommen werden - bereits inhaltliche Überlegungen zum Tragen kommen, die sich mit Annahmen über die Eigenheiten eines Systemes verbinden (GEHMACHER 1971: 40). Demnach muß deutlich nicht nur zwischen zugrundegelegten Erwartungen und resultierender Prognoseaussage (KNAPP 1978: 21) unterschieden werden, sondern auch zwischen relevanter Information, die in einem nachweisbaren Zusammenhang mit dem Prognoseproblem steht, sowie Zusatzinformation im Sinne zusätzlicher Randbedingungen. Prognosen können demnach als Antworten auf spezifische Fragen aufgefaßt werden (EBD.: 278), weshalb es wichtig ist, die ihnen zugrundeliegenden Fragen und unterschiedlichen Informationen klar herauszuarbeiten. Dabei spielt bei der Bewältigung inexakter Prognoseprobleme nicht nur die Strukturierung, sondern auch die kritische Diskussion der Fragestellung eine um so bedeutendere Rolle, je unvollständiger die relevante Information ist: „In diesen Fällen ergibt sich eine befriedigende Beantwortung der gestellten Frage mit Hilfe geeigneter Zusatzinformation. Dies bedeutet, daß zugleich die konkrete Zielsetzung der Prognose diskutiert werden muß“ (KNAPP 1978: 300), also die Abhängigkeit der Prognoseaussage von Grundannahmen und Zielsetzungen (beispielsweise politischer Art) deutlich zu machen ist.
Eine interessante Parallele zu der aus ökonomischen und sozialwissenschaftlichen Fragestellungen heraus entwickelten Knappschen Prognoselogik findet sich in der Rechtsprechung, wenn diese über einen prognostizierten Bedarf an Infrastrukturmaßnahmen wie etwa Fernstraßen, Wasserstraßen oder Flughafenprojekten zu entscheiden hat. LADEUR (1985: 84ff.) legt dar, daß in der durch die Verwaltungsgerichte ausgeübten gerichtlichen Kontrolle solcher Bedarfsprognosen (z.B. der Prognose zur Notwendigkeit einer Flughafenerweiterung, die auf Aussagen bspw. zur anzunehmenden Entwicklung des Fluggastaufkommens im Flugverkehr beruht) den für die Genehmigung zuständigen Behörden ein Handlungs- und Gestaltungsspiel-

---

[7] Den wichtigen Unterschied zwischen relevanter Information und Zusatzinformation mag ein weiteres von KNAPP (1978: 206) angeführtes Beispiel verdeutlichen: Für den erwarteten Absatz von Autos im nächsten Verkaufsjahr wird aufgrund einer angenommenen Erhöhung der Treibstoffpreise (= als Zusatzinformation eingeführte Randbedingung) trotz eines derzeit feststellbaren Ansteigens der Verkaufskurven (= relevante Information) diejenige von mehreren Prognosevarianten herangezogen, die bezüglich der Verkaufszahlen am niedrigsten ausfällt.

raum, ein „plausibles Ermessen", also eine „Entscheidungsprärogative" zugestanden wird. Auch die Begründungen der entsprechenden Gerichtsurteile führen aus, daß in den Grundannahmen einer Prognose wertende Elemente liegen, die zwar offenzulegen sind, in deren Ausgestaltung (z.B. in der Annahme einer optimistischen Entwicklung des Fluggastaufkommens oder der Treibstoffpreise) den prognostizierenden Behörden aber ein eigener Entscheidungs- und Handlungsspielraum einzuräumen sei (LADEUR 1985: 85).[8] Als „Grundsatz des Planungsermessens" ist diese Auffassung in der einschlägigen Rechtsprechung weit verbreitet; das Ermessen liegt insbesondere darin, wie der Projektträger die Zusatzinformation ausgestaltet.

Nicht die Vorhersage künftiger Ereignisse steht bei dieser Auffassung im Vordergrund, sondern Prognosen werden damit vielmehr zu einem Mittel der systematischen Problemanalyse und darauf aufbauenden plausiblen Darlegung möglicher Zustände. Dabei kommen sie ohne normative Aspekte im Sinne subjektiver Annahmen nicht aus. Da diese Stellungnahme des Prognostikers sich aufgrund zusätzlich eintretender bzw. hinzugezogener Randbedingungen wandeln kann, stellt KNAPP (1978: 262) fest: „Es gibt keine endgültige Lösung des Prognoseproblems, immer nur eine vorläufige." Jede Lösung steht relativ zum eingenommenen Standpunkt (EBD.: 294),

wodurch planerische Prognosen nicht als Gültigkeit beanspruchende Vorhersagen aufzufassen sind, sondern vielmehr in sich stimmige, unter Zugrundelegung definierter Rahmenbedingungen getroffene Annahmen über prinzipiell für möglich erachtete künftige Zustände und Entwicklungen darstellen.

Indem die Prognose als stufenweiser Vorgang der Problem- und Informationsstrukturierung (WÄCHTLER 1992: 162) begriffen wird, eröffnet sich zugleich der Weg zu einem freieren Prognoseverständnis, das eine Vielzahl heuristischer Verfahren (hierzu GRUBB 1995: 123) zuläßt und nicht mehr an feste Gesetze oder Wahrscheinlichkeitsangaben gebunden ist. Wesentlich für prognostische Aussagen im planerischen Bereich ist damit, daß Prognosetechniken auch aufbauend auf aus der Erfahrung heraus bekannten, induktiv hinreichend belegten Zusammenhängen sowie durch fortlaufendes Probieren entwickelt werden können, ohne daß man die Prozesse und

[8] LADEUR (1985: 85) führt hierzu aus, das betreffende Urteil - es handelte sich um jenes, in dem über den Flughafen München II entschieden wurde - zeichne „sich dadurch aus, daß sehr klar die 'wertenden Elemente' der planerischen Prognose hervorgehoben werden. Der Senat weist nämlich mit Recht auf die Bedeutung der Grundannahmen des 'Szenarios' hin, innerhalb dessen die einzelnen Daten und Methoden erst ihre Bedeutung gewinnen. In diesem Zusammenhang kommt das Gericht zu der Feststellung, daß die Behörde sich für die Zugrundelegung 'optimistischer' Annahmen, etwa über das Wachstum des Bruttosozialprodukts, der Entwicklung der Treibstoffpreise, entscheiden könne. Dies sei eine politische Option, insoweit steht der Behörde ein 'planerisches Ermessen (d.h. ein Beurteilungsspielraum)' zu, so daß die Annahmen insoweit nur einer Vertretbarkeitskontrolle unterlägen." Allerdings wird auch vom Gericht eine Interpolation der Werte für einen Prognosezeitraum von 1981 (dem Jahr des Gutachtens) bis in das Jahr 2000 bzw. 2010 wegen der Länge dieses Zeitraums nicht akzeptiert.

Beziehungen, die sich dahinter verbergen, bis ins Detail zu kennen braucht (TOULMIN 1981: 38, 91).[9]

Möglichkeiten der Ermittlung von „relevanter Information"

Die Strukturierung des Prognoseproblems nach Knapp, insbesondere der Einbau von „relevanter Information", bedeutet eine Erweiterung gegenüber einem Prognoseverständnis, das auf Kausalitäten beruht.[10] Es muß jedoch nochmals betont werden, daß das Auffinden von relevanter Information unverzichtbare Voraussetzung für die Durchführung einer Prognose ist, auch wenn diese sich nunmehr nicht als Vorhersage, sondern als plausible Darlegung möglicher künftiger Zustände versteht. Prognosen sind damit immer mit *begründeten* Annahmen über das Hervorbringen, über Zusammenhänge, verbunden. Derartige Zusammenhänge stellen zugleich eine Grundlage nicht nur für Planen, sondern für folgenbedachtes Handeln überhaupt dar (SPAEMANN IN SEIFFERT & RANITZKY 1994: 163).
Was die Überwindung des Kausalitätsverständnisses bei der Gewinnung solcher Annahmen angeht, hat der argentinische Erkenntnistheoretiker Mario BUNGE (1987) mit seiner Erörterung des Kausalitätsproblems aufgezeigt, wie solche Zusammenhänge weiter bestimmt werden können.

Während im alltäglichen Sprachgebrauch, aber auch von Wissenschaftlern (z.B. VOLLMER 1988), Kausalität oft mit Determiniertheit gleichgesetzt wird[11], unterscheidet BUNGE (1987) klar zwischen Determiniertheit als weiterem und Kausalität als engerem Begriff: Determination bezeichnet demnach allgemein eine konstante und eindeutige Verbindung zwischen Gegenständen, Ereignissen, Zuständen und Be-

---

[9] Indem nach diesem Verständnis Prognosen nicht nur aus Gesetzen und Hypothesen *deduziert* zu werden brauchen, sondern neben der Hineinnahme statistischer Aussagen auch die Einbindung von Erfahrungswissen ausdrücklich eine Rolle spielt, kommt also auch hier wieder das Prinzip der *Induktion* zum Tragen, das sich dann am Eintreffen der Sachverhalte zu bewähren hat. Näheres zur kausalen Entkopplung der Prognoseaussagen zugrundeliegenden Informationen findet sich bei TOULMIN (1981: 21ff.).

[10] Ein solches Verständnis findet sich z.B. noch bei CARNAP (1969: 216), der feststellt: „Kausalgesetze sind jene Gesetze, mit deren Hilfe man Ereignisse vorhersagen oder erklären kann." Ähnlich formuliert POPPER (1984a: 31): „Einen Vorgang kausal erklären heißt, einen Satz, der ihn beschreibt, aus Gesetzen und Randbedingungen deduktiv abzuleiten."

[11] Diese Gleichsetzung beruht in der Regel auf einem Kausalitätspostulat, das lautet: „Ähnliche Ursachen haben ähnliche Wirkungen" (z.B. KROHN & KÜPPERS 1990: 13; SEIFRITZ 1987: 90; VOLLMER 1988: 349). Da dies sowohl unserer Alltagserfahrung als auch der Erkenntnis entspricht, daß Naturgesetze immer nur als abstrahierende Verallgemeinerungen aufzufassen, sowie Darstellungen und die Anzeigen von Meßinstrumenten immer mit einer Ungenauigkeitsmarge behaftet sind, wird es auch als „starkes Kausalitätsprinzip" bezeichnet. Weitgehende Übereinstimmung besteht hingegen, daß ein Kausalverständnis, das mit „Gleiche Ursachen haben gleiche Wirkungen" umschrieben wird, also davon ausgeht, daß Systemverhalten reproduzierbar ist, werden nur die Anfangsbedingungen gleich gewählt, nicht zuletzt angesichts der Ergebnisse der Chaosforschung obsolet ist. Dieses streng genommen nicht zu realisierende Prinzip bezeichnet man deshalb auch als „schwaches Kausalitätsprinzip" (SEIFRITZ 1987: 86; VOLLMER 1988: 349).

schaffenheiten, die regelmäßig die selben Zusammenhänge zeigt (BUNGE 1987: 8). Ähnlich definiert auch MATURANA (1996: 223) Determinismus als „empirische Kohärenz und darauf gestützte Erklärungsmuster", also gleichfalls als regelmäßigen, aber unterschiedlich und nicht nur kausal bestimmbaren Zusammenhang. Kausalität enthält dagegen nach BUNGE (1987: 12) stets einen Zusammenhang im Sinne eines Erzeugens oder Hervorbringens, also einer klar zuordenbaren Ursache-Wirkungs-Beziehung (Beispiele: ein bestimmter Reiz, der eine ganz bestimmte Reaktion hervorbringt; ein gegen eine Fensterscheibe geworfener Stein, der „bewirkt", daß diese zerspringt).[12] Kausalität wird so zu einer Spezialform der Determiniertheit (EBD.: 28); diese schließt als das umfassende Prinzip, wonach sich nichts ohne Vorbedingung und willkürlich ereignet (EBD.: 28), daneben auch andere, z.B. statistische, mechanische, teleologische und klassifikatorische Formen ein, denen wohl ein regelmäßiger, aber nicht in Form von Ursache-Wirkungs-Beziehungen zuordenbarer Zusammenhang zugrunde liegt.

Eine Zusammenstellung solcher „Determinationskategorien", eine Typisierung von Möglichkeiten also, über die regelhafte Zusammenhänge auftreten können, zeigt Abbildung E\13. Bedeutsam ist, daß die Kategorien als ontische, nicht als logische Untergliederung zu verstehen sind (BUNGE 1987: 267, 398), so daß sich bei weiterer Analyse zusätzliche Unterteilungen ergeben können (EBD.: 21). So wurde hier die in ihrer Relevanz für Prognosen von BUNGE (1987: 347) zwar erwähnte, aber nicht als eigene Determinationskategorie benannte Klassifikation und Taxonomik aufgenommen, weil die Kopplung einer Klasse gemeinsamer Merkmale bei Vorliegen eines der Kennzeichen auch die Prognose der anderen erlaubt. Kausalität ist innerhalb dieser Aufgliederung weder durch funktionale Abhängigkeit ersetzbar, weil der wechselseitigen Interdependenz der Aspekt des genetischen Hervorbringens wie auch der Zuordenbarkeit von Ursache und Wirkung fehlt (EBD.: 1987: 12), noch durch die mechanische Sicht, die diese Ursachen auf Krafteinwirkungen reduziert (EBD.: 120ff.). Auch fallen definitionsgemäß nur Einfachverursachungen unter das Kausalitätsprinzip, während das Vorliegen von Mehrfachverursachungen, deren Verteilungen jedoch noch statistisch faßbar sind, zur Kategorie der statistischen Determination zu rechnen ist (EBD.: 140, 164). Deutlich wird auch, daß eine Unterteilung nach Ursache und Wirkung, mithin das Kausalitätsprinzip als solches, als eine abstrahierende Hypothese zu sehen ist, die für viele Fragestellungen zu brauchbaren Näherungen führen kann (EBD.: 140ff., 375), aber die Determination von Wirkungen allein wohl kaum je völlig bestimmt (EBD.: 213).

Die beiden letzten Kategorien einer „intrinsischen" und „extrinsischen" Determination,

[12] Die Definition von Kausalität nach BUNGE (1987: 52f.) lautet: „Wenn sich C ereignet, dann (und nur dann) wird dadurch E hervorgebracht." Zu den Bedingungen der Konditionalität (d.h. eines Wenn-dann-Verhältnisses) müssen dabei als weitere Bedingungen Konstanz (d.h. Eindeutigkeit, Unveränderlichkeit der Verknüpfung), Kontinuität zwischen Ursache und Wirkung (EBD.: 154) sowie der Aspekt des Hervorbringens treten, damit von einem kausalen Verhältnis gesprochen werden kann.

d.h. reiner Selbstbestimmung und reiner äußerer Fremdbestimmung, bilden dementsprechend die Pole eines Spektrums, zwischen denen die anderen Kategorien anzusiedeln sind (EBD.: 194ff.). Sie entsprechen im übrigen den in der Schlußfolgerung zu Kapitel E.1.3 (Systemtheorie) bereits erwähnten Extremen der Selbstorganisation und der Fremdorganisation. Im Regelfall werden verschiedene Determinationskategorien gleichzeitig wirksam sein (EBD.: 185), wobei die verschiedenen Formen des Zusammenhangs in diesem erweiterten Verständnis nun auch die Berücksichtigung von nur qualitativ faßbaren, aber in regelhaften Zusammenhängen stehenden Änderungen erlauben. Sie ermöglichen durch das Prinzip der statistischen Determination nun beispielsweise auch eine Integration der Quantentheorie, deren Resultate nur statistisch faßbar sind und die zu einer Einschränkung des Kausalitätsprinzips geführt hatte, in deterministische Betrachtungen.
BUNGE (1987: 364) selbst stellt fest, daß Prognosen in allen Arten dieser Determination, von denen Kausalität nur eine ist, wurzeln können. Planerische Prognosen können danach neben kausalen auch auf andere statistische, klassifikatorische oder teleologische Determinationskategorien zurückgreifen, um relevante Informationen zu erschließen. Dies ist um so mehr von Bedeutung, als viele prognostische Fragestellungen innerhalb ökologisch orientierter Planungen nicht auf den Bezug zwischen isolierten Komponenten zielen, sondern vielmehr auf den Ablauf von Prozessen, die weitgehend ohne Rücksicht auf das individuelle Verhalten von Einzelmitgliedern des Kollektivs ablaufen (vgl. auch BUNGE 1987: 365). Dies betrifft z.B. Auswirkungen auf das Grundwasser, die durch unterschiedliche Vorgänge eintreten können, wie durch hohe Düngergaben bei intensiver Bewirtschaftung, aber auch durch das Brachfallen von aufgedüngten Flächen infolge Nutzungsaufgabe. Die Folgen lassen sich nicht über die Betrachtung einzelner Flächen beschreiben, sondern betreffen das Zusammenwirken von Nutzungen in einem größeren Raum. Als ein weiteres Beispiel können die Wirkungen von Populationsschwankungen gelten, die nicht für einzelne Individuen oder Brutpaare prognostizierbar sind, sondern sich bestenfalls für das Artenkollektiv sowie bspw. in Form (statistischer) Trends angeben lassen. Viele Prozesse wie Sukzessionsabläufe, bei denen die Pflanzengesellschaften, die sich nacheinander einstellen, als eine zeitliche Abfolge von Klassen begriffen werden können, sind gleichfalls nicht auf kausale Verbindungen rückführbar, werden aber durch klassifikatorische Determination beschreibbar und prognostizierbar.

Diskussion des Verständnisses von Prognosen in Planungsprozessen

Die häufig vorzufindende ambivalente Haltung gegenüber Prognosen dürfte zu einem Teil auf Mißverständnisse über ihre Möglichkeiten und ihre Grenzen zurückzuführen sein. Auch kann eine unzutreffende Sichtweise der Aufgaben von Prognosen in Planungsprozessen, die letztlich auf einer falschen Einschätzung ihrer Leistungsfähigkeit basiert, ihrerseits eine der Ursachen für Fehlprognosen sein.
Die dargelegten Grundlagen machen deutlich, daß es - mit Ausnahme höchstens

Determinations-kategorie	Definition	Beispiel
Quantitative Selbstdetermination	Eine Folge (Konsequens) ist durch ein jeweils Vorhergehendes (Antezendens) bestimmt, wodurch eine kontinuierliche Zustandsfolge entsteht, deren einzelne Zustände sich voneinander nur in quantitativer Hinsicht unterscheiden.	Spontane Umwandlungen eines isolierten thermodynamischen Systems erfolgen in der Weise, daß es Zustände höherer Entropie einnimmt. Kettenreaktion chemischer Elemente.
Kausale Determination (Verursachung)	Eine Ursache bestimmt eine zuordenbare Wirkung, wobei das Verhältnis durch Konstanz (d.h. Eindeutigkeit, Unabänderlichkeit der Verknüpfung) und Kontinuität (d.h. kontinuierliches Auftreten beim Zusammenbringen von Ursache und Wirkung) sowie einseitige Gerichtetheit bestimmt ist.	Wird ein Stein gegen eine Fensterscheibe geschleudert, zerbricht das Glas (der Stein bringt dabei das Zerbersten des Glases unmittelbar hervor). Reiz-Reaktions-Schemata in der behavioristischen Psychologie.
Interdependente Determination (Wechselwirkung)	Es erfolgt gegenseitige Verursachung durch wechselseitige Beeinflussung.	Das Funktionieren einer Drüse im menschlichen Körper hängt von den übrigen Drüsen ab.
Mechanische Determination	Das Vorangehende bestimmt durch Krafteinwirkung das Folgende.	Kräfte verändern den Bewegungszustand von Körpern, die sich zuvor auch durch Krafteinwirkung bewegt haben können.
Statistische Determination	Die Verteilung eines Endergebnisses durch die vereinte Wirkung von unabhängigen oder quasi-unabhängigen Einflußgrößen ist nur statistisch (z.B. über die Angabe von Häufigkeitsfrequenzen, Mittelwerten, Korrelationskoeffizienten) beschreibbar.	Bei Würfelspielen ist bei einer großen Anzahl von Würfen die Wahrscheinlichkeit, daß eine bestimmte Zahl geworfen wird, 1:6. Etwa die Hälfte neugeborener Kinder ist weiblichen Geschlechts. Die Mendelschen Gesetze erlauben Aussagen über die Verteilung bestimmter Erbmerkmale bei nachfolgenden Generationen.

Abbildung E\13

Verschiedene Kategorien der Determination als Grundlage für Prognosen (unter Zugrundelegung von BUNGE 1987: 19ff., 194ff., 347ff., 409).

Determinations-kategorie	Definition	Beispiel
Strukturelle („holistische") Determination	Teile determinieren das Ganze.	Das Funktionieren eines einzelnen Körperorgans wird teilweise durch die Bedürfnisse des Organismus in seiner Gesamtheit determiniert.
Teleologische Determination	Determination der Mittel durch Ziele und Zwecke.	Vögel bauen ihre Nester „in der Absicht", ihre Jungen zu schützen.
Dialektische Determination	Determination des Gesamtprozesses durch inneren „Streit" (Widerspruch) und darauf folgende Synthese entgegengesetzter Bestrebungen.	Die einander entgegengesetzten ökonomischen Interessen determinieren Änderungen in der gesellschaftlichen Struktur. Die in ihrer Wirkung gegenläufigen Synergismen und Antagonismen chemischer Stoffe determinieren eine Gesamtreaktion.
Klassifikatorische (taxonomische) Determination	Determination durch Zugehörigkeit zu einer Klasse mit meist kollektiven Eigenschaften.	Die Regel „Alle Vögel sind Warmblüter!" erlaubt die Aussage, daß auch der nächste gefangene Vogel ein Warmblüter sein wird.
Extrinsische (äußere) Determination	Fremdsteuerung, d.h. jegliche Veränderung entsteht durch Fremdeinwirkung von außen.	Die Auffassung, wonach nur eine außerhalb des Gesamtuniversums stehende Macht in einem System Veränderungen hervorrufen kann.
Intrinsische (innere, natürliche) Determination	Gegensatz zu extrinsischer Determination: Vollkommene Selbstbestimmung aus innen heraus.	Prinzip der Selbstorganisation von Systemen.

Abbildung E\13 (Fortsetzung)

von sehr kurzfristig angelegten Trendfortschreibungen (KNESCHAUREK 1985: 278) - verfehlt ist, bei zugrundeliegenden komplexen Problemen von Prognosen eine zutreffende Vorhersage künftiger Ereignisse zu fordern. Vielmehr geht es um eine gedankliche Auseinandersetzung mit möglichen zukünftigen Situationen und Entwicklungen, deren denkbare Konsequenzen aufzuzeigen sind und für deren Eintreten durch die Strukturierung der verfügbaren relevanten Information sowie die Einführung plausibler Rahmenbedingungen nachvollziehbare Begründungen aufzubauen sind: Es geht um eine Beschreibung der Zukunft nicht wie sie sein wird, sondern wie sie sein könnte. Bei der Entwicklung solcher Argumentationsgerüste kann es somit nicht nur um eine hypothetisch mögliche, sondern um ein Aufzeigen von Bedingungen letztlich auch für eine wünschenswerte Zukunft gehen (DIETRICHS 1988: 4): „Die Vorausschau will also Zukunft nicht vorhersagen, sondern gestalten" (GRUBB 1995: 23), umreißt entsprechend eine der aktuelleren Prognosestudien, die sich mit der Zukunft technischer Innovationen befaßt, ihr Selbstverständnis. Umgekehrt macht dies jedoch auch deutlich, daß Prognosen zur Durchsetzung ebensolcher von bestimmter Seite gewünschter Zustände, zur Durchsetzung daran geknüpfter Interessen also, eingesetzt werden können und zum Teil auch werden.
Das hergeleitete Prognoseverständnis mag zwar gegenüber den Erwartungen an ein Instrument, das tatsächlich Vorhersagen der Zukunft liefert, eine Einschränkung bedeuten; jedoch können durch die plausible Darlegung verschiedener, künftig als möglich erachteter Zustände, die über der Annahme unterschiedlicher Rahmenbedingungen erfolgt, ganz neue Freiheitsgrade entstehen und gezielt denkbare Gestaltungsspielräume für Entwicklungen aufgezeigt werden. Solcherart verstandene Prognosen lassen sich als Vehikel nutzen, um die Vorstellungskraft in Gang zu setzen (REICHHARDT 1978: 449). Beispielsweise können sie bei der Erstellung eines gemeindlichen Landschaftsplanes, bei dem es um Perspektiven der Gemeindeentwicklung geht, eingesetzt werden, um zusammen mit den beteiligten Bürgern und unter systematischer Darlegung der vorhandenen Kenntnisse und Daten mögliche Folgen von Entscheidungsalternativen durchzuspielen. Bei einer derartigen Anwendung von Prognosen steht weniger im Vordergrund, eine wahrscheinlich eintretende Entwicklung aufzuzeigen, sondern es geht um ein Denken in Alternativen, das dazu dient, zukünftige Problemfelder zu erkennen, zu strukturieren und rechtzeitig Strategien zu ihrer Überwindung oder Verhinderung zu erörtern. Ein solches Denken in Alternativen wird zudem der vertretenen Planungsstrategie, die sich zwar an übergeordneten Rahmenbedingungen orientiert, aber in ihrem tatsächlichen Handeln schrittweise unter laufender Fehlerkorrektur vorgeht, sehr viel angemessener sein als eine Fixierung auf nur eine, wenn auch in sich plausibel scheinende Entwicklungslinie.

Indem Prognosen die mit ihrer Fragestellung verbundenen Rahmensetzungen verdeutlichen, vorliegende Informationen strukturieren sowie Wissenslücken aufzeigen, können sie die Grundlage für Entscheidungen verbessern. Wesentlich ist jedoch, daß Prognosen Entscheidungen über die auszuführenden Handlungen nicht ersetzen können (ALBERS 1966: 122; FREDERICHS & BLUME 1990: 42; WÄCHTLER 1992: 75). Sie kommen zwar ohne subjektive Annahmen nicht aus, die beispielsweise die Wahl des Prognosezeitraums, bezüglich der relevanten Information z.B. die Auswahl der Trendfunktionen sowie bezüglich der Zusatzinformation die angenommenen Rahmenbedingungen betreffen. Diese Annahmen müssen jedoch deutlich von der Entscheidung für eine der prognostizierten Alternativen unterschieden werden. Nicht umsonst ist beispielsweise in den bei einer UVP vom Vorhabensträger beizubringenden Unterlagen eine *Beschreibung* der zu erwartenden Umweltwirkungen (§ 6 Abs. 4 UVP-Gesetz), d.h. eine Prognose, zu erarbeiten, während die rechtliche *Bewertung* wie auch die Entscheidung über die zu realisierende Alternative nach § 12 UVP-Gesetz bei der genehmigenden Behörde verbleiben. Diese wird die Entscheidung unter Heranziehung weiterer Gesetze, rechtlich verbindlicher Programme und Pläne sowie im verbleibenden Entscheidungsspielraum nicht zuletzt auch unter politischen Maßgaben treffen. Um zu einer im Zusammenhang mit den rechtlichen Rahmenbedingungen sachgerechten, nach außen hin nachvollziehbaren Entscheidung zu gelangen, müssen die in eine Prognose aufgenommenen Zusatzinformationen daher klar offengelegt werden.

Das erörterte Prognoseverständnis sowie die sich daraus anbietende Strukturierung der Informationen läßt wichtige Fehlerquellen erkennen. Als Gründe für mangelnde Plausibilität der dargelegten Annahmen lassen sich nennen:

- Anwendung der relevanten Information, z.B. wenn es sich bei den zugrundegelegten Bezügen nur scheinbar um Zusammenhänge handelt;
- Zusatzinformationen, die nicht ausreichen, um die notwendigen Rahmenbedingungen anzugeben und die benötigte Information so zu vervollständigen, daß daraus Schlüsse gezogen werden können;
- Fehler im Schlußverfahren, d.h. fehlerhafte Kombination von relevanter und zusätzlicher Information, die beispielsweise auf fehlerhaften oder zu stark vereinfachten Hypothesen beruht.

Der Grad, in dem eine Prognose zutreffend ist, hängt demnach nicht nur vom Vorliegen regelhafter Beziehungen (wie bspw. kausal zuordenbarer Ursache-Wirkungsbeziehungen im Rahmen der relevanten Information) ab, sondern von einem Ineinandergreifen vieler Faktoren. Nach BUNGE (1987: 362f.) ist es deshalb fast unmöglich, Bedingungen anzugeben, die eine Prognose sicherer als eine andere machen. Von Interesse ist diese Feststellung, da im Bereich bspw. der in der Regionalplanung üblichen Verkehrs-, Bevölkerungs- oder Arbeitsplatzprognosen sowie im Rahmen von Wirtschaftsprognosen zwar sehr viel statistisches Datenmaterial (z.B. über Wirtschaftsdaten oder die genaue Bevölkerungsentwicklung) vorhanden ist, aber gleichfalls eine Vielzahl von Variablen und Randbedingungen vorliegt, deren Zusammenwirken größtenteils nicht durch eindeutige Determinationskategorien faßbar, ge-

schweige denn kausal erklärbar ist. Auch hier muß relevante Information erschlossen oder Zusatzinformation in Form zu setzender Randbedingungen eingeführt werden. Die prognostizierten Ergebnisse lassen sich zwar häufig in Zahlenform angeben (z.B. Verkehrsprognosen, die die Zahl der künftig pro Tag auf einer Straße zu erwartenden Pkws anführen). Sie haben aber wegen der oft nur schwachen hypothetischen Absicherung der Zusammenhänge der relevanten Information und in Unkenntnis der tatsächlichen Entwicklung der Rahmenbedingungen, die als subjektive Annahmen eingeführt werden, u.U. gleichfalls keine größere Prognosegenauigkeit als auf qualitativen Angaben fußende Prognosen im ökologischen Bereich.[13)]
Nicht zuletzt müssen Grenzen jedweder Annahme über mögliche Entwicklungen darin gesehen werden, daß völlig neue Strukturen wie auch chaotische Sprünge in Entwicklungsverläufen nicht vorstellbar und deshalb auch nicht in prognostische Überlegungen einbeziehbar sind. Den Mechanismus, daß man auch bei einer Beschäftigung mit künftigen, noch unbekannten Sachverhalten dazu neigt, bestehende Strukturen aufzugreifen und quasi in die Zukunft zu verlängern, hat DÖRNER (1995: 190ff.) als „Strukturextrapolation" bezeichnet.[14)] V. LERSNER (1995: 193) beschreibt Prognosen daher auch als Rückspiegel, wobei das Bild, das sie entwerfen, niemals den direkten Blick durch die Frontscheibe ersetzt. Die Erkenntnis, daß Annahmen über Künftiges immer nur ausgehend von Bestehendem und Bekanntem getroffen werden können, ist wesentlich, wenn Prognosen als Grundlage für (Planungs-)Entscheidungen herangezogen werden: Auch dies spricht dafür, nicht zu viele deterministische Festlegungen zu treffen, sondern Raum auch für Neues zu lassen.

E.2.2.3 Konsequenzen für die Planungspraxis

Das entwickelte Prognoseverständnis hat Konsequenzen für die Planungspraxis, von denen einige im folgenden angesprochen werden.

Anwendung der Szenariotechnik für Prognosen

Als Prognoseform, die auf Wortmodellen aufbaut, hat sich vor allem in der Raumordnung und Landesplanung die Szenariotechnik entwickelt; namentlich wurde sie in der Ökosystemforschung eingesetzt (MESSERLI 1986: 88ff.).
Unter einem Szenario wird ein systematisches, stufenweises Durchdenken eines Systems verstanden, das plausible Entwicklungen und Trends in ihrem Zusammen-

---

[13)] Ladeur geht sogar so weit, zu unterstellen, daß quantitative Analysen letztlich oft dazu benutzt werden, solche qualitativen Unsicherheiten zu überdecken „oder sie zu einem nicht durch Wissen zu erhellenden Rest zu erklären, der eben nur dezisionistisch durch die handelnde Verwaltung zu erarbeiten sei" (LADEUR 1985: 87).

[14)] Dieser Mechanismus wird z.B. in der Science-Fiction- oder Phantasy-Literatur deutlich: Die Illustrationen dieser Literaturgattung bzw. die Motive der Filme zeigen, daß die Autoren meist gar nicht anders können, als die phantastischen Welten nach Strukturen der Gegenwart zu konstruieren (DÖRNER 1995: 192).

hang aufzeigt und dabei *sowohl explorativ* von derzeit feststellbaren Rahmenbedingungen und Trends verschiedene denkbare Pfade in die Zukunft entwickeln kann *als auch normativ* von gesteckten Zielen ausgehen und unter Einbeziehung von Annahmen Wege zu deren Erreichung diskutieren kann (FREDERICHS & BLUME 1990: 24f.; GEHMACHER 1971: 84; STEINSIEK & KNAUER 1981: 12; STRÄTER 1988: 418, 420). Wesentlich ist weiter, daß die Argumentationsketten sich folgerichtig auseinander entwickeln müssen, so daß keine Brüche auftreten (STRÄTER 1988: 429). Dabei sind zwar jeweils Bedingungen zu nennen, unter denen bestimmte Folgen eintreten können, es verbindet sich damit aber keine Aussage, zu welcher Entwicklung es tatsächlich oder mit höherer Wahrscheinlichkeit kommen wird (BECHMANN 1981: 177f.; KLEINEWEFERS 1985: 290; MESSERLI 1986: 89). Als Vorteil wird gesehen, daß unterschiedliche Methodenbausteine und Informationsarten integriert werden können. Dies betrifft z.B. statistisch-quantitative Methoden zusammen mit Trendanalysen oder qualitativen Angaben, wobei man häufig mit ordinalen Abstufungen in Form von Formulierungen wie „mehr oder weniger", „wird sehr stark / stark / weniger stark abnehmen / zunehmen", arbeitet.

Auch an die Erstellung von Szenarien wird die Forderung gerichtet, daß ihnen eine genaue Festlegung der Ziele sowie eine eindeutige Strukturierung der Problemlage vorausgehen muß (STEINSIEK & KNAUER 1981: 14). Szenarien eignen sich dabei ganz besonders, um die beschriebenen Strukturen einer Prognose aufzunehmen und umzusetzen. Das erfordert eine klare Untergliederung der ihnen zugrundegelegten Informationen nach folgenden Kategorien:

- Aussagen über den bekannten Systemzustand;
- die herangezogene „relevante Information" über prognostisch relevante Zusammenhänge (z.B. Trendextrapolationen, statistische Korrelationen, Erfahrungswissen und Aussagen über ähnliche Situationen, Literaturangaben über mögliche Auswirkungen und Wirkungsbeziehungen);
- als Randbedingungen eingeführte Zusatzinformation (z.B. Annahmen über die Größe oder den Ausbaugrad einer Variante; Annahme des Weiterbestehens oder der Verschiebung bestimmter Werthaltungen);
- daraus formulierte Aussagen über mögliche Wirkungen und Folgewirkungen.

Viele sogenannte „verbal-argumentative", zukunftsgerichtete Beschreibungen in Plangutachten entsprechen im Grunde Szenarien, wobei die Vorbehalte, die ihnen gegenüber im Vergleich zu formalisierten Darstellungsformen geäußert werden, in vielen Fällen daher rühren, daß sie eine nachvollziehbare und logische Strukturierung der eingeflossenen Informationen vermissen lassen.

Voraussetzung für die Darstellung von Szenarien ist, daß aus dem umfangreichen Knäuel von in realiter in Wechselwirkung stehenden Faktoren wesentliche Verläufe herausgegriffen und abstrahiert werden (BUNGE 1987: 143f.). Dabei mag Kausalität als Arbeitshypothese „im Ereignisstrom eine wesentliche Linie widerspiegeln, aber niemals den ganzen Prozeß" (EBD.: 164), d.h. gerade in die Darstellung von Szenari-

en sollten auch die anderen angesprochenen Determinationskategorien einbezogen werden. Wesentlich erscheint dabei, vor allem die Verzweigungspunkte des Systems zu betrachten, an denen es sich - beispielsweise aufgrund zusätzlicher normativ eingeführter oder von außen her wirksam werdender Randbedingungen - in eine andere Richtung entwickelt.
Diese auf die Darlegung von plausiblen Alternativen ausgerichtete Entwicklung von Szenarien als Prognoseform bietet sich vor allem als Gestaltungsmittel und Entscheidungshilfe in der Landschaftsplanung an wie auch für die UVP, deren gesetzliche Bestimmung in einer Hilfe und Unterstützung bei der Entscheidungsfindung liegt, diese Entscheidung selbst aber nicht vorwegnimmt. Anders verhält es sich bei der naturschutzrechtlichen Eingriffsregelung, weil die Intensität der möglichen Auswirkungen eines Vorhabens hier die definitive Bemessungsgrundlage für Art und Umfang der Kompensationsmaßnahmen darstellt und diese ihrerseits als Bestandteil der Projektgenehmigung rechtliche Verbindlichkeit erhalten. Hier greift die sogenannte „Präventivwirkung" der Eingriffsregelung (ARBEITSGRUPPE EINGRIFFSREGELUNG 1988: 2; ENGELHARDT & BRENNER 1993: Art. 6, 5), wonach in § 8 Absatz 1 Bundesnaturschutzgesetz (BNatSchG) vom Gesetzgeber sicherlich bewußt formuliert wurde, daß Eingriffe „Veränderungen der Gestalt oder Nutzung von Grundflächen" sind, die „die Leistungsfähigkeit des Naturhaushaltes oder das Landschaftsbild erheblich oder nachhaltig beeinträchtigen *können"* (also nicht müssen; Hervorhebung B.J.). D.h. es reicht auch hier - gemäß unserem Prognoseverständnis - die plausible Darlegung, daß bestimmte Wirkungen prinzipiell eintreten können, also unter bestimmten nachprüfbar darzulegenden Annahmen vorstellbar sind; es muß aber nicht nachgewiesen werden, daß sie tatsächlich auftreten werden. Verfolgt man dieses Prinzip konsequent weiter, so bedeutet es allerdings auch, daß für die Ermittlung des notwendigen Kompensationsumfanges aus mehreren vorstellbaren Alternativszenarios dann vom „worst case" ausgegangen werden müßte, d.h. dasjenige mit den höchsten Umweltwirkungen heranzuziehen wäre.

Trennung von Wirkungsanalyse, Wirkungsprognose, Bewertung und Entscheidung

Bei der Erstellung und Umsetzung von Prognosen müssen verschiedene Schritte klar unterschieden werden:
Prognosen zeigen künftig vorstellbare Zustände auf, die - um als Grundlage für eine Entscheidung und darauf aufbauende Handlung zu dienen - ihrerseits erst noch einer Bewertung zu unterziehen sind. So beschreibt eine Prognose eine zu erwartende Veränderung eines Biotops nach Art und Intensität; wenn es darum geht, zu bestimmen, ob diese Veränderung als eine „Funktionsstörung" oder „Beeinträchtigung" zu sehen ist und sich daran die Frage der Erhaltenswürdigkeit dieses Biotoptyps sowie eventuell einzuleitender Maßnahmen knüpft, sind dies Fragen der Bewertung und der darauf Bezug nehmenden Entscheidung. Diese Entscheidung ist klar von der

Prognoseaussage als solcher, und dabei im besonderen von den auch innerhalb der Prognose notwendigen subjektiven Annahmen und entscheidungsähnlichen Überlegungen (z.B. bezüglich der angesetzten Randbedingungen) zu trennen.
Da auch innerhalb der Prognose diese Annahmen offenzulegen sind, ist nicht nur zwischen der Prognoseaussage und Ihrer Bewertung, sondern als weiterer Schritt auch *innerhalb* der Prognosen selbst zwischen einer „Sachebene“ und einer „Wertebene“ zu unterscheiden:

- Die „Sachebene“ enthält die Darstellung der Ausgangssituation sowie die Suche nach relevanter Information, die nachweisbare Zusammenhänge zwischen Ereignissen aufweist. Im Rahmen von Umweltprognosen werden diese sich meist auf die Aufdeckung und Begründung von Wirkungsstrukturen erstrecken.
- Die „Wertebene“ einer Prognose enthält insbesondere die Benennung der als notwendige Rahmenbedingungen normativ eingeführten Zusatzinformation.
- Die Prognoseaussage ergibt sich durch Verknüpfung von „Sachebene“ und „Wertebene“, wobei plausible Verknüpfungen z.B. zur Abbildung der Wirkungsverflechtungen zu bestimmen sind.

Nach WÄCHTLER (1992: 39ff., 105) läßt sich ersteres mit dem innerhalb von Gutachten praktizierten Arbeitsschritt der Wirkungsanalyse, letzteres mit dem der so bezeichneten Wirkungsprognose identifizieren. Auch die Formulierung des UVP-Gesetzes, das es als Zweck der UVP bestimmt, daß die Auswirkungen eines Vorhabens auf die Umwelt „ermittelt, beschrieben und bewertet werden“ (§ 1 Pkt. 1 UVP-Gesetz), kann im Sinne einer klaren Trennung zwischen Wirkungsanalyse („ermitteln“), Wirkungsprognose („Beschreibung“ der möglicherweise eintretenden Wirkungen) und Bewertung (die, wie schon dargestellt, durch die genehmigende Behörde vorgenommen wird) interpretiert werden. Zusätzlich ist jedoch zu fordern, daß im Rahmen von Wirkungsprognosen zwischen den gesetzten Rahmenbedingungen und den gefolgerten Prognoseaussagen zu unterscheiden ist. Wesentlich ist diese Unterscheidung, weil bei der kritischen Prüfung einer Prognose dem Aufdecken der ihr zugrundegelegten Annahmen u.U. größere Bedeutung als den eigentlichen Prognoseergebnissen zukommen kann, denn es kann sich bei ersteren bereits um politische, administrative oder organisatorische, dezisionistisch bestimmte Rahmensetzungen handeln. Zu fordern wäre daraus, in einer UVP bewußt Alternativen in Betracht zu ziehen, die sich bei unterschiedlichen Zusatzinformationen einstellen, und damit deren Einfluß auf die Prognoseaussage zu verdeutlichen.

Bestimmung eines angemessenen Aussageniveaus der Prognose

Bei der Ableitung von Prognoseaussagen unter Zusammenführung von relevanter Information und Zusatzinformation handelt es sich um einen Modellbildungsprozeß, auf den sich die unter E.2.1.2 aufgezeigten Zusammenhänge zwischen Datenmeßfehlern bzw. Datengenauigkeiten, Spezifizierungsfehlern in der Art der angenommenen Zusammenhänge und Modellkomplexität anwenden lassen. Da sich in komplexeren Modellen Meßfehler und Spezifizierungsfehler leicht fortpflanzen (ALONSO 1969; LEE 1973) ist es auch bei Prognosen sinnvoll, bei qualitativer Datenbasis oder nur mangelnder Absicherung der Zusammenhänge möglichst einfache Modelle einzusetzen. Auf qualitative, da gegenüber kleineren Störungen stabilere Ansätze weist auch die Chaostheorie hin (EKELAND 1989: 94f.), weil quantitative Angaben u.U. einen exakten Verlauf einer Entwicklung sowie dessen Reproduzierbarkeit implizieren, die in realiter in dieser Form nicht auftreten. Gerade für die mit zahlreichen zur Verfügung stehenden Bevölkerungs-, Verkehrs-, Arbeitsmarkt- und Wirtschaftsdaten arbeitenden Regionalprognosen wird von verschiedener Seite die Annahme geäußert, daß mit steigender Komplexität der Prognosemethoden und zunehmender Datengenauigkeit die Prognoseergebnisse sich nicht in einer größeren Zahl der Fälle als zutreffend erweisen oder plausibler werden (z.B. DIETRICHS 1988: 11f.; ECKEY 1988: 228; GEHMACHER 971: 101ff.). So legt ECKEY (1988) beispielsweise am Beispiel von nach Wirtschaftssektoren differenzierten Regionalprognosen über die Arbeitsplatzentwicklung die höhere Prognosequalität dar, die man bei einfacheren Prognosemodellen erhält. Dieser Zusammenhang ist auch für einen Großteil der Aufgaben innerhalb ökologisch orientierter Planungen anzunehmen, bei denen man vielfach auf qualitative Angaben und begründete Schätzungen von Zusammenhängen angewiesen ist.

Gemäß der dargelegten Prognosestruktur wird für die Art des erzielbaren Aussageniveaus einer Prognose damit weniger die Datenlage der Eingabedaten bestimmend, sondern die Art und Absicherung der der relevanten Information zugrundegelegten Zusammenhänge sowie die Plausibilität und innere Vollständigkeit der eingeführten Randbedingungen. BUNGE (1987: 354; ähnlich: 367) hat hierzu (für wissenschaftliche Voraussagen zwar, denen er jedoch seine weit gefaßten Determinationskategorien zugrundelegt) formuliert: „Wissenschaftliche Voraussage kann eben nicht den Bereich der Gesetzesaussagen überschreiten, den ihre Grundlagen bilden, und sie kann nicht genauer sein als die speziellen Informationen, auf die sie sich stützt." Bei nur qualitativ oder relational formulierbaren Zusammenhängen, also „Gesetzesaussagen" im Sinne Bunges, dürfen demnach keine quantitativen Prognoseaussagen erwartet werden. Vielmehr würde ein die Aussagequalität der zugrundegelegten Zusammenhänge überschreitender Output eine unzulässige Genauigkeit vorspiegeln. Auch dies stützt die Annahme, daß Prognosen, die - wie bspw. im ökonomischen Bereich - zwar auf genaueren Eingabedaten basieren, wegen vieler hineinspielender Randbedingungen aber keine eindeutigen Zusammenhänge relevanter Information belegen können, nicht unbedingt höhere Aussagequalität zuzukommen braucht als solchen, die sich von vornherein nur auf qualitative Angaben stützen.

Man sollte daher den Mut haben, auch einfache und nur qualitative, aber gleichwohl *belegbare* Zusammenhänge in Prognosen einzubeziehen (vgl. auch GEHMACHER 1971: 103), zumal eine Konzentration auf zahlenmäßig gut abgesicherte Bereiche dazu führen kann, daß diese gegenüber den nur wenig bekannten oder nur qualitativ darstellbaren strukturell in den Vordergrund treten und dadurch Verzerrungen in dem von einer Prognose entworfenen Bild eintreten. Knapp hat allerdings deutlich gemacht, daß es sich bei Prognosen über die Bestimmung von relevanter Information sowie darauf aufbauend bei der Definition der Randbedingungen um einen schrittweisen Prozeß der Zusammenführung und Ergänzung von Information handelt. Die geforderte Einfachheit von Prognoseverfahren darf daher nicht bedeuten, daß Sachdaten durch qualitative Beschreibungen wieder eingegrenzt werden, beispielsweise indem man kardinales Zahlenmaterial in ordinale Angaben überführt, womit sich ein Informationsverlust verbindet.[15] Auch ist unabdingbare Voraussetzung für die Aufnahme von Angaben in eine Prognose der Nachweis der zugrundeliegenden Zusammenhänge, weil sich solcherart formulierte Aussagen sonst tatsächlich nicht von bloßen Mutmaßungen unterscheiden (BUNGE 1987: 309).

Bedeutung von Erfolgskontrollen und Langzeitbeobachtungen für die Gewinnung „relevanter Information“

Da die prognostische Dimension untrennbarer Bestandteil des Planens ist, müssen ökologisch orientierte Planungen auf abgesicherte relevante Informationen zurückgreifen können. Ansonsten erlauben durchgeführte Bestandsaufnahmen, auch wenn sie sehr umfangreich und aufwendig angelegt sind, zwar eine detaillierte Dokumentation eines vorgefundenen Zustands, lassen aber keine darauf aufbauenden Prognoseannahmen zu. Vor dem Hintergrund der Gewinnung relevanten Wissens für Prognosen wird damit die Bedeutung von systematischen Langzeitbeobachtungen und Erfolgskontrollen, etwa durchgeführter Ausgleichs- und Ersatzmaßnahmen, deutlich, auf deren Notwendigkeit und Einbindung in übergreifende Umweltinformationssysteme etwa KNAUER (z.B. 1989: 45ff., 1991) hingewiesen hat. Aufgaben der ökologischen Forschung liegen dabei nicht nur in der konzeptionellen Ausgestaltung einer solchen Umweltbeobachtung, die miteinander vergleichbare Daten liefert, sowie in der Absicherung einzelner Wirkungszusammenhänge, sondern auch im Aufweisen bspw. statistischer Relationen oder der Entwicklung von prognosefähigen Klassifikationsmustern im Sinne der dargelegten Determinationskategorien.

Durch die Forderung, innerhalb von Prognosen „Sachebene“ und „Wertebene“ zu unterscheiden wie auch durch die Feststellung, daß sie zwar die Grundlagen für Entscheidungen verbessern können, aber kein Mittel darstellen, mit dem selbst bewertet und entschieden werden kann, verbleibt im Umgang mit Prognoseaussagen ein letztlich nur ethisch bzw. mittels anerkannter Wertmaßstäbe zu bewältigender Rest, der zum nächsten Kapitel überleitet.

---

[15] So konnte WÄCHTLER (1992: 152) darlegen, daß bei der Nutzwertanalyse durch die Gewichtung der Teilziele eine Informationseinschränkung anstelle einer Informationsergänzung stattfindet. Die normativ zugewiesenen Zielgewichte drücken weiterhin bereits Präferenzen aus, weshalb die Nutzwertanalyse nicht als Prognoseverfahren eingesetzt werden kann, sondern es sich ausschließlich um ein Verfahren zur Unterstützung von Entscheidungsprozessen handelt (vgl. hierzu auch ZANGEMEISTER 1971: 7, 45).

E.2.3 Wertungsfragen und normative Aspekte

„Nicht diskutieren möchte ich ferner, ob die Scheidung von empirischer Forschung und praktischer Wertung 'schwierig' ist. Sie ist es."
(Max Weber: Gesammelte Aufsätze zur Wissenschaftslehre; Ausgabe von 1988: 497)[1]

„Jede menschliche Handlung ist auf Werte hin orientiert" (BUNGE 1987: 178), und so ist auch Planung als Vorwegnahme künftigen Handelns untrennbar mit Werten, Normen und Be-Wertungen[2] verbunden. Diese erstrecken sich nicht nur auf den eigentlichen Schritt der „Bewertung" im Planungsablauf, in dem meist eine formalisierte Gegenüberstellung von ermittelten Wertklassen mit definierten Zielen erfolgt und daraus die Entscheidung über eine zu realisierende Projekt- oder Maßnahmenalternative fällt, sondern treten überall dort auf, wo entschieden, wo ausgewählt werden muß. Dies betrifft u.a. Entscheidungen über Ziele, Vorgehensweisen, Auswahlentscheidungen über zu untersuchende Parameter oder einzubeziehende Informationen, über die Einengung des Betrachtungsfeldes auf bestimmte Lösungsvarianten, nicht zuletzt aber auch Entscheidungen, wer von den Beteiligten wann und in welchem Umfang zu informieren oder aktiv einzubeziehen ist. Das Wesen von Planung kann als das eines kontinuierlichen Problemlösungsprozesses bestimmt werden, in dem deskriptive und normative Aspekte eng miteinander verknüpft sind. Das Augenmerk des Kapitels liegt daher nicht nur auf dem herkömmlichen Arbeitsschritt der „Bewertung". Gleichermaßen wichtig ist der Kontext, in den dieser Schritt im Planungsablauf eingebettet ist; weiterhin bedeutsam sind die normativen Entscheidungen, die jedem Planungsschritt als Handlungsschritt zugrundeliegen.
Diese Betrachtung erscheint wichtig, weil die Diskussion um Wertungsfragen oft auf besagten Arbeitsschritt beschränkt wird, wobei man unter „Bewertung" die Gegenüberstellung von Ansprüchen des Naturschutzes mit denen einzelner Nutzungen versteht (so BASTIAN & SCHREIBER 1994: 58). Hingegen wird die als „ökologische Wertanalyse" bezeichnete vorgeschaltete Eigenwertermittlung einzelner Ressourcen bzw. Naturhaushaltsbereiche von den Autoren noch nicht als Bewertung verstanden, „wenn sie lediglich bei einer wertfreien Einstufung der Vielfalt oder Naturnähe von Ökosystemen verharrt, ohne zu einer Gegenüberstellung mit nutzerspezifischen Ansprüchen vorzudringen" (EBD.). Auch vor diesem Hintergrund, der dazu führt, daß ei-

---

[1] Es war vor allem Max Weber, der zu Anfang dieses Jahrhunderts das Wertfreiheitspostulat verfocht, d.h. sich für strikte Wertungsfreiheit insbesondere der Sozialwissenschaften einsetzte.
[2] Diese Unterteilung wird vorgenommen, weil Normen über Werte bzw. Wertungen hinaus („Diese Landschaft ist schön") eine Verhaltensanweisung enthalten („Schöne Landschaften müssen geschützt werden"). Siehe auch unter „Bestandteile von Wertungsvorgängen", S. 246.

ne Reflexion über Werte und Normen in Planungsprozessen - so sie überhaupt erfolgt - sich meist nur auf besagten Schritt der „Bewertung" konzentriert, ist eine grundlegende Erörterung angebracht. Dies um so mehr, als nicht nur die Art der Einstufung von Ausprägungen, sondern bereits die Auswahl von Kriterien wie „Vielfalt" oder „Naturnähe" als Entscheidung einzustufen ist, die häufig Widersprüche in den zugrundeliegenden Normensystemen und bei der Kriterienauswahl bereits erfolgte normative Setzungen ignoriert:

- So können die beiden häufig im Zusammenhang gebrauchten sowie je für sich gängig als Wertungsparameter eingesetzten Kriterien „Vielfalt" und „Naturnähe" sich in mehrerer Hinsicht gegenläufig verhalten. In Mitteleuropa ist meist durch menschliche Einflußnahme eine Anhebung der Vielfalt von Arten und Lebensräumen erfolgt, so daß eine größtmögliche Vielfalt als oberste Wertungskategorie häufig den Erhalt von durch vielfältige menschliche Nutzungsformen und Einflüsse geprägten kulturbetonten Landschaften impliziert. Großflächig natürliche oder naturnahe Zustände würden hingegen in Deutschland in Form großer Waldareale, großteils als Buchenwaldausprägungen, weiterhin in Norddeutschland als teils großräumige Hochmoorbereiche, also gerade als wenig vielfältige Landschaftsformen, auftreten. Dieser Widerspruch kommt auch in der Verordnung zum Nationalpark Berchtesgaden zum Ausdruck, die in § 6 Abs. 1 besagt, daß dieser bezweckt, „die natürlichen und naturnahen Lebensgemeinschaften sowie einen möglichst artenreichen Tier- und Pflanzenbestand zu erhalten".[3] Die Verfolgung des einen Ziels kann u.U. die Erreichung des anderen beeinträchtigen, weil Kennzeichen konsequent naturbelassener Lebensgemeinschaften im Nationalpark es gerade wäre, daß dann die Artenvielfalt in vielen Bereichen abnehmen würde.
- Auch innerhalb ein- und desselben Kriteriums können Widersprüche auftreten: Mit „Vielfalt" kann eine Vielfalt von Pflanzengesellschaften, Lebensgemeinschaften oder Lebensraumtypen, aber auch von Arten gemeint sein. Bestimmte Lebensraumtypen wie ein Hochmoor, gewisse Waldformen oder Schilfröhrichte können an sich vergleichsweise artenarm sein, aber durch ihr Vorkommen auf Gesellschaftsebene zur entsprechenden Vielfalt in einem Landschaftsraum beitragen (JESSEL 1996: 212). Welche Betrachtungsebene mit „Vielfalt" im Rahmen einer planerischen Bewertung gemeint ist, bedarf jeweils einer klaren Festlegung.
- Solche Festlegungen betreffen auch das Kriterium „Naturnähe" bzw. „Natürlichkeit", das in seiner als optimal erachteten Ausprägung nicht per se gegeben ist. So bestehen mittlerweile aufgrund global feststellbarer Einflüsse (beispielsweise infolge von Stoffeinträgen über die Atmosphäre) keine streng genommen unbeeinflußten Lebensräume mehr. Es muß daher eine definitorische Schwelle angesetzt werden, ab der von „Naturnähe" oder „Natürlichkeit" gesprochen wird.

---

[3] STMLU (BAYERISCHES STAATSMINISTERIUM FÜR LANDESENTWICKLUNG UND UMWELTFRAGEN, 1987): Bekanntmachung der Neufassung der Verordnung über den Alpen- und Nationalpark Berchtesgaden vom 16.2.1987 (GVBl. Nr. 5/1987).

Entsprechend bestimmt die International Union for the Conservation of Nature (IUCN 1994: 14) in ihren Richtlinien für Management-Kategorien von Schutzgebieten Ökosysteme dann als „natürlich", wenn seit 1750 der Einfluß des Menschen nicht größer als der irgendeiner anderen heimischen Art war und das Gefüge des Ökosystems nicht beeinträchtigt hat. Klimaveränderungen werden dabei ausgeklammert. Die Jahreszahl begründet sich zwar aus dem Einsetzen der Industriellen Revolution in Europa und den USA; sie enthält gleichwohl eine Setzung, in der zudem durch die Entscheidung, wann ein Ökosystem als beeinträchtigt zu gelten hat, ein zusätzlicher wertender Aspekt verbleibt.

Von Belang ist weiterhin, daß auf denselben Sachverhalt unterschiedliche normgeprägte Begründungs- und Handlungszusammenhänge Bezug nehmen können, was WEICHHART (1980: 533) als „Ambivalenz wertender Interpretation der Wirklichkeit" bezeichnet hat. Ein Beispiel ist die Diskussion um die Errichtung oder Beibehaltung von Staustufen an Fließgewässern. Ein und derselbe Sachverhalt, nämlich der Verlust der Fließgewässercharakteristik und die Herausbildung größerer Wasserflächen, auf denen oft eine Zunahme an Wasservögeln zu beobachten ist, kann ambivalent eingestuft werden: Die einen argumentieren mit den neu geschaffenen Rast- und Überwinterungsbiotopen einer als wichtig erachteten Artengruppe, für die Rückzugsgebiete selten geworden sind (REICHHOLF & REICHHOLF-RIEHM 1982). Dem wird von anderer Seite das Verschwinden der typischen Fließgewässercharakteristik mitsamt der von dieser Dynamik abhängenden Arten, Lebensräume und Landschaftselemente (z.B. Pionierstandorte) sowie der Verlust der Durchgängigkeit des Fließgewässers und der damit verbundenen Austauschbeziehungen entgegengehalten (z.B. ZAHLHEIMER 1994). Argumentiert wird mit der Notwendigkeit des Erhalts der letzten freien Fließgewässerstrecken, letztlich also gleichfalls mit der Seltenheit einer Lebensraumstruktur.

Auch flußbauliche Maßnahmen wie der geplante Ausbau der niederbayerischen Donau zwischen Straubing und Vilshofen lassen die Schwierigkeit der Abwägung zwischen Eingriffen in Natur und Landschaft, die bei unterschiedlichen Alternativen auftreten können und sich auf ein von menschlichen Veränderungen bereits vorgeprägtes Fluß- und Auenökosystem beziehen, deutlich werden (HABER 1996b): Ein Flußausbau mit Staustufen wirkt vor allem durch standörtliche Veränderungen und Beeinträchtigungen naturnaher Biotope in der Aue und verändert zudem abschnittsweise stark die Fließgewässercharakteristik. Dagegen bleibt bei flußbaulichen Alternativen, die eine Stabilisierung der Flußsohle über Steinpackungen vorschlagen, die Strömung des Flusses in ihren räumlichen und zeitlichen Ausprägungen weitgehend erhalten. Statt dessen wird aber das Benthal, die Flußsohle, mit den darin lebenden wirbellosen Organismen, dem Makrozoobenthos, tiefgreifend beeinträchtigt. In der Abwägung steht demnach ein Schwerpunkt an Auswirkungen im Auenökosystem einem Schwerpunkt an Auswirkungen im Gewässerökosystem gegenüber (HABER 1996b: 293).

Auch den in solchen Fällen für die eine oder die andere Alternative aufgebauten Argumentationen liegen unterschiedliche Wertgerüste zugrunde. Sie zeigen zudem, daß selbst rein „naturschutzfachliche" Wertungen und Entscheidungen oft nicht frei von Zielkonflikten sind und diese nicht - wie oft dargestellt - erst einzutreten brauchen, wenn es um die Abwägung von Belangen des Naturschutzes mit nutzerspezifischen Belangen oder denen des technischen Umweltschutzes geht.

Solche Widersprüche und in gängigen Argumentationsmustern bereits implizit enthaltenen Entscheidungen zeigen klar die Notwendigkeit, die planerischen Vorgehensweisen, Zielformulierungen und Wertkriterien zugrundeliegenden Wertungs- und Normensysteme offenzulegen sowie konsistent zu gestalten. Sie werfen aber auch die Frage auf, in welcher Form sich Werte und Normen begründen lassen, wie Wertungsprozesse beschaffen sind und unter welchen Bedingungen Wertsetzungen „Gültigkeit" bzw. „Geltung" beanspruchen könnten. Dies um so mehr, als die vorgängig bereits getroffenen Entscheidungen sowie die ihnen zugrundeliegenden Wertungs- und Normensysteme das Ergebnis eines Planungsprozesses genauso prägen wie der eigentliche Schritt der Bewertung oder die bewußt gefällte Entscheidung bei der Auswahl der zu realisierenden Maßnahmen- oder Projektalternativen.

E.2.3.1 Erkenntnis- und wissenschaftstheoretische Grundlagen

Zum Verhältnis von deskriptiven und normativen Aussagen: Die Schwierigkeit mit dem „naturalistischen Fehlschluß"

Die Ambivalenz von auf Sachaussagen aufbauenden Wertungen mündet zunächst in die gängige Forderung nach einer klaren Trennung von Sein und Sollen. Da Werte nicht logisch aus Wissen herleitbar seien, müßten sie deutlich voneinander getrennt werden, damit Wertungen erkennbar und damit diskussionsfähig bleiben. Damit gelte es das zu vermeiden, was gängigerweise als „naturalistischer Fehlschluß" bezeichnet wird, einen deduktiven Schluß also, dessen Prämissen ausschließlich aus Sachaussagen bestehen, dessen Konklusion aber normativen Charakter hat. In der Planung schlägt sich dies in der Forderung nach einer Trennung zwischen „Sachebene" und „Wertebene" (SCHEMEL 1985: 32), „Sachdimension" und „Wertdimension" (BECHMANN 1995: 10) oder zwischen „Faktensphäre" und „Bewertungssphäre" (GETHMANN & MITTELSTRAß 1992: 18) nieder. Eine aus systemtheoretischer Sicht stammende Formulierung hat LUHMANN (1988: 190) mit dem Begriff der „Unableitbarkeit der Programmatik aus dem Code" geprägt, d.h. um von dem spezifischen Code, der die Funktionsweise gesellschaftlicher Subsysteme beschreibt (zu denen auch die Wissenschaft zählt), zu programmatischen Handlungsanweisungen zu gelangen, müsse eine „Überleitungssemantik", d.h. eine eigene Theorie, formuliert werden.
Vor dem Hintergrund der Bedeutung, die Wertungen und Entscheidungen für jeden

Schritt im Planungsprozeß zukommt, ist es angebracht, dieses Postulat der „Vermeidung des naturalistischen Fehlschlusses" kritisch zu betrachten. Dazu werden zunächst einige Aspekte seiner Entwicklung und die daran sich knüpfende Diskussion skizziert.

Während die Mystiker des Mittelalters noch von der Auffassung einer „Verankerung des Wirkens im Sein und von dem Ausbrechen des Seins in ein Wirken" (KÖPF 1986: 294f.) ausgingen, derzufolge sich mystisches Erleben unmittelbar in Handeln niederschlug, wurde mit der cartesianischen Denkweise eine Trennung zwischen Geist und Materie eingeführt: Der Mensch wurde als „Subjekt" und „Handelnder" der Natur als „Objekt" gegenübergestellt. Eine rigorose Objektivierung der Natur sowie die Trennung zwischen (der Natur immanenten Tatsachen) und (dem Menschen immanenten) Werten war die Folge (vgl. Kapitel B.2). Darauf aufbauend wurde von dem Empiriker David Hume im 18. Jahrhundert die Auffassung geprägt, daß moralische Kategorien sich nicht aus dem Verstand, aus der Ratio, herleiten lassen. Für derartige Werte, seien vielmehr ausschließlich die nicht von Subjektivität zu befreienden Gefühle und Neigungen der Menschen maßgebend, weshalb sie letztlich an ihrer individuellen wie speziellen Nützlichkeit zu messen seien (HUME 1955/1751: 144, 146). Die Feststellung, daß demnach aus der Vernunft nicht auf ein zunächst moralisch verstandenes Sollen geschlossen werden kann, führte zur Aussage, daß sich Sein und Sollen unterschieden (HUME 1973/1739: 211), weshalb aus einer Menge von Ist-Sätzen kein Soll-Satz hergeleitet werden könne. Erst zu Beginn unseres Jahrhunderts wurde daraus von George Edward Moore, einem Vertreter des Realismus, in seinem 1903 erschienenen Werk „Principia Ethica" der Begriff „naturalistischer Fehlschluß" geprägt: Werte wie „das Gute" seien synthetische Begriffe, die nicht weiter analytisch zerlegbar und somit nicht weiter definierbar seien (MOORE 1970/1903: 36ff.). Jeder Versuch, dies zu tun, käme besagtem Fehlschluß gleich (EBD.: 41, 168).[4)]

Gleichfalls um die Jahrhundertwende setzte sich der Soziologe Max Weber vehement für eine klare Trennung von Sein und Sollen, von festgestellten empirischen Tatsachen und darauf aufbauenden praktischen Wertungen und Stellungnahmen, ein. Daß dieses „Wertfreiheitspostulat"[5)] gerade in der Sozialwissenschaft entstand, hing auch damit zusammen, daß man gerade in dieser diffus wertbehafteten Diszi-

---

[4)] Hierzu MOORE (1970: 168): „Der naturalistische Fehlschluß wird vollzogen, wenn man glaubt, man könne von einem Satz, der behauptet, 'die Wirklichkeit ist so beschaffen' einen Satz oder auch nur eine Bestätigung des Satzes ableiten, der behauptet: 'Dies ist gut an sich'."

[5)] Exemplarisch für viele Äußerungen Webers u.a.: „Die kausale Analyse liefert absolut keine Werturteile, und ein Werturteil ist absolut keine kausale Erklärung. Und eben deshalb bewegt sich die Bewertung eines Vorganges: etwa der 'Schönheit' eines Naturvorganges - in einer anderen Sphäre als seine kausale Erklärung, (...)" (WEBER 1988: 225); und: „Eine empirische Wissenschaft vermag niemandem zu lehren, was er *soll*, sondern nur, was er *kann* und - unter Umständen - was er *will*" (WEBER 1988: 151).

plin um das Problem wertfreier Wissenschaftlichkeit wußte. Weber leugnet dabei weder, daß Wissenschaft in der Auswahl ihrer Untersuchungsgegenstände und Ziele von normativen Entscheidungen geleitet ist noch übersieht er, daß Werthaltungen ihrerseits zum Gegenstand wissenschaftlicher Untersuchungen werden können (exemplarisch: WEBER 1988: 151, 500, 610). Jedoch vertritt er die Meinung, „daß es niemals Aufgabe einer Erfahrungswissenschaft sein kann, bindende Normen und Ideale zu ermitteln, um daraus für die Praxis Rezepte ableiten zu können" (EBD.: 149). Gegen diesen Standpunkt strenger Wertungsfreiheit in den empirischen Wissenschaften und der Nicht-Ableitbarkeit des Sollens aus dem Sein gab es jedoch stets Gegenpositionen, von denen hier exemplarisch die Max SCHELERS (1971/1916: 11) erwähnt sei: Ausgehend von einer phänomenologischen Betrachtung faßte Scheler Werte als intuitiv erschaubare, aber nicht rational oder empirisch prüfbare Wesenheiten auf, die sich zu einer vorgegebenen Rangordnung fügten (sogenannter Wert-Intuitionalismus bzw. Wert-Absolutismus). Der sogenannte „Werturteilsstreit" (dokumentiert in ALBERT & TOPITSCH 1971) zog sich bis über die Mitte des 20. Jahrhunderts hinaus nicht nur durch die Geistes-, sondern auch die Naturwissenschaften und betrifft damit jegliche wissenschaftliche Erkenntnis (EBD.: IX).

Zwar ist das Webersche Postulat, daß Beschreibungen und Wertungen unterschiedliche Kategorien bilden, zwischen denen mit den Mitteln der Logik kein Brückenbau möglich ist, weitgehend akzeptiert. Jedoch werden gerade in neuerer Zeit vermehrt Abschwächungen einer strikten Dichotomie von Sein und Sollen diskutiert. Dies betrifft die in Kapitel E.2.1 dargelegten Auffassungen, wonach Wahrnehmung bereits eine bewußt ordnende Tätigkeit ist, die aufgrund vorgängiger Erfahrungen keine reinen Daten zuläßt: Standpunkte wie der des Neopragmatismus, der eine an pragmatischen Gesichtspunkten ausgerichtete Theoriekonstruktion fordert (STACHOWIAK 1989b: 325), des erkenntnistheoretischen Relativismus FEYERABENDS (1986) und KUHNS (1988a, b) wie auch der Systemtheorie LUHMANNS (1994: 360), der zufolge durch Zirkularität und Selbstreferentialität von Systemen die Unterscheidung in ein Subjekt und ein Objekt der Erkenntnis aufgehoben wird, machen einen einfachen Dualismus von Sein und Sollen fragwürdig.

Hinzu treten Ergebnisse und Auffassungen der Physik, namentlich der Quantentheorie, der Hirnforschung und damit in Verbindung der Evolutionstheorie und Verhaltensforschung sowie des Panpsychismus bzw. einer teleologischen Naturlehre, also der Ansicht, daß alle Lebensabläufe zielgerichtet sind, wodurch ihnen Werte innewohnten. Die Quantentheorie zeigt, daß Welle und Partikel als komplementäre Zustände derselben Wirklichkeit zu betrachten sind, wobei die Art, wie sich die Natur darstellt, vom jeweiligen Standpunkt und der Methode abhängt und mithin keine scharfe Trennung zwischen der beobachteten Welt und dem beobachtenden Ich mehr möglich ist (HEISENBERG 1990: 60). Daneben bestehen Auffassungen, wonach nicht nur im Verlauf der jeweiligen Individualentwicklung, der Ontogenese, eine Prägung auf Werte erfolgt (VERBEEK 1994: 151, 164), sondern aufgrund der neurophy-

siologischen Prozesse das Gehirn selbst bereits nach Werten organisiert sei, wobei sich mit seiner evolutiven Entwicklung zugleich bestimmte Bedeutungszuschreibungen herausgebildet hätten (EDELMAN 1995: 233ff.). Vertreter einer evolutionären Erkenntnistheorie gehen daher davon aus, daß sich Leben im Verlauf der Evolution sukzessive an die Strukturen der realen Welt anpassen würde, wobei sich zugleich ein a priori bereits angelegtes Wertsystem herausbilde (MOHR 1987: 26; VOLLMER 1988: 127). Da Erhalt und Ausbreitung des Lebens der Evolution innewohnende Ziele seien, ließen sich ethische Gebote wie das Verbot zu töten, zu stehlen oder zu lügen aus evolutionär herausgebildeten Mechanismen erklären (WICKLER 1983). Die daraus begründete Forderung, aus diesen Prinzipien der Evolution eine evolutionäre Ethik unmittelbar zu begründen (z.B. JANTSCH 1988: 359), wird von Kritikern (RIEDL 1991: 162 ff.) indessen als logischer Fehlschluß kritisiert.
Die Ansicht, daß durch das Streben, sich zu erhalten und zu reproduzieren bereits einfachsten Organismen wie auch der Natur überhaupt Zwecke innewohnten und diese an sich Ziele und damit Werte schaffen, hat weiterhin der Philosoph Hans JONAS (1984: 146ff., 1994: 9) vertreten. Die Umsetzung dieser Werte in Handeln unterliegt Freiheitsgraden (JONAS 1984: 148), zu deren Ausfüllung der ethische Imperativ der „Verantwortung" geprägt wird (EBD.: 170). Weil Jonas über diese Argumentationskette die Forderung nach Erhalt des Lebens direkt zu begründen versucht, wird ihm gleichfalls die fehlerhafte Schlußziehung vorgehalten (HONNEFELDER 1993: 257). Auch Jonas vertritt jedoch die Auffassung, die von Descartes vollzogene Trennung von Geist und Materie sei zu eng und also unnatürlich (JONAS 1994: 9). Schließlich stellt die damit verbundene Annahme, daß - im Gegensatz zur cartesianischen Trennung - Geist nicht nur dem Menschen innewohnt, sondern die innere Struktur aller Dinge, auch die anorganische Materie, prägt, mit Vertretern wie u.a. Franz von Assisi, Jakob Böhme, Albert Schweizer, Adolf und Klaus-Michael Meyer-Abich oder Teilhard de Chardin eine Strömung dar, die zu jeder Zeit mehr oder weniger stark vertreten war und ist (MEYER-ABICH 1988: 102; WERNER 1986: 8; vgl. z.B. auch V. DITFURTH 1980: 47ff.; JUNG 1989: 57f.). Auch die Verfechter eines solchen Panpsychismus können die strikte Sein-Sollen-Trennung nur schwer akzeptieren, weil sich für sie das „Sein" aller belebten und unbelebten Natur zugleich mit einem „Seinsollen" verbindet, das keiner externen Vermittlung zu einem Sollen mehr bedarf (MEYER-ABICH 1995: 166ff.).

Es ist wichtig, sich diese Diskussion und die Einordnung verschiedener Standpunkte zu vergegenwärtigen, weil Annahmen über ein Prinzip der „Verantwortung" oder ein letztlich teleologisch in ihrer eigenen Existenz begründetes „Eigenrecht der Natur" sich häufig auch in planerischen Wertungsbegründungen und Argumentationen - oft nur indirekt - verbergen. Festzuhalten bleibt, daß die Forderung, die Sachebene von der Wertebene zu trennen, sich im Verlauf einer ideengeschichtlichen Entwicklung herausgebildet hat. Die Unterscheidung der Kategorien „objektiv" und „subjektiv" hängt sicher auch mit der in der westlichen Kultur vorherrschenden binären Logik zusammen (LUHMANN 1994: 78); sie war indessen bei genauerer Betrachtung stets auch von konträren Auffassungen begleitet. Auch den Rat von Sachverständigen für Umweltfragen hat dies zur Einschätzung veranlaßt, daß der naturalistische Fehlschluß „die Rolle des Menschen in dem Spannungsverhältnis Mensch - Natur einseitig zugunsten der Natur auflöst und damit die dem Menschen notgedrungen zufallende Verantwortung, menschliches Leben und das Leben der Natur zu bewahren, verkennt" (SRU 1987: 55, Tz. 85). Damit stellt sich die Frage, welcher Ausgangspunkt im Rahmen planerischer Begründungen - die sich im Spannungsfeld von rechtlich-administrativen Anforderungen, gesellschaftlichen Werthaltungen sowie nicht zuletzt dem individuellen Berufsethos des Planers selbst bewegen -, eingenommen werden soll.

Einer konsequenten Trennung von Sachebene und Wertebene stehen zunächst die dargelegten Argumente entgegen, wonach die Gewinnung von Sachwissen eigentlich nie zielloser Selbstzweck ist, sondern immer bereits von herrschenden Meinungen, Hypothesen, Erwartungen geprägt ist (vgl. Kapitel E.2.1.1), die sich mit KUHN (1988a) für die Wissenschaft als „Paradigma", für planerische Aufgaben entsprechend als „Pragma" bezeichnen lassen. Es gibt eigentlich „keine nackten Tatsachen" (FEYERABEND 1986: 15f.) und „keine reinen Daten" (STACHOWIAK 1973: 288; ähnlich auch MILLER 1985: 182). Daten werden nicht nur bei der Interpretation, sondern bereits bei der Auswahl der Erhebungsmethode von den Erwartungen und Erfahrungen des Bearbeiters geprägt. Einer anzustrebenden weitestmöglichen Trennung von Wert- und Sachebene steht damit das Eingeständnis gegenüber: „Wissenschaftliche Theorie und wissenschaftliches Faktum lassen sich nicht streng voneinander trennen" (KUHN 1988a: 22). Jeder Daten- und Erkenntnisgewinn ist auch im Planungsgeschehen bereits von herrschenden Zielen und Erwartungen bestimmt und bildet seinerseits die Grundlage für weitere Ziele und Erwartungen.

Es kann jedoch andererseits innerhalb heute akzeptierter theoretischer Systeme mit Mitteln der Logik keine zwingende Verbindung zwischen der empirischen Analyse der gegebenen Wirklichkeit auf der einen und praktischen Wertungen auf der anderen Seite geschaffen werden. Normatives kann nur aus Prämissen gewonnen werden, die ihrerseits bereits Normatives enthalten (vgl. auch Abb. C\2). Gezeigt werden kann allerdings auch, daß dieses „Unableitbarkeitspostulat" seinerseits nicht logisch beweisbar ist, sondern jeder entsprechende Versuch in Zirkelschlüsse mündet (WEINGARTNER 1978: 126ff.). Umgekehrt kann dabei auch aus Prämissen, die ausschließlich Normsätze, aber keinen Aussagesatz enthalten, kein informativer Aussagesatz hergeleitet werden (WEINBERGER 1978: 126). Daß *weder* für die Unableitbarkeit des Sollens aus dem Sein *noch* für das Gegenteil ein logischer Beweis geführt werden kann, hat zur Konsequenz, daß es sich hier um eine metatheoretische Entscheidung handelt (OTT 1984: 350; STEGMÜLLER 1973: 60; WEINBERGER 1978: 127), die mit der Art der Konstruktion unseres logischen Systems zusammenhängt. Dies

entspricht zudem der Popperschen Auffassung, wonach Theorien nicht bewiesen werden können, sondern nur so lange als Grundlage herangezogen werden dürfen, wie sie nicht falsifiziert sind.
So ist festzuhalten:

Beschreibungen und Wertungen bilden zwar grundverschiedene, aber in Wechselwirkung stehende logische Kategorien von Planungen.

Weil alle noch so scharfsinnigen Versuche, das Sollen mit dem Sein logisch zu verknüpfen, bislang gescheitert sind, und auch keine andere Alternative, etwa in Form einer obersten Autorität, die befugt wäre, für alle verbindliche Werturteile zu setzen und daraus Handlungsnormen abzuleiten, in Sicht ist[6], muß dieses Axiom zumindest als ideale Leitvorstellung (LENK & MARING 1995: 367) akzeptiert werden. Zugleich muß jedoch stets gesehen werden, daß die konsequente Trennung von deskriptiv und normativ mit Problemen verknüpft ist, weil wir uns vieler normativer Annahmen, die in unsere Aussagen und Handlungsempfehlungen einfließen, gar nicht bewußt sind, etwa weil es sich um innerhalb eines bestimmten Personen- oder Kulturkreises schon gar nicht mehr hinterfragte „Selbstverständlichkeiten" handelt.[7] Des dargelegten Wechselspiels sollte man sich in der Begründung wie in der Kritik planerischer Aussagen stets bewußt sein:

Auch wenn eine klare Trennung sich erkenntnistheoretisch schwierig gestaltet, sollte daher jeder Planer die Mahnung, Tatsachenbehauptungen und Wertungen nicht zu vermengen und in ersteren keine logischen Begründungen für letztere zu suchen, ernst nehmen und sich daran als einer Leitvorstellung orientieren. Für die Planung resultiert daraus zunächst die Forderung nach größtmöglicher Transparenz sowie logisch-empirischer Konsistenz der Darstellung: Es gilt, die Begründungen für jeden Arbeitsschritt offenzulegen, die einzelnen Schritte in einen schlüssigen Argumentationszusammenhang („Ableitungszusammenhang") einzubinden und einfließende normative Prämissen als solche deutlich zu machen.

Weil Planung in einem flexiblen Reagieren auf sich wandelnde Erfordernisse besteht, wird es selten möglich sein - bzw. ginge an den zu bewältigenden Fragestellungen vorbei - sich bereits zu Anfang eine logisch stringente Vorgehensweise zu-

---

[6] Im Mittelalter lag diese Entscheidungsgewalt z.B. in der Autorität der Kirche, die die letzte und oberste Instanz auch für viele weltliche Angelegenheiten darstellte. Es wäre nun die Frage, ob heute eine derartige Autorität vorzufinden ist und ob nicht jeder, der behauptet, eine solche zu sein, eine Anmaßung vornimmt, die nur ideologischen Charakter hat.

[7] Typisch für solche Selbstverständlichkeiten sind die sogenannten „Sachzwänge", die in Argumentationen gerne aufgebaut werden, z.B.: „Das Verkehrsaufkommen steigt um 7% jährlich, also müssen wir neue Straßen bauen." Möglich ist analog aber auch: „Der Artenbestand in diesem Gebiet geht jährlich um 7% zurück, also dürfen wir keine Veränderungen mehr zulassen." Man macht sich oft nicht bewußt, daß in solchen Argumentationen zusätzliche Prämissen angenommen werden, die etwa lauten: „Man muß sich nach der Mehrheit der Autofahrer richten" (RITTEL 1992: 143), bzw. „Alle Arten sind zu erhalten." Man mag der einen oder der anderen Prämisse zustimmen oder nicht; sie gehören aber offengelegt.

rechtzulegen und diese dann sozusagen ohne Wenn und Aber zu befolgen. Dies entbindet jedoch nicht von der Notwendigkeit, die einzelnen Schritte kritisch in ihren Abhängigkeiten und Bezügen zu durchdenken und die Ergebnisse am Schluß in einen plausiblen Zusammenhang zu stellen.

Die Begründung von besonderen Werturteilen ist demnach schlüssig, wenn man sie aus allgemeineren Werturteilen ableitet (deduziert, vgl. auch Abb. C\2). Sie können wie gesagt nicht durch den Verweis auf empirische Sachverhalte begründet werden (WEICHHART 1980: 533; vgl. Kapitel C.1). In diesem Sinne wie auch im Sinne des dargelegten Selbstverständnisses der ökologischen Arbeitsbereiche, die sich als empirische, „deskriptive" Wissenschaften verstehen, in deren Grundannahmen und Erklärungen keine wesentlichen Wertprädikate enthalten sind (vgl. Kap. C.1 und C.3), sollte im Rahmen planerischer Argumentationen auf gängige Kombinationen des Begriffes „ökologisch" mit wertbehafteten Ausdrücken verzichtet werden. Dies betrifft Begriffskombinationen wie „ökologische Leitbilder" (BASTIAN 1996; WIEGLEB 1994), „ökologische Ziele" oder „ökologische Forderungen" (EBERHARDT ET AL. 1996), „ökologische Werte" (MÜLLER & MÜLLER 1992: 136) sowie insbesondere den geläufigen Ausdruck einer „ökologischen Bewertung".[8)] Solche Begriffskombinationen suggerieren eine logisch zwingende Verbindung von ökologischen Sachaussagen mit externen Wertungen oder Handlungszielen. Statt dessen sind Begriffe wie „landschaftliche" bzw. „naturschutzfachliche Leitbilder" oder „naturschutzfachliche Bewertung" angebracht, weil dabei der Bezug zu einem explizit auf Wertsystemen fußenden Naturschutz hergestellt wird. Treffender, aber umständlicher, wäre es auch, von einer „Bewertung ökologischer Grundlagen für die Planung" (MARKS ET AL. 1992: 28) zu sprechen.

Auch wenn man die Unzulässigkeit naturalistischer Fehlschlüsse akzeptiert, verbleibt dennoch die Frage der Begründung bzw. der "Gültigkeit" der terminalen Grundannahmen, der Axiome: Da in der Suche nach Grundnormen ein infiniter Regreß, d.h. ein endloses Zurückschreiten auf immer grundlegendere Normen, nicht durchführbar ist, und das Zurückgreifen auf bereits begründete Aussagen einen unzulässigen logischen Zirkelschluß bedeutet, bleibt letzten Endes nur der Abbruch des Verfahrens an einem bestimmten selbstgewählten Punkt (VOLLMER 1987: 25). Derartige Wertaxiome (Letztnormen) müssen demnach als Voraussetzungen eingeführt werden. Formal sind daher mehrere logisch geschlossene und gleichwertige, aber - weil von unterschiedlichen Voraussetzungen ausgehende - einander widersprechende normative Ordnungen möglich. Die Widersprüche können zwar aufgedeckt werden,

---

8) Der Begriff „ökologische Bewertung" fand sich u.a. bei BASTIAN & SCHREIBER (1994); BIERHALS, KIEMSTEDT & SCHARPF (1974: 76); GÜSEWELL & DÜRRENBERGER (1996: 23, 26); KAULE (1989: 74); MARKS ET AL. (1992: 24ff., 206); MAUCH 1990; MÜLLER & MÜLLER (1992: 140ff.); NIEHOFF (1996); OLSCHOWY (1977: 137); SCHEMEL ET AL. (1990: 2); SCHUSTER (1980: 1); SEIBERT (1980).

aber die Entscheidung für eine Ordnung kann letztlich nur aufgrund eines Willensentschlusses getroffen werden (MOLITOR 1971: 285; TOPITSCH 1971: 32). So ist es JONAS (1984) gelungen, mit dem Handlungsimperativ der „Verantwortung" gegenüber künftigen Generationen ein angesichts zunehmender Umweltprobleme, die verstärkt in die Zukunft reichende Denkhorizonte erfordern, für viele Menschen wohl intuitiv eingängiges ethisches Prinzip zu formulieren, das als eine derartige Letztnorm gesehen werden kann und als solche - benötigt man sie zur Argumentation - auch ausdrücklich zu benennen ist. Eine Grundfrage der Ethik besteht darin, wie solche allgemeinen, möglichst umfassenden Normen aufgestellt werden können. Deduktion ist dabei ein Mittel, um Verknüpfungen herzustellen und Schlüsse aus Axiomen zu ziehen, „aber sie kann uns nichts über die Wahrheit dieser Axiome sagen" (REICHENBACH 1971: 462).

So sind Normen zwar nicht logisch aus empirischen bzw. deskriptiven Sachverhalten herleitbar, wohl aber - wenn sie sich widersprechen - in ihrem Verhältnis untereinander logisch kritisierbar. Einer logischen Hinterfragung von typischen planerischen Argumentationen, die beispielsweise eine größtmögliche „Vielfalt" gleichzeitig mit größtmöglicher „Naturnähe" fordern, sowie damit verbundenen Normensystemen des Naturschutzes, auf die sie dabei zurückgreifen, sollte daher vermehrte Aufmerksamkeit gewidmet werden. Beim Umgang mit Soll-Aussagen muß dabei ihre *logische* Ebene, die sich mit der logischen Herleitbarkeit und Überprüfbarkeit der Aussagen befaßt, von einer *empirischen* Ebene, die sich mit Entstehungsprozessen von Werturteilen und ihrer Wirkung (z.B. dem Grad der Akzeptanz und der Art der Umsetzung in Handeln) befaßt, unterschieden werden. Beide Ebenen, die quasi „Ursachen" im Sinne logischer Begründungen und „Wirkungen" von Werturteilen und Normen umfassen, werden oft vermengt, wenn Wertungsfragen erörtert werden. Aufgabe der „Wissenschaft über Planung" wie der wissenschaftlichen Naturschutzforschung ist es deshalb auch, auf der empirischen Ebene der Entstehung und faktischen Wirkung von Werturteilen nachzuspüren. Dabei sind besonders Abläufe planerischer Zielbildungen als soziale Prozesse zu untersuchen.

Bestandteile von Wertungsvorgängen

Werturteile bestehen in der Vornahme einer Wertung („Dieses Landschaftsbild ist sehr schön"), die meist zugleich eine Präferenz ausdrückt („Dieses Landschaftsbild ist schöner als alle anderen"). Normen enthalten darüber hinaus eine explizite Verhaltensanweisung („Wenn ein Landschaftsbild sehr schön ist, dann muß es erhalten werden"), d.h. sie enthalten Vorschriften, die sich in Ausdrücken wie „müssen", „sollen" oder „dürfen" niederschlagen, also dazu dienen, menschliches Handeln zu steuern (ESER & POTTHAST 1997: 187; HOERSTER in SEIFFERT & RADNITZKY 1994: 231; OTT 1996b: 132f.; WEINBERGER & WEINBERGER 1979: 19)[9]. Im folgenden soll der Ver-

[9] Eine solche Definition mag nicht unwidersprochen bleiben, weil für manche Autoren

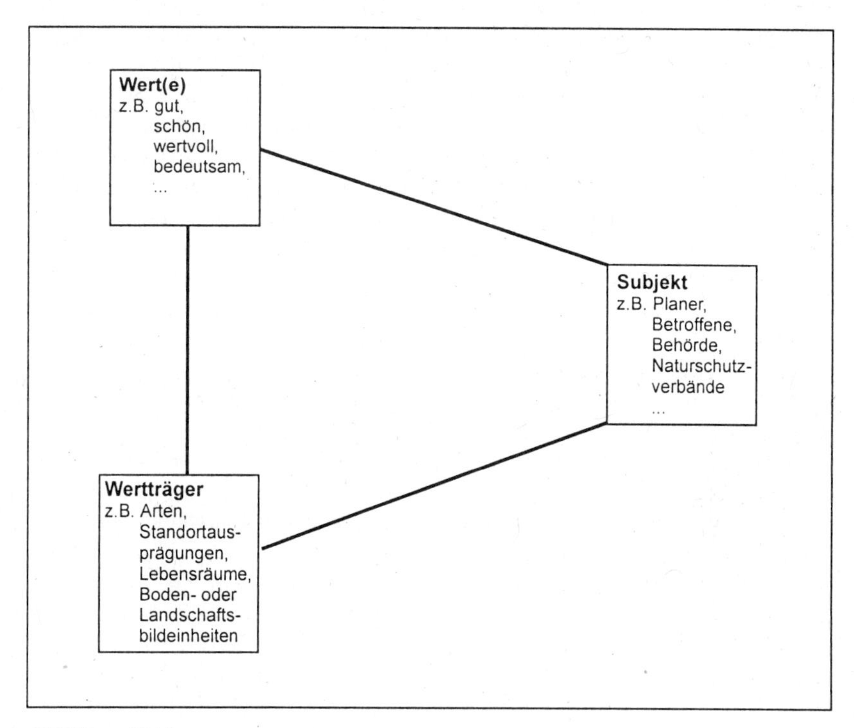

Abbildung E\14a

Bestandteile von Wertungsvorgängen: Grundrelation zwischen Werten, Wertträgern und Subjekt (nach KRAFT 1951).

such unternommen werden, die Bestandteile von Wertungsvorgängen analytisch zu unterscheiden. Ziel ist es, Beziehungen zwischen den verschiedenen Komponenten zu klären und daraus Forderungen an Wertungsvorgänge bei Planungen zu abzuleiten.

Nach Victor Kraft, einem Empiriker und Vertreter des Wiener Kreises[10)] kann als

Werturteile stets mit Verhaltensanweisungen verknüpft (z.B. KRAFT 1951: 199) und somit Normen gleichzusetzen sind. Gefolgt wird hier der Auffassung von WEINBERGER & WEINBERGER (1979: 34; auch: BECHMANN 1978: 58), wonach Normen gleichzeitig eine Wertung ausdrücken: Nicht jede Wertung braucht zugleich eine Norm im Sinne einer expliziten Handlungsanweisung zu sein, aber jede Norm geht mit einer Wertung einher. Normen treten dabei meist in der Form von „Bedingungsnormsätzen" auf (WEINBERGER & WEINBERGER 1978: 34), die die Struktur haben: „Wenn p ist, soll q sein", d.h. der Vordersatz ist ein Aussagesatz, der den bedingenden Sachverhalt ausdrückt, der Hintersatz ein Normsatz, der die gewünschte Norm ausdrückt.

10) Als solcher wandte sich KRAFT (z.B. 1951: 72) gegen einen „Wert-Absolutismus", der von a priori vorhandenen und intuitiv erfaßbaren Werten ausgeht.

Grundrelation von Wertungsvorgängen eine Beziehung zwischen Werten, Wertträgern und wertendem Subjekt gesehen werden (KRAFT 1951: 72; vgl. Abb. E\14a). Werte sind „allgemeine begriffliche Gehalte" (KRAFT 1951: 11) wie „gut", „schön" oder „wertvoll", die keine Dinge bezeichnen, sondern Qualitäten oder Eigenschaften ausdrücken (REININGER & NAVRATIL 1985: 100). Sie setzen ein wahrnehmendes Subjekt voraus, das sie einem „Objekt", einem Wertträger materieller oder ideeller Art zuschreibt; man kann also auch Ideen gut oder schlecht finden. Werte haften Gegenständen nicht an, sondern werden ihnen zugeordnet (WEISSER 1971: 145). Es gibt demnach keine Werte an sich, die gleichsam unabhängig existieren, sondern sie sind stets als Beziehung zwischen einem Subjekt und einem Wertträger zu begreifen (vgl. Abb. E\14a). Wertzuweisungen enthalten damit immer zwei Komponenten: eine sachliche, der der Wertträger in seiner konkreten Ausprägung zugrunde liegt, und eine auszeichnende, die in der Zuweisung des Wertes besteht (KRAFT 1951: 17f.). Auch in Planungen existieren Begriffe wie „selten", „vielfältig" oder „eigenartig", denen oft Werte unmittelbar zugeschrieben werden, nicht an sich, sondern müssen - begreift man sie z.B hinsichtlich des Landschaftsbildes als Werte - jeweils erst „operationalisiert" werden, indem man die ihnen zugrundeliegenden Wertträger definiert.

Um die Werte, die einzelnen sachlichen Ausprägungen eines Wertträgers zugeschrieben werden, in eine Rangfolge zu bringen, muß ein Maßstab eingeführt werden (vgl. Abb. E\14b). Dieser ist verschieden wählbar, den Werten nicht immanent und stellt also seinerseits eine Setzung dar (KRAFT 1951: 23ff.). Wertmaßstäbe stellen beispielsweise Umweltstandards wie Grenz- oder Schwellenwerte dar: Sie bilden nominale Maßstäbe im Sinne einer Ja-nein-Aussage, wie etwa: „Diese Ausprägung/dieser Meßwert darf nicht über-/unterschritten werden". Daneben können durch Klassifikationen Einordnungen in Wertskalen erfolgen (KRAFT 1951: 158), die ordinaler (im Sinne von Ordnungsrelationen wie „hat eine höhere/geringere Vielfalt als") oder kardinaler Art sein können (z.B. Angabe einer Meterabstufung, der die Meßwerte in Metern zugeordnet werden). Durch die Zusammenführung von den Werten zugeordneten Maßstäben mit den sachlichen Ausprägungen eines Wertträgers werden Werturteile gebildet: Diese drücken eine bewußte Haltung des wertenden Subjekts gegenüber dem bewerteten Sachverhalt aus (KRAFT 1951: 38ff.); zu einer u.U. nur unbewußten „Stellungnahme", die sich in der Zu- oder Abwendung zu einem Gegenstand äußert, tritt also ein Wertbewußtsein hinzu. Gängige sprachliche Formen, von Werturteilen sind dabei:

- einschätzende Werturteile der Form „O ist W" (O = Wertträger, W = Wertprädikat; z.B. „Dieses Landschaftsbild ist schön"; vgl. BECHMANN 1978: 58). Unter solche Einschätzungen fallen weiterhin wertende Vergleiche (z.B. „Landschaftsbild A ist schöner als Landschaftsbild B").
- weisende Werturteile in Form einer Norm: „Du sollst/sollst nicht x tun" (x steht für

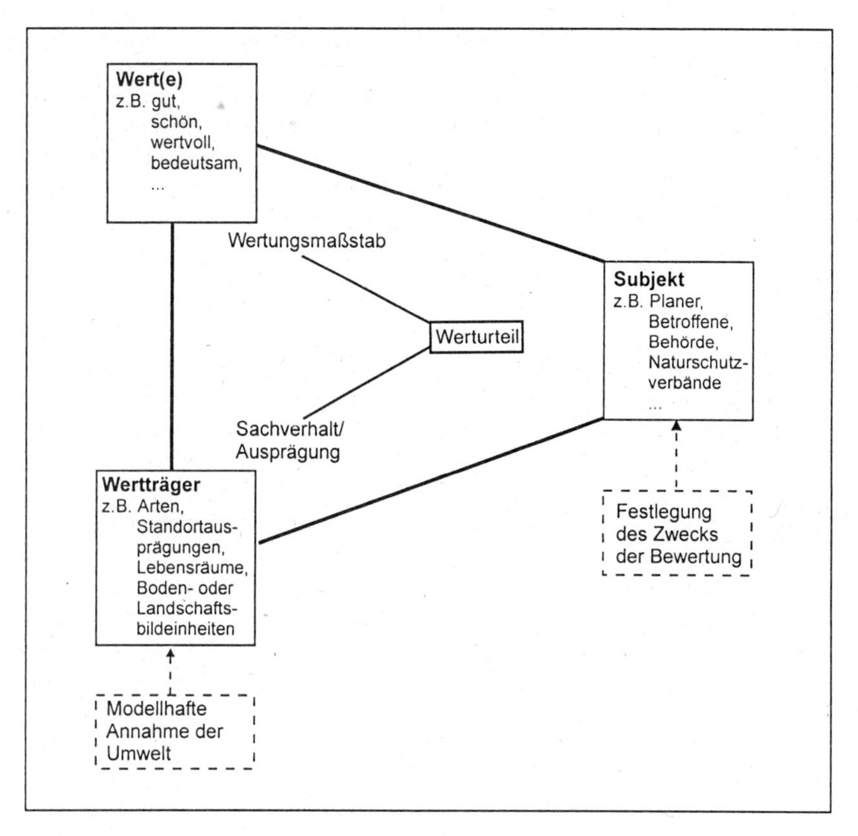

Abbildung E\14b

Bestandteile von Wertungsvorgängen: Zusammenführung von Wertmaßstab und Ausprägungen zu einem Werturteil.

eine Handlung: „Seltene Arten sollen geschützt werden"; vgl. BECHMANN 1978: 58).

Die Auswahl der Wertträger erfolgt unter modellhafter Abstraktion der wahrgenommenen Umwelt; ihr wie auch der Wahl der Werte und der Ausformung der Wertmaßstäbe liegen Ziele bzw. Zwecke zugrunde (vgl. Abb. E\14b), die das bewertende Subjekt bestimmt: „Der Zweck erweist sich als (...) Schöpfer von Werten" (GASSNER 1993a: 41). Der Festlegung des (letztlich selber normativ vermittelten) Zwecks eines Wertungsvorganges kommt daher eine zentrale Funktion zu. Die Ziele beeinflussen bereits die spätere Bewertung, auch, welche Parameter und Indikatoren (z.B. welche Artengruppen) mit welchen Ausprägungen (z.B. Populationsdichten oder räumliche

Verbreitungen) erhoben werden. Dabei kann es sich um überindividuelle, z.B. gesellschaftliche oder rechtliche Ziele handeln, wie sie in Gesetzen, verbindlichen Programmen oder in Plänen festgeschrieben sind (z.B. Zielsetzungen im Hinblick auf die Schutz- oder Entwicklungsprioritäten für Arten oder Lebensräume) oder um subjektive Ziele (individuelle Motivationen; z.B. auch Triebbefriedigung, Lustgewinn oder Vermeidung von Unlust). Typische Bewertungszwecke sind z.B. die Bewertung eines Landschaftsraumes im Hinblick auf seine Belastbarkeit bzw. Empfindlichkeit gegenüber bestimmten Einflußfaktoren oder im Hinblick auf seine Erhaltenswürdigkeit, die Bewertung eines Raumes nach seiner Produktions-, Regulations-, Träger- oder Informationsfunktion (SRU 1987: 47, Tz. 40). Weiterhin können Vorsorge oder Gefahrenabwehr zu unterscheidende Bewertungszwecke darstellen: Vorsorge bedeutet, in die Zukunft gerichtete Vorkehrungen zu treffen, daß sich Gefährdungen möglichst gar nicht erst einstellen, Gefahrenabwehr dient der Minderung bereits eingetretener Auswirkungen. Die Zweckbestimmtheit führt dazu, daß ein aus Wertträgern, Werten und Wertungsmaßstäben gebildetes Bewertungssystem, das für einen bestimmten Zweck konstruiert wurde, nicht ohne weiteres für einen anderen eingesetzt werden kann: Will man ein Bewertungssystem sozusagen auf analoge Zwecke übertragen, muß geprüft werden, ob diese auch wirklich identisch sind.
Zusammenfassend läßt sich damit festhalten:

Wertungen können als Vorgänge begriffen werden, bei denen zwischen einem Wertträger, einem wertenden Subjekt und Werten eine Beziehung hergestellt wird. Dabei wird die sachliche Ausprägung eines Wertträgers einem Wertmaßstab zugeordnet, wodurch sich ein Werturteil ergibt. Maßgebend für die Auswahl der Werte, der Wertträger und die Art der angelegten Wertmaßstäbe ist der vom wertenden Subjekt zu bestimmende Zweck des Bewertungsvorgangs. Die Auswahl der als relevant erachteten Wertträger erfolgt unter modellhafter Abstraktion der wahrgenommenen Umwelt, für die gleichfalls der Bewertungszweck maßgebend ist.
Werte bestimmen sich damit hinsichtlich
- *eines wertenden Subjektes und der von ihm bestimmten Ziele,*
- *eines Wertträgers und dessen Ausprägungen.*

Diese Kategorien sind jeweils offenzulegen, um Wertungsvorgänge transparent zu gestalten (vgl. Abb. E\14c). Es ist nicht sinnvoll, von Werten gleichsam im platonischen Sinn zu sprechen (z.B. von „Schönheit", oder von als Werten an sich verstandener „Naturnähe" oder „Seltenheit"), sondern es muß immer angegeben werden, von wem und zu welchem Zweck sowie bezogen auf welchen Wertträger in welcher Ausprägung und unter Anlegung welchen Maßstabs ein Werturteil gefällt wird. Ohne Angabe ihrer sachlichen Bezugsbasis kommt Wertkriterien wie „Naturnähe" oder „Seltenheit" keine Aussagekraft zu. Diese Basis kann in einer Organisationsebene (z.B. der „Naturnähe" der Zusammensetzung einer Lebensgemeinschaft bezüglich ihrer Arten, eines Ökosystems unter Einschluß der Standortbedingungen oder des

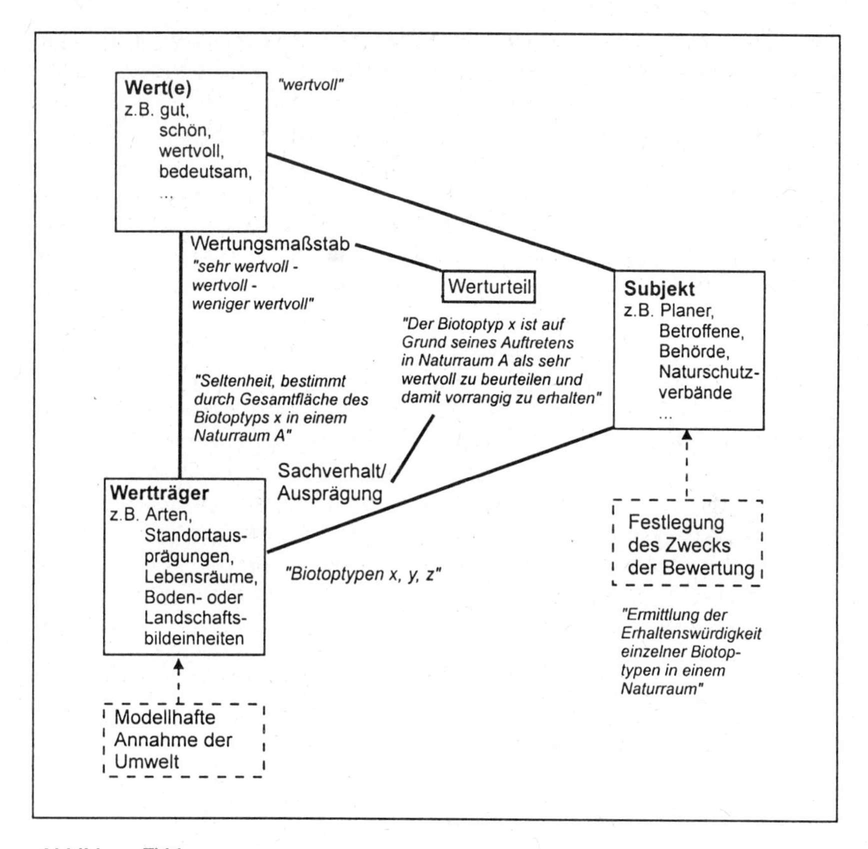

Abbildung E\14c

Bestandteile von Wertungsvorgängen: Veranschaulichung eines Beispiels.

Lebensraumgefüges eines Landschaftsraumes) oder einer räumlichen Bezugsebene bestehen. So ist zu fragen, auf welchen Bezugsraum sich „Seltenheit" bezieht, ob etwa die lokale, regionale, landes- oder europaweite Seltenheit gemeint ist (hierzu auch FULLER & LANGSLOW 1994: 219). Oft mangelt es an einer stimmigen Definition der einem Wert zugeordneten Bezugsbasis.

Die Notwendigkeit, die einem Bewertungsvorgang zugrundeliegende Fragestellung klar zu bestimmen, zeigt sich auch darin, daß die mangelnde Unterscheidung zwischen dem Zweck einer Bewertung und den Wertträgern zu zirkulären Bewertungen führen kann. So werden Rote-Liste-(RL-)Arten oft als Wertträger betrachtet, um die Erhaltenswürdigkeit oder Gefährdung eines Gebietes (Bewertungszweck) anzuge-

ben. Hierzu wird eine auf die Zahl der RL-Arten Bezug nehmende Kategorisierung entwickelt (Beispiel: Die höchste „Wertstufe 'sehr wertvoll' entspricht dem Auftreten von Arten der Gefährdungsstufe 1, vom Aussterben bedroht, oder dem Nachweis von mindestens zwei Arten der Gefährdungsstufe 2, stark gefährdet"), um anhand der tatsächlichen Vorkommen ein Werturteil über den Grad der Gefährdung abzugeben. Die als Sachverhalt zugrundegelegte Aussage „Diese Art ist eine Rote-Liste-Art der Stufe 2 - stark gefährdet" beruht jedoch ihrerseits bereits auf einem Werturteil, das sich aus der Zuweisung einer Gefährdungskategorie (als Wertmaßstab) zum Auftreten einer Art als (Sachverhalt) ergibt. Werden Sachverhalten Aussagen zugrundegelegt, die ihrerseits bereits eine Wertzuweisung hinsichtlich des Zweckes der Bewertung enthalten, wird die Bewertung zirkulär. Weil aber zugleich Werturteile immer einen sachlichen Gehalt haben, ist es dieser, der es oft schwer macht, Sachaussagen und Wertaussagen deutlich zu trennen (vgl. auch BECHMANN 1978: 160, 197ff.). Dies gilt besonders für einschätzende Wertungen in der Form von Ist-Aussagen („Der Baumschläfer ist eine stark gefährdete / eine schützenswerte Art"), die oft dieselbe sprachlogische Form wie Sachaussagen haben („Der Baumschläfer ist ein graubraun gefärbtes Säugetier").
Der Sachbezug von Werturteilen in Form eines zugrundeliegenden Wertträgers und dessen Ausprägungen läßt weiterhin erkennen: Wenn sich auch Sollsätze zwar nicht *logisch* aus Seinssätzen ableiten lassen, so ist doch *faktisch* jedes Werturteil auf bestimmte Seinstatsachen bezogen. Es besteht daher zwar keine logische, aber eine faktische Abhängigkeit von Sein und Sollen, die sich nicht über logische Regeln, sondern nur empirisch fassen läßt (OTT 1984: 366f.). Ein Ansatzpunkt für systematische Untersuchungen wie auch - angesichts von verschiedenen Werthaltungen, mit denen ein Planer seitens seiner Auftraggeber oder Adressaten konfrontiert wird - für in Planungen anzustellende Überlegungen kann darin bestehen, den faktischen Gehalt, der Werturteilen zugrundeliegt, aufzudecken und entsprechende Abhängigkeiten zu ermitteln. Dies nicht zuletzt vor dem Hintergrund, daß die Gefahr besteht, daß Sachaussagen durch Kombination mit Werturteilen - auf deren mangelnde rationale Überprüfbarkeit man sich beruft, da es sich ja um Setzungen handele - vor Kritik abgeschirmt werden. So ist in einer wertenden Aussage wie „Die im Naturraum X vorkommenden Magerrasen sind als seltene Lebensräume wertvoll und müssen unbedingt erhalten werden" nicht nur das Werturteil (der seltenen Lebensräumen zugewiesene Wert und ihre als Norm anzustrebende Erhaltenswürdigkeit), sondern auch die zugrundeliegende Sachaussage (d.h. die Höhe des Flächenanteils, in dem Magerrasen im betreffenden Naturraum auftreten und der die Grundlage dafür bildet, daß sie als selten und damit wertvoll bezeichnet werden) kritisierbar.

Gültigkeit und Geltung von Werturteilen

Weil Werturteile durch Einbeziehung von Werten entstehen, kann man ihnen keinen empirischen Wahrheitsgehalt zuschreiben. Sie erweisen sich vielmehr als gültig oder ungültig hinsichtlich ihrer Übereinstimmung mit allgemeinen, ihrerseits nicht mehr weiter herleitbaren Wertgrundsätzen (KRAFT 1951: 214; WEINGARTNER 1971: 27). Für diese letzten Wertgrundsätze läßt sich keine *logische* Notwendigkeit bestimmen, der zufolge sie unweigerlich von jedem anerkannt werden müßten (KRAFT 1951: 244); sie können jedoch in sozialen Kontexten über individuelle Haltungen hinaus von verschiedenen Personen akzeptiert werden oder nicht.[11] Vom *Gültigkeits*begriff, der eine normlogische Beziehung ausdrückt, ist also der *Geltungs*begriff zu unterscheiden, bei dem es um die soziale Tatsache der überindividuellen Anerkennung einer Norm geht (HOERSTER in SEIFFERT & RADNITZKY 1994: 232; KRAFT 1951: 203ff.; PIEPER 1989: 89ff.).
„Geltung" enthält demnach keine Übereinstimmung des Handelns mit einer vorgegebenen Wertordnung, sondern stellt sich als dynamischer Prozeß dar. Es ist insbesondere Aufgabe der Ethik, die Geltungsansprüche normativer Urteile zu überprüfen. „Gelten" von Normen bedeutet dabei, überindividuelle Verbindlichkeit zu entfalten, befolgt zu werden und somit das Verhalten zu bestimmen (KRAFT 1951: 203). Nur Werturteilen kann Geltung zukommen, nicht Werten an sich (KRAFT 1951: 205), weil sie immer in der erörterten Relation betrachtet werden müssen (vgl. Abb. E\14a-c). Vergegenwärtigt man sich, daß Wirklichkeit auf verschiedenen Ebenen angesiedelt ist (vgl. Kapitel D.4), so können auch geltende Werturteile Bestand einer gemeinsamen Wirklichkeit sein, worauf z.B. WATZLAWICK (1994: 142ff.) hinweist, wenn er neben einer Wirklichkeit 1. Ordnung, die sich auf die rein physischen Eigenschaften der Dinge bezieht, von einer Wirklichkeit 2. Ordnung spricht, die z.B. in Aussagen über Wert und Bedeutung von Sachverhalten zum Ausdruck kommt.

Auch für Werturteile in Planungsprozessen, die sich in ihren Konsequenzen im Regelfall nicht nur auf das planende Individuum beziehen, sondern andere Beteiligte und Betroffene einschließen, muß daher versucht werden, neben Gültigkeit (z.B. in Bezug auf vorgegebene rechtliche Normen) intersubjektive Geltung herbeizuführen.

Im folgenden werden Möglichkeiten diskutiert, wie mit Blick auf Planungsprozesse Geltung von Werturteilen begründet werden kann.

Es gibt verschiedene Versuche, die Geltung von Werturteilen zu begründen, aller-

[11] Dabei ist zwar richtig, daß jede menschliche Kultur durch Grundnormen bestimmt ist (KRAFT 1951: 244), zu denen im allgemeinen das Verbot zu töten zählt. Selbst dabei macht jedoch die heftige Debatte um das Abtreibungsrecht und den Paragraphen 218 deutlich, daß auch solche Grundwerte - insbesondere wenn mehrere von ihnen wie die Grundrechte auf Leben und auf Selbstbestimmung, verbunden mit der ihrerseits normativen Frage, ab welchem Zustand ein Embryo als erhaltenswertes Leben anzusehen ist, miteinander in Konflikt geraten - nicht frei von individuellen Stellungnahmen sind.

dings führt keiner zu einem absoluten, logisch begründbaren letzten Geltungskriterium. Jedoch kann zunächst festgehalten werden, daß ethische Normen nur von Menschen, also aus menschlichem Blickwinkel heraus aufgestellt werden können (u.a. KREBS 1995: 181; SUMMERER 1988b: Sp. 581; VOSSENKUHL 1993: 10). Neben einer „anthropozentrischen", von menschlichen Haltungen und Bedürfnissen ausgehenden Begründung von ethischen Wertungssystemen stellt die „biozentrische" Sicht, die der Natur „Eigenwerte" zuschreibt und damit Pflichten ihr gegenüber begründet, eine weitere Möglichkeit dar. Auch für letztere stellt sich jedoch das Problem, daß sie im Grunde genommen immer nur aus einer menschlichen Sicht von Natur heraus argumentieren kann und aus ihr - wie auch aus religiösen oder religionsähnlichen, transzendentalen Geboten als dritter Möglichkeit - keine für *alle* verbindlichen Pflichten abgeleitet werden können (HAMPICKE 1995: 12). Dem *einzelnen* steht es dabei selbstverständlich frei, an was er sein Handeln ausrichtet. Sehr viel einfacher als Pflichten gegenüber Landschaften ethisch zu begründen, ist es daher, Pflichten gegenüber Personen, die bestimmte Landschaften schätzen, zu begründen (OTT 1996a). Zumindest bietet es sich an, das Respektieren menschlicher Bedürfnisse als Postulat zu akzeptieren, weil man ja gewöhnlich selber davon ausgeht, daß auch die eigenen Bedürfnisse von anderen anerkannt werden. Beim von „Eigenrechten" der Natur ausgehenden „biozentrischen" Ansatz entfällt zudem nicht das Problem, Entscheidungen zu fällen: So ist damit noch nicht gesagt, welchen Ökosystemtyp man ein „Eigenrecht" im Sinne ungestörter Entwicklung und Sukzession überläßt oder weshalb man andere - wie etwa die Lüneburger Heide und andere halbnatürliche Ökosysteme - durch künstliche Eingriffe weiterhin in einem wieder vom Menschen zu definierenden, ganz bestimmten Zustand erhält. Dabei braucht auch ein in dem Sinn „anthropozentrischer" Ansatz, der die Entscheidungsanteile des Subjekts anerkennt, nicht, wie oft unterstellt, zwangsläufig auf die maximale Nutzung natürlicher Ressourcen für menschliche Belange orientiert zu sein, sondern wird sich am Grundsatz des Überlebens der Menschheit ausrichten, wozu eben die natürlichen Grundlagen benötigt werden.

Der Gegensatz zwischen „anthropozentrischer" und „biozentrischer" Ethik sollte somit aufgegeben werden (OTT 1995b: 331), zumal beiden letztlich zumeist gleiche Motive zugrundeliegen, die im Handeln zu ähnlichen Konsequenzen führen (V. HAAREN 1988: 99). Weil ethische Normen immer nur von Menschen und damit in Relation zu menschlichen Sichtweisen formuliert werden können, bietet es sich an, von „anthroporelationalen" Wertgrundlagen zu sprechen (OTT 1996a). Auch für die Planung ist bedeutsam, sich die den Normen zugrundeliegende menschliche Relation zu vergegenwärtigen, weil intersubjektiv akzeptable Normen nicht ohne Bezug zu den Adressaten und deren Bedürfnissen formuliert werden können.

Eine Möglichkeit, Imperative des Handelns zu begründen, hat PIEPER (1989: 89ff.) mit dem Vorschlag vorgestellt, allgemeine Naturgesetze mit allgemeinen Sittengesetzen zu kombinieren. Naturgesetze als allgemeine, universell gültige Prinzipien des Seins und Sittengesetze als allgemein akzeptierte Prinzipien des Sollens stellten Aussageebenen dar, die bezüglich ihrer Geltungsqualität vergleichbar seien. Sie könnten auf einer höheren Reflexionsebene durch das Prinzip des Geltens in ein Verhältnis zueinander gebracht werden, was eine angewandte Ethik ermöglichte (PIEPER 1989: 91). Dies entspräche einem Handeln, das letztlich dem Kantschen Kategorischen Imperativ „Handle so, als ob die Maxime Deiner Handlung durch Deinen Willen zum allgemeinen Gesetze werden solle" als oberstem Grundsatz folgt. Auch PIEPER (1989: 103) betont ausdrücklich, daß die Entscheidung des Handelnden, so er dieser Maxime folgt, nicht zwangsläufig fällt, sondern ein durch kein logisches Argument erzwingbarer Akt der Freiheit sei. An diese Sichtweise anknüpfend wäre es demnach vorstellbar, durch Verweis auf Naturgesetze oder die komplexen Systemen inhärenten „Systemgesetze" (SCHURZ 1991; vgl. Kapitel E.1.3), die vom Menschen nicht überwunden werden können, Denkanstöße hinsichtlich der Begründung von Normen zu geben.

Bei Planungen gilt es, als Grundlage für die zu treffenden Wertungen gültige und geltende Werturteile und Normen aufzuspüren.[12)] Dabei geht es zunächst um die Ermittlung der vom Rechtssystem in Form von Gesetzen, untergesetzlichen Regelungen, verbindlichen Programmen oder Plänen vorgegebenen Normen. Durch Literaturauswertungen, Sichtung von Begründungen zu Rechtsurteilen oder Gutachten gilt es, überindividuelle Werturteile zu ermitteln. Dies entspricht dem unter Juristen für die Begründung von Urteilen, die noch nicht letztinstanzlich entschieden sind und also Interpretationsspielräume zulassen, gängigen Terminus der „herrschenden Meinung", von der übrigens auch begründet abgewichen werden kann. Auch kollektive Meinungsbildung bei Treffen von Berufsverbänden oder bei Tagungen, auf denen über derzeit angewandte Wertkriterien diskutiert wird, spielt eine Rolle. Die jeweils als geltend erachteten Normen ändern sich mit der Dynamik der Fachdiskussion. Man denke daran, daß etwa in der Zoologie für die bei Eingriffsvorhaben zu untersuchenden Arten neben dem „Standardrepertoire", das vor allem Amphibien und Vögel umfaßt, immer wieder neue Arten- und Organismengruppen als „wichtig", d.h. planungsrelevant, ins Spiel gebracht werden.
Zu beachten gilt es, daß die planenden „Experten" und die die Ergebnisse anwendenen, nutzenden bzw. von ihnen betroffenen „Laien" unterschiedliche Wirklichkeitsauffassungen haben können, die sich mit unterschiedlichen Wertungssystemen und damit verbunden einer unterschiedlich gelagerten Geltung von Werturteilen verbinden können (GÜSEWELL & DÜRRENBERGER 1996; WEICHHART 1987). Unter diesem Gesichtspunkt ist es wichtig, bei Planungen die Zielgruppe bzw. den Kreis der Adressa-

[12)] ESER & POTTHAST drücken diese Forderung in einer etwas anderen Diktion damit aus, daß im Naturschutz gefällte Werturteile „gerechtfertigt" bzw. „begründet" sein müssen. Für derartige Wertungen ist zugleich die häufige Verwendung des Begriffes „subjektiv" im Sinne von „beliebig" bzw. „willkürlich" nicht mehr angebracht (ebd.: 186f.).

ten, für den die Wertungen gelten sollen, genau zu ermitteln. So sollten vermehrt Befragungen der Betroffenen und der Nutzer von Planungsergebnissen beachtet werden, um geltende Werthaltungen zu ermitteln. Zu denken ist insbesondere an Belange des Landschaftserlebens und Landschaftsbildes (vgl. z.B. NOHL & JOAS 1992), zumal hier die Rechtsprechung bei der Begründung von Werturteilen ausdrücklich auf das Empfinden eines „aufgeschlossenen Durchschnittsbetrachters" verweist (FISCHER-HÜFTLE 1993: 25).
Weiterhin kommt institutionalisierten Meinungsbildungsprozessen Bedeutung zu, um zu Geltung beanspruchenden Werturteilen zu gelangen (FEYERABEND 1980: 77, 190ff.; PATZIG 1986: 978). Eine Idealvorstellung entwirft hier die von HABERMAS (1983: 103) vertretene „Diskursethik", wonach „nur Normen Geltung beanspruchen dürfen, die die Zustimmung aller Beteiligten als Teilnehmer eines praktischen Diskurses finden (oder finden können)." Bedeutsam ist, daß den Betroffenen zwar das Recht zur Teilnahme am Diskurs eingeräumt, nicht aber die Pflicht zum Diskurs auferlegt ist (OTT 1996b: 27). Die geforderte Einbeziehung prinzipiell aller Beteiligten wird in vielen Fällen allerdings kaum zu realisieren sein. Bei der Errichtung einer Deponie oder des Baus einer Straße ist es nämlich schwierig, zu bestimmen, wie weit sich der Kreis der Betroffenen erstreckt (im Sinne der Beeinträchtigung des Gemeinwohls wäre es sogar möglich zu argumentieren, daß jeder ein Betroffener ist). Es hieße dies aber, bei Aufgaben wie der gemeindlichen Landschaftsplanung zumindest an alle und nicht nur an die Meinungsführer (z.B. Vereins- und Bauernverbandsvorsitzende, Bürgermeister und Gemeinderäte) das Angebot zur Beteiligung z.B. in projektbegleitenden Arbeitsgruppen zu richten und vor allem - was keine Selbstverständlichkeit ist, weil solche Gremien oft für Alibizwecke mißbraucht werden - deren Einwände und Vorschläge auch *ernst* zu nehmen.

Zu erörtern bleibt, wie bei derartigen Beteiligungsprozessen sowie über die jeweils „herrschende Meinung" hinaus ein Normen- und Wertewandel eingeleitet und neue als geltend akzeptierte Normen etabliert werden können, weiterhin, wem die Kompetenz zukommt, solchen Wandel in Gang zu setzen.[13)] Die Frage stellt sich z.B. im Rahmen der Umweltverträglichkeitsprüfung, weil nach § 12 UVP-Gesetz die behördliche Bewertung der Umweltwirkungen sowohl „nach Maßgabe der geltenden Gesetze", der rechtlich verbindlich geltenden Normen also, als auch „im Hinblick auf eine wirksame Umweltvorsorge" zu erfolgen hat. Für Arten und Lebensgemeinschaften etwa, für die kaum im Einzelfall anwendbare hinreichend konkrete rechtliche Maß-

[13)] Für den beispielsweise im Rahmen der Erstellung eines Landschaftsplanes in einer Gemeinde tätigen Planer verbindet sich damit die bei näherer Betrachtung keineswegs einfach zu beantwortende Frage, inwieweit er sich nur als *Moderator* begreifen soll, der die Konsequenzen von Maßnahmen und Entwicklungen aufzeigt (so z.B. SCHEMEL 1994) und dabei vorhandene Ideen aufnimmt und umsetzt, oder inwieweit er als *Advokat* Position beziehen soll, um die Diskussion aktiv auf bestimmte (welche bzw. von wem zu bestimmende?) Ziele zu steuern.

stäbe vorhanden sind, muß in der Argumentationsbasis nach intersubjektiv akzeptablen Werturteilen gesucht werden. Hinzu kommt, daß vor allem im Immissionsbereich vorhandene rechtliche Maßstäbe vielfach nicht als hinreichend vorsorgeorientiert angesehen werden (exemplarisch PETERS 1994: 75). Die oft unterschiedlich ausfallende Einschätzung, was als „wirksame Umweltvorsorge" zu begreifen ist, hängt auch mit der subjektiv unterschiedlichen Wahrnehmung und Einstufung des Restrisikos zusammen (z.B. der Anzahl der Personen, die auch bei Einhaltung eines Belastungswertes trotzdem erkranken werden; DI FABIO 1991; RENN 1990), die sich abhängig vom sozialen Kontext unterschiedlich gestalten kann (BECK 1986: 35).[14)]
Bei derartigen Fragen kann sich für den Planer eine Gratwanderung ergeben, der er sich bewußt sein sollte: Er wird - nicht zuletzt auch aus seinem persönlichen Berufsethos heraus - oft versuchen, bei entsprechenden Diskussionen „herrschende Meinungen" zu überwinden. Andererseits muß er sich jedoch bewußt sein, daß ein noch so fundiertes Gutachten, etwa eine Umweltverträglichkeitsstudie, völlig wirkungslos bleiben wird (bzw. vom Gericht abgelehnt werden kann), wenn es nicht in einen Rahmen gesellschaftlich akzeptierter Wertgrundsätze eingebettet ist. Durch die Darlegung und schlüssige argumentative Begründung von Schutz- und Gefährdungsprofilen ist es aber möglich, daß sich mit der Zeit über den „Querschnitt" von verschiedenen UVP-Gutachten hinweg Meinungsprofile ausbilden, die durchaus den Charakter von „geltenden" Umweltstandards einnehmen können und in die „herrschende Meinung" einfließen.

Auch für die Geltung und Gültigkeit von Werturteilen kann demnach eine enge, zwar nicht logische, aber faktische wechselseitige Beziehung angenommen werden: Zum einen besteht die „normative Kraft des Faktischen", weil existierende Tatsachen zu neuen Normen führen können (etwa führen neue Lebensformen wie im Ehe- und Scheidungsrecht oft zu einer Angleichung rechtlicher Normen, vgl. OTT 1984: 352ff.). Umgekehrt muß aber auch von einer „faktischen Kraft des Normativen" gesprochen werden, weil durch die Befolgung von Normen u.U. neue Sachverhalte geschaffen werden (z.B. indem aufgrund rechtlicher Normierungen, die die Einleitung von Stoffen in Gewässer regeln, deren Verschmutzung zurückgeht).

[14)] Was den Risikobegriff angeht, muß ein „objektiver", wahrscheinlichkeitstheoretischer von einem subjektiven Risikobegriff unterschieden werden: Während ersterer auf statistisch bestimmbare, also beispielsweise prozentual angebbare Eintrittswahrscheinlichkeiten zurückgeht (z.B. die zu erwartende Rate der Krebserkrankungen), ist letzterer von subjektiven und intuitiven Faktoren bestimmt, wobei z.B. der Grad der Gewöhnung an Risikoquellen, die eigene Entscheidungsfreiheit bei der Risikohinnahme, das subjektive Vertrauen in die öffentliche Kontrolle und die Beherrschbarkeit der Folgen eine Rolle spielen können (RENN 1990: 564).

Betrachtung von Sachaussagen und Wertaussagen in ihren semantischen Zusammenhängen: Kohärenz von Begründungen und das Modell des „Korporatismus"

Sollsätze sind wie gesagt nicht aus Seinssätzen ableitbar. In jedem Werturteil steckt jedoch ein sachlicher Gehalt. Eine Sachaussage kann mit unterschiedlichen Werturteilen verknüpft sein, für die es jeweils nach möglichen, ihre Geltung begründenden Belegen zu suchen gilt. Hierbei weist OTT (1995a: 280) als Mindestbedingung für das Verhältnis von Wissenschaftstheorie und darauf aufbauender Ethik auf das Kriterium der *„Kohärenz"*, der Verträglichkeit der Aussagen, hin: Es sind in sich stimmige Begründungszusammenhänge aufzubauen, in denen Wertungen mit den jeweiligen Sachaussagen vereinbar sind. Auf denselben Sachverhalten können dabei unterschiedliche ethische Aussagen aufsetzen, die mit ihnen kohärent sind (OTT 1995a: 316); Freiheitsgrade sind möglich.
Dieses aus der Ethik stammende Kriterium kann auch für Argumentationszusammenhänge, wie sie in Planungsgutachten aufzubauen sind, herangezogen werden: Aufgrund des Mangels an „gültigen", insbesondere rechtlich verbindlichen Normen, der Vagheit relevanter Rechtsbegriffe und der Widersprüchlichkeiten von Zielen, einhergehend mit den oft nur qualitativ bestimmbaren Ausprägungen der Wertträger sind Werturteile häufig nicht strikt logisch deduzierbar. So stellen die rechtlichen Möglichkeiten des Schutzes, der Pflege wie auch der Entwicklung der natürlichen Lebensgrundlagen in vielen Fällen Prämissen dar, die herangezogen werden können, um für denselben Ökosystemtyp sowohl für den Erhalt durch Pflegemaßnahmen wie auch für die ungelenkte Entwicklung in Form von Sukzession gleichermaßen kohärente Begründungen zu formulieren.

Werturteile im Rahmen ökologisch orientierter Planungen werden häufig nicht gültig im Sinne einer konsequenten logischen Ableitbarkeit aus gültigen Normen, sondern hinsichtlich zugrundegelegter Sachaussagen unter Darlegung zusätzlicher Prämissen lediglich kohärent sein können; sie müssen gleichwohl bezüglich ihrer logischen Implikationen und praktischen Konsequenzen untereinander konsistent sein, d.h., sie dürfen sich nicht widersprechen, und es muß nach Belegen gesucht werden, die geeignet sind, ihre intersubjektive Geltung zu begründen.

Werturteile sind daher häufig nur in sogenannten Verständniszusammenhängen sinnvoll (GASSNER 1993a: 17) und zu begreifen. Einen Ansatz, der zeigt, wie wertende Aussagen hinsichtlich ihrer semantischen Zusammenhänge als kohärente „Aussagenkörper" zu diskutieren sind, enthält der „Korporatismus" Morton WHITES (1987), eines Neopragmatikers. Ähnlich der von Knapp für Prognosen entwickelten Vorstellungen handelt es sich um eine Betrachtung von Wortmodellen, deren Diskussion sich daher im Hinblick auf planerische Begründungszusammenhänge, die sich gleichfalls argumentativ aufzubauen pflegen, anbietet.

WHITE (1987: z.B. 167) geht von einer ganzheitlichen Wirklichkeitserfahrung aus, bei der sich Erfahrung und Gefühl, Deskriptives und Normatives miteinander verknüpfen. Man denke hier an den erwähnten Aspekt, daß Werturteile in ihrer sprachlichen Form oft nicht von Sachaussagen zu unterscheiden sind. Nicht selten ergibt sich erst aus dem sprachlichen Zusammenhang, dem „Sprachkörper" heraus, ob eine Aussage der Art „O ist X" eine Sach- oder eine Wertaussage darstellt. Eine strikte Dichotomie zwischen deskriptiven und normativen Aussagen in der Weise, daß es sich um zwei sich wechselseitig ausschließende Klassen handelt, wird daher abgelehnt (WHITE 1987: 21, 23). Dies darf jedoch ausdrücklich nicht mit einem naturalistischen oder intuitiven Standpunkt, der von vorgegebenen oder intuitiv erfaßbaren Werten ausgehen würde, verwechselt werden (EBD.: 73, 79).
Das Problem der herkömmlichen Sichtweise besteht darin, daß deskriptive und normative Aussagen oft abstrakt und isoliert, d.h. losgelöst von ihrem Bedeutungsumfeld und mithin unabhängig von ihren Randbedingungen betrachtet werden. Im Sprachgebrauch sind sie dagegen eng und vielfältig zu gemeinsamen Aussagensystemen verknüpft (WHITE 1987: 107). So enthält bereits eine so simpel erscheinende Aussage wie die Feststellung „Ein in Säure getauchtes Stück Lackmuspapier färbt sich rot!" eine Reihe von Zusatzannahmen, z.B. daß der Betrachter eine normal sehende Person ist und das Papier bei Tageslicht betrachtet (EBD.: 45). White wendet sich daher gegen eine reduktionistische, von ihrem Bedeutungsumfeld losgelöste Betrachtung von Aussagen (EBD.: 23f.). Weil - so seine Grundthese - deskriptive und normative Aussagen in ihren Bedeutungsgehalten wechselseitig eng aufeinander bezogen sind, sind bei ihrer Betrachtung vielmehr die jeweiligen Aussagensysteme heranzuziehen, wobei bestimmte deskriptive und normative Aussagen in gewissen Zusammenhängen „gelten", während sie in anderem Kontext zu revidieren sind (EBD.: 41). So kann die Aussage eines Soldaten, der anderen gegenüber angegeben hat, seine Einheit sei nach Norden marschiert und dabei bewußt eine unrichtige Angabe gemacht hat,

- unter der Prämisse, daß man nicht lügen soll, als verwerflich eingestuft werden,
- in Kenntnis, daß durch diese dem Gegner gegenüber gemachte Angabe das Leben seiner Mannschaftskameraden gerettet werden kann, befürwortet werden (EBD.: 65ff.).

Sowohl deskriptive als auch normative Schlüsse sind daher revidierbar, wenn Rahmenbedingungen in ihrem Aussagenkörper sich ändern (WHITE 1987: 84, 94). In solchen Aussagensystemen kann aus dem Bedeutungszusammenhang heraus die Zurückweisung einer normativen Konklusion sogar deskriptive Prämissen treffen (EBD.: 94). Umgekehrt kann ein moralisches Urteil sich ändern, wenn sich die zugrundeliegenden deskriptiven Sätze wandeln (Beispiel: Der Sachverhalt, daß eine Schwangere ihren Fötus abgetrieben hat, kann moralisch unterschiedlich beurteilt werden, je nach dem, ab welchem Stadium man den Fötus als Mensch beschreibt). Ähnlich können bei Planungen normative Folgerungen, die z.B. den Erhalt eines Artenvor-

kommens betreffen, unterschiedlich ausfallen, je nach dem wie im betreffenden Fall die sonstigen Prämissen gelagert sind (etwa welche weiteren Vorkommen sich in der engeren und entfernteren Nachbarschaft befinden, d.h. wie man den Umgriff des Betrachtungsraumes wählt). Auch in planerischen Gutachten geht es darum, logisch organisierte sprachliche Argumentationsketten aufzubauen (EBD.: 114), die die jeweiligen Sachverhalte und Wertungen kohärent miteinander verbinden.
Notwendig ist dies, weil viele ökologisch orientierte Planungen betreffende gesetzliche Vorgaben, insbesondere des Naturschutzrechts, sowie gängige Zielformulierungen der Regional- und Landschaftsrahmenpläne, hinsichtlich ihrer normativen Vorgaben zu vage sind, als daß sich daraus eindeutig determinierte Handlungsnormen ableiten ließen. Vielmehr sind hier meistens weitere Prämissen und Randbedingungen einzuführen, die aber nicht in jedem Fall zwingend zu gleichen Detailzielen und Handlungsfolgen führen müssen. Hier - wie auch in Whites Ausführungen, die diesen Aspekt offen lassen - stellt sich die Frage nach einer Instanz, die die Veränderung bzw. Einführung neuer Prämissen kontrollieren könnte. Dabei ist wieder auf das erörterte Prinzip der intersubjektiven Geltung von Zusatzannahmen, die entsprechend begründet sein sollten, zu verweisen.

Auf Begründungszusammenhängen baut auch die normative Setzung von Umweltstandards auf, die je nach Kontext, der ihnen zugrundegelegt wird, unterschiedlich ausfallen können (ausführlich hierzu: SRU 1996b: 251ff.). So ist in der Trinkwasserverordnung der Grenzwert für Pestizide, der bei 0,0001 mg/l für einzelne Stoffe sowie 0,0005 mg/l für Pflanzenschutzmittel insgesamt liegt, nahe an der untersten analytischen Nachweisgrenze angesiedelt (SRU 1996b: 282, Tz. 804). Diese nahezu vollständige Reinheit begründet sich nicht in nachgewiesenen toxikologischen Wirkungszusammenhängen (UBA 1995: 193), sondern am *Vermeidungs*prinzip, wonach derartige anthropogene Verunreinigungen möglichst überhaupt nicht in das Grundwasser gelangen sollten. Bei anderen Stoffen wie Nitrat (derzeitiger Grenzwert 50 mg/l) und toxikologisch relevanten Schwermetallen (Grenzwerte von 0,001 mg/l für Quecksilber bis 0,05 mg/l für Chrom; für Eisen sogar 0,2 mg/l) kommt hingegen das gesundheitliche *Vorsorge*prinzip zum Tragen, das sich nach Möglichkeit am Wirkungsnachweis eintretender Beeinträchtigungen zuzüglich einer Sicherheitsmarge bemißt und zu höher angesiedelten Werten führt. Wieder andere Grenzwerte, so der für chlorierte Kohlenwasserstoffe, sind entstanden, indem aus Gründen der leichteren analytischen Kontrollierbarkeit Stoffe ähnlicher chemischer Beschaffenheit, die jedoch hinsichtlich ihrer gesundheitlichen Bedenklichkeit unterschiedlich einzustufen sind, zu Summenparametern zusammengefaßt wurden (SRU 1996b: 283, Tz. 806). Die Bestimmungen zu Standards im Trinkwasser- wie im übrigen auch im Lebensmittelbereich stammen aus unterschiedlichen Begründungszusammenhängen. Dadurch gestalten sie sich im direkten Vergleich zueinander inkohärent; sie werden aber je für sich erklärbar, wenn man ihren Kontext und jeweiligen Normungszweck kennt.

E.2.3.2 Folgerungen für den Umgang mit wertenden und normativen Komponenten in Planungsprozessen

Notwendigkeit übergeordneter Wertungs- und Normensysteme

Die Ausführungen machen deutlich, daß planerische Werturteile nicht vom Bearbeiter eines Gutachtens, z.B. einer Umweltverträglichkeitsstudie oder eines landschaftspflegerischen Begleitplans, allein formuliert werden können, um Gültigkeit und Geltung zu erlangen. Sie bedürfen zunächst nach Möglichkeit der Einbettung in ein gesellschaftlich akzeptiertes, über Gesetze und untergesetzliche Regelungen allgemein verbindliches Wertungs- und Normensystem. Keinesfalls soll dies bedeuten, daß rechtliche Kategorien der Diskussion entzogen sind, denn es gibt keinen absoluten Festpunkt, an dem ein logisch zwingend gültiges Wertungs- und Normensystem aufgehängt werden könnte. Eigene Zielprioritäten sowie ethische Motivationen des Gutachters und vorgegebene rechtliche Kategorien sind jedoch deutlich voneinander zu trennen.

Es bedarf der Integration von Aussagen in zunächst rechtliche Rahmensetzungen, die Eingang in übergeordnete Programme und Pläne finden und stufenweise weiter in ihren sachlichen Aussagen und räumlichen Bezügen zu konkretisieren sind. Auf diese Weise entstehen Zielhierarchien, die etwa aus einem übergeordneten Leitbild und darauf aufbauenden Umweltqualitätszielen und Umweltstandards bestehen (Abb. E\15; vgl. auch FÜRST ET AL. 1992). In der Entwicklung solcher Zielgerüste gefordert wäre vor allem die Planungshierarchie der Landschaftsplanung (über das Landschaftsprogramm, die Landschaftsrahmenplanung und kommunale Landschaftspläne), die für darauf aufsetzende vorhabensbezogene Gutachten wie landschaftspflegerische Begleitpläne und Umweltverträglichkeitsstudien entsprechende Beurteilungsmaßstäbe bereit zu stellen hätte.

Notwendig sind solche Zielhierarchien, weil rechtliche Oberbegriffe wie „Leistungsfähigkeit des Naturhaushalts“ (nach § 1 BNatSchG), die Sicherung einer menschlichen Umwelt und der Schutz der natürlichen Lebensgrundlagen (nach § 1 Abs. 5 Baugesetzbuch) oder auch Begriffe wie „Zukunftsfähigkeit“ (BUND & MISEREOR 1996: 24) und das damit verbundene Konzept der „Nachhaltigkeit“ Ausdrücke darstellen, die, um anwendbar zu sein, einer normativen Ausfüllung bedürfen. Strikt logisch-deduktiv aufgebaute Zielstrukturen stellen für die Planung jedoch meist ein Ideal dar. Im Regelfall ist aufgrund der notwendigen Hineinnahme zusätzlicher normativer Prämissen der Schritt vom allgemeinen Leitbild zum spezifischen handlungsbestimmenden Umweltqualitätsziel oder -standard keineswegs problemlos und eindeutig determiniert. Dies ist für Planungsprobleme durchaus typisch, weil aufgrund der Vielzahl und mangelnden Eingrenzbarkeit hineinspielender Randbedingungen sowie aufgrund von Situationsänderungen die Voraussetzungen für strenge Ableitbarkeit nicht gegeben sind. Andererseits sind jedoch ein mangelnder wechselseitiger Bezug von Zielen auf verschiedenen Konkretisierungsebenen sowie eine

Begriff	Definition	Aussageebene und räumlicher Bezug	Beispiele
Übergeordnete Grundsätze (Leitlinien aus Umweltpolitik, Raumordnung, Landesplanung ↓	= allgemeine Zielvorstellungen der Umweltpolitik ohne weitere räumliche oder sachliche (z.B. ressourcenspezifische) Konkretisierung	regionaler Zielrahmen für die Bewertung von Landschaftspotentialen und Raumnutzungen (d.h. Bezugsraum z.B.: Gebiet der BRD, Bundesland, Planungsregion)	*„In der Planungsregion soll auf die Erhaltung der naturräumlichen Vielfalt hingewirkt werden."* *„Die Qualität des Oberflächenwassers ist entsprechend der Tragfähigkeit des jeweiligen Raumes zu erhalten und zu verbessern."*
Landschaftliches/ regionales Leitbild ↓	= integrative Summe der Umweltqualitätsziele, bezogen z.B. auf eine Gemeinde oder einen Naturraum	Bezugsraum z.B. naturräumliche Einheiten oder Gemeinden	*„Erhalt bzw. Etablierung eines gebietstypischen Spektrums an Tier- und Pflanzenarten im Naturraum der Donauniederung."* *„In Gemeinde X ist eine Verbesserung der Gewässergüte anzustreben."*
Umweltqualitätsziele ↓	= sachlich, räumlich und zeitlich definierte Qualitäten von Ressourcen, Potentialen und Funktionen, die in konkreten Situationen entwickelt werden sollen	Weitere räumliche Detaillierung bzw. Fortschreibung der Zielangaben für z.B. einzelne Nutzungs-/ Ökosystemtypen, einzelne Flächen/Raumeinheiten oder für einzelne Ressourcen über kommunale Landschaftsplanung und andere nachgeordnete Planungsinstrumente bzw. Verfahren (z.B. Umweltverträglichkeitsprüfung, Landschaftspflegerische Begleitplanung, Pflege- und Entwicklungsplanung u.a.)	*„Auf den Feuchtwiesen des Naturraumes Donauniederung sollen Maßnahmen auf den Großen Brachvogel als Leitart abgestellt werden."* *„In den Fließgewässern der Gemeinde X ist die Gewässergüte II anzustreben."*
Umweltqualitätsstandards	= konkrete, in der Regel quantifizierte, d.h. auf Meßvorschriften bezogene Angaben zur gewünschten Umweltqualität		*„Auf den Niedermoor-, Seggen- und Feuchtwiesen des Naturraums X soll auf einer Mindestfläche von Y ha ausreichend Lebensraum für eine überlebensfähige Mindestpopulation des Brachvogels bereitgestellt werden."* *„Maßgebend für die Gewässergüteklasse II sind folgende Indikatoren: - Saprobienindex 1,8 - < 2,3 - ..."*

Abbildung E\15

Mögliche Hierarchie eines naturschutzfachlichen Zielsystems (aus JESSEL 1996: 213).

mangelnde Präzisierung von Zielen zu beklagen - letzteres besonders auf Ebene der in die Regionalpläne integrierten Landschaftsrahmenpläne, die ein wesentliches Scharnier zwischen politischen Rahmenvorgaben und in der Fläche konkretisierten naturschutzfachlichen Forderungen darstellen sollten (KIEMSTEDT, HORLITZ & OTT 1993).

Die Notwendigkeit von Zielhierarchien für die Planung läßt sich erkenntnistheoretisch damit begründen, daß Einzelnormen nur aus Prämissen logisch abgeleitet werden können, die ihrerseits als gültig anerkannte normative Bestandteile enthalten. Andererseits wird jedoch in Planungsvorgängen aufgrund der vielen hineinspielenden und ständig wechselnden Randbedingungen kaum jemals strikte Deduzierbarkeit aus getroffenen Vorgaben möglich sein, so daß im jeweiligen Fall zusätzliche Annahmen einzubeziehen sind, die offengelegt und begründet werden müssen.

Ein Beispiel aus dem Zielkapitel „Natur und Landschaft" eines Regionalplanes soll diese Einführung zusätzlicher normativer Prämissen, die sich im weiteren Vorgehen meist als notwendig erweist, verdeutlichen (REGIONALER PLANUNGSVERBAND OBERFRANKEN-OST 1987):

- Das Ziel „Boden, Wasser und Luft sollen von Schadstoffen, die den Naturhaushalt belasten, befreit und freigehalten werden" (EBD.: 29) bedarf zu seiner weiteren Handhabung der Einführung weiterer Prämissen, die festlegen,
  - was unter „Schadstoffen" zu verstehen ist (d.h. welche Stoffe genau darunter fallen),
  - wann eine „Belastung des Naturhaushaltes" eintritt (d.h. ab dem Überschreiten welcher Schwellen eingeschritten werden soll);
  - weil bei vielen Stoffen in der Umwelt kaum jemals effektive Nullkonzentrationen zu erreichen sind, wäre auch zu definieren, ab welcher Schwelle (z.B. unter der Nachweisgrenze) von „befreit" und „freigehalten" gesprochen werden kann.
- Das Ziel „In der Region soll die Vielfalt bäuerlicher Kultur- und Siedlungslandschaften neben gewerblich-industriell geprägten Wirtschaftsräumen erhalten bleiben" (EBD.: 48) bedarf weiterer Festlegungen,
  - welche Landschaftsräume Bestandteil dieser Vielfalt sind;
  - welche Merkmale (ggf. mit welcher Häufigkeit ihres Auftretens) ihr Erscheinungsbild prägen, das zu besagter Vielfalt führt;
  - wie eine Veränderungsschwelle zu definieren ist (beispielsweise durch Flächenanteile), ab der nicht mehr von „bäuerlicher Kulturlandschaft" oder einer Vielfalt der Landschaftsformen gesprochen werden kann.

Der Umgang mit regionalplanerischen Zielen erweist sich häufig als problematisch, weil sie so offen wie in diesem Beispiel gehalten sind und deshalb für ihre weitere Umsetzung eine Reihe zusätzlicher Prämissen eingeführt werden muß, die unterschiedlicher Art sein können. Dies gilt besonders für regionalplanerische Entwicklungsziele, während Erhaltungsziele häufig klarere normative Vorgaben enthalten. So schreibt das Ziel „In allen Teilen der Region soll der Bestand an Feuchtgebieten nicht verringert werden" (REGIONALER PLANUNGSVERBAND OBERFRANKEN-OST 1987: 51) einen Level vor, der nicht weiter unterschritten werden soll (wobei allerdings der Begriff „sollen" gegenüber dem konsequenteren „dürfen" oder „müssen" unbestimmter ist und Freiheitsgrade enthält). An die Regionalplanung wie auch an andere auf dieser Ebene angesiedelte Planungsinstrumente richtet sich daraus die Forderung, namentlich Entwicklungsziele stärker zu präzisieren und so ihrer Umsetzung Nachdruck zu verleihen.

Zum anderen stellt sich jedoch die Frage, bis zu welchem Konkretisierungsgrad es bei Zielhierarchien sinnvoll ist, fortzuschreiten, d.h. ob es notwendig ist, jeweils bis auf Umweltqualitätsstandards, möglichst quantifizierte Meßvorschriften also, herunterzugehen (vgl. Abb. E\15). Zielgerichtetes Handeln bedarf zwar entsprechender Normen (HIRSCH 1993: 141), jedoch würde eine zu exakte Festsetzung auf eine Planung hinauslaufen, die sich an deterministisch festgelegten Zielen orientiert. Standards bergen zudem das Problem, daß sie zwangsläufig meist statisch sind, d.h. sich auf einen durch sie bestimmten Zustand beziehen und es schwierig ist, über sie Prozesse zu kennzeichnen. Beim anzustrebenden Konkretisierungsgrad von Normen ist daher je nach Aufgabenstellung zu differenzieren: Dort wo es um ein Offenhalten künftiger Entwicklungsmöglichkeiten geht, sollte auf eine zu genaue Zielbestimmung verzichtet und statt dessen nur Rahmenbedingungen formuliert werden, die verschiedene Wege zulassen. Wo es jedoch, etwa im Rahmen von UVP und Eingriffsregelung, um die Aufrechterhaltung eines Status quo von Landschaftsräumen im Sinne einer Verhinderung von Verschlechterungen geht, bietet sich die Vorgabe von genaueren Normen bis hin zu quantifizierten Umweltstandards an: Diese können einen Maßstab für notwendige Erfolgskontrollen bilden und bieten auch eine Handhabe, um ein Nichteinhalten der Kompensationsauflagen zu sanktionieren.

Aufbau eines Ableitungszusammenhanges als „Rückgrat" von Planungsvorgängen

Planungsprozesse orientieren sich nicht nur an externen Zielvorgaben und Normen, die sie aufnehmen und ggf. weiter modifizieren und präzisieren. Jeder Planungsvorgang ist darüber hinaus durch einen eng miteinander verknüpften Aussagenkörper (WHITE 1987) von deskriptiven Komponenten einerseits sowie normativen Setzungen und Entscheidungen andererseits bestimmt. In jedem Planungsschritt (z.B. Abgrenzung des Untersuchungsraumes, Bestimmung des Erhebungsumfanges, Analyse, Prognose und Bewertung; vgl. Abb. E\16) sind somit zweckbestimmte Entscheidungen zu treffen, hinter denen mehr oder weniger explizite Ziele stehen. Diese sind jeweils so weit als möglich bewußt zu machen, indem man sie nachvollziehbar darlegt und schrittweise im Sinne einer zunehmenden Konkretisierung weiterentwickelt.

Abbildung E\16 verdeutlicht, daß planerische „Leitbilder" schrittweise zu entwickeln sind. Iterative Rückkopplungen sind in jedem Schritt notwendig, in der Abbildung aber nur angedeutet. Deutlich werden soll (vgl. auch JESSEL 1996: 213),

- daß aufeinander aufbauende Ziele sozusagen das Rückgrat eines Planungsvorganges sind und dazu dienen, einen „Ableitungszusammenhang" herzustellen. Dieser verhindert, daß in der Argumentation eines Gutachtens Brüche auftreten. Dazu sind die relevanten Wertprämissen offenzulegen und - z.B. aus übergeordneten Programmen und Plänen heraus - zu begründen sowie die zusätzlich eingeführten Voraussetzungen darzulegen. Dies gilt vor allem für zugrundegelegte ethi-

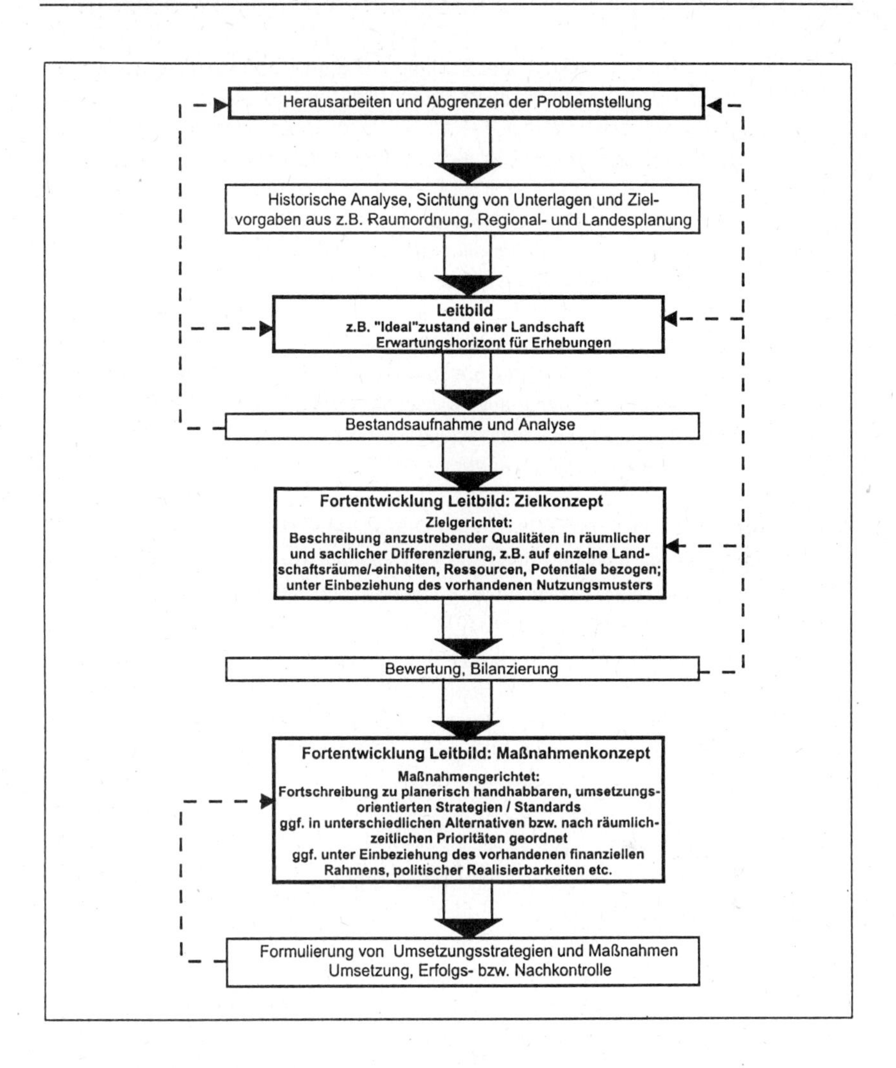

Abbildung E\16

Beispiel für eine prozeßhafte Leitbildentwicklung (nach JESSEL 1996: 215).

sche Werthaltungen (z.B. den geforderten Erhalt prinzipiell aller Arten oder ein vertretenes Prinzip der Verantwortung gegenüber zukünftigen Generationen), die oft als selbstverständlich vorausgesetzt werden, bei denen es sich aber gleichwohl um Werturteile, wenn auch um relativ allgemeine ethische Prämissen handelt. Wenngleich dieser Ableitungszusammenhang aufgrund vielfältig hineinspielender Rahmenbedingungen meist nicht den tatsächlichen Ablauf von Planungsprozessen wiedergeben wird (vgl. Kapitel D. 2 und E.1.2), so muß über ihn doch ein Rahmen aufgebaut werden, in den die Ergebnisse plausibel zu integrieren sind.

- daß es „das" Leitbild im Planungsprozeß eigentlich nicht gibt, sondern in jedem Arbeitsschritt Entscheidungen getroffen werden, hinter denen besondere Ziele stehen, die als solche zu benennen sind.
- daß bereits die Problemdefinition einen wesentlichen Teil der Planung darstellt (CARTWRIGHT 1973: 186), weil die Art der Fragestellung und der Problemstrukturierung das Feld möglicher späterer Lösungsalternativen bereits wesentlich mitbestimmt. Rückkopplungen sind dabei notwendig: Merkt man, daß man sich aufgrund der Problemstellung zu sehr einengt, kann es notwendig sein, diese nochmals zu überdenken und ggf. zu ändern.

Anforderungen an eine rationale Ausgestaltung von Bewertungsverfahren

Vorgehensweisen bei der Bewertung, „Bewertungsverfahren", dienen dazu, den eigentlichen Arbeitsschritt der Bewertung formal und inhaltlich zu strukturieren (BECHMANN 1981: 106; WIEGLEB 1997: 49).

Aus erkenntnistheoretischer Sicht können Bewertungsverfahren wie auch die im einzelnen getroffenen Wertungen nicht richtig oder falsch, sondern lediglich angemessen im Hinblick auf einen definierten Zweck sein, gültig hinsichtlich ihrer Begründung aus ihrerseits als gültig erachteten Normen und geltend im Hinblick auf eine möglichst weitreichende intersubjektive Akzeptanz.

Gerade weil eine vollständige und konsequente Trennung von Sein und Sollen sich oft schwierig gestaltet, gewinnt die Forderung nach weitestmöglicher Transparenz, intersubjektiver Nachvollziehbarkeit und damit Erörterbarkeit der Vorgehensweisen und ihrer Resultate an Bedeutung.
Ein zweckorientiertes systematisches Vorgehen stellt zugleich auch den kleinsten gemeinsamen Nenner des Begriffes „Rationalität" dar (LENK 1979: 13; LENK & SPINNER 1989: 14; STACHOWIAK in SEIFFERT & RADNITZKY 1994: 262; V. WRIGHT 1988: 932). Eine „rationale" Vorgehensweise kennzeichnet damit

- die Ausrichtung auf ein definiertes Ziel („Rationalität ist eine Orientierungsfrage", so LENK & SPINNER 1989: 21; vgl. hierzu für die Planungstheorie auch WIEGLEB 1997: 46, der in der „Leitbildmethode" das einzige bekannte rationale Verfahren der Umweltplanung sieht),
- der systematisierende Aspekt, der darin besteht, daß man sich an bestimmte Regeln hält (FEYERABEND in SEIFFERT & RADNITZKY 1994: 282) und diese darlegt.

Rationalität kann deshalb als zentrale Anforderung an die Gestaltung von Bewertungsverfahren betrachtet werden. Weitere Anforderungen lassen sich besonders mit

Bezug auf die in den Abbildungen E\14a-c dargelegte Grundrelation von Bewertungsvorgängen diskutieren.

So sind infolge der notwendigen Darlegung der hier enthaltenen Kategorien zunächst *Transparenz* und Nachvollziehbarkeit zu fordern. Formale ist dabei nicht unbedingt identisch mit inhaltlicher Nachvollziehbarkeit, weil die Bestandteile von Bewertungsverfahren wie Wertzuweisungen und Rangfolgen nicht nur formal dargelegt, sondern jeweils auch inhaltlich begründet werden müssen. Form und Inhalt müssen dabei insoweit zusammenpassen, als daß formale Perfektion nicht über fehlende Inhalte hinwegtäuschen darf. Dies wird deutlich, wenn beispielsweise bei nur ungenauer Datenlage eine Aufschlüsselung in eine inhaltlich nicht mehr begründbare Anzahl an Wertstufen erfolgt. Auch formalisierte Verfahren verleiten dazu, daß man letztlich - wie schon CHARGAFF (1995a: 123) in anderer Hinsicht kritisierte - nur noch Modelle anwendet, sich aber mit der inhaltlichen Begründung der einzelnen Schritte u.U. zu wenig auseinandersetzt und dadurch verschiedene Aspekte vielleicht sogar in inhaltlich gar nicht beabsichtigter Weise miteinander verknüpft. Gerade bei aufwendig formalisierten Bewertungsverfahren verbergen sich hinter den einzelnen Schritten oft ihrerseits normative Entscheidungen und Wertungen, die sich mit zunehmender Komplexität aufsummieren, so daß die Ergebnisse sich zwar formal transparent gestalten, aber inhaltlich u.U. nicht mehr nachvollziehbar sind. Damit lassen sich nicht nur im Hinblick auf bei Erhebungen eingesetzte Datenmodelle, sondern auch im Hinblick auf Bewertungs"modelle" Argumente anführen, die eher für einfache, dafür aber inhaltlich abgesicherte Vorgehensweisen (vgl. auch Kapitel E.2.1.2) sprechen. MARTICKE (1996: 29) äußert die Vermutung, daß aus den oben diskutierten Gründen einfache, aber inhaltlich nachvollziehbare Bewertungsvorgänge auch vor Gericht eher Bestand haben als komplizierte, ihrerseits mit zahlreichen nicht begründbaren normativen Setzungen verbundene Vorgehensweisen.
Zur inhaltlichen Transparenz zählt auch, daß man sich normativer Setzungen bewußt ist, die vielen Wertkriterien implizit bereits innewohnen. Erwähnt wurden bereits die auf einer Beurteilung von Gefährdungsgraden beruhenden Rote-Liste-Arten sowie das Kriterium der Natürlichkeit, dem eine Bestimmung des noch tolerierbaren menschlichen Einflusses zugrundezuliegen hat. Auch die Bestimmung „heimischer" oder „eingewanderter" Arten beruht auf Definitionen: So werden unter „Neophyten" bzw. „Neozoen" diejenigen Pflanzen- und Tierarten verstanden, die sich nach der Entdeckung Amerikas 1492 in der Flora und Fauna Mitteleuropas etabliert haben. Von „Einwanderung" sprechen, setzt neben dem zeitlichen Maßstab die Klärung der Frage voraus, ob darunter bereits zu verstehen ist, daß beispielsweise ein Vogel in einem Lebensraum landet oder ein Verbreitungskörper einer Pflanze ihn erreicht oder ob jeweils eine dauerhaft sich reproduzierende Population aufgebaut sein muß (JEFFERSON & USHER 1994: 76).

In einem Bewertungsverfahren sollten die Ausprägungen der Wertträger und die an sie angelegten Wertmaßstäbe (vgl. Abb. E\14b) einander so entsprechen, daß sich im Hinblick auf den Bewertungszweck brauchbare Werturteile ergeben. Diese Aussage kann als Definition dessen gelten, was sich hinter der geläufigen Forderung nach der *„Plausibilität“* von Werturteilen (z.B. BROGGI 1994: 9; SEIBERT 1980: 13) verbirgt. In eine ähnliche Richtung verweist die von GASSNER (1993a: 36) aus rechtlicher Sicht getroffene Unterscheidung zwischen „Normgerechtigkeit“ und „Sachgerechtigkeit“: Demnach haben Bewertungen nicht nur normgerecht zu sein, indem sie übergeordneten normativen Vorgaben entsprechen, sondern auch sachgerecht, indem sie die relevanten Normen in zweckbezogen angemessener Form auf die sachlichen Belange des jeweiligen Falles beziehen. So wird man, ausgehend von der in Abbildung E\14b (vgl. S. 243) dargestellten Relation, bei Planungen kaum losgelöst von den vorliegenden Sachbezügen einen „von sich aus“ gegebenen Maßstab als Bewertungsvorschrift formulieren und sich nach dem Durchlaufen des Bewertungsvorganges gewissermaßen überraschen lassen, welches Ergebnis dabei herauskommt (bzw. wenn man so verfährt, indem z.B. bereits vorliegende Bewertungsvorschriften ohne weitere Prüfung übertragen werden, so führt dies oft zu nicht als plausibel erachteten Ergebnissen). Vielmehr wird man die Bewertungsvorschriften unter Orientierung an vorgegebenen Maßstäben wie auch unter Berücksichtigung vorgefundener Ausprägungen und vorhandener Datenlage formulieren und bei erzielten, nicht hinreichend aussagekräftigen, „plausiblen“ Aussagen u.U. iterativ die zugrundeliegenden Vorschriften modifizieren. Beispielsweise wäre für einen Landschaftsraum, der sich im Hinblick auf den zu beurteilenden Aspekt sehr homogen gestaltet, eine kleinteilige Untergliederung des Wertungsmaßstabs wenig sinnvoll. Ganz anders könnte sich ein plausibler Wertmaßstab dagegen darstellen, wenn besagter Landschaftsraum nur einer von mehreren in sich jeweils unterschiedlich differenzierten Gebieten ist, die untereinander verglichen werden sollen.

Der sachliche Bezug in Form von Wertträgern und deren Ausprägungen, der jedem Werturteil zugrunde liegt (vgl. Abb. E\14b), führt dazu, daß planerische Bewertungsverfahren oft in hohem Maß vom *Bezugsraum*, für den sie entwickelt wurden, und dessen spezifischen sachlichen Ausprägungen abhängig sind (so auch BASTIAN 1995: 128). Deutlich wird dies an der Vielzahl der Bewertungsverfahren, die etwa zur Bestimmung der ornithologischen Bedeutung von Gebieten (vgl. FULLER & LANGSLOW 1994: 222f.; SCHERNER 1994) oder zur Beurteilung des Landschaftsbildes bzw. zur Bestimmung der landschaftsbezogenen Erholungseignung von Gebieten entwickelt wurden (vgl. z.B. BECKER 1980: 159ff.; HARFST 1980: 177). Erstere beruhen auf unterschiedlichen, oft über Formeln und Rechenoperationen verbundenen Kombinationen von Gebietsgrößen, Artenanzahlen, Bestandsdichten sowie evtl. ermittelten Seltenheitswerten einzelner Arten. Bei letzteren zeigt sich, daß sie bezüglich der Auswahl der Kriterien sowie der Plausibilität der Ergebnisse oft wesentlich von den

Ausprägungen des Gebietes, für das sie erstellt wurden, abhängen, somit nicht ohne weiteres übertragbar sind und bei einer Anwendung auf unterschiedliche Landschaftsräume zu unterschiedlichen Rangfolgen führen. Beispielsweise gelten in bezug auf das Kriterium „Reliefenergie" in Norddeutschland bereits geringe Höhenunterschiede den Besuchern als attraktiv, während in den süddeutschen Mittelgebirgen für die gleiche Einschätzung meist ausgeprägtere Höhendifferenzen vorliegen müssen. BECKER (1980: 194, 203) konnte dabei anhand von ihm untersuchter Landschaftsbewertungsverfahren zeigen, daß diese meist auf einer regionsspezifischen, auf den jeweiligen Teilraum, für den sie entwickelt wurden, bezogenen Kriterienauswahl und -abstufung beruhten und deswegen keine bundesweit vergleichbaren Ergebnisse erbrachten. Dies schließt gleichwohl die prinzipielle Entwicklung und Anwendung von Bewertungsverfahren für einen bundesweiten Vergleich der Erholungseignung und auch anderer Parameter nicht aus: Bezugsraum, den es im Hinblick auf den angestrebten Bewertungszweck - z.B. die landschaftliche Erholungseignung - sinnvoll zu differenzieren gilt, wäre hier dann die gesamte Bundesrepublik.

Die Zweckgerichtetheit von Wertungsvorgängen wie die Abhängigkeit der Werturteile von sachlichen Ausprägungen eines Bezugsraumes, machen deutlich, daß es „das" Bewertungsverfahren nicht gibt. Vielmehr dürften die u.a. von Autoren wie BROGGI (1994) oder SCHWAHN (1990) angeführten Rahmenbedingungen

- der maximalen, formalen wie inhaltlichen Transparenz und Nachvollziehbarkeit,
- der größtmöglichen Einfachheit,
- der Plausibilität (in der Vereinbarkeit von Sachausprägungen und Werturteilen im Hinblick auf den mit einem Wertungsvorgang verfolgten Zweck),
- der dem Sachbezug der Situation bzw. dem jeweiligen Planungsraum angepaßten Operationalisierung und Regionalisierung,
- der Planungsbezogenheit und Zweckbestimmung (d.h. der Ausrichtung der Vorgehensweise an der Aufgabenstellung)

diejenige Ebene darstellen, auf der sich allgemeine Anforderungen an Bewertungsverfahren in der räumlichen, ökologisch orientierten Planung formulieren lassen. Diese Anforderungen stellen keine festen Regeln dar, die die Wahl einer bestimmten Vorgehensweise favorisieren. Sie bilden vielmehr einen Rahmen, der sie beeinflussen und zu unterschiedlichen Entscheidungen führen kann, eröffnen aber gleichzeitig kein Tor zur Beliebigkeit, da sie als schlüssiger Zusammenhang zu entwickeln und offenzulegen sind. Entsprochen wird damit den bereits (Kapitel D.3) diskutierten Forderungen V. HENTIGS (1988: 18) wie auch der Methodenkritik FEYERABENDS (1986), wonach wir für unser Vorgehen weniger feste Regeln, sondern allgemein anerkannte Prinzipien benötigen.

Folgerungen für die Wertsynthese und den Umgang mit der Aggregationsproblematik

Aus Gründen der Komplexitätsreduktion ist es meist notwendig, einzelne Ausprägungen und Werturteile zu einer Gesamtaussage (z.B. der unter bestimmten Kriterien am günstigsten abschneidenden Alternative oder des Gesamtumfangs an Beeinträchtigungen) zu verdichten, die ihrerseits als Grundlage für die Entscheidung dienen kann. Darüber hinaus ist es häufig bereits bei der Auswahl der Bewertungskriterien und der Indikatorbildung erforderlich, Einzelinformationen zusammenzufassen (PIETSCH 1981: 156). Jede Informations- und Wertsynthese bedeutet dabei einen Informationsverlust (CERWENKA 1984: 220), weshalb sie abhängig vom Zweck der Planung vorzunehmen und in den Ableitungszusammenhang zu integrieren ist. Dazu sind zusätzliche normative Inputs notwendig, die neben der Art des gewählten Aggregationsverfahrens beispielsweise die Höhe angenommener Grenz- und Schwellenwerte oder die Zahl der weiteren Verarbeitungsschritte umfassen. Als zentral erweist sich demnach die Feststellung:

Auch bei Wertsyntheseverfahren sind die erkenntnistheoretischen Kategorien „wahr" oder „falsch" nicht angebracht; vielmehr geht es auch hier um die Angemessenheit gegenüber einem bestimmten Zweck, d.h. einer zu definierenden Fragestellung.

Diese Aussage sollen einige Überlegungen und Beispiele verdeutlichen.

Im wesentlichen können zwei Typen der formalisierten Informations- und Wertsynthese unterschieden werden:

- Synthesen durch logisch-rechnerische Verknüpfungen: Es erfolgt eine Aggregation mittels arithmetischer Operationen (z.B. Addition der Ausprägungen oder Einzelwertungen) bzw. über logische Verknüpfungen (Und-/oder-Verknüpfungen). Zu letzteren zählen beispielsweise sogenannte Relevanzbäume, die Einzelausprägungen und Werturteile über Und-/oder-Verknüpfungen miteinander kombinieren, sich bei näherer Betrachtung jedoch oft gleichfalls als additive Aggregationen erweisen (CERWENKA 1984: 225).
- Synthesen, die von nicht miteinander verrechenbaren Alternativkriterien ausgehen: Ausschlaggebend für die Gesamtbeurteilung sowie die Entscheidung über die darauf aufbauenden Maßnahmen ist das am höchsten bewertete (und damit wertbestimmende) Einzelkriterium, Schutzgut oder die am höchsten bewertete Artengruppe. Weiterhin fallen hierunter Vorgehensweisen, bei denen für die einzelnen Kriterien oder Schutzgüter Grenz- oder Schwellenwerte festgelegt werden, bei deren Überschreiten die jeweilige Vorhabens- oder Handlungsalternative ausgeschieden wird.

Daneben können auch begründete verbale Aggregationen mittels Wortmodellen vorgenommen werden. Dies betrifft beispielsweise verbale Gesamtbetrachtungen zur Umweltverträglichkeit oder -unverträglichkeit einer Projektalternative im Rahmen von

Umweltverträglichkeitsstudien, die eine fachliche Wichtung oder Rangfolge der betroffenen Schutzgüter beschreiben, die sich argumentativ an bestehenden Leitbildern bzw. Zielsystemen orientiert.

Voraussetzung für die Zulässigkeit rechnerischer Verknüpfungen ist, daß kardinale Daten vorliegen. Dabei ist darauf hinzuweisen, daß unter den einzelnen Rechenoperationen die Addition mit der geringsten Fehlerquote behaftet ist, während sich bei den anderen mathematischen Verfahren Datenfehler sehr viel schneller potenzieren (ALONSO 1969: 30). Additive Aggregationen von Kriterien haben streng genommen davon auszugehen, daß diese alle kardinal erfaßbar, in ihren Ausprägungen unmittelbar vergleichbar sowie untereinander nicht korreliert sind, weil positive Korrelationen zu Doppelbewertungen, negative Korrelationen dagegen zu wechselseitiger Aufhebung führen würden. Aufgrund des vielfältig verflochtenen ökosystemaren Gefüges, bei dem jedoch die verschiedenen, den Zustand einzelner Schutzgüter repräsentierenden Indikatoren meist aus verschiedenen Wurzeln stammen und sich damit einer direkten Vergleichbarkeit entziehen, sind diese Anforderungen innerhalb der Aufgabenstellungen ökologisch orientierter Planungen meist nicht zu erfüllen. So sind gängige additive Verknüpfungen der häufigsten für Bewertungen im biotischen Bereich verwendeten Kriterien wie Areal-/Flächengröße, Diversität, Seltenheit, typische Ausprägung/Repräsentanz zu einem „Gesamt-Naturschutzwert" problematisch, weil beispielsweise Flächengröße und Diversität über Arten-Arealkurven miteinander korrelieren (USHER & ERZ 1994: 46). Diversität und Seltenheit sind gleichfalls miteinander verknüpft, Seltenheit und typische Ausprägung (Repräsentanz) verhalten sich meist gegenläufig. Auch eine durch Aufaddierung von Kriterien ermittelte „Ökotopbildungsfunktion", wie sie MARKS ET AL. (1992: 108ff.) vornehmen und die u.a. die korrelierten Kriterien Maturität (Reifegrad), Natürlichkeit sowie den Grad der anthropogenen Beeinträchtigung summiert, enthält eine Mehrfachbewertung. Diese führt dazu, daß Ökosysteme mit hoher natürlicher Dynamik wie Küstenvegetation oder Steinschuttfluren, die keine hohen Maturitätsgrade erreichen können, aber gerade aufgrund dessen ein hohes Regenerationspotential gegenüber Beeinträchtigungen aufweisen, nur mittlere Werte für die Ökotopbildungsfunktion zugesprochen bekommen.

Aggregationen von Kriterienausprägungen zu einem Gesamtwert oder zu einem (häufig über die Operation „Fläche mal Wertstufe" ermittelten) dimensionslosen Indexwert erweisen sich weiterhin überall dort als nicht zielführend, wo es im Sinne konsistenter Ableitungszusammenhänge um die schlüssige Begründung verschiedener daran anknüpfender Maßnahmen geht. So können aus Gesamtpunktwerten, die sich aus einzelnen Beeinträchtigungen aufsaldieren, im Rahmen der naturschutzrechtlichen Eingriffsregelung keine auf die einzelnen Schutzgüter oder auf bestimmte funktionale Beeinträchtigungen gerichteten Kompensationsmaßnahmen mehr schlüssig nach Art und Umfang begründet werden. Auch aus rechtlicher Sicht wird

dieses Vorgehen kritisch betrachtet, da keine an den einzelnen Eingriffsfolgen oder Schutzgütern orientierte Abwägung über die Zulässigkeit des Vorhabens mehr möglich ist (KRATSCH 1996: 563f.).
Beschränkt man sich jedoch auf einfache Integrationsebenen mit vergleichbaren Ausprägungen, können additive Aggregationen bei manchen Fragestellungen durchaus vertretbar sein:

- Einfache Summenparameter, die auf unteren Integrationsebenen gleiche Einheiten aufsaldieren, sind geläufig und unumgänglich, weil bereits Angaben wie „Biomasse oder Individuen je Flächeneinheit" derartige Summenparameter darstellen (REISE 1990: 3). Solche Angaben können auf niederen Integrationsebenen von Ökosystemen bzw. landschaftlichen Systemen sinnvoll sein, um z.B. Verteilungsmuster oder Nahrungsbeziehungen über die einzelnen Trophieebenen hinweg zu kennzeichnen. Sie werden jedoch auf höheren Integrationsebenen, d.h. indem sie unterschiedliche Sachverhalte und Ausprägungen zusammenfassen, zunehmend abstrakt und somit sinnleer (EBD.: 6). Auch muß bedacht werden, daß bei ihrer Verwendung die numerisch größeren Komponenten mehr Gewicht erhalten als die numerisch kleineren. Wenn Besonderheiten negiert werden, indem z.B. nur geringfügig anzutreffende, aber hoch wirksame Inhaltsstoffe oder sehr selten auftretende, aber gerade deshalb bedeutsame Arten nicht berücksichtigt werden, werden derartige Summenparameter unsinnig.
- Unter gewissen Voraussetzungen scheinen Summenindikatoren auch zur Darstellung von Belastungssituationen denkbar. Beispielsweise schlagen der Rat von Sachverständigen für Umweltfragen (SRU 1994: 108, 129) wie auch eine Studie, die Szenarien für eine „zukunftsfähige Entwicklung" skizziert (BUND & MISEREOR 1996: 49f.), vor, daß bestimmte stoffliche Belastungsgruppen oder umweltrelevante Veränderungen (wie der Flächenverbrauch) zu Summenindikatoren zusammengefaßt werden, die eine Gesamt-Belastungssituation kennzeichnen sollen. Derartige Summenindikatoren (z.B. Schwermetallindex, Versauerungspotential bzw. Gesamtsäureeintragspotential, Anteil und Verteilung versiegelter Flächen) könnten im Rahmen einer Umweltbeobachtung ermittelt und fortgeschrieben werden, um damit vor allem der Umweltpolitik einfach zu handhabende Zahlenangaben für ihre Argumentationen zur Verfügung zu stellen. So kann ein Summenindikator wie der vom Rat von Sachverständigen für Umweltfragen vorgeschlagene „Anteil versiegelter Flächen" (SRU 1994: 129) geeignet sein, um eine steigende oder gleichbleibende Tendenz der Flächeninanspruchnahme sowie der Inanspruchnahme der in überschaubaren Zeiträumen nicht mehr erneuerbaren Ressource Boden zu kennzeichnen. Wenn es jedoch um darauf aufbauende Handlungsansätze geht, muß nach Einzelursachen unterschieden werden. So dürfte dieser Indikator z.B. bei Eingriffen im Rahmen der Bauleitplanung kaum, wie allerdings öfter vorgeschlagen (SCHÄFER ET AL. 1996), für die Bemessung von entsprechend differenzierten Kompensationsmaßnahmen geeignet sein, weil er mit

der einzelnen Fläche verbundene Qualitäten (wie die Art des Biotoptyps) sowie durch deren Lage beeinflußte ökologische Funktionen (wie Zerschneidungseffekte) nicht wiedergibt.

- Daneben gibt es Summenparameter, die auf halbquantitativen Erfahrungswerten beruhen und unter bestimmten Voraussetzungen geeignet zu sein scheinen, eine standörtliche Gesamtsituation widerzuspiegeln. Dies betrifft insbesondere die Zeigerwerte von Pflanzen in Mitteleuropa nach ELLENBERG ET AL. (1991), die im wesentlichen auf Erfahrungswissen beruhen (EBD.: 9; KOWARIK & SEIDLING: 1989: 132). Summiert man für einen Standortfaktor die Zeigerwerte der auf einer Fläche erhobenen Pflanzenarten auf und bildet den Mittelwert, so scheint dieser - wie langjährige Erfahrungen und Vergleiche mit tatsächlichen Messungen einzelner Ausprägungen zeigen - als Bezugsgröße zur Charakterisierung jeweiliger Pflanzengesellschaften sowie der Ausprägungen wesentlicher Standortfaktoren geeignet zu sein (ELLENBERG ET AL. 1991: 27ff., 62). Beispielsweise erlauben es auf diese Weise aus den Feuchtezahlen einzelner Pflanzenarten ermittelte „ökologische Feuchtegrade", im Rahmen von Beweissicherungen Veränderungen des Bodenwasserhaushalts abzubilden oder den langfristigen Feuchtezustand des Bodens, der seinerseits einen komplexen Indikator z.B. zur Beurteilung der Wasserversorgung der Vegetation an einem Standort darstellt, zu kennzeichnen (BASTIAN & SCHREIBER 1994: 84ff.). Auch das bei Flurbereinigungen gängige Umlegungsverfahren, bei dem die aggregierten Bodenwerte nach der Reichsbodenschätzung mit der Fläche multipliziert werden, bezieht sich auf eine solche Gesamtsituation. Der ermittelte Indexwert dient als Basis, um mit Hilfe der Bodenwertzahl der Umlegungsfläche deren notwendige Größe zu ermitteln (AID 1983: 21ff.).

Mit dem zweiten Typ von Syntheseverfahren, die die jeweils höchste Kriterien- oder Wertausprägung zum Ansatz für ein Gesamturteil machen bzw. durch Schwellenwerte bestimmte Alternativen eliminieren, lassen sich Rechenoperationen sowie die damit verbundenen Probleme vermeiden. Es kann verhindert werden, daß durch einfache Additionen wertbildende Kriterien nivelliert werden und in der Gesamtaussage nicht mehr durchscheinen. Da dies im Naturhaushalt aufgrund der vielfältigen Bezüge kaum vermeidbar ist, lassen sich hier bewußt verschiedene korrelierende, auch gegenläufige Kriterien, die aber je für sich als wertbildend erachtet werden, gemeinsam verwenden. Beispielsweise schlägt MARGULES (1994: 270ff.) ein gestaffeltes, im Prinzip auf Schwellensetzungen basierendes Vorgehen für die Ermittlung der Schutzwürdigkeit von Gebieten vor: Aus einer Menge von zunächst aufgrund ihrer Repräsentanz ausgewählten Gebieten erfolgt eine erste Selektion aufgrund des Natürlichkeitsgrades und einer bestimmten Flächengröße als Schwellenkriterien. Die verbleibenden Gebiete werden aufgrund zusätzlicher Kriterien (Vielfalt der Lebensraumstrukturen und Seltenheit) in eine Rangfolge gebracht. Auf eine quantitative Gewichtung der Kritierien und Rechenoperationen wird so verzichtet, wenn auch die

Reihenfolge, in der die Kriterien zur Selektion herangezogen werden, eine relative Gewichtung im Sinne einer Hierarchisierung darstellt. Eine zu begründende Schwellenwertentscheidung enthält beispielsweise auch die Anwendung der naturschutzrechtlichen Eingriffsregelung, der die Fragestellung zugrundeliegt, ab wann eine erhebliche oder nachhaltige Beeinträchtigung von Naturhaushalt oder Landschaftsbild und damit ein rechtlich relevanter Eingriff vorliegt.
Auch ein derartiges Vorgehen ist jedoch nicht problemfrei:

- Zusammenfassende Darstellungen von zu erwartenden Beeinträchtigungsintensitäten, bei denen aus mehreren bewerteten Schutzgütern jeweils das am stärksten betroffene beispielsweise in eine kartographische Darstellung aufgenommen wird, führen oft zu einem flächendeckend sehr hohen Beeinträchtigungsrisiko, das für einen Untersuchungsraum keine differenzierenden Aussagen mehr zuläßt bzw. bei einer UVP keine Bestimmung konfliktarmer Korridore mehr erlaubt. Dies kann entweder bewußt zu dem Schluß führen, daß aufgrund noch hinnehmbarer Belastungsgrenzen für bestimmte oder auch für alle Varianten keine als noch verträglich erachteten Korridore bestimmbar sind und das Vorhaben demzufolge abzulehnen ist. Abhängig von der Fragestellung sind die Schwellenwerte ansonsten entsprechend hoch anzusiedeln, so daß sich trotzdem eine Differenzierung ergibt, mit der bei der Bestimmung von Trassenvorschlägen weitergearbeitet werden kann. Hier kommt wieder der Zweck einer Aggregation zum Tragen, im Hinblick auf den sich plausible und weiter verwendbare Resultate ergeben müssen.
- Schwellenwerte wie auch Kategorisierungen (z.B. die Entscheidung, ab welcher Ausprägung die höchste anzusetzende Wertkategorie vergeben wird) enthalten normative Setzungen, für deren Höhe eine plausible Begründung gegeben werden muß. Diese ist jedoch nur selten wirkungs- und zweckbezogen leistbar. Durch die Höhe, in der einzelne Schwellen angesetzt werden, liegt daher indirekt eine Gewichtung vor (GATZWEILER 1980: 174), wie sie jedoch analog auch bei der Aufstellung von Umweltqualitätszielen bewerkstelligt werden muß.
- Es kann der Vorwurf erhoben werden, daß große, aber unterhalb der gesetzten Schwelle verbleibende Unterschiede in den Ausprägungen eines Schutzgutes unberücksichtigt bleiben, während sich beim Überschreiten des Grenzwertes bereits kleine Unterschiede als markante Veränderungen niederschlagen. Sind nur die hohen Wertausprägungen für das Gesamturteil von Belang, stellt sich zudem die Frage, wie mit einer Vielzahl mittlerer Ausprägungen umgegangen werden kann. So kann sich eine Variante, die aufgrund des Überschreitens *einer* zulässigen Kriterienausprägung eliminiert wird, letzten Endes doch günstiger darstellen als eine, die zwar nicht ausscheidet, bei der aber *mehrere* Schutzgutausprägungen knapp unter den angenommenen Schwellen liegen. Hier kommt wieder die Notwendigkeit einer schlüssigen, am Bewertungszweck orientierten Bestimmung solcher Schwellen wie auch des Aggregationsverfahrens selbst ins Spiel.

Beide Aggregationstypen nebeneinander finden sich bei den Immissionsgrenzwerten für relevante Luftschadstoffe der Technischen Anleitung zur Reinhaltung der Luft (TA-Luft). Diese unterscheidet zwei Kennwerte, die jeweils aus den Messungen eines Jahres gebildet werden und bei Errichtung schadstoffemittierender Anlagen einzuhalten sind: Der Immissionswert IW1 stellt den arithmetischen Mittelwert aller in einem Jahr ermittelten Einzelmessungen, die als Halbstunden-Mittelwerte dargestellt und aufaddiert werden, dar und soll entsprechend die Langzeit-Einwirkung kennzeichnen. Der höher angesiedelte Immissionswert IW2, auch Kurzzeit-Jahresbelastung genannt, ist derzeit hingegen derjenige Halbstundenwert, der nach Abstreichen von 2% der höchsten Meßwerte als höchster Wert der restlichen 98% übrig bleibt (sog. 98-Perzentil). Durch den Mittelwert IW1, dem bei Genehmigungen die größere Bedeutung zugesprochen wird, werden die physiologisch besonders wirksamen Höchstwerte vergleichmäßigt (MOLL 1987: 330, 333). Sie kommen aber auch beim IW2-Wert nicht zum Tragen, da hier ein durch Konvention bestimmter Prozentsatz der Höchstwerte - bis zum Inkrafttreten der novellierten TA-Luft 1986 waren es 5% (d.h. 95-Perzentile), nunmehr 2% - herausgenommen wird. Die Immissionsgrenzwerte orientieren sich zudem an der Belastbarkeit gesunder Menschen und berücksichtigen weder synergistische Effekte noch empfindliche Organismen oder komplexe Ökosysteme (HEINTZ & REINHARDT 1990: 118). Ihre Problematik wird am Beispiel des Schefeldioxids (SO_2), einem maßgebend für die neuartigen Waldschäden mitverantwortlichen Luftschadstoff, deutlich: Ernsthafte Pflanzenschädigungen treten bereits ab etwa 0,05 mg/m^3 auf (EBD.: 118), jedoch liegen IW1- (0,14 mg/m^3) wie IW2-Wert (0,4 mg/m^3) deutlich darüber. Hingegen schlägt die Weltgesundheitsorganisation (WHO 1987) einen Wert vor, der mit 0,05 mg/m^3 diesem Schädigungswert entspricht; die Schweizerische Luftreinhalteverordnung (SCHWEIZERISCHER BUNDESRAT 1986) sieht sogar einen Wert von 0,03 mg/m^3 vor, der auch Synergismen und empfindliche Gebirgs-Ökosysteme berücksichtigt.

Diese Gegenüberstellung zweier, unter bestimmten Rahmenbedingungen jeweils prinzipiell möglicher Ansätze sollte zeigen, daß jedes Aggregationsverfahren mit Vor- und Nachteilen verbunden ist. Es kann keine optimale, konfliktfreie, sondern nur eine der jeweiligen Fragestellung möglichst angemessene, im Hinblick auf die weitere Verwendung möglichst zielführende Aussagen- und Wertsynthese geben, über die fallweise entschieden werden muß. Dabei sollten auch hier möglichst einfache Vorgehensweisen angewendet werden, da sich Fehler bzw. Unplausibilitäten aufgrund mangelnder inhaltlicher Begründung einzelner Aggregationsschritte sonst potenzieren. Es sollte weiterhin überlegt werden, inwieweit auf Aggregationen und den damit zwangsläufig verbundenen Informationsverlust verzichtet werden kann, indem z.B. Wertungskriterien von vorneherein maßnahmenrelevant ausgewählt werden, so daß die durch sie ermittelten Ausprägungen unmittelbar für begründete Maßnahmen herangezogen werden können.

Konventionen und institutionalisierte Verfahren der Standardbildung

Neben dem eigentlichen Schritt der „Bewertung" sind bei Planungsaufgaben eine ganze Reihe weiterer entscheidungsrelevanter Schritte zu bewältigen. Abbildung E\17 veranschaulicht dies am Beispiel der naturschutzrechtlichen Eingriffsregelung: Mit jedem rechtlich vorgegebenen Arbeitsschritt - der Bestimmung eines erheblichen und/oder nachhaltigen Eingriffstatbestandes, der Ermittlung von Vermeidungs-, Ausgleichs- und Ersatzmaßnahmen sowie der damit einhergehenden Abwägung - sind eine Reihe fachlich-methodischer Probleme verbunden und müssen Entscheidungen getroffen werden. Die unterschiedliche Beantwortung dieser Fragestellungen führt dazu, daß die praktische Handhabung der Eingriffsregelung sich unterschiedlich gestaltet (hierzu KIEMSTEDT ET AL. 1996).

Neben der Meinungsbildung mit den Beteiligten bei der Verständigung über Planungsziele werden daher Überlegungen bedeutsam, wie Konventionen und institutionalisierte Verfahren der Standardbildung gestaltet werden können, um für bestimmte Fragestellungen bei ökologisch orientierten Planungen intersubjektive Geltung herbeizuführen. Der Gesichtspunkt der Geltung gewinnt insofern an Bedeutung, als die mangelnde Umsetzung rechtlich verbindlich vorgegebener und damit eigentlich als „gültig" zu akzeptierender Rahmenbedingungen gerade am Beispiel der Eingriffsregelung, aber auch für andere Instrumente zeigt, daß derartige Vorgaben nicht unbedingt ausreichen.[15)]

Aufgabe von Verfahren der Konventionen- und Standardbildung ist es, die inhaltliche Transparenz und gemeinsame Kontrolle des Zustandekommens von Ergebnissen zu ermöglichen (GETHMANN & MITTELSTRAß 1992: 25). Genauso wichtig ist jedoch ihre formale Ausgestaltung, weil diese Einfluß auf die Akzeptanz der Ergebnisse hat: „Bei kognitiver Unsicherheit und evaluativem Dissens werden Entscheidungen, überspitzt formuliert, eher aufgrund des Verfahrens, in dem sie zustande kommen, als aufgrund des Inhalts als angemessen empfunden" (MAYNTZ 1990: 137f.). Form und Inhalt können insoweit getrennt betrachtet werden, als der Gesetzgeber nicht in jedem Fall beispielsweise Umweltstandards als solche vorzuschreiben braucht, um sie verbindlich zu machen. Dies wäre angesichts der Fülle der Detailregelungen und der erforderlichen regelmäßigen und möglichst raschen Anpassung auch gar nicht wünschenswert. Vielmehr kann es ausreichen, wenn das Verfahren in Form seines Ablaufs, der Zusammensetzung der Gremien, der Art der Beschlußfassung sowie der Veröffentlichungs- und Begründungspflichten festgelegt wird (HAGENAH 1993: 6f.).

Als Beispiele für bestehende institutionalisierte Verfahren der Konventionen- und Standardbildung, die auch Belange ökologisch orientierter Planungen berühren können, lassen sich anführen:

---

15) Zur mangelnden Umsetzung der Eingriffsregelung vgl. Kapitel D, Fußnote 13 (S. 130). Daneben enthalten mehrere Landesnaturschutzgesetze eine rechtliche Verpflichtung zur Aufstellung von Landschaftsplänen, ohne daß man dieser nach nunmehr über 20 Jahren des Bestehens dieses Instrumentes nachgekommen wäre.

Rechtliche Grundlagen	Arbeitsschritte/ Aufgaben	Ergebnisse	Beispiele für fachlich-methodische Probleme mit Entscheidungsrelevanz
Bestimmung des Eingriffstatbestandes (§ 8 Abs. 1 BNatSchG): Vorliegen von erheblichen und/oder nachhaltigen Beeinträchtigungen der Leistungsfähigkeit des Naturhaushaltes und/oder des Landschaftsbildes	– Wirkungsanalyse und -prognose der Eingriffsfolgen nach Art, Intensität und räumlicher Reichweite – Bestandsaufnahme des Eingriffs- und Wirkraums – Bewertung im Hinblick auf das Vorliegen erheblicher/ nachhaltiger Beeinträchtigungen von Naturhaushalt und Landschaftsbild – begründete Ableitung bzw. Einordnung der einzelnen Arbeitsschritte in Leitbilder und Zielsysteme	– Ja-/Nein-Entscheidung über das Vorliegen eines Eingriffstatbestandes – ggf. Bestimmung/ Abgrenzung des Wirkraums/der Wirkräume	– Wie sind unbestimmte Rechtsbegriffe auszufüllen (z.B. ab welcher Intensität und/oder Dauer liegt ein erheblicher/ nachhaltiger Eingriff vor)? – Welche Eingriffswirkungen werden als relevant für die weiteren Betrachtungen erachtet? – Welche Indikatoren und Parameter sind geeignet, um die Eingriffswirkungen sowie den Zustand der Leistungsfähigkeit des Naturhaushaltes und des Landschaftsbildes abzubilden? – Wie lassen sich unter Unsicherheit Prognosen der Eingriffsfolgen vornehmen? – Wie sind die festgestellten und prognostizierten Auswirkungen im Hinblick auf ihre Erheblichkeit oder Nachhaltigkeit zu beurteilen? – Wie läßt sich ein konsistenter Ziel- und Bewertungsrahmen bestimmen, nach dem (bei Nichtvorliegen übergeordneter Zielvorgaben) z.B Indikatoren auszuwählen, Eingriffswirkungen zu beurteilen sind?
Bestimmung der Rechtsfolgen des Eingriffs: **– Vermeidung (§ 8 Abs. 2)** **– Ausgleich (§ 8 Abs. 2)** **– Abwägung (§ 8 Abs. 3)** **– Ersatz (§ 8 Abs. 9)**	– Ableitung von Maßnahmen aus den Eingriffsfolgen – Wirkungsanalyse und Prognose der Wirksamkeit der Kompensationsmaßnahmen nach Art, Intensität und räumlicher Reichweite – Bestandsaufnahme des Kompensationsraumes – Bewertung der Maßnahmen im Hinblick auf Vermeidung, Ausgleich und/oder Ersatz der Eingriffsfolgen – vergleichende Gegenüberstellung („Bilanzierung") von Eingriff und Maßnahmen – ggf. Festlegung eines Untersuchungsrahmens zur Nachkontrolle im Hinblick auf später tatsächlich eintretende Eingriffsfolgen sowie zur Erfolgskontrolle der Kompensationsmaßnahmen – Formulierung von bzw. Einordnung der Arbeitsschritte in Leitbilder und Zielsysteme	– Bestimmung von Vermeidungs-, Ausgleichs- und Ersatzmaßnahmen nach Art und Umfang – Bestimmung des „objektiven Gewichts" einzelner Belange im Rahmen der Abwägung	– Wie sind unbestimmte Rechtsbegriffe auszufüllen (z.B. welche möglichen Maßnahmen fallen unter Ersatz, welche noch unter Ausgleich)? – Wie läßt sich unter Unsicherheit die Wirkung von Maßnahmen auf Naturhaushalt und Landschaftsbild bestimmen (Prognoseproblem)? – Wie lassen sich Bewertungsprobleme lösen, die z.B. die Bemessung nicht gleichartiger Maßnahmen, die Verhältnismäßigkeit/Zumutbarkeit von Vermeidung und Ausgleich, die Gewichtung einzelner Belange bei der Abwägung betreffen? – Welche Maßnahmenziele sind (bei Nichtvorliegen übergeordneter Zielvorgaben) als „gleichwertig" (d.h. insbesondere für Ersatzmaßnahmen) anzustreben? – Inwieweit und in welchem Umfang müssen Zeitlücken zwischen der Fertigstellung des Eingriffsvorhabens und der eintretenden Wirksamkeit der Kompensationsmaßnahmen zum Ansatz gebracht werden? – Welche Indikatoren sind für die Nachkontrolle bzw. Erfolgskontrolle geeignet?

Abbildung E\17

Rechtliche Grundlagen der Eingriffsregelung, bei der Bearbeitung zu leistende Schritte und resultierende entscheidungsrelevante Fragestellungen (nach JESSEL 1996: 215).

- *Das Delphi-Verfahren:*
  Es handelt sich um ein formalisiertes Verfahren der Expertenbefragung, das bei Prognosen eingesetzt wird, um Expertenmeinungen über mögliche Entwicklungen einzuholen, zu strukturieren und intersubjektiv abzusichern (zu einem aktuellen Beispiel vgl. GRUBB 1995). Nach einem ersten schriftlichen Befragungsdurchgang erfolgt gewöhnlich eine Rückkopplung, indem den Teilnehmern die (anonymisierten) Ergebnisse der ersten Runde mit der Frage mitgeteilt werden, ob sie nun ihre eigene Meinung ändern oder modifizieren möchten. Dadurch sollen Einflüsse, wie sie sich in direkter Diskussion durch das persönliche Auftreten und die Reputation der jeweiligen Fachleute ergeben, ausgeschaltet werden.
- *Normgebungsverfahren für Umweltstandards speziell im technischen Bereich:*
  Beispiele sind die DIN-Normen des Deutschen Instituts für Normung oder die des Vereins Deutscher Ingenieure (VDI), die von einem Gremium in einem streng formalisierten Verfahren entwickelt werden und zunächst den Charakter privater Umweltstandards haben (FELDHAUS 1982: 140; JARASS 1987: 1230). De facto entfalten sie jedoch große Bedeutung, wobei ihnen in gerichtlichen Verfahren häufig Indiziencharakter zuerkannt wird (JARASS 1987: 1231). Auch erlangen sie durch den Bezug einiger Rechtsvorschriften, z.B. des Immissionsschutzrechts, auf die entsprechenden DIN-Normen nicht selten auch rechtliche Verbindlichkeit. Ein weiteres Beispiel sind die MAK-Werte (Maximale Arbeitsplatzkonzentrationen an gefährdenden Stoffen), die von einem unabhängigen Gremium technisch-praktischer Experten und Wissenschaftler der Deutschen Forschungsgemeinschaft jährlich beschlossen, sodann von einem weiteren Gremium überprüft und in die entsprechende Rechtsverordnung aufgenommen werden (DI FABIO 1991: 359).
  Während im technischen Bereich solche Gremien und vorstrukturierten Verfahrensabläufe geläufig sind, bestehen im Bereich des Naturschutzes noch kaum entsprechende Erfahrungen und scheut man sich aufgrund mangelnder inhaltlicher Begründbarkeit, z.B. regional differenzierte und durch Expertenkonsens abgesicherte Flächenansprüche des Arten- und Biotopschutzes zu diskutieren. Vergegenwärtigt man sich jedoch, daß auch beispielsweise zu stofflichen Konzentrationswerten nur selten die genauen Wirkungen auf menschliche Gesundheit und Umwelt bekannt sind, sie aber in der öffentlichen Diskussion eine große Rolle spielen, bleibt zu überlegen, in welchen Bereichen man sich auch im Naturschutz bzw. im Rahmen ökologisch orientierter Planungen stärker zu quantitativ formulierten Forderungen durchringen sollte. Ein Beispiel stellt die Forderung nach einem Mindestanteil von 10 Prozent naturnaher Flächen je Landschaftsraum dar (HABER 1990: 222; SRU 1987; 159, Tz. 484, 1994: 183, Tz. 466), die in der öffentlichen wie fachlichen Diskussion aufgegriffen wurde (vgl. z.B. ROTH, ECKERT & SCHWABE 1996: 201) und in Gesetzentwürfe wie den sogenannten Professorenentwurf zum Umweltgesetzbuch (KLOEPFER 1994: 308) eingegangen ist. Eine weitere derartige Faustzahl stellt das „1%-Prinzip“ bei der Beurteilung von Feuchtge-

bieten dar. Einem solchen wird dann internationale Bedeutung zugesprochen, wenn es mindestens 1% des Gesamtbestandes des Zugvogelsystems beeinflußt (FULLER & LANGSLOW 1994: 226).[16)] Die Anwendung von solchen Umweltstandards setzt jedoch - auch im technischen Sektor - voraus, daß bei der Diskussion klar zwischen den zugrundeliegenden Sachverhalten und der Expertenmeinung getrennt werden muß.

- *Die Zusammenstellung der Roten Listen der gefährdeten Pflanzen- und Tierarten:* Diese beruhen auf Kartierungen sowie Sammlungs- und Literaturauswertungen unter Hinzuziehung von Expertenvorschlägen. Im Regelfall werden je Artengruppe über Koordinatoren die Meinungen unterschiedlicher Experten eingeholt. Die Festlegung und endgültige Zuordnung einzelner Arten zu Gefährdungsstufen erfolgt durch Konsensbildung in Arbeitsgruppentreffen (LFU 1992: 13). Durch ihre intersubjektive Absicherung weisen die Roten Listen für die Begründung von Naturschutzmaßnahmen und Stellungnahmen eine hohe faktische, wenn auch nicht rechtlich verbindliche Durchsetzungskraft auf. Ihre leichte Handhabbarkeit und gängige Verwendung birgt jedoch zugleich die Gefahr einer einseitigen Betrachtung, die sich weitgehend an den gefährdeten Arten orientiert, andere Merkmale dagegen (z.B. Charakterarten eines Landschaftsraumes, typische Artenspektren) kaum beachtet.

Die Frage, wie demokratisch legitimierte (JARASS 1987: 1229) Gremien auszusehen haben, die für Entscheidungspunkte bei ökologisch orientierten Planungen Konventionen entwickeln und vor allem auch fortschreiben könnten (GETHMANN & MITTELSTRAß 1992; KIEMSTEDT 1996: 97), erscheint im Lichte der Akzeptanz („Geltung") der Ergebnisse in vieler Hinsicht wichtiger als die Entwicklung neuer methodischer Algorithmen. Derartige Konventionen können sich auf unterschiedliche Aspekte beziehen, nämlich auf:

- *Verfahren und Arbeitsabläufe* (durch die Entwicklung von inhaltlichen Anforderungsprofilen, welche Inhalte und Fragestellungen bei bestimmten Planungsaufgaben abzuarbeiten und begründungspflichtig darzulegen sind);
- *Methoden* (indem beispielsweise Erhebungs- und Meßmethoden vorgegeben werden; so versteht sich die rechtliche Gültigkeit verschiedener Umweltstandards des Immissionsschutzrechts nur in Verbindung mit bestimmten Meß- und Analyseverfahren; hierzu FELDHAUS 1982: 141f.).
- *Bearbeiter* (indem hier der Nachweis definierter Qualifikationen und Erfahrungshorizonte zu erbringen ist; z.B. fordert dies für die Bearbeiter biologischer Fachbei-

[16)] FULLER & LANGSLOW (1994: 226) stellen hierzu fest: „Die 1% des Bestandes einer Art (...) haben sich als kluge Kriterienwahl erwiesen, da es schnell eine weite Akzeptanz unter Wissenschaftlern, Naturschützern, Planern und der interessierten Öffentlichkeit gefunden hat, auch wenn dadurch nicht die Einschränkung aufgehoben wird, *daß ihr eine biologische Begründung fehlt*" (Hervorhebung B.J.).

träge HERMANN 1996);
- *Normierungen der Ergebnisse von Planungen* (indem z.B. Umweltstandards in Form von in einer Raumeinheit anzustrebenden Flächenanteilen bestimmter Lebensräume oder im Rahmen der naturschutzrechtlichen Eingriffsregelung als resultierende Flächenumfänge der Kompensationsmaßnahmen angegeben werden).

Konventionen sollten in ihrer Ausgestaltung sowie dem Geltungsbereich, den sie beanspruchen, den Merkmalen von Planungsprozessen Rechnung tragen (vgl. Kapitel D.1), die u.a. in einer sehr unterschiedlichen, streng genommen einmaligen Konstellation der Randbedingungen sowie in der Erfordernis eines laufenden Reagierens auf ständig sich verändernde und nicht deterministisch vorherbestimmbare Situationen bestehen. Aufgrund dieser Charakteristika führen selbst Vorgaben, die die Planungsergebnisse zu normieren suchen, indem sie beispielsweise Wertungskategorien oder standardisierte Biotopwerte vorgeben, aus denen sich definierte Flächengrößen für Kompensationsmaßnahmen ergeben, oft nicht zu identischen Resultaten, weil in den erforderlichen Einstufungen und Wertzuweisungen den Bearbeitern Entscheidungsspielräume verbleiben (V. DRESSLER 1996: 68). Solche Normierungen, zu denen auch Forderungen nach Prozentanteilen gewisser Biotoptypen oder die erwähnte „1%-Regel" bei der Ausweisung von Feuchtgebieten von internationaler Bedeutung gezählt werden können, sollten daher vor allem als Richtwerte für die politische Diskussion gesehen werden, um den Forderungen anderer, etwa technischer Bereiche bewußt mit ähnlichen Angaben entgegenzutreten. Umweltstandards der Form „Im Naturraum X ist ein Anteil von Y% Fläche für bestimmte Lebensräume anzustreben" können weiterhin als ein strategischer Rahmen verstanden werden, in dem sich im Detail unterschiedliche Ausprägungen des Nutzungsmusters ergeben können. Es wäre jedoch verfehlt, über sie genauer determinierte, z.B. grundstücksbezogene, Festlegungen treffen zu wollen.
Weil die Praxis der Eingriffsregelung wie auch anderer Planungsinstrumente zeigt, daß das Vorliegen rechtlicher, inhaltlicher oder methodischer Vorgaben allein nicht ausreicht, um tatsächlich realisiert zu werden, dürfen Konventionen und Verfahren der Standardbildung nicht nur theoretisch entwickelt werden. Sie bedürfen vielmehr einer empirischen Komponente, über die beispielsweise die Akzeptanz bei den Beteiligten sowie die Art der erzielten Ergebnisse untersucht wird, um die Konventionen bei Bedarf fortschreiben oder Überlegungen entwickeln zu können, wie ihre Wirksamkeit gesteigert werden kann.

E.2.4 Intuition und Kreativität

„Doch herrscht die Ratio allein, die Vernunft,
wird das Ziel des menschlichen Geistes nur darin gesehen, alles zu verstehen,
verdorrt die Phantasie.
Eine verstandene Welt wäre eine todlangweilige Welt,
der menschliche Geist braucht das Rätsel ebenso wie die Lösungen,
das Chaos ebenso wie die Ordnung."
(Friedrich Dürrenmatt, zit. nach Erwin Chargaff 1995b: 162)

In Planungsprozessen lösen sich kreative Abschnitte und Entscheidungsphasen vielfach und immer wieder ab, wobei in ersteren neue Informationen, Lösungsvarianten, Handlungsalternativen entdeckt, in Entscheidungsphasen die kreativen Optionen durch den Abgleich mit den Planungszielen und die Konzentration auf bestimmte Lösungsvarianten wieder eingeengt werden. Ähnlich sieht VALENTIEN (1990: 40) Planung als analytischen Prozeß, der des kreativ-ganzheitlichen Denkens und Problemerfassens als Ergänzung bedarf. In gleicher Weise erkennt auch die Rechtsprechung an, daß Planung ohne Gestaltungsfreiheit ein Widerspruch in sich wäre (GASSNER 1993a: 26).

Die Rolle von Intuition und Kreativität für Problemlösungsprozesse wie für wissenschaftliches Arbeiten wird auch von der sonst streng logisches Vorgehen fordernden Erkenntnis- und Wissenschaftstheorie nicht bestritten. So hat bereits ARISTOTELES (1969: 18) darauf hingewiesen, daß zur Erkenntnis von Axiomen mehrere sehr unterschiedliche Wege führen können. Weil es unmöglich ist, durch reine Induktion zu allgemeingültigen Einsichten zu gelangen, spielen bei der von Erfahrung und Experiment beeinflußten Theorie- und Hypothesenbildung stets Intuition und Kreativität des Wissenschaftlers eine entscheidende Rolle. Auch POPPER (1984a: 6f.; ähnlich PIETSCHMANN 1996: 134) weist darauf hin, daß der Vorgang des Erzeugens wissenschaftlicher Theorien der logischen Analyse weder fähig noch bedürftig ist. Als Beispiel führt er das Entstehen der Newtonschen Bewegungs- und Gravitationsgesetze an: Diese griffen zwar Resultate der Theorien Keplers und Galileis auf und berichtigten diese, indem sie genauere Ergebnisse erbrachten, jedoch führte zu ihnen weder ein induktiv noch deduktiv erklärbarer Schritt, sondern Kreativität und Ingenium des Wissenschaftlers (POPPER 1972a: 39). Wesentlich ist jedoch, daß die intuitiv bzw. spekulativ gewonnenen Theorien und Hypothesen sich einer rationalen, empirischen Überprüfung unterziehen lassen, wobei sie sich bewähren können (BUNGE 1967: 144f.; POPPER 1987: 108; WEINGARTNER 1971: 186ff.; vgl. hierzu auch Abb. B\1). Ein „Entdeckungszusammenhang" von Theorien und Hypothesen ist demnach von ihrem „Begründungszusammenhang", ihrer kritischen und systematischen Prüfung, zu unterscheiden (KROMKA 1984: 107, 135ff.). Hierzu wird jedoch von anderer Seite festgestellt, daß selbst die Axiomensysteme der Aussagenlogik nicht ohne zusätzliche

heuristische Impulse auskommen, um hier weitere Sätze ableiten zu können (KLAUS zit. nach BRITSCH 1979: 81). Unser Wissen ist letztlich ein Raten, das nach POPPER (1984: 225) das forschende Denken beweglich hält und zu phantasievollen Entwürfen führen kann, die sich dann ihrerseits aber einer kritisch-rationalen Überprüfung zu stellen haben.
Kreativität spielt in den Wissenschaften nicht nur bei der Formulierung von Theorien und Hypothesen eine Rolle, sondern auch bei der Entwicklung neuer Methoden. BUNGE (1983: 39) stellt fest, daß es „keine Methoden (Regeln) zur Erfindung von Regeln (Methoden)" gibt. Daneben weist DÜRR (1992: 46) darauf hin, daß überall dort, wo starke Vernetzungen und hohe Komplexität vorliegen, das auf der künstlichen Isolierung einzelner Bestandteile beruhende naturwissenschaftliche Denken versagen muß, sondern vielmehr auf intuitive Betrachtungsweisen nicht verzichtet werden darf, um Zusammenhänge in Form von Gestalten erkennen und Entscheidungen treffen zu können.

In Planungsprozessen, die sich mit singulären Ereignissen auseinandersetzen und aufgrund ihrer Vorgehensweisen laufend neue Bedingungen erzeugen, die sie dann berücksichtigen müssen, spielen Intuition und Kreativität bei der Analyse der Daten und den darauf beruhenden Annahmen sowie bei der Entwicklung von Vorgehensweisen und Lösungsalternativen, eine um so größere Rolle. Nicht zuletzt aufgrund des Wechselspiels von kreativer Informationserzeugung und an Fragestellung und Planungszielen orientierter rationaler Informationseinschränkung stellen ökologische Planwerke sich letztlich als Unikate dar (SCHULZE 1992: 22). Einige Beispiele sollen verdeutlichen, wo derartige Prozesse wirksam sein können:

- So wird man im Rahmen planerischer Bewertungen aufgrund vorgängig vorhandener Erfahrungen und Geländekenntnisse häufig bereits im Vorfeld (d.h. ohne die Anwendung umfangreicher „Methoden" bzw. Vorgehensweisen) abschätzen können, wo sich z.B. Bereiche mit tendenziell hoher Grundwassergefährdung, hohem Artenpotential oder besondere Qualitäten des Landschaftsbildes befinden. Es sei hier die Behauptung gewagt, daß die gewählte Vorgehensweise oft an der Bestätigung dieser zunächst intuitiv erfaßten Gegebenheiten ausgerichtet wird: Bewertungsergebnisse dürfen nicht „kontraintuitiv" ausfallen. Auch die im vorherigen Kapitel erörterte Plausibilität von Bewertungsergebnissen, die sich als die empfundene Übereinstimmung der Ausprägungen der Wertträger mit den zugewiesenen Wertkategorien ausdrückt, weist in diese Richtung. Nicht immer werden derartige, oft unbewußt ablaufende Vorgänge so offen dargelegt wie im Beispiel einer Umweltverträglichkeitsstudie (UVS BAB A6 1996: 12), die zur Bewertung des Landschaftsbildes ausführt, daß zunächst bei der Kartierung im Gelände eine vorläufige Beurteilung vorgenommen wurde, die nach Erfassung aller Landschaftsbildeinheiten und der systematischen Durchführung des eigentlichen Bewertungsverfahrens dann nochmals überprüft und gegebenenfalls korrigiert wur-

de.
Angesichts dieser Praxis dürfte es in vielen Fällen eine Überlegung wert sein, ob man sich nicht weniger auf die umfangreiche Entwicklung von Vorgehensweisen und Analysen konzentrieren sollte (mit der des öfteren sowieso schon Bekanntes mit u.U. hohem Aufwand nochmals hinterfüttert wird), oder ob man im vorgegebenen Zeit- und Kostenrahmen nicht stärker auf die Entwicklung von mit den Betroffenen abgestimmten, konsensfähigen Maßnahmen und vor allem deren Umsetzung hinwirken sollte.

- Die tatsächliche Vorgehensweise eines Planungsprozesses enthält meist intuitive Schritte und kreative Sprünge und kann sich, wie schon an anderer Stelle aufgezeigt, ganz anders darstellen als dies letztendlich der gefertigte Plan oder Endbericht in seiner Abfolge wiedergibt. Beispielsweise kann eine im Planungsverlauf sich ergebende kreative, neue Handlungsalternative ein iteratives Zurückschreiten zu den Grundlagen der Bestandsaufnahme und Analyse erfordern; unter Umständen kann sogar eine Abwandlung der Frage, von der man ausgegangen ist, erforderlich werden. Dies entbindet jedoch gleichzeitig nicht von einer möglichst schlüssig aufgebauten, nachvollziehbaren Ergebnisdarstellung: Intuitive und kreative Lösungen sind notwendig und müssen zugelassen werden, sie sind jedoch in die Gesamtdarstellung dann möglichst plausibel zu integrieren.

- Die Bedeutung von Intuition für die Wahrnehmung von Gestalten und Ganzheiten (DÜRR 1991: 46) kommt beim planerischen Umgang mit dem Landschaftsbild, besonders mit dem rechtlich vorgegebenen Begriff der landschaftlichen „Schönheit", die es nach dem Gesetz zu schützen, zu pflegen und zu entwickeln gilt (§ 1 Abs. 1 BNatSchG), zum Tragen. Der Begriff „Schönheit" kann als Kennzeichen eines intuitiv-ganzheitlich wahrgenommenen Eindrucks einer Landschaft begriffen werden (JESSEL 1994b: 79, 88). Auch hier läßt sich eine interessante Querverbindung zur Rechtsprechung herstellen: Diese geht bei der Beurteilung landschaftlicher Schönheit davon aus, daß es nicht Aufgabe des Planers ist, diesen Begriff zu definieren und z.B. analytisch weiter zu zergliedern. Vielmehr komme es hier auf den Eindruck an, wie er sich einem „aufgeschlossenen Durchschnittsbetrachter" erschließt, wobei die Juristen diese Position für sich selber in Anspruch nehmen, indem sie beispielsweise bei einem Ortstermin aufgrund des intuitiv-ganzheitlich sich erschließenden Gesamteindrucks einer Landschaft bestimmen, inwieweit das Merkmal der „Schönheit" erfüllt ist oder beeinträchtigt wird (FISCHER-HÜFTLE 1996: 5f.).

Intuition und Kreativität erweisen sich damit als unverzichtbare Bestandteile der Erarbeitung von Planungsergebnissen, sofern ihre Resultate dem Diskurs mit den Beteiligten ausgesetzt und auf ihre Konsistenz mit anderen Annahmen und Lösungen überprüft werden.

F Schlußbetrachtung und Ausblick

Die vorliegende Untersuchung sollte zeigen, daß man anstelle von „ökologischem" besser von „ökologisch orientiertem" Planen sprechen und mit diesem Begriff eine bewußte Übertragung des wissenschaftsimmanenten Wertsystems ökologischer Wissenschaften verbinden sollte. Im Unterschied zu den jedweder, auch ökologischer Wissenschaft innewohnenden Wertbezügen gehen Planungen zur Umsetzung wissenschaftlicher Aussagen in Handlungen stets mit externen Wertungen und Entscheidungen einher. „Ökologisch orientiertes Planen" drückt demzufolge eine Auffassung von räumlicher Planung aus, die sich Sichtweisen der ökologischen Disziplinen im Sinne einer integrativen Betrachtung, die Aussagen verschiedener Wissenschaftsdisziplinen zusammenführt, sowie einer interpretierenden Einordnung ihrer Untersuchungs- und Erhebungsergebnisse in Zusammenhänge (etwa in die von „Landschaften") zu eigen macht. Dabei gilt es zugleich zu erkennen, daß Planung ökologische Erkenntnisse über die Beziehungen zwischen Lebewesen und ihrer Umwelt nicht unmittelbar in Maßnahmen umsetzen kann, sondern sich dafür auf bewußt zu machende, klar darzulegende Werthaltungen beziehen muß.
Im Rahmen einer Planungstheorie sollte damit weniger die Diskussion um „Methodenfragen", also formalisierte Vorgehensweisen, im Vordergrund stehen, sondern es gewinnt die Frage an Bedeutung, wie man in Planungsvorgängen zu konsensfähigen (im Sinne der Arbeit zu „geltenden") Werthaltungen und damit letztlich zu *umsetzungsfähigen* Maßnahmen gelangen kann. Auf diesen Sachverhalt kann vor dem Hintergrund des entwickelten Planungsverständnisses hier nur hingewiesen werden; er bietet noch vielfältige Ansätze für kreatives Ausprobieren, aber auch für empirische Untersuchungen im Sinne der „Wissenschaft über Planung", d.h. einer wissenschaftlichen Betrachtung von Planungsprozessen. Planerische Vorgehensweisen sind lediglich Hilfsmittel intersubjektiver Verständigung, die selbst nicht frei von wertenden Entscheidungen, z.B. über die Art der Informationsselektion und -verarbeitung sind, und die die Wirklichkeit in einem bestimmten Licht erscheinen lassen.

Obwohl es von der Illusion, wissenschaftlich planen zu können und von Planungen gleichsam wissenschaftlich relevante Ergebnisse zu erwarten, Abschied zu nehmen gilt, ist eine Auseinandersetzung mit erkenntnis- und wissenschaftstheoretischen Ansätzen auch für Planer sinnvoll, um dadurch ein Korrektiv für die Problematisierung von Vorgehensweisen und Erwartungen zu gewinnen. Vor dem Hintergrund, daß Planung wie vorausschauendes Handeln schlechthin als unverzichtbarer Teil menschlicher Lebenspraxis gelten kann, bleiben allerdings Aussagen, die auf die Relativität und Vorläufigkeit allen Wissens verweisen, wie auch Erkenntnisse von System- und Chaostheorie über die mangelnde Bestimmbarkeit und Vorhersagbarkeit des Verhaltens komplexer Systeme - sofern man es bei ihnen beläßt - ausgesprochen trivial.

Angesagt erscheint vielmehr eine Diskussion um die prinzipielle Leistungsfähigkeit von Planung, um die Möglichkeiten und Grenzen dessen, wie sich trotzdem ein sinnhafter Umgang mit Landschaften bewerkstelligen läßt. Verschiedenen Auffassungen - neben System-, Chaos- und Fuzzy-Set-Theorie auch dem strengen Verständnis des Kritischen Rationalismus - ist gemeinsam, daß sie hinsichtlich menschlichen Handelns für „strategische" Vorgehensweisen plädieren. Diese orientieren sich zwar an übergeordneten Leitvorstellungen, versuchen aber, diese nicht als Ganzes umzusetzen, sondern gehen in ihrem aktuellen Handeln in kleinen Schritten unter laufender Rückkopplung vor und versuchen einen Rahmen in Form von „Spielregeln" zu setzen, in dem sich Entwicklungen abspielen können. Damit einher geht des weiteren der - gleichfalls aus unterschiedlichen Richtungen begründbare - Hinweis, sich möglichst einfacher, gegenüber Fehleinschätzungen robuster, aber doch kreativ gestaltender Vorgehensweisen zu bedienen. Menschliches Handeln wird dabei stets nur an Teilen der Wirklichkeit ansetzen können, bedarf aber eines ganzheitlichen Interpretationsrahmens, wie ihn „Landschaft" darstellt, um hinsichtlich seiner Folgen und Zusammenhänge eingeordnet werden zu können.
Vorläufigkeit und Kontextgebundenheit unseres Wissens sowie das Akzeptieren des Wertfreiheitspostulates, dem zufolge aus ökologischem Wissen keine logisch zwingenden Handlungsanweisungen resultieren können, brauchen dabei nicht als Einschränkungen begriffen zu werden. Sie machen vielmehr Mut, in Planungsprozessen mehr Kreativität wie auch unkonventionelle Lösungen zuzulassen, und neue Vorgehensweisen, Beteiligungsformen u.a.m auszuprobieren - jeweils unter der Prämisse einer umfassender Transparenz und Offenlegung zugrundeliegender Annahmen sowie eines kritischen Diskurses der Ergebnisse mit den Beteiligten.

Vor dem Hintergrund, daß wir in der räumlichen Umwelt um planvolles Handeln nicht herumkommen, dabei aber komplexe Gebilde wie Landschaften kaum je umfassend und in gewünschter Weise werden steuern können, sollten daher neben die bislang vorherrschende Erörterung mehr oder minder formalisierter Planungs"methoden", des notwendigen Handwerkzeugs also, verstärkt Fragen des Selbstverständnisses menschlichen Umgangs mit Landschaften, seiner Möglichkeiten und Grenzen sowie der Entwicklung konsensfähiger Umsetzungsstrategien treten. Vielleicht vermag die Arbeit einen kleinen Beitrag zur Grundlage des dazu notwendigen Planungsverständnisses zu leisten, nicht, um fertige Lösungen anzubieten, sondern um notwendige Diskussionen anzuregen.

Zusammenfassung

Das Spannungsfeld zwischen der Unmöglichkeit ganzheitlich-umfassenden Planens einerseits und der Tatsache andererseits, daß vorausschauendes Handeln trotzdem untrennbarer Bestandteil menschlicher Lebenspraxis ist, bildet den Ausgangspunkt der Arbeit, um verschiedene Schwerpunkte wissenschaftlichen und planerischen Vorgehens herauszuarbeiten sowie Grundlagen ökologisch orientierten Planens in Landschaften zu erörtern. Ausgehend von einer Diskussion und Strukturierung wesentlicher Begriffe wird dabei auf verschiedene Ansätze der Erkenntnis- und Wissenschaftstheorie zurückgegriffen, die Aussagen zum Verhältnis von Wissen und Handeln treffen. Ganz im Sinne der Forderung Paul FEYERABENDS (1986), daß es keinen „Methodenzwang" im Sinne fester, auf jeden Einzelfall gleichermaßen anwendbarer Regeln geben sollte, geht es dabei nicht darum, eine eigene Theorie oder gar Methodologie für ökologisch orientierte Planungen zu erarbeiten. Vielmehr werden mit Mitteln der Erkenntnis- und Wissenschaftstheorie Planungsabläufe hinterfragt und ihre Arbeitsschritte beleuchtet, um daraus Anregungen für den Umgang mit einzelnen praktischen Problemen zu gewinnen.

Ökologisch orientiertes Planen umfaßt in der der Arbeit zugrundegelegten Auffassung (vgl. Teil A) planerische Vorgehensweisen, die auf ökologischem Wissen über Muster und Prozesse bzw. Strukturen und Funktionen aufbauen, dabei über mediale Ansätze hinaus eine integrierende räumliche Betrachtung von Schutzgütern, Ressourcen und Nutzungen in ihren Wechselwirkungen und Zusammenhängen anstreben und daraus unter Einbeziehung von Werthaltungen raumbezogene Zielvorstellungen, Handlungsempfehlungen und Maßnahmen begründen. Unter den verschiedenen Betrachtungsebenen, in die man die Arbeitsbereiche ökologischer Disziplinen hierarchisch gliedern kann, geht räumliche Planung wesentlich von Landschaften als ganzheitlich-raumbezogener Interpretationsebene aus, kann mit ihren Handlungen aber auf unterschiedlichen Komplexitätsniveaus ansetzen und sich dabei der Beiträge der jeweiligen ökologischen Disziplinen bedienen.
Eine grundlegende These lautet dabei, daß Planung gezwungen ist, im Hinblick auf Landschaft eine Zwitterstellung einzunehmen: Landschaft ist für sie zwar notwendiger räumlicher Bezugsrahmen, in dem sich einzelne Maßnahmen zusammenführen und einordnen lassen; zugleich steht sie aber vor dem Problem, daß sie Landschaft als Ganzes für Ihr Handeln nicht operationalisieren kann, sondern sie für die erforderlichen Erhebungen und Untersuchungen analytisch in faßbare Bestandteile aufgliedern muß und mit den dann ausgeführten Handlungen nur an Ausschnitten der wahrgenommenen Wirklichkeit ansetzen kann.

In einem ersten Schritt wird der Frage nachgegangen, was die ökologischen Wissenschaften, die von ökologisch orientierten Planungen als Grundlage beansprucht

werden, für diese leisten können (Teil C). Die ökologischen Wissenschaften werden als „deskriptiv" charakterisiert, d.h. sie gehen im Gegensatz zur Naturschutzforschung von Prämissen aus, die beschreibend sind und nur unwesentlich Wertprädikate enthalten. Aus Ergebnissen der Ökologie selbst können somit keine externen Werturteile und Normen sowie darauf aufbauende Handlungsanweisungen logisch abgeleitet werden. Sie enthält jedoch, wie alle Wissenschaften, einen internen Wertbezug, der sich in ihrem wissenschaftsimmanenten Wertsystem (d.h. der Bindung ökologischer Erkenntnisvorgänge an Regeln), dem forschungspsychologischen Kontext der Wissenschaftlergemeinschaft, die die Ergebnisse anerkennt oder ablehnt, sowie den Entscheidungen bei der Auswahl der Untersuchungsgegenstände äußert. So sollte es vermieden werden, von „ökologischer" Planung zu sprechen, weil dieser Begriff eine unmittelbare Umsetzbarkeit von Aussagen der Ökologie in externe planerische Entscheidungen suggeriert. Es kann jedoch der Begriff „ökologisch orientierte" Planung verwendet werden, sofern er im Sinne einer bewußten Orientierung von Planung an dem wissenschaftsimmanenten Wertsystem der Ökologie, insbesondere ihrer integrierenden Betrachtungsweise, gebraucht wird.
Hinsichtlich der Frage, wie sich die Arbeitsweisen der ökologischen im Vergleich zu anderen Disziplinen darstellen, kann in einer eklektizistischen Betrachtung anhand von Aussagen aus den Arbeitsbereichen anderer Wissenschaften, insbesondere der „exakten" Physik und Chemie, gezeigt werden, daß auch diese in ihrer Praxis meistens keiner strengen Methodologie folgen, wie sie namentlich der Kritische Rationalismus Poppers fordert. Auch in den Arbeitsbereichen der Ökologie kommt man nicht umhin, einen der jeweiligen Komplexität ihrer Gegenstände angemessenen Apparat an Beschreibungen, Aussagen und Regeln zu schaffen. Mangels Isolierbarkeit von Parametern für die Durchführung von Experimenten, wie in der Physik, Chemie und z.T. auch der Biologie, wird dieser weniger aus quantitativ formulierbaren Resultaten und reproduzierbaren Gesetzmäßigkeiten, die durch ein Paradigma verbunden sind, bestehen können, sondern in einer Vielfalt von Methoden und Herangehensweisen, unter denen auch die Induktion und idiographische, d.h. singuläre Erscheinungen beschreibende Ansätze, ihren Platz haben. Ökologisch orientierte Planungen dürfen sich dementsprechend von den Arbeitsbereichen der Ökologie nur wenige „harte", in Form von Gesetzen abgesicherte Prinzipien und Regeln erwarten, die z.B. die Vorhersage von Ereignissen ermöglichen, sondern vor allem Klassifikationsmuster wie auch Beschreibungen und Erklärungsmuster, die die interpretierende Einordnung von Erscheinungen erlauben.

Auf dem dargelegten Selbstverständnis ökologischer Wissenschaften aufbauend wird ihr Verhältnis zu ökologisch orientierten Planungen näher betrachtet (Teil D): Ein entscheidender Unterschied ist im Überwiegen des Erkenntnisbezuges bei wissenschaftlichem und des Handlungsbezuges bei planerischem Vorgehen zu sehen. Es wird daher vorgeschlagen, das in einer Gemeinschaft von Planern gängige Ins-

gesamt von Problemlösungstechniken in Unterscheidung zu dem in den Wissenschaften geläufigen Begriff „Paradigma" als „Pragma" zu bezeichnen. Aufgrund ihres Handlungsbezuges, der auf die Umsetzung von Zielen gerichtet ist, kommen in Planungsprozessen gegenüber relativ exakten wissenschaftlichen Vorgehensweisen oft vereinfachende Faustregeln zum Einsatz. Unter diesem Aspekt lassen sich Parallelen zwischen Planungsvorgängen und Technologien aufzeigen, zugleich aber auch die Gefahren zu starker Vereinfachung deutlich machen.
In Verbindung mit dem herrschenden Pragma und dem Einsatz von Faustregeln muß die Kritik an einer sich verselbständigenden Methodenanwendung in Form von schematisch durchgeführten, nicht mehr näher problematisierten Algorithmen für wissenschaftliche wie planerische Arbeitsbereiche gleichermaßen ernst genommen werden. Dennoch bestehen Unterschiede im Einsatz von Methoden, der sich in Planungsvorgängen aufgrund des stärkeren Einzelfallbezugs und der mangelnden Reproduzierbarkeit der Ergebnisse sowie der notwendigen pragmatischen Handlungsorientierung von dem der meisten Wissenschaften unterscheidet; deshalb sollte hier besser von „Vorgehensweisen" gesprochen werden. Es wird dargelegt, daß solche Vorgehensweisen Meßinstrumenten entsprechen, mit denen unterschiedliche Wirklichkeitsperspektiven erfaßt und dargestellt werden können und bei denen deshalb mit einer Verwendung von Begriffen wie „Objektivität" oder „Wahrheit" Vorsicht geboten ist.
Schließlich wird durch die Darlegung des Verhältnisses einer unabhängig vom Beobachter vorhandenen „Realität" zu einer beobachterabhängigen „Wirklichkeit", die sich über Theorien, Datenmodelle bis hin zum Handeln in der Lebenswelt in verschiedenen Abstraktionsstufen aufbaut, ein bisherige Aussagen zusammenfassender Bezugsrahmen geschaffen. Dieser ermöglicht es, Zusammenhänge und wechselseitige Beeinflussungen von ökologischer Wissenschaft und von planerisch vorbereitetem Handeln aufzuzeigen und zu diskutieren.

Die zweite Hälfte der Arbeit (Teil E) wendet verschiedene Ansätze der Erkenntnis- und Wissenschaftstheorie auf die Diskussion von Planungsabläufen und damit verbundene Fragestellungen an. Es wird diskutiert, inwieweit sich Elemente der Fuzzy-Set-Theorie, die sich mit der Abbildung unscharfer Mengen und ihrer Berücksichtigung bei der Systemsteuerung befaßt, in Planungsabläufe integrieren lassen und was die Heuristik der Systemtheorie für die Interpretation von Planungsabläufen leisten kann. Weiterhin werden Planungsvorgänge im Ineinandergreifen von induktiven und deduktiven, ganzheitlichen und reduktionistischen Betrachtungsweisen sowie im sich abwechselnden Aufbau und der daran anknüpfenden Reduktion von Komplexität beschrieben.
Die Zusammenschau dieser Sichtweisen läßt deutlich werden, daß Planung es mit einer vielschichtigen Wirklichkeit zu tun hat und ihr mit einer entsprechenden Vielschichtigkeit von Vorgehensweisen begegnen muß. Ein bloßes Ansetzen an der

Struktur kann dabei nur die unterste Ebene von Planung bedeuten. Es müssen die Beachtung des Wechselspiels von Struktur und Funktion im Sinne einer Ko-Evolution, das Zulassen von Veränderungen in Form von Fluktuationen, Energie- und Materialdurchsätzen sowie des eigenständigen Handelns sozialer Einheiten hinzutreten. Indem Planer mit ihrem Ergebnis letztlich offene Prozesse anstoßen, für die sie lediglich die Rahmenbedingungen (z.B. in Form anzustrebender Nutzungsverteilungen) vorzugeben versuchen, gilt es, eine Balance zwischen den beiden Extremen deterministischer, von außen auf Systeme einwirkender Fremdorganisation zum einen und deren freier Selbstorganisation zum anderen zu finden.
Zugleich werden damit Grenzen zweckrationalen Handelns aufgezeigt: Die Systemtheorie stellt ein wichtiges heuristisches Hilfsmittel dar, um zu verdeutlichen, daß es unmöglich ist, auf komplexe Systeme wie Landschaften in umfassender Weise so einzuwirken, daß sie sich in gewünschter Form verhalten und dabei alle Nebenwirkungen abschätzbar sind. Im notwendigen Oszillieren zwischen eher ganzheitlichen und eher reduktionistischen Betrachtungs- und Vorgehensweisen wird deutlich, daß man Landschaften zwar nicht „holistisch", d.h. umfassend planen kann, jedoch versuchen muß, sie als Grundlage für darauf aufbauende Planungsaussagen hinsichtlich des Zusammenwirkens ihrer Bestandteile ganzheitlich zu interpretieren.

Die Untersuchung der Arbeitsschritte „Informationsgewinn und Analyse"; „Prognose" sowie „normativer Aspekte und Wertungsfragen" (Teil E.2) führt zu folgenden Ergebnissen:

- Die Sichtweise von planerischen Vorgehensweisen als „Meßinstrumenten" hat zur Folge, daß erhobene Daten als von diesen Instrumenten abhängige Modelle aufzufassen sind. Da es logisch gesehen keine „reinen", theorieunabhängigen Daten geben kann, sind vor Datenerhebungen die zugrundegelegten Annahmen und Erwartungen in Form eines „Erwartungshorizontes" klar darzulegen.
  Daran schließen grundsätzliche Überlegungen zur Ausformung der in ökologisch orientierten Planungen einzusetzenden Datenmodelle an. Insbesondere werden Gründe dargelegt, warum für praktische Anwendungen einfache Modelle, die robuster im Hinblick auf Datenfehler bzw. Veränderungen einzelner Variabler sind, vorzuziehen sind.

- Prognosen werden dahingehend modifiziert, daß sie nicht als Gültigkeit beanspruchende Vorhersagen zu betrachten sind. Vielmehr handelt es sich um in sich plausible Darlegungen, welche Zustände und Entwicklungen sich unter Zugrundelegung definierter Rahmenbedingungen und vorhandener Informationen über Zusammenhänge prinzipiell einstellen könnten. Es wird erörtert, wie solche prognostischen Darlegungen strukturiert werden sollten.
  Konsequenzen für die Planungspraxis bestehen in einer Anwendung der Szenariotechnik, einer Trennung von Wirkungsanalyse, Wirkungsprognose, Bewertung

und Entscheidung, einem gegenstandsadäquaten Aussageniveau von Prognosen sowie der Bedeutung von Langzeitbeobachtungen zur Gewinnung prognostisch einsetzbaren Wissens.

- Hinsichtlich Wertungsfragen wird gezeigt, daß Beschreibungen und Wertungen zwar grundverschiedene, aufgrund der gegenseitigen Bezogenheit von Theorien bzw. Erwartungen und Daten aber in Wechselbeziehung stehende logische Kategorien bilden. Ihre klare Trennung gestaltet sich somit zwar erkenntnistheoretisch schwierig, muß aber im Sinne einer anzustrebenden Transparenz von planerischen Entscheidungen soweit als möglich versucht werden. Des weiteren werden Bestandteile von Wertungsvorgängen identifiziert und in ihren Beziehungen diskutiert und der Unterschied zwischen logischer Gültigkeit und intersubjektiver Geltung von Werturteilen aufgezeigt. Außerdem wird erörtert, wie Sachaussagen und Wertungen in semantischen Begründungszusammenhängen, im jeweiligen Bewertungskontext also, aufeinander bezogen sind.
  Konsequenzen für die Planungspraxis werden u.a. hinsichtlich zu entwickelnder, übergeordneter Wertungs- und Normensysteme, der Ausgestaltung von Bewertungsverfahren, des Umgangs mit der Aggregationsproblematik sowie der Bildung von Konventionen zur Bearbeitung bestimmter planerischer Fragestellungen dargelegt.

Schließlich läßt sich zeigen, daß Intuition und Kreativität, obgleich nicht rational erfaßbar, in ihrer Bedeutung für das Entstehen von Theorien und der diesen zugrundegelegten Axiome auch von der Erkenntnis- und Wissenschaftstheorie anerkannt sind. Sie erweisen sich als unverzichtbare Bestandteile planerischer Problemlösungen, sofern ihre Resultate dem Diskurs mit den Beteiligten ausgesetzt und ihrerseits auf Konsistenz mit anderen Annahmen und Lösungen überprüft werden.

Literatur

ACHLEITNER, F. (Hrsg., 1978): Die Ware Landschaft. Eine kritische Analyse des Landschaftsbegriffs. - Residenz, Salzburg.

ACHLEITNER, F. (1978): Landschaft als Lebensraum. - in: Ders. (Hrsg.): Die Ware Landschaft. Eine kritische Analyse des Landschaftsbegriffs. Residenz, Salzburg: 127-133.

ADAM, K.; NOHL, W. & VALENTIN, W. (1986): Bewertungsgrundlagen für Kompensationsmaßnahmen bei Eingriffen in die Landschaft. - Minister für Umwelt, Raumordnung und Landwirtschaft Nordrhein-Westfalen (Hrsg.), Schriftenreihe Naturschutz und Landschaftspflege in NRW, Düsseldorf.

AD HOC ARBEITSGRUPPE DER STÄNDIGEN GEWÄSSERKOMMISSION NACH DEM REGENSBURGER VERTRAG (1995): Wasserwirtschaftliche Rahmenuntersuchung Salzach. Bericht zu Phase I: Bestandsanalyse. Stand der Untersuchung zu Phase II: Maßnahmenplanung. - Unveröff. Bericht.

ADORNO, T.W. (1969): Marginalien zu Theorie und Praxis. - in: Ders.: Stichworte. Kritische Modelle. Suhrkamp, Frankfurt/M.: 169-191.

ADORNO, T.W. ET AL. (1989): Der Positivismusstreit in der deutschen Soziologie. - 13. Aufl., Sammlung Luchterhand, Darmstadt.

AID (AUSWERTUNGS- UND INFORMATIONSDIENST FÜR ERNÄHRUNG, LANDWIRTSCHAFT UND FORSTEN) (Hrsg., 1993): Das Flurbereinigungsverfahren. - H. 34, Bonn.

ALBERS, G. (1966): Chancen und Grenzen der Planung. - in: Bayerische Akademie der Schönen Künste (Hrsg.): Mensch und Landschaft im technischen Zeitalter. München: 93-130.

ALBERT, G. (1982): Der ökologische Aspekt in der raumwirksamen Planung. Theorie und Praxis des am ökologischen Kontext ausgerichteten Handelns. - Dissertation, Fachbereich Landespflege der Universität Hannover.

ALBERT, H. (1967): Marktsoziologie und Entscheidungslogik. Ökonomische Probleme in soziologischer Perspektive. - Luchterhand, Neuwied.

ALBERT, H. (1971a): Ethik und Meta-Ethik. - in: Albert, H. & Topitsch, E. (Hrsg.): Werturteilsstreit. Wege der Forschung, Band CLXXV, Wissenschaftl. Buchgesellschaft, Darmstadt: 472-517.

ALBERT, H. (1971b): Theorie und Praxis. Max Weber und das Problem der Wertfreiheit und der Rationalität. - in: Albert, H. & Topitsch, E. (Hrsg.): Werturteilsstreit. Wege der Forschung, Band CLXXV, Wissenschaftl. Buchgesellschaft, Darmstadt: 200-236.

ALBERT, H. (Hrsg., 1972): Theorie und Realität. Ausgewählte Aufsätze zur Wissenschaftslehre der Sozialwissenschaften. - J.C.B. Mohr (Paul Siebeck), Tübingen.

ALBERT, H. (1972): Theorien in den Sozialwissenschaften. - in: Albert, H. (Hrsg.): Theorie und Realität. Ausgewählte Aufsätze zur Wissenschaftslehre der Sozialwissenschaften. J.C.B. Mohr (Paul Siebeck), Tübingen: 3-25.

ALBERT, H (1975): Traktat über kritische Vernunft. - 3. Aufl., J.C.B. Mohr (Paul Siebeck), Tübingen.

ALBERT, H. & TOPITSCH, E. (Hrsg., 1971): Werturteilsstreit. Wege der Forschung. - Band CLXXV, Wissenschaftl. Buchgesellschaft, Darmstadt.

ALISCH, L.M. (1995): Technologische Theorien. - in: Stachowiak, H. (Hrsg.): Pragmatik. Handbuch pragmatischen Denkens, Band 5 - Pragmatische Tendenzen in der Wissenschaftstheorie, Felix Meiner, Hamburg: 403-443.

ALONSO, W. (1969): Bestmögliche Vorausssagen mit unzulänglichen Daten - Stadtbauwelt, H. 21: 30-34.

AMERY, C. (1978): Natur als Politik. Die ökologische Chance des Menschen. - Reinbek, Hamburg.

ANDERSON, S. (Hrsg., 1971): Die Zukunft der menschlichen Welt. - Rombach, Freiburg.

ANL (BAYERISCHE AKADEMIE FÜR NATURSCHUTZ UND LANDSCHAFTSPFLEGE) (Hrsg., 1991): Das Mosaik-Zyklus-Konzept der Ökosysteme und seine Bedeutung für den Naturschutz. - Laufener Seminarbeiträge 5/91, Laufen/Salzach.

ANL (BAYERISCHE AKADEMIE FÜR NATURSCHUTZ UND LANDSCHAFTSPFLEGE) (Hrsg., 1994a): Wasserkraft - mit oder gegen die Natur? - Laufener Seminarbeiträge 3/94, Laufen/Salzach.

ANL (BAYERISCHE AKADEMIE FÜR NATURSCHUTZ UND LANDSCHAFTSPFLEGE) (Hrsg., 1994b): Leitbilder - Umweltqualitätsziele - Umweltstandards. - Laufener Seminarbeiträge 4/94, Laufen/Salzach.

ANL (BAYERISCHE AKADEMIE FÜR NATURSCHUTZ UND LANDSCHAFTSPFLEGE) (Hrsg., 1994c): Begriffe aus Ökologie, Landnutzung und Naturschutz. - 3., neu bearb. Auflage, herausgegeben zusammen mit dem Dachverband Agrarforschung, Laufen/Frankfurt.

ANL (BAYERISCHE AKADEMIE FÜR NATURSCHUTZ UND LANDSCHAFTSPFLEGE) (Hrsg., 1995): Vision Landschaft 2020. Von der historischen Kulturlandschaft zur Landschaft von morgen. - Laufener Seminarbeiträge 4/95, Laufen/Salzach.

ANL (BAYERISCHE AKADEMIE FÜR NATURSCHUTZ UND LANDSCHAFTSPFLEGE) (Hrsg., 1996a): Naturschutzrechtliche Eingriffsregelung - Praxis und Perspektiven. - Laufener Seminarbeiträge 2/96, Laufen/Salzach.

ANL (BAYERISCHE AKADEMIE FÜR NATURSCHUTZ UND LANDSCHAFTSPFLEGE) (Hrsg., 1996b): Biologische Fachbeiträge in der Umweltplanung - Anforderungen und Stellenwert. - Laufener Seminarbeiträge 3/96, Laufen/Salzach.

ANL (BAYERISCHE AKADEMIE FÜR NATURSCHUTZ UND LANDSCHAFTSPFLEGE) (Hrsg., 1996c): Landschaftsplanung - Quo Vadis? Standortbestimmung und Perspektiven gemeindlicher Landschaftsplanung. - Laufener Seminarbeiträge 6/96, Laufen/Salzach.

ANL (Bayerische Akademie für Naturschutz und Landschaftspflege) (Hrsg., 1997): Wildnis - ein neues Leitbild!? Möglichkeiten und Grenzen ungestörter Naturentwicklung für Mitteleuropa. - Laufener Seminarbeiträge 1/97, Laufen/Salzach.

Arbeitsgruppe Eingriffsregelung der Landesanstalten/-Ämter für Naturschutz und Landschaftspflege und der Bundesforschungsanstalt für Naturschutz und Landschaftsökologie (BFANL) (1988): Empfehlungen zum Vollzug der Eingriffsregelung. - Beilage zur Zeitschrift Natur und Landschaft 63, H. 5.

Arbeitsgruppe Eingriffsregelung der Landesanstalten/-Ämter für Naturschutz und Landschaftspflege und der Bundesforschungsanstalt für Naturschutz und Landschaftsökologie (BFANL) (1993): Empfehlungen zum Vollzug der Eingriffsregelung. - Entwurfspapier, unveröff.

ARGE Eingriff-Ausgleich NRW (Froelich & Sporbeck; Nohl, W.; Smeets + Damaschek; Valentin, W.; 1994): Entwicklung eines einheitlichen Bewertungsrahmens für straßenbaubedingte Eingriffe in Natur und Landschaft und deren Kompensation. - Im Auftrag des Ministeriums für Umwelt, Raumordnung und Landwirtschaft des Landes Nordrhein-Westfalen, Abschlußbericht November 1994.

Aristoteles (1969): Nikomachische Ethik. Übersetzung und Nachwort von Franz Dirlmeier. - Philipp Reclam Jun., Stuttgart.

ARL (Akademie für Raumforschung und Landesplanung) (Hrsg., 1980): Empirische Untersuchungen zur äußeren Abgrenzung und inneren Strukturierung von Freizeiträumen. - Forschungs- und Sitzungsberichte, Bd. 132, Hermann Schroedel, Hannover.

ARL (Akademie für Raumforschung und Landesplanung) (Hrsg., 1988): Regionalprognosen. Methoden und ihre Anwendung. - Forschungs- und Sitzungsberichte, Bd. 175, Hannover.

ARL (Akademie für Raumforschung und Landesplanung) (Hrsg., 1995): Handwörterbuch der Raumplanung. - ARL, Hannover.

Audretsch, J. (1989): Vorläufige Physik und andere pragmatische Elemente vorläufiger Naturerkenntnis. - in: Stachowiak, H. (Hrsg.): Pragmatik. Handbuch pragmatischen Denkens. Band 3 - Allgemeine philosophische Pragmatik. Felix Meiner, Hamburg: 373-392.

Auhagen, A. & Partner (1994): Wissenschaftliche Grundlagen zur Berechnung einer Ausgleichsabgabe. - Im Auftrag der Senatsverwaltung für Stadtentwicklung und Umweltschutz, Berlin, unveröff. Gutachten.

Bachfischer, R. (1978): Die ökologische Risikoanalyse. Eine Methode zur Integration natürlicher Umweltfaktoren in die Raumplanung. - Dissertation am Fachbereich Architektur der Technischen Universität München, Werner Blasaditsch, Füssen.

Bächtold, H.G. et al. (1995): Grundzüge der ökologischen Planung. Methoden und Ergebnisse dargestellt am Beispiel der Fallstudie Bündner Rheintal. - Publikationsreihe des Instituts für Orts-, Regional- und Landesplanung der ETH Zürich,

ORL-Bericht 89/95, vdf Hochschulverlag, Zürich.

BÄTZING, W. (1988): Ökologische Labilität und Stabilität der alpinen Kulturlandschaft. - Fachbeiträge zur schweizerischen MAB-Information Nr. 27, Bern.

BÄTZING, W. (1991): Die Alpen. Entstehung und Gefährdung einer europäischen Kulturlandschaft. - Neufassung, C.H. Beck, München.

BAHRDT, H.P. (1990): „Natur" und „Landschaft" als kulturspezifische Deutungsmuster für Teile unserer Außenwelt. - in: Gröning, G. & Herlyn, U. (Hrsg.): Landschaftswahrnehmung und Landschaftserfahrung. Arbeiten zur sozialwissenschaftlich orientierten Freiraumplanung, Bd. 10, Minerva Publikationen, Berlin.

BASTIAN, O. (1995): Die Bewertung der Landschaft - Reflexionen über die Planungsrelevanz. - in: Bund Deutscher Landschaftsarchitekten e.V. (Hrsg.): Theorie und Praxis der Bewertung in der Landschaftsplanung. Dokumentation zu den 11. Pillnitzer Planungsgesprächen, Tagungsbericht, Schmid und Druck, Oppenheim: 119-141.

BASTIAN, O. (1996): Ökologische Leitbilder in der räumlichen Planung - Orientierungshilfen beim Schutz der biotischen Diversität. - Arch. Naturschutz u. Landschaftsforschung 34: 207-234.

BASTIAN, O. & SCHREIBER, K.F. (1994): Analyse und ökologische Bewertung der Landschaft. - Gustav Fischer, Jena/Stuttgart.

BAUDREXL, L. (1988): Prognosen für die Raumordnung, Regional- und Landesplanung. - in: ARL (Akademie für Raumforschung und Landesplanung, Hrsg.): Regionalprognosen. Methoden und ihre Anwendung. Forschungs- und Sitzungsberichte, Bd. 175: 17-36.

BECHMANN, A. (1978): Nutzwertanalyse, Bewertungstheorie und Planung. - Paul Haupt, Bern/Stuttgart.

BECHMANN, A. (1981): Grundlagen der Planungstheorie und Planungsmethodik. Eine Darstellung mit Beispielen aus dem Arbeitsfeld der Landschaftsplanung. - UTB, Paul Haupt, Bern/Stuttgart.

BECHMANN, A. (1989): Bewertungsverfahren - der handlungsorientierte Kern von Umweltverträglichkeitsprüfungen. - in: Hübler, K. & Otto-Zimmermann, K. (Hrsg): Bewertung der Umweltverträglichkeit. Eberhard Blottner, Taunusstein: 84-103.

BECHMANN, A. (1995). Anforderungen an Bewertungsverfahren im Umweltmanagement. - in: Bund Deutscher Landschaftsarchitekten e.V. (Hrsg.): Theorie und Praxis der Bewertung in der Landschaftsplanung. Dokumentation zu den 11. Pillnitzer Planungsgesprächen, Tagungsbericht, Schmid und Druck, Oppenheim: 6-39.

BECK, U. (1986): Risikogesellschaft. Auf dem Weg in eine andere Moderne. - Edition Suhrkamp, Frankfurt/M.

BECKER, C. (1980): Die Anwendung verschiedener Landschaftsbewertungsverfahren auf sechs deutsche Fremdenverkehrsgebiete - Ein Vergleich. - in: ARL (Akademie für Raumforschung und Landesplanung, Hrsg.): Empirische Untersuchungen zur äußeren Abgrenzung und inneren Strukturierung von Freizeiträumen. Forschungs- und Sitzungsberichte, Bd. 132, Hermann Schroedel, Hannover: 159-205.

BENDIXEN, P. & KEMMLER, H.W. (1972): Planung. Organisation und Methode innovativer Entscheidungsprozesse. - De Gruyter, Berlin/New York.

v. BERTALANFFY, L. (1949): Zu einer allgemeinen Systemlehre. - Biologia Generalis 19: 115-129.

BEUCHERT, M. (1988): Die Gärten Chinas. - 2. Auflage, Neuausg., Eugen Diederichs, München.

BICK, H. (1988): Ökologie. - in: Kimmich, O.; v. Lersner, H. & Storm, P.-C. (Hrsg.): Handwörterbuch des Umweltrechts HdUR, Bd. II, Erich Schmidt, Berlin: Sp. 86-90.

BICK, H. (1993): Ökologie. Grundlagen, terrestrische und aquatische Ökosysteme und angewandte Aspekte. - 2., durchges. und aktualisierte Auflage, G. Fischer, Stuttgart/Jena/New York.

BICKES, H. (1993): Semantik, Handlungstheorie und Zeichenbedeutung. - in: Stachowiak, H. (Hrsg.): Pragmatik. Handbuch pragmatischen Denkens. Band 4 - Sprachphilosophie, Sprachpragmatik und formale Pragmatik. Felix Meiner, Hamburg: 156-187.

BIERHALS, E.; KIEMSTEDT, H. & SCHARPF, H. (1974): Aufgaben und Instrumentarium ökologischer Landschaftsplanung. - Raumforschung und Raumordnung, 32. Jg., H. 2: 76-88.

BÖHME, G.; VAN DEN DAELE, W. & KROHN, W. (1974): Die Finalisierung der Wissenschaft. - in: Diederich, W. (Hrsg.): Theorien der Wissenschaftsgeschichte. Beiträge zur diachronen Wissenschaftstheorie. Suhrkamp, Frankfurt/M.

BÖHME, G. ET AL. (Hrsg., 1978): Die gesellschaftliche Orientierung des wissenschaftlichen Fortschritts. - Starnberger Studien, Suhrkamp, Frankfurt/M.

BÖHRET, C. (1975): Grundriß der Planungspraxis. Mittelfristige Programmplanung und angewandte Planungstechniken. - Westdeutscher Verlag, Opladen.

BONß, W. & HARTMANN, H. (Hrsg., 1985): Entzauberte Wissenschaft. Zur Realität und Geltung soziologischer Forschung. - Reihe soziale Welt, Sonderband 3, Otto Schwartz, Göttingen.

BRAUN, G.E. (1977): Methodologie der Planung. Eine Studie zum abstrakten und konkreten Verständnis der Planung. - Schriften zur wirtschaftswissenschaftlichen Forschung, Bd. 22, Anton Hain, Meisenheim/Glan.

BRECHT, B. (1961): Gedichte, Bd. II (1913-1929). - Aufbau, Berlin.

BRECKLING, B. (1991): Variabilität, Kontextspezifität und Vorhersagbarkeit im individuen-orientierten Modell. - Verhandlungen der Gesellschaft für Ökologie (Freising-Weihenstephan 1990), Bd. 20/1991: 803-814.

BREUSTE, J. (1994): „Urbanisierung" des Naturschutzgedankens. - Naturschutz und Landschaftsplanung 26, H. 6: 214-220.

BRIASSOULIS, H. (1989): Theoretical Orientations in Environmental Planning: An Inquiry into Alternative Approaches. - Environmental Management, Vol. 13, No. 4: 381-392.

BRITSCH, K. (1979): Grenzen wissenschaftlicher Problemlösungen. Der mögliche Beitrag der Wissenschaft zur Lösung von Problemen: Anmerkungen zur Theorie der Planung. - Nomos, Baden-Baden.

BRÖRING, U. & WIEGLEB, G. (1990): Wissenschaftlicher Naturschutz oder ökologische Grundlagenforschung? - Natur und Landschaft 65, H. 6: 283-292.

BROGGI, M.F. (1994): Ein Plädoyer für mehr Mut zur Anwendung grober Verfahrensansätze für Bewertungen in Natur und Landschaft. - SIR-Salzburger Institut für Regionalforschung 1-4/1994: 7-11.

BRUCKMANN, G. (1978): Langfristige Prognosen: Methoden der Langfristprognostik komplexer Systeme. - 2. Auflage, Physika, Wien.

BUCHWALD, K. (1996): Landschaften als Gegenstand nutzungs- und umweltbezogener Planungen. - in: Buchwald, K. & Engelhardt, W. (Hrsg.): Bewertung und Planung im Umweltschutz. Reihe Umweltschutz - Grundlagen und Praxis, Bd. 2, Economica, Bonn: 1-37.

BUCHWALD, K. & ENGELHARDT, W. (Hrsg., 1996): Bewertung und Planung im Umweltschutz. - Reihe Umweltschutz - Grundlagen und Praxis, Bd. 2, Economica, Bonn.

BUND DEUTSCHER LANDSCHAFTSARCHITEKTEN (Hrsg., 1995): Theorie und Praxis der Bewertung in der Landschaftsplanung. - Dokumentation zu den 11. Pillnitzer Planungsgesprächen. Tagungsbericht, Schmid und Druck, Oppenheim.

BUND & MISEREOR (Hrsg., 1996): Zukunftsfähiges Deutschland. Ein Beitrag zu einer global nachhaltigen Entwicklung. - Birkhäuser, Basel/Boston/Bonn.

BUNGE, M. (1967): Scientific Research II. The Search for Truth. Studies on the Foundations, Methodology and Philosophy of Science. - Springer, Berlin/Heidelberg/New York.

BUNGE, M. (1983): Epistemologie. Aktuelle Fragen der Wissenschaftstheorie. - Bibliographisches Institut, B.I. Wissenschaftsverlag, Zürich.

BUNGE, M. (1987): Kausalität. Geschichte und Probleme. - J.B.C. Mohr (Paul Siebeck), Tübingen.

BURCKHARDT, L. (1978): Landschaftsentwicklung und Gesellschaftsstruktur. - in: Achleitner, F. (Hrsg.): Die Ware Landschaft. Eine kritische Analyse des Landschaftsbegriffs. Residenz, Salzburg: 9-15.

BURCKHARDT, L. (1990): Ästhetik und Ökologie - Die Erfindung der Landschaft. - Werk und Zeit, Nr. 3: 22-26.

CAPRA, F. (1988): Wendezeit. Bausteine für ein neues Weltbild. - München.

CAPRA, F. (1990): Das neue Denken. - Scherz, Bonn.

CARNAP, R. (1969): Einführung in die Philosophie der Naturwissenschaften. - Herausgegeben von Martin Gardner, Nymphenburger Verlagshandlung GmbH, München.

CARTWRIGHT, N. (1995): How Laws relate what happens: Against a regularity Account. - in: Stachowiak, H. (Hrsg.): Pragmatik. Handbuch pragmatischen Denkens. Band 5 - Pragmatische Tendenzen in der Wissenschaftstheorie Felix Meiner, Hamburg: 304-314.

CARTWRIGHT, T.J.C. (1973): Problems, Solutions and Strategies: A Contribution to the Theory and Practice of Planning. - AIP Journal, May 1973, Bd. 39: 179-187.

CASTELLS, M. (1992): The World has changed: Can Planning change? - Landscape and Urban Planning 22, Elsevier Science Publishers B.V., Amsterdam: 74-78.

CERWENKA, P. (1984): Ein Beitrag zur Entmythologisierung des Bewertungshokuspokus. - Landschaft + Stadt 16, H. 4: 220-227.

CHARGAFF, E. (1977): Trivialität in der Naturwissenschaft: eine kurze Meditation über Methoden. - Scheidewege 7: 327-340.

CHARGAFF, E. (1985): Wege machen Ziele. Bemerkungen über den Begriff der Methode in den Wissenschaften. - in: Ders.: Zeugenschaft. Essays über Sprache und Wissenschaft. Klett-Cotta, Stuttgart: 193-210.

CHARGAFF, E. (1995a): Das Feuer des Heraklit. Skizzen aus einem Leben vor der Natur. - 2. Auflage, Deutscher Taschenbuch Verlag, München.

CHARGAFF, E. (1995b): Ein zweites Leben. Autobiographische und andere Texte. - Klett Cotta, Stuttgart.

CORDES, G. (Hrsg., 1993): Geographie - Umwelt - Erziehung. Festschrift für Herbert Kersberg. - Brockmeyer, Bochum.

CRAMER, M. (1994): Psychologische Dimensionen der Umweltkrise. - Vortrag im Rahmen der Tagung „Umweltbewußtsein - Umwelthandeln“ der Bayerischen Akademie für Naturschutz und Landschaftspflege am 19.4.1994, Eching, unveröff.

DAAB, K. (1994): Auswahl von Verknüpfungsregeln zur Informationsverdichtung in UVP-Gutachten. - UVP-report 3/96: 167-170.

DAHL, J. (1983): Verteidigung des Federgeistchens. Über Ökologie und Ökologie hinaus. - Bauwelt, H. 7/8, Teil I: 228-232, Teil II: 265-266.

DEGEN, U.; SCHMID, G. & WERNER, R. (1975): Planung im entwickelten Kapitalismus. Ein Arbeitsbuch zu ausgewählten historischen, theoretischen und methodisch-praktischen Problemen. - Schriften des Fachbereichs Politische Wissenschaft, Bd. 7, Freie Universität Berlin.

DESCARTES, R. (1971): Abhandlung über die Methode des richtigen Vernunftgebrauchs und der wissenschaftlichen Wahrheitsforschung (Discours de la Méthode). - Übersetzung von Kuno Fischer, Reclam, Stuttgart.

DEUTSCHES NATIONALKOMITEE MAB (Hrsg., 1983): Ökosystemforschung Berchtesgaden. Ziele, Fragestellungen und Methoden. - MAB-Mitteilungen 16, Bonn.

DIEDERICH, W. (Hrsg., 1972): Theorien der Wissenschaftsgeschichte. Beiträge zur diachronen Wissenschaftstheorie. - Suhrkamp, Frankfurt/M.

DIERßEN, K. & SCHRAUTZER, J. (1997): Wie sinnvoll ist ein Rückzug der Landwirtschaft aus der Fläche? Aspekte des Naturschutzes sowie der Landnutzung in intensiv bewirtschafteten agrarischen Räumen. - Akad. Natursch Landschaftspfl. (ANL), Laufener Seminarbeitr. 1/97: 93-104.

DIERßEN, K. & WÖHLER, K. (1997): Reflexionen über das Naturbild von Naturschützern und das Wissenschaftsbild von Ökologen. - Z. Ökologie u. Naturschutz, H. 3: 169-180.

DIETRICHS, B. (1988): Stand und Entwicklungsmöglichkeiten der Prognosen für Raumordnung und Landesplanung. - in: ARL (Akademie für Raumforschung und Landesplanung, Hrsg.): Regionalprognosen. Methoden und ihre Anwendung. Forschungs- und Sitzungsberichte, Bd. 175, Hannover: 1-16.

DI FABIO, U. (1991): Entscheidungsprobleme der Risikoverwaltung: Ist der Umgang mit Risiken rechtlich operationalisierbar? - Natur und Recht, H. 8: 353-359.

DIJSTERHUIS, E.J. (1956): Die Mechanisierung des Weltbildes. - Springer, Berlin/Göttingen/Heidelberg.

DINNEBIER, A. (1995): Symbol vertrauter Naturbilder: Landschaft sehen. - Garten + Landschaft, H. 9: 18-22.

DINNEBIER, A. (1996): Die Innenwelt der Außenwelt. Die schöne „Landschaft" als gesellschaftstheoretisches Problem. - Landschaftsentwicklung und Umweltforschung, Schriftenreihe im Fachbereich Umwelt und Gesellschaft, Nr. 100, Technische Universität Berlin.

v. DITFURTH, H. (1980): Der Geist fiel nicht vom Himmel. - Deutscher Taschenbuch Verlag, München.

DÖRHÖFER, G. & JOSOPAIT, G. (1980): Eine Methode zur flächendifferenzierten Ermittlung der Grundwasserneubildungsrate. - Geologisches Jahrbuch C27: 45-65.

DÖRNER, D. (1995): Die Logik des Mißlingens. Strategisches Denken in komplexen Situationen. - Rowohlt Taschenbuch, Reinbek, Hamburg.

DÖRNER, D.; KREUZIG, H.W.; REITHER, F. & STÄNDEL, T. (1983): Lohhausen. Vom Umgang mit Unbestimmtheit und Komplexität. - Forschungsbericht DFG-Projekt Do 200/4 Systemdenken, Lehrstuhl Psychologie II der Universität Bamberg, Hans Huber, Bern.

DRESS, A.; HENDRICHS, H. & KÜPPERS, B. (1986): Die Entstehung von Ordnung in Natur und Gesellschaft. - Piper, München.

v. DRESSLER, H. (1996): Bewertungsverfahren in der Bauleitplanung. Ihre Integration in den Planungsprozeß und fachliche Anforderungen an die Ermittlung von Eingriffen und deren Kompensation. - Akad. Natursch. Landschaftspfl. (ANL), Laufener Seminarbeitr. 2/96: 61-76.

DREYHAUPT, F.J.; PEINE, F.J. & WITTKÄMPER, G.W. (Hrsg., 1992): Umwelt-

Handwörterbuch. - Walhalla, Bonn/Regensburg.

DRÖSSER, C. (1994): Fuzzy Logic. Methodische Einführung in krauses Denken. - Rowohlt, Hamburg.

DÜRR, H.-P. (1991): Wissenschaft und Wirklichkeit. Über die Beziehung zwischen dem Weltbild der Physik und der eigentlichen Wirklichkeit. - in: Dürr, H.-P. & Zimmerli, H. (Hrsg.): Geist und Natur, Scherz, Bern/München/Wien: 28-46.

DÜRR, H.-P. & ZIMMERLI, H. (Hrsg., 1989): Geist und Natur. Über den Widerspruch zwischen naturwissenschaftlicher Erkenntnis und philosophischer Welterfahrung. - Scherz, Bern/ München/Wien.

DUHME, F.; LENZ, R. & SPANDAU, L. (Hrsg., 1992): 25 Jahre Lehrstuhl für Landschaftsökologie Weihenstephan. Festschrift mit Beiträgen ehemaliger Mitarbeiter. - Verlag der Freunde der Landschaftsökologie Weihenstephan e.V., Freising.

DUPRÉ, W. (1986): Das Pragma in schriftlosen Kulturen. - in: Stachowiak, H. (Hrsg.): Handbuch pragmatischen Denkens. Von den Ursprüngen bis zum 18. Jahrhundert. Felix Meiner, Hamburg: 1-23.

EBENHÖH, W. (1991): Strategische Modelle zur Koexistenz von ähnlichen Arten. - Vortrag auf dem Workshop „Modellierung" im Rahmen des Projektes „Ökosystemforschung Niedersächsisches Wattenmeer", unveröff. Manuskript.

EBERHARDT, C.; WINTER, T.A. & RIMATHÉ, R. (1996): Ökologische Zielentwicklung für die Rheinaue in Nordrhein-Westfalen. Grundlagen und Zielfindung für Ökologie, Hochwasserschutz und Schiffahrt. - Naturschutz und Landschaftsplanung 28, H. 6: 165-171.

EBERLE, D. (1984): Die ökologische Risikoanalyse - Kritik der theoretischen Fundierung und der raumplanerischen Verwendungspraxis. - Werkstattbericht Nr. 11 (Hrsg. Prof. Dr. H. Kistenmacher), Regional- und Landesplanung, Kaiserslautern.

ECKEY, H.-F. (1988): Methoden zu Prognosen von Arbeitsplätzen in der Region. - in: ARL (Akademie für Raumforschung und Landesplanung, Hrsg.): Regionalprognosen. Methoden und ihre Anwendung. Forschungs- und Sitzungsberichte, Bd. 175: 205-234.

EDELMAN, G.M. (1995): Göttliche Luft, vernichtendes Feuer. Wie der Geist im Gehirn entsteht. - Piper, München/Zürich.

EIGEN, M. (1987): Stufen zum Leben. Die frühe Evolution im Visier der Molekularbiologie. - Piper, München.

EIGEN, M. & WINKLER, R. (1975): Das Spiel. Naturgesetze steuern den Zufall. - Piper, München/Zürich.

EILENBERGER, G. (1986): Die Erforschung komplexer Systeme. - Allgemeine Forstzeitschrift 22/1986: 537-542.

EISENHARDT, P.; KURTH, D. & STIEHL, H. (1988): Du steigst nie zweimal in denselben Fluß. Die Grenzen der wissenschaftlichen Erkenntnis. - Rowohlt, Hamburg.

EKELAND, J. (1989): Das Vorhersehbare und das Unvorhersehbare. Die Bedeutung der Zeit von der Himmelsmechanik bis zur Katastrophentheorie. - Ullstein, Frankfurt.

EKSCHMITT, K.; MATHES, K. & BRECKLING, B. (1994): Theorie in der Ökologie: Möglichkeiten der Operationalisierung des juristischen Begriffes „Naturhaushalt" in der Ökologie. - Verhandlungen der Gesellschaft für Ökologie, Bd. 23, Freising-Weihenstephan: 417-420.

EKSCHMITT, K.; BRECKLING, B. & MATHES, K. (1996): Unsicherheit und Ungewißheit bei der Erfassung und Prognose von Ökosystementwicklungen. - Verhandlungen der Gesellschaft für Ökologie, Bd. 26: 495-500.

ELLENBERG, H. ET AL. (1991): Zeigerwerte von Pflanzen in Mitteleuropa. - 3., verb. u. erw. Aufl., Scripta Geobotanica XVIII, Hrsg. vom Lehrstuhl für Geobotanik der Universität Göttingen, Erich Goltze, Göttingen.

ENGELHARDT, D. & BRENNER, W. (1993): Naturschutzrecht in Bayern mit Kommentar zum Bayerischen Naturschutzgesetz. - Loseblattsammlung, Jehle-Rehm, Stand: 1. September 1993.

ERBGUTH, W. (1995): Stärkung der Umweltvorsorge in der Flächennutzungsplanung: Landschaftsplanung - Umweltleitplanung - Umweltverträglichkeitsprüfung - Plan-UVP. - Natur und Recht, H. 9: 444-448.

ERZ, W. (1986): Ökologie oder Naturschutz? Überlegungen zur terminologischen Trennung und Zusammenführung. - Berichte der ANL, H. 10, Juli 1986: 11-17.

ESER, U.; GRÖTZINGER, L.; KONOLD, W. & POSCHLOD, P. (1992): Naturschutzstrategien. - Landesanstalt für Umweltschutz Baden-Württemberg (Hrsg.), Veröffentlichungen Projekt „Angewandte Ökologie", Bd. 2, Karlsruhe.

ESER, U. & POTTHAST, T. (1997): Bewertungsproblem und Normbegriff in Ökologie und Naturschutz aus wissenschaftsethischer Perspektive. - Z. Ökologie u. Naturschutz, H. 3: 181-189.

FAGAN, B.M. (1992): Das Abenteuer der Besiedlung Amerikas. - 2., durchges. Aufl., Beck, München.

FALTER, R. (1996): Landschaftsplan-Umsetzung in der Gemeinde Kirchdorf i. Wald. Eine erste Bilanz. - Akad. Natursch. Landschaftspfl. (ANL), Laufener Seminarbeitr. 6/96: 101-102.

FELDHAUS, G. (1982): Entwicklung und Rechtsnatur von Umweltstandards. - UPR, H. 5: 137-147.

FENCHEL, T. (1987): Ecology - Potentials and Limitations. - Excellence in Ecology, Bd. 1, Ecology Institute, Oldendorf.

FEYERABEND, P. (1971): Umriß einer pluralistischen Theorie des Wissens und Handelns. - in: Andersen, S. (Hrsg.): Die Zukunft der menschlichen Umwelt. Rombach, Freiburg: 259-268.

FEYERABEND, P. (1978): Der wissenschaftstheoretische Realismus und die Autorität der Wissenschaften. Ausgewählte Schriften, Bd. 1. - Friedrich Vieweg + Sohn,

Braunschweig/Wiesbaden.

FEYERABEND, P. (1980): Erkenntnis für freie Menschen. - Suhrkamp, Frankfurt/M.

FEYERABEND, P. (1985): Was heißt das, wissenschaftlich sein? - in: Feyerabend, P. & Thomas, L. (Hrsg.): Grenzprobleme der Wissenschaften. Eidgenössische Technische Hochschule Zürich (ETHZ), Verlag der Fachvereine, Zürich: 385-397.

FEYERABEND, P. (1986): Wider den Methodenzwang. - Suhrkamp, Frankfurt/M.

FEYERABEND, P. (1990): Irrwege der Vernunft. - 2. Auflage, Suhrkamp, Frankfurt/M.

FEYERABEND, P. (1995). Knowlegde and the Role of Theories. - in: Stachowiak, H. (Hrsg.): Pragmatik, Handbuch pragmatischen Denkens, Band 5 - Pragmatische Tendenzen in der Wissenschaftstheorie. Felix Meiner, Hamburg: 59-80.

FEYERABEND, P. & THOMAS, L. (Hrsg., 1985): Grenzprobleme der Wissenschaften. - Eidgenössische Technische Hochschule Zürich (ETHZ), Verlag der Fachvereine Zürich.

FINKE, L. (1989): Ökologische Planung - Nur ein modisches Schlagwort oder eine qualitativ neue Planung? - Verhandlungen der Gesellschaft für Ökologie (Essen 1988), Band XVIII: 581-587.

FINKE, L. (1992): Über die Entwicklung der Landschaftsökologie.- in: Duhme, F.; Lenz, R. & Spandau, L. (Hrsg.): 25 Jahre Lehrstuhl für Landschaftsökologie in Weihenstephan. Festschrift mit Beiträgen ehemaliger Mitarbeiter, Verlag der Freunde der Landschaftsökologie Weihenstephan e.V., Freising: 29-40.

FINKE, L. (1994): Landschaftsökologie. - 2., verb. Auflage, Das geographische Seminar, Westermann, Braunschweig.

FINKE, L.; REINKOBER, G.; SIEDENTROP, S. & STROTKEMPER, B. (1993): Berücksichtigung ökologischer Belange in der Regionalplanung in der Bundesrepublik Deutschland. - ARL (Akademie für Raumforschung und Landesplanung), Reihe Beiträge, Bd. 124, Hannover.

FISCHER, R. (1991a): Hierarchie und Alternative - Charakteristika von Vernetzungen. - in: Pellert, A. (Hrsg.): Vernetzung und Widerspruch. Zur Neuorganisation von Wissenschaft. Profil, München: 121-164.

FISCHER, R. (1991b): Selbstorganisation. Abschied vom Management? - in: Kratky, W. (Hrsg.): Systemische Perspektiven. Interdisziplinäre Beiträge zu Theorie und Praxis. Carl Auer, Heidelberg: 207-223.

FISCHER-HÜFTLE, P. (1993): Rechtliche Aspekte bei Eingriffen in das Landschaftsbild. - NNA-Berichte 1/1993: 25-29.

FISCHER-HÜFTLE, P. (1996): Wechselseitige Anforderungen und Wünsche an die Zusammenarbeit von Naturschutz-Fachleuten und Juristen. Beispiele aus der Rechtsprechung eines Verwaltungsgerichts. - unveröff. Manuskript, 6 S.

FORMAN, R.T.T. (1995): Some General Principles of Landscape and Regional Ecology. - Landscape Ecology, Vol. 10, No. 3: 133-142.

FORMAN, R.T.T. & GODRON, M. (1986): Landscape Ecology. - John Wiley & Sons, New York.

FORRESTER, J.W. (1971): Planung unter dem Einfluß komplexer sozialer Systeme. - in: Ronge, W. & Schmig, G. (Hrsg.): Politische Planung in Theorie und Praxis. Piper, München: 81-90.

FORSCHUNGSGRUPPE TRENT (1973): Typologische Untersuchungen zur rationellen Vorbereitung umfassender Landschaftsplanungen. - Forschungsauftrag des Bundesministers für Ernährung, Landwirtschaft und Forsten, Dortmund u. Saarbrükken, vervielf. Manuskript.

FRÄNZLE, O. ET AL. (1992): Erarbeitung und Erprobung einer Konzeption für die ökologisch orientierte Planung auf der Basis der regionalisierenden Umweltbeobachtung am Beispiel Schleswig-Holsteins.- Abschlußbericht, Reihe Texte des Umweltbundesamtes, Band 20/92, Berlin.

FRÄNZLE, O. & FRÄNZLE, U. (1993): Umweltbeobachtung und -bewertung als Grundlage des Umweltschutzes. - in: Cordes, G. (Hrsg.): Geographie - Umwelt - Erziehung. Festschrift für Herbert Kersberg. Brockmeyer, Bochum: 163-188.

FREDERICHS, G. & BLUME, H. (1990): Umweltprognosen. Methoden und Anwendungsprobleme der präventiven Umweltpolitik. - Beiträge zur Umweltgestaltung, Bd. A118, Erich Schmidt, Berlin.

FROHMANN, E. (1997): Die Archetypen der Landschaft - ihre äußeren und inneren Bilder. - Natur und Landschaft 72, H. 4: 202-206.

FÜRST, D.; KIEMSTEDT, H.; GUSTEDT, E.; RATZBOR, G. & SCHOLLES, F. (1992): Umweltqualitätsziele für die ökologische Planung. - Reihe Texte des Umweltbundesamtes, Band 34/93, Berlin.

FULLER, R.R. & LANGSLOW, D.R. (1994): Ornithologische Bewertungen für den Arten- und Biotopschutz. - in: Usher, M.B. & Erz, W. (Hrsg.): Erfassen und Bewerten im Naturschutz. Quelle & Meyer, Heidelberg/Wiesbaden: 212-235.

GASSNER, E. (1993a): Methoden und Maßstäbe für die planerische Abwägung. Theorie und Praxis abgeleiteter Bewertungsnormen. - Bundesanzeiger Verlag, Köln.

GASSNER, E. (1993b): Neuere Planungsansätze im Umweltschutz. - Natur und Recht, H. 8: 358-365.

GATZWEILER, H.P. (1980): Das Präferenzmodell. - Raumforschung und Raumordnung 38, H. 4: 173-180.

GEHMACHER, E. (1971): Methoden der Prognostik. Eine Einführung in die Probleme der Zukunftsforschung und Langzeitplanung. - Rombach, Freiburg.

GEIGER, T. (1971): Das Werturteil - eine ideologische Aussage. - in: Albert, H. & Topitsch, E. (Hrsg.): Werturteilsstreit. Wege der Forschung, Band CLXXV, Wissenschaftl. Buchgesellschaft, Darmstadt: 33-43.

GETHMANN, F. (1987): Vom Bewußtsein zum Handeln. Pragmatische Tendenzen in der deutschen Philosophie der ersten Jahrzehnte des 20. Jahrhunderts. - in: Stachowiak, H. (Hrsg.): Pragmatik. Handbuch pragmatischen Denkens. Band 2 - Der Aufstieg pragmatischen Denkens im 19. und 20. Jahrhundert. Felix Meiner, Hamburg: 202-132.

GETHMANN, C.F. & MITTELSTRAß, J. (1992): Maße für die Umwelt. - Gaia 1, H. 1: 16-25.

GIERER, A. (1991): Die gedachte Natur. Ursprung, Geschichte, Sinn und Grenzen der Naturwissenschaft. - Piper, München.

GILBERT, G.M. & MULKAY, M. (1985): Die Rechtfertigung wissenschaftlicher Überzeugungen. - in: Bonß, W. & Hartmann, H. (Hrsg.): Entzauberte Wissenschaft. Zur Relativität und Geltung soziologischer Forschung. Reihe Soziale Welt, Sonderband 3, Otto Schwartz, Göttingen: 207-227.

V. GLASERSFELD, E. (1991): Abschied von der Objektivität? - in: Watzlawick, P. & Krieg, P. (Hrsg.): Das Auge des Betrachters. Beiträge zum Konstruktivismus. Piper, München.

V. GLASERSFELD, E. (1992): Konstruktion der Wirkichkeit und des Begriffs der Objektivität. - in: Gumin, H. & Meier, H. (Hrsg.): Einführung in den Konstruktivismus. München: 9-39.

GLEICK, J. (1990): Chaos - die Ordnung des Universums. Vorstoß in Grenzbereiche der modernen Physik. - Taschenbuchausgabe, Knaur, München.

GNAUCK, A. (1995): Systemtheorie, Ökosystemvergleiche und Umweltinformatik. - in: Gnauck, A.; Frischmuth, A. & Kraft, A. (Hrsg.): Ökosysteme: Modellierung und Simulation. Reihe Umwelt-Wissenschaften, Band 6, Eberhard Blottner, Taunusstein: 11-27.

GNAUCK, A.; FRISCHMUTH, A. & KRAFT, A. (Hrsg., 1995): Ökosysteme: Modellierung und Simulation. - Reihe Umwelt-Wissenschaften, Band 6, Eberhard Blottner, Taunusstein.

GRENE, M. (1980): A Note on Simberloff's „Succession of Paradigms in Ecology". - Synthese, Vol. 43, No. 1: 41-4.

GRUBB, H. (1995): Der Delphi-Report. Innovationen für unsere Zukunft. - Deutsche Verlags-Anstalt, Stuttgart.

GRÖNING, G. & HERLYN, U. (HRSG., 1990): Landschaftswahrnehmung und Landschaftserfahrung. Texte zur Konstitution und Rezeption von Natur und Landschaft. - Minerva Publikationen, Arbeiten zur Sozialwissenschaftlichen Freiraumplanung, Bd. 10, München.

GRUENTER, R. (1953): Landschaft. Bemerkungen zu Wort und Bedeutungsgeschichte. - Germanisch-romanische Monatsschrift, Neue Folge 3, 34: 110-120.

GÜSEWELL, S. & DÜRRENBERGER, G. (1996): Komplementarität von Laiensicht und Expertensicht in der Landschaftsbewertung. - Gaia 5, H. 1: 23-34.

GUMIN, H. & MEIER, H. (Hrsg., 1992): Einführung in den Konstruktivismus. - München.

v. HAAREN, C. (1988): Beitrag zu einer normativen Grundlage für praktische Zielentscheidungen im Arten- und Biotopschutz. - Landschaft + Stadt 20, H. 3: 97-106.

HAASE, G. (1978): Zur Ableitung und Kennzeichnung von Naturraumpotentialen. - Petermanns Geogr. Mitt. 122: 113-125.

HAASE, G. (1991): Naturraumerkundung und Landnutzung. Geochorische Verfahren zur Analyse, Kartierung und Bewertung des Leistungsvermögens des Landschaftshaushaltes (BA LVL). - 2. Auflage, Zentralausschuß für deutsche Landeskunde, Selbstverlag, Trier.

HABER, W. (1971): Landschaftspflege durch differenzierte Bodennutzung. - Bayerisches Landwirtschaftliches Jahrbuch 48, Sonderheft 1: 19-35.

HABER, W. (1979): Theoretische Anmerkungen zur „ökologischen Planung". - Verhandlungen der Gesellschaft für Ökologie, Münster 1978, Band VII: 19-28.

HABER, W. (1986): Über die menschliche Nutzung von Ökosystemen - unter besonderer Berücksichtigung der Nutzung von Agrarökosystemen. - Verhandlungen der Gesellschaft für Ökologie, Hohenheim 1984, Band XIV: 13-24.

HABER, W. (1990): Using Landscape Ecology in Planning and Management. - in: Zonneveld, I.S. & Forman, R.T.T. (Eds.): Changing Landscapes: An Ecological Perspective. Springer, New York: 21-33.

HABER, W. (1992a): Erfahrungen und Erkenntnisse aus 25 Jahren der Lehre und Forschung in Landschaftsökologie: Kann man ökologisch planen? - in: Duhme, F.; Lenz, R. & Spandau, L. (Hrsg.): 25 Jahre Lehrstuhl für Landschaftsökologie in Weihenstephan. Festschrift mit Beiträgen ehemaliger Mitarbeiter, Verlag Freunde der Landschaftsökologie Weihenstephan e.V., Freising: 1-28.

HABER, W. (1992b): Umweltbegriff. - in: Dreyhaupt, F.J.; Peine, F.J. & Wittkämper, G.W. (Hrsg.): Umwelt-Handwörterbuch. Walhalla, Bonn/Regensburg: 2-6.

HABER, W. (1993a): Vom rechten und falschen Gebrauch der Ökologie. - Naturschutz und Landschaftsplanung 25, H. 5: 187-190.

HABER, W. (1993b): Ökologische Grundlagen des Umweltschutzes. - in: Buchwald, K. & Engelhardt, W. (Hrsg.): Reihe Umweltschutz - Grundlagen und Praxis, Bd. 1, Economica, Bonn.

HABER, W. (1993c): Von der ökologischen Theorie zur Umweltplanung. - Gaia, H. 2: 96-106.

HABER, W. (1996a): Die Landschaftsökologen und die Landschaft. - Ber. d. Reinh. Tüxen Ges., Hannover: 297-309.

HABER, W. (1996b): Von der Schwierigkeit der Abwägung zwischen Eingriffen in Natur und Landschaft. Zum Ausbau der Donau zwischen Straubing und Vilshofen. - Verhandlungen der Gesellschaft für Ökologie, Bd. 26: 287-294.

HABER, W.; LANG, R.; JESSEL, B.; SPANDAU, L.; KÖPPEL, J. & SCHALLER, J. (1993): Entwicklung von Methoden zur Beurteilung von Eingriffen nach § 8 Bundesnaturschutzgesetz. - Nomos, Baden-Baden.

HABERMAS, J. (1971): Erkenntnis und Interesse. - in: Albert, H. & Topitsch, E. (Hrsg.): Werturteilsstreit. Wege der Forschung, Band CLXXV, Wissenschaftl. Buchgesellschaft Darmstadt: 334-352.

HABERMAS, J. (1983): Moralbewußtsein und kommunikatives Handeln. - Suhrkamp, Frankfurt/M.

HABERMAS, J. (1993): Theorie und Praxis. - 6. Auflage (1. Auflage 1978), Suhrkamp, Frankfurt/M.

HAECKEL, E. (1866): Generelle Morphologie der Organismen. - 2 Bde., Berlin.

HAILA, Y. (1988): The multiple Faces of ecological Theory and Data. - Oikos 53, H. 3: 408-411.

HAKEN, H. (1990): Über das Verhältnis der Synergetik zur Thermodynamik, Kybernetik und Informationstheorie. - in: Niedersen, U. & Pohlmann, C. (Hrsg.): Selbstorganisation. Jahrbuch für Komplexität in den Natur-, Sozial- und Geisteswissenschaften, Bd. 1, Duncker & Humblot, Berlin: 19-23.

HAKEN, H. & WUNDERLIN, A. (1986): Synergetik. Prozesse der Selbstorganisation in der belebten und unbelebten Natur. - in: Dress, A.; Hendrichs, H. & Küppers, G. (Hrsg): Selbstorganisation. Die Entstehung von Ordnung in Natur und Gesellschaft. Piper, München: 35-60.

HAKEN, H. & WUNDERLIN, A. (1990): Die Anwendung der Synergetik auf Musterbildung und Mustererkennung. - in: Kratky, K. & Wallner, W. (Hrsg.): Grundprinzipien der Selbstorganisation. Wissenschaftl. Buchgesellschaft, Darmstadt: 18-30.

HAMMANN, W. & KLUGE, T. (Hrsg., 1985): In Zukunft. Berichte über den Wandel des Fortschritts. - Reinbek, Hamburg.

HAMPICKE, U. (1995): Ökonomische Perspektiven und ethische Grenzen künftiger Landnutzung. - Akad. Natursch. Landschaftspfl. (ANL), Laufener Seminarbeitr. 4/94: 11-20.

HARD, G. (1969): Die Diffusion der „Idee der Landschaft". Präliminarien zu einer Geschichte der Landschaftsgeographie. - Erdkunde 23, H. 4, Ferdinand Dümmlers, Bonn: 249-264.

HARD, G. (1970): Die „Landschaft" der Sprache und die „Landschaft" der Geographen. Semantische und forschungslogische Studien zu einigen zentralen Denkfiguren in der deutschen geographischen Literatur. - Colloquium geographicum, Bd. 11, Bonn.

HARD, G. (1972): „Landschaft" - Folgerungen aus einigen Ergebnissen einer semantischen Analyse. - Landschaft + Stadt, H. 2: 77-84.

HARD, G. (1977): Zu den Landschaftsbegriffen der Geographie. - in: Wallthor, A.H. & Quirin, H. (Hrsg.): „Landschaft" als interdisziplinäres Forschungsproblem. Veröffentlichungen des Provinzialinstituts für westfälische Landes- und Volksforschung des Landschaftsverbands Westfalen-Lippe, Reihe 1, H. 21, Aschendorffsche Verlagsbuchhandlung, Münster: 13-23.

HARD, G. (1991): Landschaft als professionelles Idol. - Garten + Landschaft, H. 3: 13-18.

HARD, G. & GLIEDNER, A. (1978): Wort und Begriff Landschaft anno 1976. - in: Achleitner, F. (Hrsg.): Die Ware Landschaft. Eine kritische Analyse des Landschaftsbegriffs. Residenz, Salzburg: 16-24.

HARFST, W. (1980): Beiträge zur Überprüfung der Gültigkeit freizeitbezogener Landschaftsbewertungsverfahren. - Landschaft + Stadt 12, H. 4: 162-179.

HAWKING, S.W. (1993): Einsteins Traum. Expeditionen an die Grenzen der Raumzeit. - Rowohlt, Hamburg.

AN DER HEIDEN, U. (1992). Selbstorganisation in dynamischen Systemen. - in: Krohn, W. & Küppers, G. (Hrsg.): Die Entstehung von Ordnung, Organisation und Bedeutung. Suhrkamp, Frankfurt/M.: 57-87.

HEILAND, S. (1992): Naturverständnis. Dimensionen des menschlichen Naturbezugs. - Wissenschaftl. Buchgesellschaft, Darmstadt.

HEILAND, S. (1997): Durchsetzbarkeit von Naturschutzansprüchen - Die Bedeutung human- und sozialwissenschaftlicher Aspekte (Arbeitstitel). - Dissertation am Lehrstuhl für Landschaftsökologie der Technischen Universität München-Weihenstephan, i. Vorb.

HEINTZ, A. & REINHARDT, G. (1990): Chemie und Umwelt. - Vieweg & Sohn, Braunschweig/Wiesbaden.

HEISENBERG, W. (1990): Physik und Philosophie. - Original von 1959, Neuauflage der Ullstein-Materialien, Ullstein, Frankfurt/Berlin.

HEJL, P.M. (1992): Selbstorganisation und Emergenz in sozialen Systemen. - in: Krohn, W. & Küppers, G. (Hrsg.): Emergenz. Die Entstehung von Ordnung, Organisation und Bedeutung. 2. Aufl., Suhrkamp, Frankfurt/M.

HEJL, P.M. (1995): Ethik, Konstruktivismus und gesellschaftliche Selbstregelung. - in: Rusch, G. & Schmidt, S.J. (Hrsg.): Konstruktivismus und Ethik. Suhrkamp, Frankfurt/M.: 28-121.

HEMPEL, C.G. (1972): Wissenschaftliche und historische Erklärungen. - in: Albert, H. (Hrsg.): Theorie und Realität. Ausgewählte Aufsätze zur Wissenschaftslehre der Sozialwissenschaften. J.B.C. Mohr (Paul Siebeck), Tübingen: 237-261.

HEMPEN, D.; KRÜGER, R. & MÖNNECKE, M. (1992): Die Eingriffsregelung - ein ambitioniertes Instrument wird zum Alltagsgeschäft. Darstellung der Praxis der Eingriffsregelung anhand verschiedener Fallbeispiele im nordwestlichen Teil des Landkreises Hannover. - Schriftenreihe des Instituts für Landschaftsökologie und Naturschutz am Fachbereich für Landschaftsarchitektur und Umweltentwicklung der Universität Hannover, Arbeitsmaterialien 22, Hannover.

V. HENTIG, H. (1988): Wissenschaft. Schlußvorlesung an der Universität Bielefeld am 24. April 1988. - Bielefelder Universitätszeitung, 9. Juni 1988: 14-21.

HERMANN, G. (1996): Zur Bearbeiterabhängigkeit faunistischer Beiträge am Beispiel von Heuschrecken-Erhebungen und Konsequenzen für die Praxis. - Akad. Natursch. Landschaftspfl. (ANL), Laufener Seminarbeitr. 2/96: 143-154.

HEYSELMANN, R. (1989): Vertreibung der Vernunft - Chance des Neubeginns. - in: Stachowiak, H. (Hrsg.): Pragmatik. Handbuch pragmatischen Denkens. Band 3 - Allgemeine philosophische Pragmatik. Felix Meiner, Hamburg: 437-459.

HIRSCH, G. (1993): Warum ist ökologisches Handeln mehr als eine Anwendung ökologischen Wissens? - Gaia 2, H. 3: 141-151.

HMFLWLFN (HESSISCHES MINISTERIUM FÜR LANDESENTWICKLUNG, WOHNEN, LANDWIRTSCHAFT, FORSTEN UND NATURSCHUTZ) (1992): Richtlinien zur Bemessung der Abgabe bei Eingrifffen in Natur und Landschaft (§ 6 Abs. 3 Hessisches Naturschutzgesetz HeNatG). - Rundschreiben, Erlaß v. 17.5.1992.

HOLST, M. ET AL. (1991): Planungsverfahren für Umweltfachpläne. - Forschungsbericht im Auftrag des Umweltbundesamtes, UBA Berichte 1/91, Erich Schmidt, Berlin.

HOBOHM, C. (1994): Kritische Betrachtung einiger Grundbegriffe der Ökologie im Spannungsfeld verschiedener Einflüsse. - Z. Ökologie u. Naturschutz, H. 3: 113-119.

HOFMEISTER, S. & HÜBLER, K.-H. (1990): Stoff- und Energiebilanzen als Instrument der räumlichen Planung. - ARL (Akademie für Raumforschung und Landesplanung), Beiträge, Bd. 118, Hannover.

HONNEFELDER, L. (Hrsg., 1992): Natur als Gegenstand der Wissenschaften. - Karl Alber, Freiburg/München.

HONNEFELDER, L. (1993): Welche Natur sollen wir schützen? - Gaia 2, H. 5: 253-264.

HOPPE, W. (1988): Planung. - in: Isensee, J. & Kirchhof, P. (Hrsg.): Handbuch des Staatsrechts der Bundesrepublik Deutschland, Band III, § 71, Heidelberg: 653-716.

HOVESTADT, T; ROESER, J. & MÜHLENBERG, M. (1991): Flächenbedarf von Tierpopulationen als Kriterien für Maßnahmen des Biotopschutzes und als Datenbasis zur Beurteilung von Eingriffen in Natur und Landschaft. - Forschungszentrum Jülich, Berichte aus der ökolog. Forschung, Bd. 1.

HÜBLER, K.-H. & OTTO-ZIMMERMANN, K. (1989): Bewertung der Umweltverträglichkeit. - Eberhard Blottner, Taunusstein.

HÜBNER, B. (1994): Stark verzögerte Schnittnutzung auf feuchten Grünlandstandorten. Pflanzenbauliche und ökologische Aspekte. - Reihe Ökologie und Umweltsicherung 7/94, Gesamthochschule Kassel, Fachbereich Landwirtschaft, Internationale Agrarentwicklung und Umweltsicherung, Kassel.

HUME, D. (1955): Untersuchung über die Prinzipien der Moral. - (Original erschienen im Jahr 1751), Übersetzung von Carl Winkler, Felix Meiner, Hamburg.

HUME, D. (1973): Ein Traktat über die menschliche Natur (A Treatise of Human Nature). - (Original erschienen 1739-1740). Unveränderter Nachdruck der zweiten, durchges. Auflage von 1904 (Buch I) bzw. der ersten Auflage von 1906 (Buch II und III), Felix Meiner, Hamburg.

ISENSEE, J. & KIRCHHOF, P. (Hrsg., 1988): Handbuch des Staatsrechts der Bundesrepublik Deutschland. - Band III, Heidelberg.

IUCN-KOMMISSION FÜR NATIONALPARKE UND SCHUTZGEBIETE (1994): Richtlinien für Management-Kategorien von Schutzgebieten. - Arbeitspapier NI2-45121/0, übersetzt durch den Sprachdienst im BMU, Juli 1995.

JAEGER, H. (1989): Komplexe Systeme. Eine Schule der Bescheidenheit. - in: Michel, K.M. & Spengler, T. (Hrsg.): Das Chaos. Kursbuch Nr. 98, Rotbuch, Berlin: 149-163.

JANICH, P. (1987): Voluntarismus, Operationalismus, Konstruktivismus. Zur pragmatischen Begründung der Naturwissenschaften. - in: Stachowiak, H. (Hrsg.): Pragmatik. Handbuch pragmatischen Denkens. Band 2 - Der Aufstieg pragmatischen Denkens im 19. und 20. Jahrhundert. Felix Meiner, Hamburg: 233-256.

JANTSCH, E. (1971): Von der Prognose und Planung zu den „Policy Sciences“. - in: Ronge, V. & Schmieg, G. (Hrsg.): Politische Planung in Theorie und Praxis. Piper, München: 35-56.

JANTSCH, E. (1988): Die Selbstorganisation des Universums. Vom Urknall zum menschlichen Geist. - 4. Auflage, Deutscher Taschenbuch Verlag, München.

JARASS, H.D. (1987): Der rechtliche Stellenwert technischer und wissenschaftlicher Standards. Probleme und Lösungen am Beispiel der Umweltstandards. - Neue Juristische Wochenschrift, 40. Jg., H. 21: 1225-1231.

JARVIE, I.C. (1971): Der Architekt und das utopische Denken. - in: Anderson, S. (Hrsg.): Die Zukunft der menschlichen Welt, Rombach, Freiburg: 16-40.

JAX, K. (1994): Das ökologische Babylon. - Bild der Wissenschaft, H. 9: 92-95.

JAX, K.; VARESCHI, E. & ZAUKE, G.-P. (1991): Entwicklung eines theoretischen Konzepts zur Ökosystemforschung Wattenmeer. - Umweltforschungsplan des Bundesministers für Umwelt, Naturschutz und Reaktorsicherheit, Forschungsbericht 108 02 085/02, im Auftrag des Umweltbundesamtes, Berlin.

JEFFERSON, R.G. & USHER, M.B. (1994): Ökologische Sukzession und die Untersuchung und Bewertung von Nicht-Klimax-Gesellschaften. - in: Usher, M.B. & Erz, W. (Hrsg.): Erfassen und Bewerten im Naturschutz. Quelle & Meyer, Heidelberg/Wiesbaden: 66-82.

JENSEN, J. (1970): Der Begriff der Planung im Rahmen der Theorie sozialer Systeme - Kommunikation VI, 2. Bd.: 115-125.

JESSEL, B. (1993): Zum Verhältnis von Ästhetik und Ökologie bei der Planung und Gestaltung von Landschaft. - Berichte der ANL, H. 17: 19-29.

JESSEL, B. (1994a): Instrumente einer ökologisch orientierten Planung - Stand und Perspektiven. - ZAU (Zeitschrift für angewandte Umweltforschung), Jg. 7, H. 4:

496-511.

JESSEL, B. (1994b): Vielfalt, Eigenart und Schönheit von Natur und Landschaft als Objekte der naturschutzfachlichen Bewertung. - NNA-Berichte 1/94: 76-89.

JESSEL, B. (1995a): Dimensionen des Landschaftsbegriffs. - Akad. Natursch. Landschaftspfl. (ANL), Laufener Seminarbeitr. 4/95, Laufen/Salzach: 7-10.

JESSEL, B. (1995b): Ist Landschaft planbar? Möglichkeiten und Grenzen ökologisch orientierter Planung. - Akad. Natursch. Landschaftspfl. (ANL), Laufener Seminarbeitr. 4/95, Laufen/Salzach: 91-100.

JESSEL, B. (1996): Leitbilder und Wertungsfragen in der Naturschutz- und Umweltplanung. Normen, Werte und Nachvollziehbarkeit von Planungen. - Naturschutz und Landschaftsplanung 28, H. 7: 211-216.

JESSEL, B. & KÖPPEL, J. (1991a): Entwicklung von Methoden zur Beurteilung von Eingriffen nach § 8 Bundesnaturschutzgesetz. Bericht Teil 2.1.: Materialienband-Arbeitshinweise. - Im Auftrag des Bundesministers für Umwelt, Naturschutz und Reaktorsicherheit, Planungsbüro Dr. Schaller, November 1991, Kranzberg.

JESSEL, B. & KÖPPEL, J. (1991b): Entwicklung von Methoden zur Beurteilung von Eingriffen nach § 8 Bundesnaturschutzgesetz. Bericht Teil 2.2.: Materialienband-Fallbeispiele. - Im Auftrag des Bundesministers für Umwelt, Naturschutz und Reaktorsicherheit, Planungsbüro Dr. Schaller, November 1991, Kranzberg.

JONAS, H. (1984): Das Prinzip Verantwortung. Versuch einer Ethik für die technologische Zivilisation. - Suhrkamp, Frankfurt/M.

JONAS, H. (1994): Das Prinzip Leben. Ansätze zu einer philosophischen Biologie. - Insel, Frankfurt/M. und Leipzig.

JORDAN, C.F. (1981): Do Ecosystems exist? - The American Naturalist, Vol. 118: 284-287.

JUNG, C.G. (1989): Archetyp und Unbewußtes. - Grundwerk Bd. 2, Walter, Olten.

KANT, I. (1956): Kritik der reinen Vernunft. - Felix Meiner, Hamburg.

KASTENHOLZ, H.G.; ERDMANN, K.-H. & WOLFF, M. (Hrsg., 1996): Nachhaltige Entwicklung. Zukunftschancen für Mensch und Umwelt. - Springer, Berlin/Heidelberg/New York.

KATTMANN, U. (1978): Humanökologie zwischen Biologie und Humanwissenschaften, dargestellt am Beispiel eines Ökosystemkonzepts. - Verhandlungen der Gesellschaft für Ökologie, Kiel 1977: 541-549.

KATZ, D. (1961): Gestaltpsychologie. - Schwabe, Basel/Stuttgart.

KAULE, G. (1989): Ökologische Eckwerte für den Arten- und Biotopschutz. Vorgaben für die UVP. - in: Hübler, K.-H. & Otto-Zimmermann, K. (Hrsg.): Bewertung der Umweltverträglichkeit. Eberhard Blottner, Taunusstein: 68-83.

KAULE, G.; ENDRUWEIT, G. & WEINSCHENK, G. (1994): Landschaftsplanung umsetzungsorientiert! - Bundesamt für Naturschutz (Hrsg.), Reihe angewandte Landschaftsökologie Heft 1, Landwirtschaftsverlag Münster, Bonn-Bad Godesberg.

KAULE, G. & SCHOBER, M. (1985): Ausgleichbarkeit von Eingriffen in Natur und Landschaft. - Schriftenreihe des Bundesministers für Ernährung, Landwirtschaft und Forsten, Angewandte Wissenschaft, H. 314, Landwirtschaftsverlag Münster-Hiltrup.

KERNER, H. (1995): Das ökologisch-ökonomische Bilanzmodell: Baustein eines Instruments zur integrierten Analyse, Bewertung und Entwicklung des Mensch-Natur-Systems. - Freunde der Landschaftsökologie Weihenstephan, H. 9, Freising.

KIAS, U. & TRACHSLER, H. (1985): Methodische Ansätze ökologischer Planung. - in: Schmid, A. & Jacsmann, J. (Hrsg.): Ökologische Planung - Umweltökonomie. Institut für Orts-, Regional- und Landesplanung der ETH Zürich, Schriftenreihe zur Orts-, Regional- und Landesplanung, Nr. 34: 53-77.

KIEMLE, M. (1967): Ästhetische Probleme der Architektur unter dem Aspekt der Informationsästhetik. - Schnelle, Quickborn.

KIEMSTEDT, H. (1967): Zur Bewertung der Landschaft für die Erholung. - Beiträge zur Landespflege, Sonderheft 1, Ulmer, Stuttgart.

KIEMSTEDT, H. (1996): Zur Notwendigkeit von Konventionen für den Vollzug der Eingriffsregelung. - Akad. Natursch. Landschaftspfl. (ANL), Laufener Seminarbeitr. 2/96: 93-97.

KIEMSTEDT, H.; HORLITZ, T. & OTT, S. (1993): Umsetzung von Zielen des Naturschutzes auf regionaler Ebene. - ARL (Akademie für Raumforschung und Landesplanung), Reihe Beiträge, Bd. 123, Hannover.

KIEMSTEDT, H.; OTT, S. & MÖNNECKE, M. (1996): Methodik der Eingriffsregelung. Teil II: Analyse. - Gutachten im Auftrag der Länderarbeitsgemeinschaft Naturschutz, Landschaftspflege und Erholung (LANA), herausgegeben vom Umweltministerium Baden-Württemberg, Stuttgart.

KIMMICH, O.; V. LERSNER, H. & STORM, P.-C. (Hrsg., 1988): Handwörterbuch des Umweltrechts (HdUR). - 2 Bde., Erich Schmidt, Berlin.

KIRBY, K. (1994): Die Bewertung von Wäldern und Gehölzbeständen. - in: Usher, M.B. & Erz, W. (Hrsg.): Erfassen und Bewerten im Naturschutz. Quelle & Meyer, Heidelberg/Wiesbaden: 167-186.

KLAGES, H. (1971): Planungspolitik. Probleme und Perspektiven der umfassenden Zukunftsgestaltung. - W. Kohlhammer, Stuttgart.

KLAUS, G. & BUHR, M. (1975): Philosophisches Wörterbuch. Band 1 und 2. - 11. Auflage, deb-Verlag das europäische Buch, Westberlin.

KLAUS, H. & REISINGER, E. (1994): Der Hainich in Thüringen - vergessenes Laubwaldgebiet mitten in Deutschland. - Nationalpark 83, H. 2: 30-34.

KLEINEWEFERS, H. (1985): Prognosen in den Wirtschaftswissenschaften - Einige elementare theoretische Aspekte. - in: Feyerabend, P. & Thomas, L. (Hrsg.): Grenzprobleme der Wissenschaften. Eidgenössische Technische Hochschule Zürich (ETHZ), Verlag der Fachvereine, Zürich: 289-299.

KLOEPFER, M. (1994): Zur Kodifikation des Besonderen Teils des Umweltgesetzbuchs (UGB-BT). - Deutsches Verwaltungsblatt, 109. Jg., H. 6: 305-316.

KNAPP, H.G. (1978): Logik der Prognose. Semantische Grundlegung technologischer und sozialwissenschaftlicher Vorhersagen. - Karl Alber, Freiburg/München.

KNAUER, P. (1987): Ökologische Demonstrationsvorhaben - Fördergrundsätze, abgeschlossene und geplante Vorhaben. - in: Umweltbundesamt (Hrsg.): Instrumentarien zur ökologischen Planung. Referate zum Statusseminar am 12./13.6.1986 in Berlin. Reihe UBA-Texte 14/87: 8-22.

KNAUER, P. (1988): Die Stellung von Prognosen in Umweltpolitik und Umweltplanung. Überlegungen zu Programmatik und inhaltlich-methodischer Fortentwicklung. - ARL (Akademie für Raumforschung und Landesplanung, Hrsg.): Regionalprognosen. Methoden und ihre Anwendung. Forschungs- und Sitzungsberichte, Bd. 175: 49-77.

KNAUER, P. (1989): Umweltqualitätsziele, Umweltstandards und „ökologische Eckwerte“. - in: Hübler, K.-H. & Zimmermann, O. (Hrsg.): Bewertung der Umweltverträglichkeit. Eberhard Blottner, Taunusstein: 45-67.

KNAUER, P. (1990): Umweltqualitätsziele und Umweltinformationssysteme als Instrument der Umweltpolitik. - Akad. Natursch. Landschaftspfl. (ANL), Laufener Seminarbeitr. 6/90, Laufen/Salzach: 36-43.

KNAUER, P. (1991): Anforderungen an Umweltinformationssysteme. - Verhandlungen der Gesellschaft für Ökologie, Freising-Weihenstephan 1990, Band XX: 643-650.

KNESCHAUREK, F. (1985): Das richtige Zukunftsbild. - in: Feyerabend, P. & Thomas, L. (Hrsg.): Grenzprobleme der Wissenschaften. Eidgenössische Technische Hochschule Zürich (ETHZ), Verlag der Fachvereine, Zürich: 265-288.

KNORR-CETINA, K. (1984): Die Fabrikation von Erkenntnis. Zur Anthropologie der Naturwissenschaft. - Rev. u. erw. Fassung, Suhrkamp, Frankfurt/M.

KNORR-CETINA, K. (1985): Soziale und wissenschaftliche Methoden, oder: Wie haben wir es mit der Unterscheidung zwischen Natur- und Sozialwissenschaften? - in: Bonß, W. & Hartmann, H. (Hrsg.): Entzauberte Wissenschaft. Zur Relativität und Geltung soziologischer Forschung. Reihe soziale Welt, Sonderband 3, Otto Schwartz, Göttingen: 275-297.

KNOSPE, F. (1996): Computer, Planer und Methoden. Ökologische Planung durchsichtig gemacht. - Landschaftsarchitektur, H. 1: 19-21.

KÖHLER, B.M. (1969): Verfahren der Bewertung. - Arbeitsberichte zur Planungsmethodik I, Stuttgart: 63-95.

KÖPF, U. (1986): Passivität und Aktivität in der Mystik des Mittelalters. - in: Stachowiak, H. (Hrsg.): Pragmatik. Handbuch pragmatischen Denkens. Bd. 1 - Pragmatisches Denken von den Ursprüngen bis zum 18. Jahrhundert. Felix Meiner, Hamburg: 280-298.

KONDYLIS, P. (1995): Wissenschaft, Macht und Entscheidung. - in: Stachowiak, H. (Hrsg.): Pragmatik. Handbuch pragmatischen Denkens. Band 5 - Pragmatische Tendenzen in der Wissenschaftstheorie, Felix Meiner, Hamburg: 81-101.

KONOLD, W. (Hrsg., 1996): Naturlandschaft - Kulturlandschaft. Die Veränderung der Landschaft nach der Nutzbarmachung durch den Menschen. - Ecomed, Landsberg.

KORAB, R. (1991): Ökologische Orientierungen. Naturwahrnehmung als sozialer Prozeß. - in: Pellert, A. (Hrsg.): Vernetzung und Widerspruch. Zur Neuorganisation von Wissenschaft. Profil, München: 299-342.

KOSKO, B. (1993): Fuzzy-logisch. Eine andere Art des Denkens. - Carlsen, Hamburg.

KOWARIK, I. & SEIDLING, W. (1989): Zeigerwertberechnungen nach Ellenberg - Zu Problemen und Einschränkungen einer sinnvollen Methode. - Landschaft + Stadt 21, H. 4: 132-143.

KRAFT, V. (1951): Die Grundlagen einer wissenschaftlichen Wertlehre. - 2., neubearb. Auflage, Springer, Wien.

KRATKY, K.W. (1990): Der Paradigmenwechsel von der Fremd- zur Selbstorganisation. - in: Kratky, K.W. & Wallner, F. (Hrsg.): Grundprinzipien der Selbstorganisation. Wissenschaftl. Buchgesellschaft, Darmstadt: 3-17.

KRATKY, K.W. (Hrsg., 1991a): Systemische Perspektiven. Interdisziplinäre Beiträge zu Theorie und Praxis. - Auer, Heidelberg.

KRATKY, K.W. (1991b): Die „Beherrschbarkeit" komplexer Systeme.- in: Kratky, K.W. (Hrsg.): Systemische Perspektiven. Interdisziplinäre Beiträge zu Theorie und Praxis. Auer, Heidelberg: 11-19.

KRATKY, K.W. & WALLNER, F. (Hrsg., 1990): Grundprinzipien der Selbstorganisation. - Wissenschaftl. Buchgesellschaft, Darmstadt.

KRATSCH, D. (1996): Anforderungen der Naturschutzverwaltung an Bewertungverfahren. - Natur und Recht, H. 11/12: 561-564.

KRAUSE, C.L. (1980): Methodische Ansätze zur Wirkungsanalyse im Rahmen der Landschaftsplanung. - Schriftenreihe für Landschaftspflege und Naturschutz, H. 20, Bonn-Bad Godesberg: 7-206.

KRAUSE, C.L. & KLÖPPEL, D. (1996): Landschaftsbild in der Eingriffsregelung. Hinweise zur Berücksichtigung von Landschaftsbildelementen. - Bundesamt für Naturschutz (Hrsg.), Reihe Angewandte Landschaftsökologie, H. 8, Bonn-Bad Godesberg.

KREBS, A. (1995): Naturethik - Eine kleine Landkarte. - in: Nida-Rümelin, J. & v.d. Pfordten, D. (Hrsg.): Ökologische Ethik und Rechtstheorie. Studien zur Rechtsphilosophie und Rechtstheorie. Nomos, Baden-Baden: 179-190.

KRINGS, H.; BAUMGARTNER, H.M. & WILD, C. (Hrsg., 1974): Handbuch philosophischer Grundbegriffe. - Studienausgabe in 6 Bdn., Kösel, München.

KRIZ, J. (1981): Methodenkritik empirischer Sozialforschung. Eine Problemanalyse sozialwissenschaftlicher Forschungspraxis. - Teubner Studienskripten 49, Teubner, Stuttgart.

KRIZ, J. (1985): Die Wirklichkeit empirischer Sozialforschung. Aspekte einer Theorie sozialwissenschaftlicher Forschungsartefakte. - in: Bonß, W. & Hartmann, H. (Hrsg.): Entzauberte Wissenschaft. Zur Relativität und Geltung sozialwissenschaftlicher Forschung. Reihe soziale Welt, Sonderband 3, Otto Schwartz, Göttingen: 77-89.

KROHN, W. & KÜPPERS, G. (1989): Rekursives Durcheinander. Wissenschaftsphilosophische Überlegungen. - in: Michel, K.M. & Spengler, T. (Hrsg.): Das Chaos. Kursbuch Nr. 98, Rotbuch, Berlin: 69-81.

KROHN, W. & KÜPPERS, G. (1990): Selbstreferenz und Planung. - in: Niedersen, U. & Pohlmann, C. (Hrsg.): Selbstorganisation. Jahrbuch für Komplexität in den Natur-, Sozial- und Geisteswissenschaften. Bd. 1, Duncker & Humblot, Berlin: 109-128.

KROHN, W. & KÜPPERS, G. (Hrsg., 1992a): Emergenz: Die Entstehung von Ordnung, Organisation und Bedeutung. - 2. Auflage, Suhrkamp, Frankfurt/M.

KROHN, W. & KÜPPERS, G. (1992b): Selbstorganisation. Zum Stand einer Theorie in den Wissenschaften. - in: Krohn, W. & Küppers, G. (Hrsg.): Emergenz: Die Entstehung von Ordnung, Organisation und Bedeutung. 2. Auflage, Suhrkamp, Frankfurt/M.: 7-25.

KROHN, W.; KÜPPERS, G. & PASLACK, R. (1985): Selbstorganisation. Zur Genese und Entwicklung einer wissenschaftlichen Revolution. - in: Schmidt, S.J. (Hrsg.): Der Diskurs des radikalen Konstruktivismus. Suhrkamp, Frankfurt/M.: 461-465.

KROMKA, F. (1982): Planung und Prinzip der Freiheit. Möglichkeiten und Grenzen des Planens. - in: Liberal. Beiträge zur Entwicklung einer freiheitlichen Ordnung. 24. Jg., H. 8/9: 595-604.

KROMKA, F. (1984): Sozialwissenschaftliche Methodologie. - UTB für Wissenschaft, Schöningh, Paderborn/München/Wien/Zürich.

KRUSE, L. (1974): Räumliche Umwelt. Die Phänomenologie räumlichen Verhaltens als Beitrag zu einer psychologischen Umwelttheorie. - De Gruyter, Berlin/New York.

KUDRNA, O. (1993): Verbreitungsatlas der Tagfalter der Rhön. - Oedippus, Nr. 6.

KÜSTER, H. (1995): Geschichte der Landschaft in Mitteleuropa. Von der Eiszeit bis zur Gegenwart. - Beck, München.

KÜMMERER, K. & HELD, M. (1997): Die Bedeutung der Zeit. Teil II: Die Umweltwissenschaften im Kontext der Zeit. Begriffe unter dem Kontext der Zeit. - UWSF - Z. Umweltchem. Ökotox. 9 (3): 169-178.

KÜPPERS, B.-O. (1986): Wissenschaftsphilosophische Aspekte der Lebensentstehung. - in: Dress, A.; Hendrichs, H. & Küppers, G. (Hrsg.): Die Entstehung von Ordnung in Natur und Gesellschaft. Piper, München: 81-101.

KUHN, T.S. (1988a): Die Struktur wissenschaftlicher Revolutionen. - 2., revidierte und um das Postscriptum von 1969 ergänzte Auflage, Suhrkamp, Frankfurt/M.

KUHN, T.S. (1988b): Die Entstehung des Neuen. Studien zur Struktur der Wissenschaftsgeschichte. - 3. Auflage, Suhrkamp, Frankfurt/M.

KUTTLER, W. (Hrsg., 1993): Handbuch zur Ökologie. - Analytica, Berlin.

LADEUR, K.-H. (1985): Die rechtliche Kontrolle planerischer Prognosen. Plädoyer für eine neue Dogmatik des Verwaltungshandelns unter Ungewißheit. - Natur und Recht, 7. Jg., H. 3: 81-90.

LAEPPLE, U. (1996): Anforderungen an biologische Fachbeiträge zu Eingriffsplanungen aus Sicht einer Naturschutzbehörde. - Akad. Natursch. Landschaftspfl. (ANL), Laufener Seminarbeiträge 3/96, Laufen/Salzach: 105-108.

LAKATOS, I. & MUSGRAVE, A. (Hrsg., 1974): Kritik und Erkenntnisfortschritt. - Vieweg, Braunschweig.

LANGER, H. (1974): Standort und Bedingungen einer ökologischen Planung. - Landschaft + Stadt, H. 1: 2-8.

LANGER, S.K. (1979): Philosophie auf neuem Wege. Das Symbol im Denken, im Ritus und in der Kunst. - 2., unveränd. Auflage, Mäander, Mittenwald.

LAUENER, H. (1995): Offene Transzendentalphilosophie. Methodologie und pragmatisch relativierendes a priori. - in: Stachowiak, H. (Hrsg.): Pragmatik. Handbuch pragmatischen Denkens, Band 5: Pragmatische Tendenzen in der Wissenschaftstheorie. Felix Meiner, Hamburg: 227-248.

LAWTON, J. (1997): The Science and Nonscience of Conservation Biology. - Oikos 79, Copenhagen: 3-5.

LEE, D.B. (1973): Requiem for Large Scale Models. - AIP Journal, May 1973: 163-178.

LEHMANN, H. (1973): Die Physiognomie der Landschaft. - in: Paffen, K. (Hrsg.): Das Wesen der Landschaft. Wege der Forschung, Band XXXIX, Wissenschaftl. Buchgesellschaft Darmstadt: 71-112.

LENK, H. (Hrsg., 1971): Neue Aspekte der Wissenschaftstheorie. - Vieweg, Braunschweig.

LENK, H. (1972): Erklärung, Prognose, Planung. Skizzen zu Brennpunkten der Wissenschaftstheorie. - Rombach Hochschul Paperback, Freiburg.

LENK, H. (1979): Pragmatische Vernunft. Philosophie zwischen Wissenschaft und Praxis. - Reclam, Stuttgart.

LENK, H. (1986): Bemerkungen zur Methodologie der Systemanalyse für die Umweltforschung. - in: Lübbe, H. & Ströker, E. (Hrsg.): Ökologische Probleme im kulturellen Wandel. Ethik der Wissenschaften. Bd. 5, Wilhelm Fink/Ferdinand Schöningh, Paderborn: 28-34.

LENK, H. (1992): Zwischen Wissenschaft und Ethik. - Suhrkamp, Frankfurt/M.

LENK, H. & MARING, M. (1987): Pragmatische Elemente im Kritischen Rationalismus. - in: Stachowiak, H. (Hrsg.): Pragmatik. Handbuch pragmatischen Denkens, Band 2 - Der Aufstieg pragmatischen Denkens im 19. und 20. Jahrhundert. Felix Meiner, Hamburg.

LENK, H. & MARING, M. (1995): Begründung, Erklärung, Gesetzesartigkeit in den Sozialwissenschaften. - in: Stachowiak, H. (Hrsg.): Pragmatik. Handbuch pragmatischen Denkens. Bd. 5 - Pragmatische Tendenzen in der Wissenschaftstheorie, Felix Meiner, Hamburg: 344-369.

LENK, H. & SPINNER, H.F. (1989): Rationalitätstypen, Rationalitätskonzepte und Rationalitätstheorien im Überblick. Zur Rationalismuskritik und Neufassung der „Vernunft Kants". - in: Stachowiak, H. (Hrsg.): Pragmatik. Handbuch pragmatischen Denkens, Band 3 - Allgemeine philosophische Pragmatik: 86-108.

LENZ, R. (1997): Defizite in der Beschreibung landschaftsplanerischer Objekte - Konsequenzen für die Forschung. - Naturschutz und Landschaftsplanung 29, H. 5: 155-158.

V. LERSNER, H. (1995). Nichtanthropozentrische Erweiterung des Umweltrechts? Die ökologische Wende der Wissenschaften. - in: Nida-Rümelin, J. & v.d. Pfordten, D. (Hrsg.): Ökologische Ethik und Rechtstheorie. Nomos, Baden-Baden: 191-200.

LESER, H. (1982): Der ökologische Natur- und Landschaftsbegriff - Überlegungen zu seiner Bedeutung für Nutzung, Planung und Entwicklung des Lebensraums. - in: Zimmermann, J. (Hrsg.): Das Naturbild des Menschen. Wilhelm Fink, München: 74-117.

LESER, H. (1991): Ökologie wozu? - Springer, Berlin/Heidelberg.

LFU (BAYERISCHES LANDESAMT FÜR UMWELTSCHUTZ) (Hrsg., 1992): Beiträge zum Artenschutz 15. Rote Liste gefährdeter Tiere Bayerns. - Schriftenreihe Heft 111, München.

LFU (BAYERISCHES LANDESAMT FÜR UMWELTSCHUTZ) (Hrsg., 1996): Landschaftsentwicklungskonzept (LEK) Region Ingolstadt. Landschaftsplanerisches Fachkonzept mit Fachbeitrag Naturschutz und Landschaftspflege für den Regionalplan. - München.

LIETH, H. (1990): Entwicklung und Ziele der Systemökologie. - ZAU (Zeitschrift für angewandte Umweltforschung), Jg. 3, H. 4: 373-393.

LOVELOCK, J. (1991): Das Gaia-Prinzip. - Artemis & Winkler, Zürich/München.

LORD, R. (1995): Landschaftsvisionen der Seele - Zum Verhältnis zwischen innerer und äußerer Landschaft. - Akad. Natursch. Landschaftspfl. (ANL), Laufener Seminarbeitr. 4/95, Laufen/Salzach: 81-90.

LORENZ, K. (1977): Die Rückseite des Spiegels. Versuch einer Naturgeschichte menschlichen Erkennens. - 2. Aufl., Deutscher Taschenbuch Verl., München.

LÜBBE, H. & STRÖKER, E. (Hrsg., 1986): Ökologische Probleme im kulturellen Wandel. - Ethik in den Wissenschaften, Bd. 5, Wilhelm Fink/Ferdinand Schöningh, Paderborn.

LÜTHE, R. (1989): Grundzüge einer pragmatischen Theorie der historischen Forschung. - in: Stachowiak, H. (Hrsg.): Pragmatik. Handbuch pragmatischen Denkens. Band 3 - Allgemeine philosophische Pragmatik. Felix Meiner, Hamburg: 289-314.

LUHMANN, N. (1971): Politische Planung. - in: Ronge, V. & Schmieg, G. (Hrsg.): Politische Planung in Theorie und Praxis. Piper, München: 57-80.

LUHMANN, N. (1988): Ökologische Kommunikation. Kann die moderne Gesellschaft sich auf ökologische Gefährdungen einstellen? - 2. Auflage, Westdeutscher Verlag, Opladen.

LUHMANN, N. (1991): Soziologie des Risikos. - De Gruyter, Berlin/New York.

LUHMANN, N. (1994): Die Wissenschaft der Gesellschaft. - 2. Aufl., Suhrkamp, Frankfurt/M.

LUZ, F. (1994): Zur Akzeptanz landschaftsplanerischer Projekte. Determinanten lokaler Akzeptanz und Umsetzbarkeit von landschaftsplanerischen Projekten zur Extensivierung, Biotopvernetzung und anderen Maßnahmen des Natur- und Umweltschutzes. - Europäische Hochschulschriften: Reihe 42: Ökologie, Umwelt und Landespflege, Bd. 11, Peter Lang, Frankfurt/M.

MÄDING, H. (1987): Methoden und Methodenanwendung als Gegenstand der Verwaltungswissenschaft. - in: Windhoff-Heritier, A. (Hrsg.): Verwaltung und ihre Umwelt. Westdeutscher Verlag, Opladen: 212-233.

MARGULES, C.R. (1994): Erfassen und Bewerten von Lebensräumen in der Praxis. - in: Usher, M.B. & Erz, W. (Hrsg.): Erfassen und Bewerten im Naturschutz. Quelle & Meyer, Heidelberg/Wiesbaden: 258-273.

MARKS, R.; MÜLLER, M.J.; LESER, H. & KLINK, H.-J. (Hrsg., 1992): Anleitung zur Bewertung des Leistungsvermögens des Landschaftshaushalts (BAB LVK). - 2. Auflage, Zentralausschuß für deutsche Landeskunde, Selbstverlag, Trier.

MARKUS, M. (1993): Gibt es eine Postmoderne in den Naturwissenschaften? - in: Rapp, F. (Hrsg.): Kulturelle Orientierung und ökologisches Dilemma. Schriftenreihe der Universität Dortmund, Bd. 27, Studium Generale, Projekt Verlag, Dortmund: 59-87.

MARTICKE, H.-U. (1996): Rechtliche Bewertung und Monetarisierung ökologischer Schäden im Rahmen der naturschutzrechtlichen Eingriffsregelung. - Akad. Natursch. Landschaftspfl. (ANL), Laufener Seminarbeitr. 2/96: 17-38.

MASER, S. (1971): Numerische Ästhetik. Neue mathematische Verfahren zur quantitativen Beschreibung und Bewertung ästhetischer Zustände. - 2. Auflage, Karl Krämer, Stuttgart.

MATHES, K. & WEIDEMANN, G. (1991): Komplexitätsreduktion als Problem der Modellierung ökosystemarer Zusammenhänge. - Verhandlungen der Gesellschaft für Ökologie, Freising-Weihenstephan 1990, Bd. XX: 797-802.

MATURANA, H. (1996): Was ist Erkennen? - Piper, München.

MATURANA, H. & VARELA, F. (1990): Der Baum der Erkenntnis. Biologische Wurzeln des menschlichen Erkennens. - Goldmann, München.

MAUCH, E. (1990): Ein Verfahren zur gesamtökologischen Bewertung der Gewässer. - Wasser + Boden 11/90: 763-767.

MAURER, J. (1995): Maximen für Planer. - ORL-Schriften 47/95, Institut für Orts-, Regional- und Landesplanung der ETH Zürich, vdf Hochschulverlag, Zürich.

MAXHOFER, A. (1978): Geschichtliche Entwicklung der Landwirtschaft im Donaumoos und Ausblick auf deren jetzige Hauptprobleme. - TELMA, Bd. 8, Hannover.

MAYER-LEIPNITZ, H. (Hrsg., 1986): Zeugen des Wissens. - v. Hase u. Koehler, Mainz.

MAYER-TASCH, P.C. (Hrsg., 1991): Natur denken. Eine Genealogie der ökologischen Idee. - Fischer Taschenbuch, 2 Bde., Frankfurt/M.

MAYNTZ, R. (1985): Über den begrenzten Nutzen methodologischer Regeln in der Sozialforschung. - in: Bonß, W. & Hartmann, H. (Hrsg.): Entzauberte Wissenschaft. Zur Relativität und Geltung soziologischer Forschung. Reihe soziale Welt, Sonderband 3, Otto Schwartz, Göttingen: 65-76.

MAYNTZ, R. (1990): Entscheidungsprozesse bei der Entwicklung von Umweltstandards. - Die Verwaltung 23: 137-151.

MCINTOSH, R.P. (1985): The Background of Ecology. Concept and Theory. - Cambridge University Press, Cambridge/New York.

MCINTOSH, R.P. (1987): Pluralism in Ecology. - Ann. Rev. Ec. Syst. 18: 321-341.

MCNEILL, D. & FREIBERGER, P. (1994): Fuzzy Logic. Die „unscharfe" Logik erobert die Technik. - Droemer Knaur, München.

MERCHANT, C. (1989): Entwurf einer ökologischen Ethik. - in: Dürr, H.-P. & Zimmerli, H. (Hrsg.): Geist und Natur. Bern: 135-144.

MERTON, R.K. (1985): Entwicklung und Wandel von Forschungsinteressen. Aufsätze zur Wissenschaftssoziologie. - Suhrkamp, Frankfurt/M.

MESSERLI, P. (1986): Modelle und Methoden zur Analyse der Mensch-Umwelt-Beziehungen im alpinen Lebens- und Erholungsraum. Erkenntnisse und Folgerungen aus dem Schweizerischen MAB-Programm 1979-1985. - Schlußbericht zum Schweizerischen MAB-Programm, Nr. 25, Bern.

MESSERLI, P. (1989): Mensch und Natur im alpinen Lebensraum. Risiken, Chancen, Perspektiven. - Paul Haupt, Stuttgart.

MEYER-ABICH, K.M. (1988): Wissenschaft für die Zukunft. Holistisches Denken in ökologischer und gesellschaftlicher Verantwortung. - Beck, München

MEYER-ABICH, K.M. (1995): Naturphilosophische Begründung einer holistischen Ethik. - in: Nida-Rümelin, J. & v.d. Pfordten, D. (Hrsg.): Ökologische Ethik und Rechtstheorie. Nomos, Baden-Baden: 159-178

MICHEL, K.M. & SPENGLER, E.T. (Hrsg., 1989): Das Chaos. - Kursbuch Nr. 98, Rotbuch, Berlin.

MILLER, A. (1995): Technological Thinking: Its Impact on Environmental Management. - Environmental Management, Vol. 9, No. 3: 179-190.

MITROFF, E.I. & TUROFF, M. (1973): Technological Forecasting and Assessment: Science and/or Mythology. - TSF 5: 113-134.

MITTELSTRAß, J. (1982): Wissenschaft als Lebensform. - Suhrkamp, Frankfurt/M.

MITTELSTRAß, J. (1985): Von Realitäten, Begriffen und Erfahrungen. - in: Feyerabend, P. & Thomas, L. (Hrsg.): Grenzprobleme der Wissenschaften. Eidgenössische Technische Hochschule Zürich (ETHZ), Verlag der Fachvereine, Zürich: 113-125.

MOHR, B. (1989): Chaos-Connection. Einwände eines Informatikers. - in: Michel, K.M. & Spengler, E.T. (Hrsg.): Das Chaos. Kursbuch Nr. 98, Rotbuch, Berlin: 83-89.

MOHR, H. (1987): Natur und Moral. Ethik in der Biologie. - Wissenschaftl. Buchgesellschaft, Darmstadt.

MOLITOR, B. (1971): Theorie der Wirtschaftspolitik und Werturteil. - in: Albert, H. & Topitsch, E. (Hrsg.): Werturteilsstreit. Wege der Forschung, Band CLXXV, Wissenschaftl. Buchgesellschaft, Darmstadt: 261-293.

MOLL, W.L.H. (1987): Taschenbuch für Umweltschutz. Bd. 4 - Chemikalien in der Umwelt. - UTB, E. Reinhardt, Basel.

MOORE, G.E. (1970): Principia Ethica. - (Original von 1903) Aus dem Engl. übersetzt und herausgegeben von Burkhard Wissel, Reclam, Stuttgart.

MÜLLER, C. & MÜLLER, F. (1992): Umweltqualitätsziele als Instrumente zur Integration ökologischer Forschung und Anwendung. - Kieler geographische Studien 85, Festschrift O. Fränzle: 131-166.

MÜLLER, G. (1977): Zur Geschichte des Wortes Landschaft. - in: Wallthor, A.H. & Quirin, H. (Hrsg.): „Landschaft" als interdisziplinäres Forschungsproblem. Veröffentlichungen des Provinzialinstituts für westfälische Landes- und Volksforschung des Landschaftsverbands Westfalen-Lippe, Reihe 1, H. 21, Aschendorffsche Verlagsbuchhandlung, Münster: 4-12.

MÜLLER, R.A. (1983): Verfahren zur Modellierung ökologischer Systeme. Ein Beitrag zur Verbesserung ökologischer Voraussagen. - ARL (Akademie für Raumforschung und Landesplanung, Hrsg.), Reihe Beiträge, Bd. 69, Vincentz, Hannover.

MÜNCH, R. (1984): Die Struktur der Moderne. Grundmuster und differentielle Gestaltung des institutionellen Aufbaus der modernen Gesellschaft. - Suhrkamp, Frankfurt/M.

MUHAR, A. (1994): Plädoyer für einen Blick nach vorne. Was wir aus der Geschichte der Landschaft nicht für die Zukunft lernen können. - Akad. Natursch. Landschaftspfl. (ANL), Laufener Seminarbeitr. 4/94: 21-30.

NAVEH, Z. & LIEBERMANN, A.S. (1984): Landscape Ecology. Theory and Application. - Springer, New York.

NEEF, E. (1967): Die theoretischen Grundlagen der Landschaftslehre. - VEB Hermann Haack, Geographisch-kartographische Anstalt, Gotha/Leipzig.

NEEF, E. (1973): Einige Grundfragen der Landschaftsforschung. - in: Paffen, K. (Hrsg.): Das Wesen der Landschaft. Wege der Forschung, Band XXXIX, Wissenschaftl. Buchgesellschaft, Darmstadt: 252-267.

NENTWIG, W. (1995): Humanökologie. Fakten - Argumente - Ausblicke. - Springer, Berlin/Heidelberg/New York.

NIDA-RÜMELIN, J. & V.D. PFORDTEN, D. (Hrsg., 1995): Ökologische Ethik und Rechtstheorie. - Studien zur Rechtsphilosophie und Rechtstheorie, Bd. 10, Nomos, Baden-Baden.

NIEDERSEN, U. & POHLMANN, C. (Hrsg., 1990): Selbstorganisation. Jahrbuch für Komplexität in den Natur-, Sozial- und Geisteswissenschaften. - Bd. 1, Duncker & Humblot, Berlin.

NIEHOFF, N. (1996): Ökologische Bewertung von Fließgewässerlandschaften. Grundlagen für die Renaturierung und Sanierung. - Springer, Heidelberg.

NNA (NORDDEUTSCHE NATURSCHUTZAKADEMIE) (Hrsg., 1993): Landschaftsästhetik - eine Aufgabe für den Naturschutz? - NNA-Berichte, 6. Jg., H. 1.

NNA (NORDDEUTSCHE NATURSCHUTZAKADEMIE) (Hrsg., 1994): Biologische Beiträge und Bewertung in Umweltverträglichkeitsprüfung und Landschaftsplanung. - NNA-Berichte, 7. Jg., H. 1.

NOHL, W. (1983a): Städtischer Freiraum und Reproduktion der Arbeitskraft. - IMU-Institut, Studien 2, München.

NOHL, W. (1983b): Sozialwissenschaftliche Humanökologie: ein vernachlässigter Arbeitszweig der Freiraum- und Landschaftsplanung. - Natur und Landschaft, 58. Jg.:275-281.

NOHL, W. (1996): Halbierter Naturschutz. - Natur und Landschaft, 71. Jg., H. 5: 214-219.

NOHL, W. & JOAS, C. (1992): Landschaftsästhetische Untersuchungen im Rahmen der Erarbeitung naturschutzfachlicher Grundlagen für eine Sanierung der Donauauen im Bereich Vohburg-Weltenburg. - Untersuchungen im Auftrag des Bayerischen Landesamtes für Umweltschutz, unveröff. Gutachten, Schlußbericht, Kirchheim/Freising.

ODUM, E.P. (1975): Ecology. The Link between the Nature and the Social Sciences. - ed. 2, Ronhart & Winston, New York.

ODUM, E.P. (1977): The Emergence of Ecology as a New Integrative Discipline. - Science, Vol. 195, Number 4284: 1289-1293.

ODUM, E.P. (1980): Grundlagen der Ökologie. - Bd. 1, Thieme, Stuttgart/New York.

O'NEILL, R.V.; DE ANGELIS, D.C.; WAIDE, J.B. & ALLEN, T.F.H. (1986): A Hierarchical Concept of Ecosystems. - Princeton University Press, Princeton, New Jersey.

OTT, K. (1994): Ökologie und Ethik. Ein Versuch praktischer Philosophie. - 2. Auflage, Attempto, Tübingen.

OTT, K. (1995a): Zum Verhältnis von Radikalem Konstruktivismus und Ethik. - in: Rusch, G. & Schmid, S.J. (Hrsg.): Konstruktivismus und Ethik. Suhrkamp, Frankfurt/M.: 280-320.

OTT, K. (1995b): Wie ist eine diskursethische Begründung ökologischer Rechts- und Moralnormen möglich? - in: Nida-Rümelin, J. & v.d. Pfordten, D. (Hrsg.): Ökologische Ethik und Rechtstheorie. Nomos, Baden-Baden: 325-339.

OTT, K. (1996a): Rechte der Natur? Wie läßt sich menschliches Verhalten gegenüber der Natur ethisch und rechtlich rechtfertigen? - Vortrag im Rahmen der Tagung „Natur im Recht" der Bayerischen Akademie für Naturschutz und Landschaftspflege (ANL) am 21.11.1996, Erding, unveröff.

OTT, K. (1996b): Vom Begründen zum Handeln. Aufsätze zur angewandten Ethik. - Attempto, Tübingen.

OTT, W. (1984): Das Verhältnis von Sein und Sollen in logischer, genetischer und funktioneller Hinsicht. - Zeitschrift für Schweizerisches Recht: 345-367.

OZBEKHAN, H. (1971): Der Triumph der Technik. „Können" als „Sollen". - In: Anderson, S. (Hrsg.): Die Zukunft der menschlichen Umwelt. Rombach, Freiburg: 181-196.

PAFFEN, K. (Hrsg., 1973): Das Wesen der Landschaft. - Wege der Forschung, Band XXXIX, Wissenschaftl. Buchgesellschaft, Darmstadt.

PAFFEN, K. (1973): Der Landschaftsbegriff als Problemstellung. - in: Ders. (Hrsg.): Das Wesen der Landschaft. Wege der Forschung, Band XXXIX, Wissenschaftl. Buchgesellschaft, Darmstadt: 71-112.

PASLACK, R. (1989): „... da stellt ein Wort zur rechten Zeit sich ein." Die Karriere des Chaos zum Schlüsselbegriff. - in: Michel, K.M. & Spengler, T. (Hrsg.): Das Chaos. Kursbuch Nr. 98, Rotbuch, Berlin.

PATZIG, G. (1986): Ethik und Gesellschaft. - in: Mayer-Leibnitz (Hrsg.): Zeugen des Wissens. Mainz: 977-997.

PELLERT, A. (Hrsg., 1991): Vernetzung und Widerspruch. Zur Neuorganisation von Wissenschaft. - Profil, München.

PETAK, W.J. (1980): Environmental Planning and Management: The Need for an Integrative Perspective. - Environmental Management, Vol. 4, No. 4: 287-295.

PETERS, H.J. (1994): Die UVP-Richtlinie der EG und die Umsetzung in nationales Recht. - Schriften des Instituts für regionale Zusammenarbeit und Europäische Verwaltung, Bd. 2, Nomos, Baden-Baden.

PETERS, R.H. (1991): A Critique for Ecology. - Cambridge University Press, Cambridge/New York.

V.D. PFORDTEN, D. (1996): Ökologische Ethik. Zur Rechtfertigung menschlichen Verhaltens gegenüber der Natur. - Rowohlt, München.

PIAGET, J. (1983): Biologie und Erkenntnis. - Fischer, Frankfurt/M.

PIAGET, J. & INHELDER, B. (1979): Die Psychologie des Kindes. - Frankfurt/M.

PIEPER, A. (1989): Handlung, Freiheit und Entscheidung. Zur Dialektik der praktischen Urteilskraft. - in: Stachowiak, H. (Hrsg.): Pragmatik. Handbuch pragmatischen Denkens. Bd. 3 - Allgemeine philosophische Pragmatik, Felix Meiner, Hamburg: 86-108.

PIETSCH, J. (1981): Ökologische Planung. Ein Beitrag zu ihrer theoretischen und methodischen Entwicklung. - Diss. im Fachbereich Architektur, Raum- und Umweltplanung der Universität Kaiserslautern.

PIETSCH, J. & MAHLER, G. (1982): Ökologische Planung. - Mitteilungen des Informationskreises für Raumplanung (IFR-Mitteilungen) 19: 2-5.

PIETSCHMANN, H. (1996): Phänomenologie der Naturwissenschaft. Wissenschaftstheoretische und philosophische Probleme der Physik. - Springer, Berlin/Heidelberg/New York.

PIETSCHMANN, H. & WALLNER, F. (1991): Konstruktiver Realismus - Ein Programm. - in: Pellert, A. (Hrsg.): Vernetzung und Widerspruch. Zur Neuorganisation von Wissenschaft. Profil, München: 201-205.

PITTIONI, V. (1993): Modelle und Mathematik. - in: Stachowiak, H. (Hrsg.): Modelle - Konstruktion der Wirklichkeit. Wilhelm Fink, München: 171-221.

PLACHTER, H. (1991): Naturschutz. - UTB, G. Fischer, Stuttgart.

PLANUNGSBÜRO SCHALLER (1989): Ökologische Rahmenuntersuchung zum geplanten Donauausbau zwischen Straubing und Vilshofen. Band B2: Bewertungsprogramm. - im Auftrag der Rhein-Main-Donau AG, München/Kranzberg, unveröff. Gutachten.

PÖLTNER, G. (1991): Menschliche Erfahrung und Wissenschaft. - in: Thomas, H. (Hrsg.): Naturherrschaft. Wie Mensch und Welt sich in der Wissenschaft begegnen. Busse + Seewald, Herford: 237-252.

POMEROY, L.R.A. & ALBERTS, J.J. (Eds., 1988): Concepts of Ecosystem Ecology. Ecological Studies 67, Springer, New York.

POMEROY, L.R.A. & ALBERTS, J.J. (1988): Problems and Challenges in Ecosystem Analysis. - in: Dies. (Eds.): Concepts of Ecosystem Ecology. Ecological Studies 67, Springer, New York: 317-323.

POPPER, K.R. (1972a): Die Zielsetzung der Erfahrungswissenschaft. - in: Albert, H. (Hrsg.): Theorie und Realität. Ausgewählte Schriften zur Wissenschaftslehre der Sozialwissenschaften. J.C.B. Mohr (Paul Siebeck), Tübingen: 29-41.

POPPER, K.R. (1972b): Naturgesetze und theoretische Systeme. - in: Albert, H. (Hrsg.): Theorie und Realität. Ausgewählte Aufsätze zur Wissenschaftslehre der Sozialwissenschaften, J.B.C. Mohr (Paul Siebeck), Tübingen: 43-58.

POPPER, K.R. (1974): Die Normalwissenschaft und ihre Gefahren. - in: Lakatos, I. & Musgrave, A. (Hrsg.): Kritik und Erkenntnisfortschritt. Vieweg, Braunschweig: 51-

57.

POPPER, K.R. (1984a): Logik der Forschung. - 8., verb. Auflage (auf Grundlage der 2. deutschen Auflage von 1966), Reihe: Die Einheit der Gesellschaftswissenschaften, Bd. 4, Mohr, Tübingen.

POPPER, K.R. (1984b): Objektive Erkenntnis. Ein evolutionärer Entwurf. - 4., verb. u. erg. Auflage, Hoffmann und Campe, Hamburg.

POPPER, K.R. (1987): Das Elend des Historizismus. - 6., durchges. Auflage, Die Einheit der Gesellschaftswissenschaften, Bd. 3, Mohr, Tübingen.

POPPER, K.R. (1989): Die Logik der Sozialwissenschaften. - in: Adorno, T.W. et al. (Hrsg.): Der Positivismusstreit in der deutschen Soziologie. - 13. Aufl., Sammlung Luchterhand 72, Darmstadt: 103-124.

POPPER, K.R. & ECCLES, J.C. (1987): Das Ich und sein Gehirn. - 6. Auflage, Piper, München.

PRIGOGINE, I. (1988): Vom Sein zum Werden. Zeit und Komplexität in den Naturwissenschaften. - 5. Auflage, Piper, München.

PRIGOGINE, I. & STENGERS, I. (1986): Dialog mit der Natur. Neue Wege naturwissenschaftlichen Denkens. - 5., erweiterte Auflage, Piper, München.

RAPP, F. (Hrsg., 1993): Kulturelle Orientierung und ökologisches Dilemma. - Schriftenreihe der Universität Dortmund, Bd. 27, Studium Generale, Projekt, Dortmund.

RECK, H. (1996): Bewertungsfragen im Arten- und Biotopschutz und ihre Konsequenzen für biologische Fachbeiträge zu Planungsvorhaben. - Akad. Natursch. Landschaftspfl. (ANL), Laufener Seminarbeitr. 2/96, Laufen/Salzach: 37-52.

RECK, H.; WALTER, R.; OSINSKI, E.; KAULE, G.; HEINL, T.; KICK, U. & WEISS, M. (1994): Ziele und Standards für die Belange des Arten- und Biotopschutzes: Das Zielartenkonzept als Beitrag zur Fortschreibung des Landschaftsrahmenprogramms Baden-Württemberg. - Akad. Natursch. Landschaftspfl. (ANL), Laufener Seminarbeitr. 4/94: 65-94.

REGIONALER PLANUNGSVERBAND OBERFRANKEN-OST (1987): Regionalplan Region Oberfranken-Ost (5). - Bayreuth.

REICHARDT, R. (1978): Erkenntnistheoretische Grundlagen der Langfristprognostik und Langfristplanung. - in: Bruckmann, G. (Hrsg.): Langfristige Prognosen. Methoden der Langfristprognostik komplexer Systeme. 2. Aufl., Physika, Wien: 438-451.

REICHENBACH, H. (1971): Die Suche nach ethischen Leitsätzen. - in: Albert, H. & Topitsch, E. (Hrsg.): Werturteilsstreit. Wege der Forschung, Band CLXXX, Wissenschaftl. Buchgesellschaft, Darmstadt: 455-471.

REICHHOLF, J. & REICHHOLF-RIEHM, H. (1992): Die Stauseen am Unteren Inn. Ergebnisse einer Ökosystemstudie. - Berichte der ANL, H. 6: 47-89.

REININGER, R. & NAWRATIL, K. (1985): Einführung in das philosophische Denken. - Franz Deuticke Verlagsgesellschaft, Wien.

REISE, K. (1990): Sinn und Unsinn von Summenparametern in der biologischen Meeresforschung. - Deutsche Gesellschaft für Meeresforschung, Mitteilungen Nr. 4/90: 3-6.

REISE, K. (1991): Ökologische Erforschung des Wattenmeers. - Spektrum der Wissenschaft, H. 5: 52-63.

REMMERT, H. (1991): Das Mosaik-Zyklus-Konzept und seine Bedeutung für den Naturschutz: Eine Übersicht. - Akad. Natursch. Landschaftspfl. (ANL), Laufener Seminarbeitr. 5/91: 5-15.

REMMERT, H. (1992): Ökologie. - 5., neu bearb. und erweiterte Auflage, Springer, Berlin/Heidelberg/New York.

RENN, O. (1990): Die Psychologie des Risikos. Erfassung technischer Risiken. - Energiewirtschaftliche Tagesfragen, 40. Jg., H. 8/90: 558-567.

RENN, O. (1996): Ökologisch denken - sozial handeln: Die Realisierbarkeit einer nachhaltigen Entwicklung und die Rolle der Kultur- und Sozialwissenschaften. - in: Kastenholz, H.J.; Erdmann, K.-H. & Wolff, M. (Hrsg.): Nachhaltige Entwicklung. Springer, Berlin/Heidelberg/New York: 79-117.

RICKERT, H. (1911): Lebenswerte und Kulturwerte. - Logos (Internationale Zeitschrift für Philosophie der Kultur), 2. Jg., H. 2: 131-166.

RIEDL, U. (1991): Integrierter Naturschutz. Notwendigkeit des Umdenkens, normativer Begründungszusammenhang, konzeptioneller Ansatz. - Schriftenreihe des Fachbereichs Landschaftsarchitektur und Umweltentwicklung der Universität Hannover, H. 31, Hannover.

RIEGER, H.C. (1967): Begriff und Logik der Planung. Versuch einer allgemeinen Grundlegung unter Berücksichtigung informationstheoretischer und kybernetischer Gesichtspunkte. - Schriftenreihe des Südasien-Instituts der Universität Heidelberg, Bd. 2.

RITTEL, H.W. (1992): Planen, Entwerfen, Design. Ausgewählte Schriften zur Theorie und Methodik. - Kohlhammer, Stuttgart/Berlin/Köln.

RITTER, J. (1990): Landschaft. Zur Funktion des Ästhetischen in der modernen Gesellschaft. - in: Gröning, G. & Herlyn, U. (Hrsg.): Landschaftswahrnehmung und Landschaftserfahrung. Arbeiten zur sozialwissenschaftlich orientierten Freiraumplanung, Bd. 10, Minerva Publikationen, München: 23-41.

ROE, E. (1996): Why Ecosystem Management can't work without Social Science: An Example from the Californian Spotted Owl Controversy. - Environmental Management, Vol. 20, No. 5: 667-674.

RONGE, V. & SCHMIEG, G. (Hrsg., 1971): Politische Planung in Theorie und Praxis. - Piper, München.

ROTH, D.; ECKERT, H. & SCHWABE, M. (1996): Ökologische Vorrangflächen und Vielfalt der Flächennutzung im Agrarraum - Kriterien für eine umweltverträgliche Landwirtschaft. - Natur und Landschaft, 71. Jg., H. 5: 199-203.

ROTH, G. (1986): Selbstorganisation - Selbsterhaltung - Selbstreferentialität: Prinzipien der Organisation von Lebewesen und ihre Folgen für die Beziehung zwischen Organismus und Umwelt. - in: Dress, A.; Hendrichs, H. & Küppers, G. (Hrsg.): Selbstorganisation. Die Entstehung von Ordnung in Natur und Gesellschaft. Piper, München: 149-180.

RUSCH, G. & SCHMIDT, S.J. (1995): Konstruktivismus und Ethik. - Suhrkamp, Frankfurt/M.

SACHSSE, H. (1989): Technik im Problemfeld von Perfektion, Entgrenzung und Freiheit. - in: Stachowiak, H. (Hrsg.): Pragmatik. Handbuch pragmatischen Denkens, Band 3 - Allgemeine philosophische Pragmatik. Felix Meiner, Hamburg: 418-436.

SAYNISCH, M. (1991): Am Anfang war das System. ... Zur Genealogie des System-Engineerings und des Projektmanagements. - in: Kratky, K.W. (Hrsg.): Systemische Perspektiven. Interdisziplinäre Beiträge zu Theorie und Praxis. Auer, Heidelberg: 189-206.

SCHÄFER, R. ET AL. (1996): Implementierung ökologischer Standards im Städtebau. - BMBau Forschungsvorhaben, Projektskizze, Forschungsgruppe Stadt + Dorf, Berlin.

SCHÄFER, W. (1978): Normative Finalisierung. Eine Perspektive. - in: Böhme, G. et al. (Hrsg.): Die gesellschaftliche Orientierung des wissenschaftlichen Fortschritts. Starnberger Studien I, Suhrkamp, Frankfurt/M.: 377-415.

SCHEIDT, F. (1986): Grundfragen der Erkenntnistheorie. - Historische Perspektiven. - E. Reinhardt/UTB, München.

SCHELER, M. (1971): Werte als Gegebenheiten. - in: Albert, H. & Topitsch, E. (Hrsg.): Werturteilsstreit. Wege der Forschung, Band CLXXV, Wissenschaftl. Buchgesellschaft, Darmstadt: 3-15.

SCHEMEL, H.-J. (1985): Die Umweltverträglichkeitsprüfung (UVP) bei Großprojekten. Grundlagen und Methoden sowie deren Anwendung am Beispiel der Fernstraßenplanung. - Beiträge zur Umweltgestaltung, Band A 97, Erich Schmidt, Berlin.

SCHEMEL, H.-J. (1989): Methodische Hinweise zur Durchführung der UVP in Kommunen. - in: Hübler, K.-H. & Otto-Zimmermann, K. (Hrsg.): Bewertung der Umweltverträglichkeit. Eberhard Blottner, Taunusstein: 84-103.

SCHEMEL, H.-J. (1994): Anforderungen an die Aufstellung von Umweltqualitätszielen auf kommunaler Ebene. - Akad. Natursch. Landschaftspfl. (ANL), Laufener Seminarbeitr. 4/94: 39-46.

SCHEMEL, H.-J.; LANGER, H.; ALBERT, G. & BAUMANN, J. (1990): Handbuch zur Umweltbewertung für die kommunale Umweltplanung und Umweltverträglichkeitsprüfung. - Dortmund/München/Hannover, unveröff. Gutachten, September 1990.

SCHERNER, E. (1994): Realität und Realsatire der „Bewertung" von Organismen und Flächen. - NNA-Berichte 1/94: 50-67.

SCHERZINGER, W. (1996): Naturschutz im Wald. Qualitätsziele einer dynamischen

Waldentwicklung. - Ulmer, Stuttgart.

SCHIEPEK, G. (1990): Selbstreferenz in psychischen und sozialen Systemen. - in: Kratky, K. & Wallner, F. (Hrsg.): Grundprinzipien der Selbstorganisation. Wissenschaftl. Buchgesellschaft, Darmstadt: 182-200.

SCHILD, J.; JESSEL, B.; RÖGER, M.; TOBIAS, K. & HEILAND, S. (1992): Fortschreibung der Landschaftsrahmenplanung in der Region Ingolstadt als regionales Landschaftsentwicklungskonzept (LEK), Phase I, Methoden. - Im Auftrag des Bayerischen Landesamtes für Umweltschutz, Planungsbüro Dr. Schaller, Dezember 1992, Kranzberg.

SCHMID, A. & JACSMANN, J. (Hrsg., 1985): Ökologische Planung - Umweltökonomie. - Institut für Orts-, Regional- und Landesplanung der ETH-Zürich, Schriftenreihe zur Orts-, Regional- und Landesplanung, Nr. 34, Zürich.

SCHMID, W.A. & HERSPERGER, A.M. (1995): Ökologische Planung und Umweltverträglichkeitsprüfung. - Lehrmittel für Orts-, Regional- und Landesplanung, vdf Hochschulverlag, Zürich.

SCHMIDT, S.J. (Hrsg., 1985): Der Diskurs des radikalen Konstruktivismus. - Suhrkamp, Frankfurt/M.

SCHMITHÜSEN, J. (1963): Der wissenschaftliche Landschaftsbegriff. - Mitt. flor.-soz. AGN.F. 10, Stolzeman/Weser: 9-19.

SCHMITHÜSEN, J. (1964): Was ist eine Landschaft? - Erdkundliches Wissen 9, Wiesbaden.

SCHÖN, R. (1997): Über Begriffsprobleme des Naturschutzes - oder: Warum es keine „ökologisch wertlosen" Flächen gibt. - Neue Landschaft 7/97: 501-505.

SCHREIBER, K.F. (1985): Was leistet die Landschaftsökologie für eine ökologische Planung? - in: Schmid, A. & Jacsmann, J. (Hrsg.): Ökologische Planung - Umweltökonomie. Institut für Orts-, Regional- und Landesplanung der ETH-Zürich, Schriftenreihe zur Orts-, Regional- und Landesplanung, Nr. 34, Zürich: 7-28.

SCHREIBER, K.F. (1990): The History of Landscape Ecology in Europe. - in: Zonneveld, I.S. & Forman, R.T.T. (Eds.): Changing Landscapes: An Ecological Perspective. Springer, New York: 21-33.

SCHRÖDER, P. (Hrsg., 1975): Vernunft, Erkenntnis, Sittlichkeit. - Hamburg.

SCHULZE, H.-D. (1992): Äpfel und Birnen. - Garten + Landschaft 1/92: 19-22.

SCHUMACHER, E.F. (1995): Small is beautifull. Die Rückkehr zum menschlichen Maß. - 2. Auflage, Müller, Heidelberg.

SCHURZ, J. (1991): Heuristische Aspekte der Systemtheorie. - in: Kratky, K. (Hrsg.): Systemische Perspektiven. Zur Theorie und Praxis systemischen Denkens. Carl Auer, Heidelberg: 65-73.

SCHUSTER, H.-J. (1980): Analyse und Bewertung von Pflanzengesellschaften im Nördlichen Frankenjura. Ein Beitrag zum Problem der Quantifizierung unterschiedlich anthropogen beeinflußter Ökosysteme. - Dissertationes Botanicae, Bd.

53, Cramer, FL-Vaduz.

SCHWAHN, C. (1990): Landschaftsästhetik als Bewertungsproblem. - Beiträge zur räumlichen Planung, Schriftenreihe des Fachbereichs Landespflege der Universität Hannover, H. 28.

SCHWEGLER, H. (1992): Systemtheorie als Weg zur Vereinheitlichung der Wissenschaften? - in: Krohn, W. & Küppers, G. (Hrsg.): Die Entstehung von Ordnung, Organisation und Bedeutung. 2. Auflage, Suhrkamp, Frankfurt/M.: 27-56.

SCHWEIZERISCHER BUNDESRAT (1986): Luftreinhalteverordnung (LRV) vom 16.12.1985.

SEIBERT, P. (1980): Ökologische Bewertung von homogenen Landschaftsteilen, Ökosystemen und Pflanzengesellschaften. - Berichte der ANL, H. 4, Dez. 1980: 10-23.

SEIFFERT, H. & RADNITZKY, G. (1994): Handlexikon zur Wissenschaftstheorie. - 2. Auflage, Deutscher Taschenbuch Verlag, München.

SEIFRITZ, W. (1987): Wachstum, Rückkopplung und Chaos. Eine Einführung in die Welt der Nichtlinearität und des Chaos. - Hanser, München.

SERPA, A. (1996): Leitideen für eine neue Planungspraxis? - Stadt und Grün, H. 11: 777-780.

SIMBERLOFF, D. (1980): A Succession of Paradigms in Ecology: Essentialism to Materialism and Probabilism. - Synthese, Vol. 43, No. 1: 3-39.

SLOBODKIN, L.B.C. (1988): Intellectual Problems of Applied Ecology. - BioScience, Vol. 38, No. 5: 337-342.

SLOCOMBE, D.S. (1993): Environmental Planning, Ecosystem Science and Ecosystem Approaches for Integrating Environment and Development. - Environmental Management, Vol. 17, No. 3: 289-303.

SMUTS, J.C. (1938): Die holistische Welt. - Alfred Metzner, Berlin.

SRU (RAT VON SACHVERSTÄNDIGEN FÜR UMWELTFRAGEN) (1987): Umweltgutachten 1987. - Deutscher Bundestag, 11. Wahlperiode, Drucksache 11/1568, 21.12.87, Bonn.

SRU (RAT VON SACHVERSTÄNDIGEN FÜR UMWELTFRAGEN) (1994): Umweltgutachten 1994. Für eine dauerhaft-umweltgerechte Entwicklung. - Metzler-Poeschel, Stuttgart.

SRU (RAT VON SACHVERSTÄNDIGEN FÜR UMWELTFRAGEN) (1996a): Konzepte einer dauerhaft-umweltgerechten Nutzung ländlicher Räume. Sondergutachten. - Metzler-Poeschel, Stuttgart.

SRU (RAT VON SACHVERSTÄNDIGEN FÜR UMWELTFRAGEN) (1996b): Umweltgutachten 1996. Zur Umsetzung einer dauerhaft-umweltgerechten Entwicklung. - Metzler-Poeschel, Stuttgart.

STACHOWIAK, H. (1970): Grundriß einer Planungstheorie. - Kommunikation 1, Vol. VI:

1-18.

STACHOWIAK, H. (1973): Allgemeine Modelltheorie. - Springer, Wien/New York.

STACHOWIAK, H. (Hrsg., 1983): Modelle - Konstruktion der Wirklichkeit. - Reihe Kritische Information, Wilhelm Fink, München.

STACHOWIAK, H. (1983): Erkenntnisstufen zum Systematischen Neopragmatismus und zur Modelltheorie. - in: Ders. (Hrsg.): Modelle - Konstruktion der Wirklichkeit. - Reihe Kritische Information, Wilhelm Fink, München: 87-146.

STACHOWIAK, H. (Hrsg., 1986): Pragmatik. Handbuch pragmatischen Denkens. Band 1 - Pragmatisches Denken von den Ursprüngen bis zum 18. Jahrhundert. Felix Meiner, Hamburg.

STACHOWIAK, H. (Hrsg., 1987a): Pragmatik. Handbuch pragmatischen Denkens. Band 2 - Der Aufstieg pragmatischen Denkens im 19. und 20. Jahrhundert. - Felix Meiner, Hamburg.

STACHOWIAK, H. (1987b): Neopragmatismus als zeitgenössische Ausformung eines philosophischen Paradigmas. - in: Ders. (Hrsg.): Pragmatik. Handbuch pragmatischen Denkens, Band 2 - Der Aufstieg pragmatischen Denkens im 19. und 20. Jahrhundert. Felix Meiner, Hamburg: 391-435.

STACHOWIAK, H. (Hrsg., 1989): Pragmatik. Handbuch pragmatischen Denkens. Band 3 - Allgemeine philosophische Pragmatik. - Felix Meiner, Hamburg.

STACHOWIAK, H. (Hrsg., 1989a): Systematische Pragmatik. Zur Einführung in den systematischen Werkabschnitt der Pragmatik und den dritten Pragmatik-Band. - in: Ders. (Hrsg.): Pragmatik. Handbuch pragmatischen Denkens. Band 3 - Allgemeine philosophische Pragmatik. Felix Meiner, Hamburg: XIII-LXIII.

STACHOWIAK, H. (1989b): Theorie und Metatheorie des Gesellschaftlichen und das pragmatische Desiderat. - in: Ders. (Hrsg.): Pragmatik. Handbuch pragmatischen Denkens. Band 3 - Allgemeine philosophische Pragmatik. - Felix Meiner, Hamburg: 315-342.

STACHOWIAK, H. (Hrsg., 1993): Handbuch pragmatischen Denkens. Band 4 - Sprachphilosophie, Sprachpragmatik und formale Pragmatik. - Felix Meiner, Hamburg.

STACHOWIAK, H. (Hrsg., 1995): Handbuch pragmatischen Denkens. Band 5 - Pragmatische Tendenzen in der Wissenschaftstheorie. - Felix Meiner, Hamburg.

STEGMÜLLER, W. (1969): Erklärung, Voraussage, Retrodiktion. Diskrete Zustandssysteme. Das ontologische Problem der Erklärung. Naturgesetze und irreale Konditionalsätze. - Probleme und Resultate der Wissenschaftstheorie und Analytischen Philosophie, Bd. 1, Springer, Berlin/Heidelberg/New York.

STEGMÜLLER, W. (1971): Das Problem der Induktion: Humes Herausforderung und moderne Antworten. - in: Lenk, H. (Hrsg.): Neue Aspekte der Wissenschaftstheorie. Vieweg, Braunschweig: 13-74.

STEGMÜLLER, W. (1973): Personelle und statistische Wahrscheinlichkeit. - Probleme und Resultate der Wissenschaftstheorie und analytischen Philosophie. Band IV,

Erster Halbband: Personelle Wahrscheinlichkeit und rationelle Entscheidung. - Springer, Berlin/Hei-delberg/New York.

STEINER, F. & BROOKS, K. (1981): Ecological Planning: A Review. - Environmental Management, Vol. 5, No. 6: 495-505.

STEINSIEK, E. & KNAUER, P. (1981): Szenarien als Instrument der Umweltplanung. - Angewandte Systemanalyse 2, Nr. 1: 10-18.

STIENS, G. (1988): Methodologische Aspekte raumbezogener Prognosen angesichts veränderter Wissenschaftsbegriffe - Die Szenariotechnik in der raumbezogenen Zukunftsforschung als Beispiel. - ARL (Akademie für Raumforschung und Landesplanung, Hrsg.): Regionalprognosen. Methoden und ihre Anwendung. Forschungs- und Sitzungsberichte, Bd. 175: 441-466.

STMI & STMLU (OBERSTE BAUBEHÖRDE IM BAYERISCHEN STAATSMINISTERIUM DES INNERN & BAYERISCHES STAATSMINISTERIUM FÜR LANDESENTWICKLUNG UND UMWELTFRAGEN) (1993): Vollzug des Naturschutzrechts im Straßenbau. Grundsätze für die Ermittlung von Ausgleich und Ersatz nach Art. 6 und 6a BayNatSchG bei staatlichen Straßenbauvorhaben. - Vereinbarung vom 21.6.1993.

STMLU (BAYERISCHES STAATSMINISTERIUM FÜR LANDESENTWICKLUNG UND UMWELTFRAGEN) (1987): Bekanntmachung der Neufassung der Verordnung über den Alpen- und Nationalpark Berchtesgaden vom 16.2.1987 (GVBl. Nr. 5/1987).

STMLU (BAYERISCHES STAATSMINISTERIUM FÜR LANDESENTWICKLUNG UND UMWELTFRAGEN) (Hrsg., 1996): Leitfaden zur Fortentwickung des gemeindlichen Landschaftsplans als Teil des Flächennutzungsplans in Bayern: „Landschaftsplanung am Runden Tisch. Inhalte, Verfahrensablauf, Umsetzung, Beteiligung und Mitwirkung". Stand 24.7.1996. - Akad. Natursch. Landschaftspfl. (ANL), Laufener Seminarbeitr. 6/96, Laufen/Salzach: 113-136.

STÖRIG, H.J. (1995): Kleine Weltgeschichte der Philosophie. - Erweiterte Neuausgabe, Fischer, Frankfurt/M.

STORM, P.-C. & BUNGE, T. (Hrsg., 1987): Handbuch der Umweltverträglichkeitsprüfung (HdUVP). - Ergänzbare Loseblattsammlung, Erich Schmidt, Berlin.

STRÄTER, D. (1988): Szenarien als Instrument der Vorausschau in der räumlichen Planung. - ARL (Akademie für Raumforschung und Landesplanung, Hrsg.): Regionalprognosen. Methoden und ihre Anwendung. Forschungs- und Sitzungsberichte, Bd. 175: 49-77.

STRASKABA, M. (1995): Cybernetic Theory of Ecosystems. - in: Gnauck, A.; Frischmuth, A. & Kraft, A. (Hrsg.): Ökosysteme: Modellierung und Simulation. Reihe Umweltwissenschaften, Band 6, Eberhard Blottner, Taunusstein: 31-52.

STRÖKER, E. (1977a): Einführung in die Wissenschaftstheorie. - 2. Auflage, Nymphenburger Verlagshandlung, München.

STRÖKER, E. (1977b): Philosophische Untersuchungen zum Raum. - 2., verb. Auflage, Vittorio Klostermann, Frankfurt/M.

STUDER, H.-P. (1991): Die Marktwirtschaft der Zukunft. Vom selbstwuchernden zum selbstorganisierten System. - in: Kratky, K.W. (Hrsg.): Systemische Perspektiven. Carl Auer, Heidelberg: 157-177.

STUTE, D. (1996): Umweltschäden an einer Straße, die als Öko-Autobahn verkauft wurde. - Frankfurter Rundschau vom 21.1.1996.

SUMMERER, S. (1988a): Umweltmodell. - in: Kimmich, O.; v. Lersner, H. & Storm, P.-C. (Hrsg.): Handwörterbuch des Umweltrechts (HdUR), Bd. II, Erich Schmidt, Berlin: Sp. 633-641.

SUMMERER, S. (1988b): Umweltethik. - in: Kimmich, O.; v. Lersner, H. & Storm, P.-C. (Hrsg.): Handwörterbuch des Umweltrechts (HdUR), Bd. II. Erich Schmidt, Berlin: Sp. 576-583.

SUMMERER, S. (1989): Der Begriff „Umwelt“. - in: Storm, P.-C. & Bunge, T. (Hrsg.): Handbuch der Umweltverträglichkeitsprüfung (HdUVP), Erich Schmidt, Berlin, Ziff. 0210, 3. Lfg. XI/89.

SYRBE, R.-U. (1997): Fuzzy-Bewertungsverfahren für Landschaftsökologie und Landschaftsplanung. - Vortrag auf dem Workshop „Bewertungsverfahren im Rahmen der Leitbildmethode“ vom 27.-29.11 1997 in Burg i. Spreewald. Veranstalter: Projekt LENAB (Projekt Niederlausitzer Bergbaufolgelandschaft. Erarbeitung von Leitbildern und Handlungskonzepten für die verantwortliche Gestaltung und nachhaltige Entwicklung ihrer naturnahen Bereiche).

SZYPERSKI, N. (1974): Planungswissenschaft und Planungspraxis. Welchen Beitrag kann die Wissenschaft zur besseren Beherrschung von Planungsproblemen leisten? - Zeitschrift für Betriebswirtschaft, 44. Jg.: 667-684.

TAYLOR, P. (1989): Revising Models and generating Theory. - Oikos 54, H. 1: 121-126.

TENBRUCK, F.H. (1971): Zu einer Theorie der Planung. - in: Ronge, V. & Schmieg, G. (Hrsg.): Politische Planung in Theorie und Praxis. Piper, München: 91-117.

THIELE, K. (1985, 1986): Gestört ist normal. - Nationalpark, H. 49/1985: 7-9 (Teil 1) und H. 50/1986: 8-12 (Teil 2).

THIENEMANN, A. (1941): Vom Wesen der Ökologie. - Biologia Generalis, Bd. 15, Wien: 312-331.

THIENEMANN, A. (1956): Leben und Umwelt. Vom Gesamthaushalt der Natur. - Rowohlts Deutsche Enzyklopädie, Bd. 22, Hamburg.

THOMAS, H. (1991): Natur und Mensch - ein unvollständiges Verhältnis. - in: Ders. (Hrsg.): Naturherrschaft. Wie Mensch und Welt sich in der Wissenschaft begegnen. Busse + Seewald, Herford: 51-67.

THOMAS, H. (Hrsg., 1991): Naturherrschaft. Wie Mensch und Welt sich in der Wissenschaft begegnen. - Busse + Seewald, Herford.

TISCHLER, W. (1985): Ein Zeitbild vom Werden der Ökologie. - Selbstverlag, Kiel.

TOBIAS, K. (1991): Konzeptionelle Grundlagen der angewandten Ökosystemforschung. - Beiträge zur Umweltgestaltung, Bd. A 128, Erich Schmidt, Berlin.

TOBIAS, K. (1995): Ökologische Forschung und ökologisch orientierte Planung. Versuch einer Bilanz. - ZAU (Zeitschrift für angewandte Umweltforschung), Jg. 8, H. 3: 313-325.

TOULMIN, S. (1981): Voraussicht und Verstehen. Ein Versuch über die Ziele der Wissenschaft. - Suhrkamp, Frankfurt/M.

TREPL, L. (1985): Natur im Griff. Landschaft als Öko-Paradies. - in: Hammann, W. & Kluge, T. (Hrsg.): In Zukunft. Berichte über den Wandel des Fortschritts, Reinbek, Hamburg: 165-182.

TREPL, L. (1987): Geschichte der Ökologie. Vom 17. Jahrhundert bis zur Gegenwart. - Athenäum, Frankfurt/M.

TREPL, L. (1988): Gibt es Ökosysteme? - Landschaft + Stadt 20 (4): 176-185.

TREPL, L. (1996): Die Landschaft und die Wissenschaft. - in: Konold, W. (Hrsg.): Naturlandschaft - Kulturlandschaft. Die Veränderung der Landschaft nach der Nutzbarmachung durch den Menschen. Ecomed, Landsberg: 13-26.

TRETTIN, K. (1992): Unersetzbare Stimme gegen den Dogmatismus. Der neue Status der Wissenschaften im Spiegel der Erkenntnistheorie. - Frankfurter Rundschau Nr. 83 v. 7.4.1992: 15.

TROLL, C. (1950): Die geographische Landschaft und ihre Erforschung. - Studium Generale, 3. Jg., H. 4/5: 163-181.

TROLL, C. (1973): Landschaftsökologie als geographisch-synoptische Naturbetrachtung. - in: Paffen, K. (Hrsg.): Das Wesen der Landschaft. Wege der Forschung, Bd. XXXIX, Wissenschaftl. Buchgesellschaft, Darmstadt: 252-267.

TROMMER, G. (1992): Wildnis - die pädagogische Herausforderung. - Deutscher Studienverlag, Weinheim.

UBA (UMWELTBUNDESAMT) (1995): Jahresbericht 1995. - Berlin.

ULRICH, B. (1993): Prozeßhierarchie in Waldökosystemen. Ein integrierender ökosystemtheoretischer Ansatz. - Biologie in unserer Zeit 23: 322-329.

UPPENBRINK, M. (1983): Modell eines „integrierten Umweltplans“ als eigenständiger Umweltschutzplanung. - ARL (Akademie für Raumforschung und Landesplanung, Hrsg.), Reihe Beiträge, Bd. 73, Hannover: 21-41.

USHER, M.B. & ERZ, W. (Hrsg., 1994): Erfassen und Bewerten im Naturschutz. Probleme, Methoden, Beispiele. - Quelle & Meyer, Heidelberg/Wiesbaden.

UVS BAB A6 (UMWELTVERTRÄGLICHKEITSSTUDIE BUNDESAUTOBAHN BAB A6 NÜRNBERG-AMBERG-WAIDHAUS) (1996): Neubau Ak Pfreimd bis Woppenhof. - Endbericht April 1996, Nürnberg, unveröff. Gutachten.

VALENTIEN, C. (1990): Gestaltung ohne Ökologie? - Garten + Landschaft, H. 2: 38-40.

VAN RIET, W.F. & COOKS, J. (1990): An Ecological Planning Model. - Environmental

Management, Vol. 14, No. 3: 339-348.

VARELA, F. (1985): Der kreative Zirkel. - in: Watzlawick, P. (Hrsg.): Die erfundene Wirklichkeit: Wie wissen wir, was wir zu wissen glauben? Beiträge zum Konstruktivismus. - 2. Auflage, Serie Piper, München: 294-309.

VERBEEK, B. (1994): Die Anthropologie der Umweltzerstörung. - 2., erw. Auflage, Wissenschaftl. Buchgesellschaft, Darmstadt.

VESTER, F. & v. HESLER, A. (1980): Sensitivitätsmodell. - 2. Aufl., Umlandverband Frankfurt (Hrsg.), im Auftrag des Umweltbundesamtes, Frankfurt/M.

VOGEL, K.; VOGEL, B.; ROTHHAUPT, G. & GOTTSCHALK, E. (1996): Einsatz von Zielarten im Naturschutz. Auswahl der Arten, Methode der Populationsgefährdungsanalyse und Schnellprognose, Umsetzung in die Praxis. - Naturschutz und Landschaftsplanung 28, H. 6: 179-184.

VOLLMER, G. (1987): Evolutionäre Erkenntnistheorie. Angeborene Erkenntnisstrukturen im Kontext von Biologie, Psychologie, Linguistik, Philosophie und Wissenschaftstheorie. - 4. durchges. Auflage, Hirzel, Stuttgart.

VOLLMER, G. (1988): Ordnung ins Chaos? Zur Weltbildfunktion wissenschaftlicher Erkenntnis. - Naturwissenschaftliche Rundschau I, 41. Jg., H. 9: 345-350.

VOSSENKUHL, W. (1993): Ökologische Ethik. Über den moralischen Charakter der Natur. - Information Philosophie 1: 6-10.

WÄCHTLER, J. (1992): Leistungsfähigkeit von Wirkungsprognosen in Umweltplanungen - am Beispiel der Umweltverträglichkeitsprüfung. - Werkstattberichte des Instituts für Landschaftsökonomie, H. 41, Berlin.

WALLNER, F. (1990): Verzicht auf Letztbegründung. Autopoiese als Ausweg?- in: Kratky, K. W. & Wallner, F. (Hrsg.): Grundprinzipien der Selbstorganisation. Wissenschaftl. Buchgesellschaft, Darmstadt: 129-139.

v. WALLTHOR, A.H. & QUIRIN, H. (Hrsg., 1977): „Landschaft" als interdisziplinäres Forschungsproblem. - Veröffentlichungen des Provinzialinstituts für westfälische Landes- und Volksforschung des Landschaftsverbands Westfalen-Lippe, Reihe 1, H. 21, Aschendorffsche Verlagsbuchhandlung, Münster.

WARTOFSKY, M.W. (1971): Telos und Technik. Modelle als Handlungsweisen. - in: Anderson, S. (Hrsg.): Die Zukunft der menschlichen Welt, Rombach, Freiburg: 16-40.

WASCHKUHN, A. (1987): Politische Systemtheorie. Entwicklung, Modelle, Kritik. - Westdeutscher Verlag, Opladen.

WATZLAWICK, P. (1985): Die erfundene Wirklichkeit. Wie wissen wir, was wir zu wissen glauben? Beiträge zum Konstruktivismus. - 2. Auflage, Serie Piper, München.

WATZLAWICK, P. (1994): Wie wirklich ist die Wirklichkeit? - 22. Auflage, Piper, München.

WATZLAWICK, P. & KRIEG, P. (Hrsg., 1991): Das Auge des Betrachters. Beiträge zum Konstruktivismus. - Piper, München.

WEBER, M. (1988): Gesammelte Aufsätze zur Wissenschaftslehre. - 7. Auflage, Hrsg. von J.. Winckelmann, UTB, Mohr, Tübingen.

WEICHHART, P. (1980): Die normative Komponente wissenschaftlicher Diskussionen in Ökologie und Humanökologie am Beispiel der Problembereiche Naturschutz und Umweltschutz. - Verhandlungen der Gesellschaft für Ökologie, Freising-Weihenstephan 1979; Band VIII: 531-542.

WEICHHART, P. (1987): Betroffene versus Experten - Planungsbedeutsame Konsequenzen unterschiedlicher Raumbewertung. - SIR Mitteilungen und Berichte, H. 3+4: 9-25.

WEILAND, U. (1994): Strukturierte Bewertung in der Bauleitplan-UVP. Ein Konzept zur Rechnerunterstützung der Bewertungsdurchführung. - Reihe UVP-Spezial, H. 9, Dortmunder Vertrieb für Bau- und Planungsliteratur, Dortmund.

WEINBERGER, C. & WEINBERGER, O. (1979): Grundzüge der Normenlogik und ihre semantische Basis. - Rechtstheorie, H. 10: 1-47.

WEINBERGER, O. (1975): Schlüsselprobleme der Moraltheorie. - in: Schröder, P. (Hrsg.): Vernunft, Erkenntnis, Sittlichkeit. Hamburg: 123-150.

WEINGARTNER, P. (1971): Wissenschaftstheorie I. Einführung in die Hauptprobleme. - Reihe „problemata", Frommann-Holzbog-Verlag, Stuttgart.

WEINMEISTER, H.W. (1994): Schutz vor Natur-/Kulturkatastrophen - Lösungswege aus der Sicht der Wildbach-Verbauung. - in: Tagungsband zum Symposium „Mensch und Landschaft 2000" der Technischen Universität Graz am 17. und 18. Februar 1994: 18-35.

WEISSER, G. (1971): Zur Erkenntnislogik der Urteile über den Wert sozialer Gebilde und Prozesse. - in: Albert, H. & Topitsch, E. (Hrsg.): Werturteilsstreit. Wege der Forschung, Band CLXXV, Wissenschaftl. Buchgesellschaft, Darmstadt: 125-149.

WERNER, H.J. (1986): Eins mit der Natur. - Beck, München.

WIEGLEB, G. (1989): Theoretische und praktische Überlegungen zur ökologischen Bewertung von Landschaftsteilen, diskutiert am Beispiel der Fließgewässer. - Landschaft + Stadt, 21(1): 15-20.

WIEGLEB, G. (1994): Einführung in die Thematik des Workshops „Ökologische Leitbilder". - in: TU Cottbus (Hrsg.): Tagungsband „Ökologische Leitbilder", Aktuelle Reihe, H. 6, Cottbus: 7-13.

WIEGLEB, G. (1997): Leitbildmethode und naturschutzfachliche Bewertung. - Z. Ökologie u. Naturschutz, 6. Jg., H. 1: 43-62.

WILLIAMSON, M. (1989): The MacArthur and Wilson Theory: True but trivial. - Journal of Biogeography 16: 3-4.

WILLKE, H. (1984): Zum Problem der Intervention in selbstreferentielle Systeme. - Zeitschrift für systemische Therapie 2:191-200.

WILLKE, H. (1991): Systemtheorie. Eine Einführung in die Grundprobleme der Theorie sozialer Systeme. - 3., überarb. Auflage, UTB, Fischer, Stuttgart/New York.

WINDHOFF-HERITIER, A. (Hrsg., 1987): Verwaltung und ihre Umwelt. - Westdeutscher Verlag, Opladen.

WHITE, M. (1987): Was ist und was getan werden sollte. Ein Essay über Ethik und Erkenntnistheorie. - Hrsg. und eingeleitet von Herbert Stachowiak, Karl Alber, München.

WHO (WORLD HEALTH ORGANIZATION) (1987): Air Quality Guidelines. Part I. - v. 26.3.87, 4000i, Draft 2.

v. WOLDECK, R. (1989): Formeln für das Tohuwabohu. - in: Michel, K.M. & Spengler, E.T. (Hrsg.): Das Chaos. Kursbuch Nr. 98, Rotbuch, Berlin: 1-26.

v. WRIGHT, G.H. (1988): Rationalität und Vernunft in der Wissenschaft. - Universitas 43, H. 9: 931-945.

ZAHLHEIMER, W. (1994): Vergleich der ökologischen Situation der Isar im ausgebauten und nicht ausgebauten Teil. - Akad. Natursch. Landschaftspfl. (ANL), Laufener Seminarbeitr. 3/94, Laufen/Salzach: 105-111.

ZANGEMEISTER, C. (1971): Nutzwertanalyse in der Systemtechnik. - 2. Aufl., Wittermannsche Buchhandlung, München.

ZIMMERMANN, J. (Hrsg., 1982): Das Naturbild des Menschen. - Wilhelm Fink, München.

ZONNEVELD, I.S. (1982): Land(Scape)Ecology, a Science or a State of Mind? - Proc. Int. Congr. Neth. Soc. Landscape Ecol., Veldhoven, 1981, Pudoc: 9-15.

ZONNEVELD, I.S. (1990): Scope and Concepts of Landscape Ecology as an Emerging Science. - in: Zonneveld, I.S. & Forman, R.T.T. (Eds.): Changing Landscapes: An Ecological Perspective. Springer, New York: 21-33.

ZONNEVELD, I.S. (1996): Land Ecology: An Introduction to Landscape Ecology as a Base for Land Evaluation, Land Management and Conservation. - SPB Academic Publishing, Amsterdam.

ZONNEVELD, I.S. & FORMAN, R.T.T. (Eds., 1990): Changing Landscapes: An Ecological Perspective. - Springer, New York.

ZWÖLFER, H. (1986): Insektenkomplexe an Disteln - ein Modell für die Selbstorganisation ökologischer Kleinsysteme. - in: Dress, A.; Hendrichs, H. & Küppers, G. (Hrsg.): Selbstorganisation. Die Entstehung des Neuen in Natur und Gesellschaft. Piper, München: 181-217.

Stichwortverzeichnis